AutoCAD 2023

特訓教材－基礎篇

財團法人中華民國電腦技能基金會
總策劃

吳永進、林美櫻 老師
精心編著

全華圖書股份有限公司 印行

商標聲明

AutoCAD 是 Autodesk 公司註冊商標

Microsoft Windows 10 是屬 Microsoft 公司註冊商標

CSF 是屬於財團法人中華民國電腦技能基金會註冊商標

TQC 是屬於財團法人中華民國電腦技能基金會註冊商標

本書所提及之商標或畫面分屬各公司所有

序

　　電腦只是工具，人腦才是主導。資訊化社會必須全民使用電腦，各行各業電腦化不但需要優秀的專業人員開發一流電腦軟、硬體，更要熟悉電腦技能的人來操作。在工商業領域中，圖是一種世界性的語言，透過電腦輔助製圖（Computer Aided Design）的運用，更能有效率地處理並傳播各式各樣複雜圖面以滿足各個領域的需求。

　　身處產業競爭的時代，只有利用有效工具快速提高生產力的企業經營者，才能提升競爭力，開創新的經營局面。電腦技能基金會為因應此趨勢的來臨，辦理各項電腦技能測驗、競賽等相關活動，並藉著相關書籍的出版，提供有心想學好各項電腦技能的朋友，一個合適的管道。

　　AutoCAD 自推出以來，廣受各界的好評，這次 AutoCAD 2023 的推出可說是 Autodesk 公司繼 AutoCAD 2022 之後，又一次劃時代之作，不只它的作業環境與操作界面更為友善與便捷，更包含了許多針對全球 AutoCAD 使用者的需求建議所加入的新指令及強化功能。

　　我們誠摯地感謝吳永進和林美櫻二位作者，以其多年的教學與實務經驗，並在電腦技能基金會的策劃下，為讀者編寫這本「TQC⁺ AutoCAD 2023 特訓教材-基礎篇」，相信這本書可以成為 CAD 學習者的最佳選擇，誠如作者所說：「用心學習 AutoCAD 2023 期許新手快速成為 CAD 專業工程師，期許 AutoCAD 2009~2021、2022 老手如虎添翼，功力更上一層樓。」

　　若是讀者在經過一段時間的學習之後，想了解自己對本書之觀念及繪圖技巧的掌握以及個人電腦輔助製圖能力之提升狀況，可以繼續使用本會所出版之「TQC⁺ 電腦輔助平面製圖認證指南」，並歡迎參加本會所舉辦的「TQC⁺ 工程設計領域 電腦輔助平面製圖認證」，不但能肯定自己，使自己更有信心，亦能幫助自己在眾多的競爭者當中脫穎而出。

財團法人中華民國電腦技能基金會

董事長　杜全昌

・編・輯・心・聲・

感謝！！！大家對本中心 AutoCAD 2D、3D 系列特訓教材

多年來的熱烈支持與推薦

我們持續盡力協助 Autodesk 公司測試與校核 AutoCAD 新版本

一年一個新版本的 AutoCAD 讓人感到期待又怕受傷害

AutoCAD 2023 的新明星誕生了

又一次，在電腦技能基金會的全力協助下

我們排除萬難

以『秉持嚴格』、『求好心切』、『追求完美』的負責精神

完成了這一本 AutoCAD 2023 特訓教材【基礎篇】

毫不保留的把『最完整』、『最專業』、『最豐富』、『最寶貴』的內容

獻給『想用心教好 AutoCAD 2023 卻【苦無良書】的老師們』

&『真正想【紮紮實實】學好 AutoCAD 2023 的朋友們』

謝謝您們多年來的『叮嚀、支持、愛護與等待』

翔虹 AutoCAD 技術中心
www.autocad.com.tw

吳永進・林美櫻敬上 2022.7.1

現職	翔虹 AutoCAD 技術中心負責人
翔虹簡介	☆全國最專業、最熱忱、最用心的 AutoCAD 技術中心 ☆中華民國電腦技能基金會 AutoCAD 技術總顧問
網址	www.autocad.com.tw 或 www.autocad.tw
線上教學	AutoCAD 2D 線上課程→https://hahow.in/cr/autocad-2d AutoCAD 3D 線上課程→https://hahow.in/cr/autocad-3d
E-MAIL	acad8899@ms31.hinet.net　　acad8899@gmail.com
TEL	02-27336600　　FAX　　02-27331030
地址	台北市基隆路二段 189 號 9F (文普世紀，文湖線六張犁捷運站 3 分鐘)
授權資格	AutoCAD 官方唯一認可與高度肯定的【顧問夥伴】
AutoCAD 特訓教學	➢從【2D→3D】、【0 零→靈活應用】、【陌生→熟練】 ➢從【繪圖→系統規劃→程式設計】、【新手→高手】 ➢嚴格要求、成果豐碩、脫胎換骨、成為 AutoCAD 專業好手 ➢熱忱專業、師資堅強、小班教學、一人一機、保證學會、免費重聽
服務項目	企業→ AutoCAD 輔助自動繪圖、參數設計整合設計→量身定作開發 企業→ AutoCAD&VB&資料庫、算料報價系統開發→量身定作開發 企業→ 包班培訓、顧問輔導 個人→ 專業嚴格特訓協助通過 AutoCAD 技能檢定&輔導就業 企業→ 特惠價購買與租賃 AutoCAD 相關軟體 企業→ 緊急事求人徵求 AutoCAD 工程師之協助&網站刊登 企業→ Part-Time 設計與圖面優秀外包人員之推薦
AutoCAD 相關叢書	AutoCAD R12、R13、R14、2000、2009 系列叢書共 32 本 (基礎篇、3D 應用篇、系統規劃、AutoLISP 精華寶典、基礎實力挑戰等) AutoCAD 程式設計魔法書【AutoLISP&DCL 基礎篇】 AutoCAD 程式設計魔法書【Visual LISP&精選範例篇】 AutoCAD 魔法書【2D 解題技巧篇】 AutoCAD 魔法秘笈－進階系統規劃與巨集篇 AutoCAD 程式設計魔法秘笈【AutoLISP+DCL+Visual LISP 篇】 AutoCAD 電腦輔助繪圖與設計【機械篇】 AutoCAD 2010~2013 特訓教材【基礎篇】與【3D 應用篇】共八本 AutoCAD 2012~2016 電腦輔助平面製圖認證指南解題秘笈共三本 AutoCAD 2014~2019 特訓教材【基礎篇】與【3D 應用篇】共十二本

AutoCAD 相關叢書	AutoCAD 2020 特訓教材【基礎篇】與【3D 應用篇】共二本
	AutoCAD 2021 特訓教材【基礎篇】與【3D 應用篇】共二本
	AutoCAD 2022 特訓教材【基礎篇】與【3D 應用篇】共二本
	AutoCAD 2023 特訓教材【基礎篇】與【3D 應用篇】共二本
經營理念	『熱忱』、『專業』、『用心』、『保證』 以 AutoCAD 為人生夥伴，協助所有用戶，真正【無後顧之憂】

AutoCAD 專案設計與開發

台積電	資料庫&AutoCAD整合自動繪圖系統
盛群半導體	AutoCAD PKDB CAD輔助系統
創為精密材料	AutoCAD設計輔助&自動繪圖系統
翔聯企業	石材&帷幕牆-BOM參數設計與專案管理系統
鴻記工業	樹脂、砂輪、磨棒CAD專案
震旦行辦公家具	辦公家具2D/3D設計專案
欣泰瓦斯	AutoCAD與Google MAP管線資料庫管理系統
大台南瓦斯	AutoCAD與Google MAP管線資料庫管理系統
欣高瓦斯	AutoCAD與Google MAP管線資料庫管理系統
欣芝天然氣	AutoCAD與Google MAP管線資料庫管理系統
欣屏天然氣	AutoCAD與Google MAP管線資料庫管理系統
美港聯和	帷幕牆-BOM參數設計與專案管理系統
光鈦國際	AutoCAD整合管理系統專案
英谷企業	MAP 3D地理資訊系統管線資料庫管理系統
優隔設計	高隔間、屏風設計、配置&資料庫整合專案
精材科技	XinTec-CAD封裝Chip參數設計系統
錦鋐企業	AutoCAD窗型參數與報價整合系統
森業營造	台灣高鐵(THSRC)圖面檢核修正系統
工研院	資料庫、Excel與CAD整合自動繪圖系統
京波消防	消防空調快速設計輔助系統
玉鼎精密	線割、沖模設計輔助系統

遠鼎建設	管線配置系統CAD專案
中國菱電	電梯IDS資料專案
中華民國航測學會	航測、數化、地理資訊系統
長豐工程	山坡地坡度自動分析系統
成源公司	污水化糞池CAD系統

AutoCAD 企業專案特訓

台積電、士林電機、盛群半導體、日月光、上銀科技、台灣高鐵、北市捷運局、中科院、交通部民航局、工研院、億光電子、合美工程、劉培森建築師事務所、大元建築、森海建築、中興工程、大陸工程、超豐電子、華亞科技、金屬工業中心、中華民國航測學會、德州儀器、中興工程、中華顧問、築遠工程、台灣自來水公司、鴻記工業、台塑、台聯工程、仲琦科技、震旦辦公家具(台灣、上海)、國泰建設、三井工程、南亞科技、施工忠昊、麥當勞、百總工程、春原營造、永峻工程、中國石油、明新工程、台灣鐵路管理局、北市交通管制工程處、文曄科技、高力熱處理、大正鋁業、奧亞整合行銷網、遠碩國際工程、唐榮公司、毅鼎工程、亞新工程、元皓工程、吉興工程、台矽電子、唐獅企業、李特土木技師、勤崴科技、鉅藝設計、自在水環境工程、裕祥營造、霖園管理、優美辦公家具、遠雄建設、花蓮港務局、長輝結構技師、泰權鋼鐵、華雨室內設計、吉緻工程、華碩電腦、騰邁固欣、達慶機電、萬鼎工程、金屬工業研發中心、上點建築師事務所、昭凌工程、台灣麒麟啤酒、鴻能電機、金寶電子、高公局、塑恒公司、萬鼎工程、春源鋼鐵、南寶樹脂、中國菱電、屹堅精密、中國端子、景達實業、行健電訊、帆宇公司、實聯實業、玉鼎精密、達欣工程、日進工程、聯勤司令部、禾勤景觀工程、山春建築室內設計、霖園管理、空軍作戰司令部、聯合大地工程、奇美達科技、錦鋐企業…等

❀翔虹小語❀

- ✪ 『學過』並不等於『能畫』→ 指令學一堆，真正面對圖形時，【可能不堪一擊】
- ✪ 『能畫』並不等於『熟練』→ 圖面雖能畫，面臨講究速度時，【心有餘力不足】
- ✪ 『熟練』並不等於『專業』→速度雖夠快，繁瑣技巧當必然，【難以專業服人】
- ✪ 『專業』並不等於『能教』→ 實力雖頂尖，熱忱不足又臭屁，【不會也不能教】
- ✪ 『資深』並不等於『高手』→ 半桶水主角，長江後浪推前浪，【前浪怎能心安】

✪ 地　　　點：　翔虹 AutoCAD 技術中心

✪ 女 主 角：　林美櫻老師

✪ 男 主 角：　吳永進老師

✪ 男 配 角：　我們的二十七歲帥哥 (投入生成式藝術)

✪ 女 配 角：　我們的二十二歲湘湘 (快樂的特教小天使)

　　　　　　　我們的十七歲 IVY (高中青春美少女)

✪ 劇 本：　　二位 AutoCAD 高手的功力精華持續傳承

✪ 特殊道具：　小狗 (球球) 打呼聲+二隻貓咪 (Mui&Latte) 喵喵叫

✪ 音效：　　　IVY 的美妙吉他聲

大部分　坊間 AutoCAD 的書一本比一本厚，卻用心度不夠，有些作者為求速成，沒有深入了解新版本的功能，新版本當舊版本用，甚至由他人代筆，東翻西譯、大雜鍋。許多無辜而想學好 AutoCAD 的朋友們，誤選這類書籍後，常常學得迷迷糊糊，甚至中途而廢，教學 AutoCAD 的老師們一定更心有戚戚焉。

感謝您　雪亮眼睛的愛護與支持，讓本中心每年用心精雕細琢的 AutoCAD 特訓教材從 R14、2000、…、2013、2014、2015、2016、2017、2018、2019、2020、2021、2023 系列叢書持續榮登台灣 AutoCAD 總銷售排行榜第一名，在坊間的 AutoCAD 書堆中脫穎而出，這是給我們最好的回饋與鼓勵，謝謝大家。

排除萬　難，無數的日夜投入，我們精心完成了這本『AutoCAD 2023 特訓教材-基礎篇』，秉持我們一貫的嚴格用心與求好心切，相信本書將是您所擁有『最好最完整的 AutoCAD 2023 基礎實戰寶典』。

數百個　精心構思的基礎幾何教學範例+AutoCAD 技能檢定試題精選，協助您邁向『AutoCAD 基礎高手列車』。

本書特 點，篇篇精采，字字珍貴！

- ✪ 完整而詳實的 AutoCAD 2023 功能介紹範例解析
- ✪ 沒有多餘的廢話，句句重點
- ✪ 紮紮實實，讓您學好 AutoCAD 2023
- ✪ 有效而迅速，協助您掌握 AutoCAD 2023
- ✪ 大大的協助您提昇設計&繪圖效率品質
- ✪ 期望您通過 AutoCAD 技能檢定
- ✪ 更進一步期望您成為 AutoCAD 2023 專業工程師

詳讀之 尤其是新手們，在隨書光碟中精心錄製了第二篇 102 題術科動態解題技巧教學，請用心觀摩熟練之，必能紮穩基本馬步，功力更上一層樓。

如果您 是 AutoCAD 2004~2015 的老手，請儘速跟上來，如果您是 AutoCAD 的 2016~2020 的使用者，請特別留意『智慧型標註、中心線、智慧型指令行、頁籤+面板工作區佈置、多功能掣點、新關聯式陣列、新填充線、參數設計、錄製巨集、PDF 匯出與匯入、批次出圖、雲端作業、共用視圖、智慧查詢、插入圖塊、圖面比較、快速修剪與延伸、圖塊自動計數…等』重要功能。用心的將本書各章節掃描一遍，新功能多熟悉與掌握，若遇到舊的指令也要多留意是否有改良，以免錯失貼心的增強功能。

如果您 是 AutoCAD 講師，相信您對本書一定愛不釋手，希望在本書精心設計的協助下，您能輔導學員們通過 AutoCAD 技能檢定，讓他們未來因為掌握專業技能而無後顧之憂，若有不會解的題目，歡迎隨時與我們連絡，我們一定熱忱的協助！教學基本的繪圖與編輯指令時，請彈性的搭配第二篇第二章精選基礎教學範例，循序漸進的紮穩馬步，隨書附贈光碟有完整的 102 題動態教學，也請仔細觀摩熟練之，再進一步帶領學員們挑戰更豐富的第三章與第四章 AutoCAD 技能檢定精選考題。（如影片無法播放，請自行取得支援的影音播放軟體，例如：CamPlayer、KMPlayer…

等），與我們一起耕耘 AutoCAD 2023，更期待您功力大增，靈活發揮於設計與繪圖實務中，果真如此，則我們的辛苦與堅持就值得了！

男配角 在 Hahow 開了線上教學課程【動畫互動網頁程式入門】、【動畫互動網頁動畫入門】、【互動藝術程式創作入門】，傾囊相授+精彩豐富內容，獲得學員們熱烈的迴響，總人數突破 18000 人。紐約大學研究所互動藝術畢業後，神奇的因緣際會趕上 NFT 浪潮，互動創作得到收藏家的支持與關注，並且在知名 ART BLOCKS 平台推出自己的作品，也推出互動可愛的 Pochi，五月還在施振榮先生的大力支持下，回到台灣 101 開 NFT 生成藝術個展，廣受媒體採訪與報導，期待累積更多實力去開創未來。

女配角 我們暱稱她為小貓咪，持續在工坊學習，薪水都拿來買貓狗飼料，依舊是學得慢忘得快，天真無邪，笑容燦爛，苦難多病的她，愛畫畫、愛貓狗、喜歡幫忙家事、有禮貌、無憂無慮，期待健康平安、快樂長長久久。

小 IVY 高中二年級了，聰明機伶、活潑可愛，學完 PYTHON 基礎程式設計與 AutoCAD 2D+3D，接續挑戰 C 與 C++程式設計與 APCS，也幫忙北科大、伊甸公益的 Micro:bit 仿生獸程式益智營隊的助教，協助 STEAM 教育推廣，從小玩了一手好魔方的她，錄製不少教學影片在 YouTube (ivywu)，歡迎有興趣的小朋友一起來玩，暑假後即將邁入高三，加油！

最後感 謝『電腦技能基金會長官們』幾年來持續的信任支持，還有教學資源中心同仁細心熱忱的協助校對與出版事宜。

不斷的 仔細校對檢查，力求品質的完美，恐難免有疏漏之處，敬請包涵與指教！

祝您有一個豐收、愉快、充實的 AutoCAD 2023 之旅

吳永進、林美櫻敬上 2022.7.1

目錄

第三章	**檔案服務、公共指令**

第四章　　繪圖指令

第五章　編輯指令

第六章　關聯式陣列與特殊編修指令

第九章　填充指令

第十章　查詢指令

第十三章　尺寸標註與多重引線指令

第十四章　多重圖檔的資源共享

第十五章 輕鬆掌握配置、視埠、比例與出圖

第十六章 多重比例註解

第二篇　實力挑戰、技能檢定測驗

第一章　解題前必知技巧

第二章　精選 AutoCAD 基礎幾何練習

第三章　精選 AutoCAD 實力挑戰

第四章　精選 AutoCAD 技能檢定挑戰

附錄　TQC＋ 專業設計人才認證簡章

AutoCAD 2023 基礎特訓精華

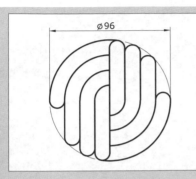

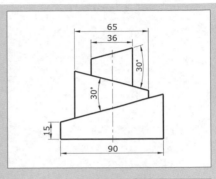

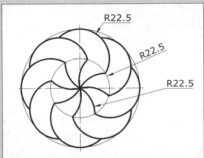

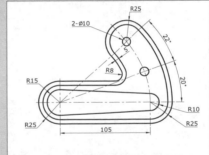

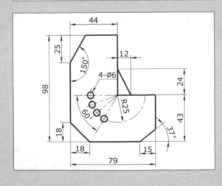

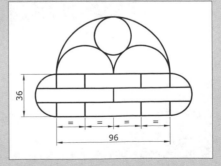

第一篇 第一章

踏出 2023 關鍵的第一步

1　新手上路前的十大叮嚀

本章的各單元都非常的重要，但是讀者們剛開始壓力也不用太大，不用硬記之，先有個印象，有必要時再隨時回來翻查即可！

⊙ **叮嚀 1**　也許您無法成為某一行業的專家設計師，但您要自我期許至少成為『真正 AutoCAD 專業工程師』。

⊙ **叮嚀 2**　您想被稱為『xxx 繪圖員』還是『AutoCAD 高手』。

⊙ **叮嚀 3**　學好 AutoCAD 的實力證明→通過 AutoCAD 技能檢定。

⊙ **叮嚀 4**　未來要靠 AutoCAD『前途無量』與『錢途無限』，現在起，就要下定決心真正掌握 AutoCAD 2D/3D/系統規劃/AutoLISP & DCL 程式設計。

⊙ **叮嚀 5**　休息是為了走更長遠的路，但別休息過頭了！

⊙ **叮嚀 6**　少睡一點，少休閒一點，少約會一點，少看一點電視，少…一點您就不會拿『沒時間』當作學不好 AutoCAD 的藉口了。

⊙ **叮嚀 7**　學好 AutoCAD 的關鍵，相信它、愛護它、擁抱它！不要懷疑它！

⊙ **叮嚀 8**　常用指令務必要倒背如流，不但要能靈活應用外，還要熟記英文全名！果真如此，在未來學習 AutoCAD 系統規劃巨集與 AutoLISP 程式設計時，才能更得心應手！

⊙ **叮嚀 9**　積極、樂觀、充滿理想，不要將學習 AutoCAD 的成敗關鍵，取決於『等著公司與老闆答應補助學費』。

⊙ **叮嚀 10**　記得常常上『翔虹 AutoCAD 技術中心教學網』來充充電、練練功、挑戰與交流！網址：www.facebook.com/autocad8899。

2　新手上路後常犯的十二錯誤

✪ **錯誤 1**　連基本的 Windows 檔案總管都不會－這是一個非常嚴重的問題，若連最基本的資料夾與檔案管理都不會或不夠紮實，猶如開著一條破船與破網欲出海捕魚，可能『滿載而歸』嗎？

✪ **錯誤 2**　圖檔儲存亂七八糟－沒有固定的圖檔放置資料夾，隨性亂放一通，甚至放在 AutoCAD 資料夾內，可憐的是找檔案時也跟著『疲於奔命』…

✪ **錯誤 3**　圖檔命名隨心所欲－沒有固定的命名規則，尤其一家公司內若有數十位設計者，而又有數十套各自為政的圖檔命名標準，未來要管好圖檔，簡直是『天方夜譚』…

✪ **錯誤 4**　AutoCAD 環境設定一竅不通－這是非常重要的，至少要能制定自己基本的專屬 AutoCAD 環境，若不能如此，那即使畫圖與編修指令學了一堆，仍將如迷失於大海中的孤船，但求一切風平浪靜，否則『後果堪慮』也…

✪ **錯誤 5**　AutoCAD 工作區不會靈活控制－眾多 AutoCAD 頁籤功能面板、工具列當然不可能同時出現於畫面，而且也不需要，但是千萬別做一個遷就於原『工作區設定的乖乖牌』…

✪ **錯誤 6**　基本座標觀念迷迷糊糊－在熟悉使用自動方向定位法與各種追蹤技巧的同時，卻連最基本的絕對座標與相對座標都搞不太清楚，對圖紙大小也『一知半解』無法清晰知曉，那圖面的高品質可能要變成『糕品質』了…(糟糕)

✪ **錯誤 7**　用精確肉眼作圖－以手繪圖時，皆是用精確的肉眼畫圖與抓點，那是不得已，但若套用此習慣到 AutoCAD 設計與繪圖上，那可就糗大了，一旦執行圖面局部放大，必是差了十萬八千里、『慘不忍睹』…

✪ **錯誤 8** 　不懂得偷懶的內涵－不少初學者總被安慰著→能畫出來就不錯了，這是一個錯誤的開始，才剛起跑就告訴自己一堆畫得慢的好理由、好藉口，怎能有機會不斷的檢討與督促自己成為真正的 AutoCAD 繪圖與設計好手→『又快、又狠、又準』。

✪ **錯誤 9** 　一招半式，自以為是－AutoCAD 繪圖與設計好手光畫圖速度快是不夠的，殊不知，一張高品質、高水準的圖面，除圖元結構外，圖層控制、文字註解、剖面線、尺寸標註、圖面配置、線型控制、繪圖輸出比例…也都是很重要，別以管窺天，臭屁又自大！

✪ **錯誤 10** 　學建築只會畫建築圖，學機械只會畫機械圖－哪有這回事！建築、土木、水電、空調、機械、模具、室內設計…等圖面，都是幾何圖，撇開專業不管，只要您是 AutoCAD 繪圖與設計好手，什麼圖都應該能抄出來，還要『抄得快、抄得漂亮』，進一步再強化學習專業領域的設計，未來才能獨當一面。

✪ **錯誤 11** 　好高騖遠，畫虎不成反類犬－AutoCAD 幼兒若 2D 走路都還基礎不穩，就急著學 3D 打拳、學 AutoLISP 魔術、學 DCL 跳舞、學…等，到頭來，可能是花拳繡腿，讓自己成為『三腳貓功夫大師』。

✪ **錯誤 12** 　理由太多，決心不足，三分鐘熱度－這是一個非常值得深思的話題，不少初學者在內心羨慕別人 AutoCAD 好厲害的同時，卻常為自己找了一堆冠冕堂皇的藉口→時間不夠、工作太忙、家裡沒電腦、家裡沒 AutoCAD、公司不培訓、兼差太多、AutoCAD 太難、別人不肯教、會 AutoCAD 有什麼了不起、中打太慢、英文太爛、身體不好、小狗太吵、天氣太熱…等，哎！當初的信誓旦旦，今日卻變成『三分鐘先生』。

3　如何成為真正的 AutoCAD 專業工程師

對 AutoCAD 讀者們的叮嚀

- ✪ 『學過』並不等於『能畫』指令學一堆，真正面對圖形時，【可能不堪一擊】
- ✪ 『能畫』並不等於『熟練』圖面雖能畫，面臨講究速度時，【心有餘力不足】
- ✪ 『熟練』並不等於『專業』速度雖夠快，繁瑣技巧當必然，【難以專業服人】
- ✪ 『專業』並不等於『能教』實力雖頂尖，熱忱不足又臭屁，【不會也不能教】

AutoCAD 專業工程師類別&學習流程圖

類型一	AutoCAD 2D 基礎應用
類型二	AutoCAD 2D 基礎應用 → AutoCAD 3D 應用
類型三	AutoCAD 2D 基礎應用 → AutoCAD 進階與系統規劃
類型四	AutoCAD 2D 基礎應用 → AutoCAD 3D 應用　→ 3DS MAX 材質彩現動畫應用
類型五	AutoCAD 2D 基礎應用 → AutoCAD 進階與系統規劃　→ AutoLISP & DCL 設計
類型六	【類型二】+【類型五】AutoCAD 全方位專業工程師
類型七	【類型四】+【類型五】AutoCAD & 3DS 全方位專業工程師

AutoCAD 專業工程師類別分析

✪ 類型 1
- ❖ AutoCAD 非工作中的主要軟體，在時間有限的情況下，自然不須再進一步學習！
- ❖ AutoCAD 是工作中的主要軟體，但自己只想當一個快樂繪圖員，沒有什麼企圖心！

✪ 類型 2
- ❖ AutoCAD 乃工作中的最主要軟體，自己一定要把 2D、3D 的繪圖技巧掌握好，再考慮下一步的學習計劃！
- ❖ AutoCAD 是工作中主要軟體，但自己只想當個 2D、3D 繪圖好手！

◎ 類型 3

❖ 可能是設計部主管，或公司的 AutoCAD 管理者，最重要的是把 AutoCAD 架構、環境設定、功能表…等進階、管理面搞清楚，才能指導、協助設計繪圖人員，並制定公司的 AutoCAD 準則或作業規範，並協助進階 AutoCAD 問題的解決！

❖ 公司的圖面幾乎都是 2D，所以再更進一步掌握【進階與系統規劃】，就足以滿足公司的需求，至於下一步是【3D】或【AutoLISP】，到時再說！

◎ 類型 4

❖ 目標是成為真正的 3D 專業工程師，對 3D 的要求很高，不但要好，還要更好，材質、燈光、陰影、背景、場景、動畫全面掌握，若功力高、口碑好的話，搞不好還能成立工作室，變成最流行的 SOHO 族！

❖ 讓公司的競爭力更上一層樓，人家 2D、3D 圖，我們就來個更酷的彩現圖，甚至 3DS【動畫】！

◎ 類型 5

❖ 目標是成為 AutoLISP 程式設計師，能對 2D、3D 的需求，化成參數化或更快速的介面，大大的提昇 2D、3D 的設計、繪圖效率(建議每家中小型企業，至少能培養 1~2 位這樣的專業人員)！

❖ 一般均為公司內部 AutoCAD 種子教官或 Power User。

◎ 類型 6

❖ 目標是成為 AutoCAD 全方位工程師，這是一個很具挑戰性的學習目標，但並不是每個人都要學到這個境界的！如果您評估說三年內，AutoCAD 與您密不可分，而您不想只停在金字塔的底部攪和，那請您務必再修正提高自己的學習目標，才不會感嘆【龍困淺灘】【懷才不遇】，相對地，在找不到【伯樂】的同時，試問，您是千里馬嗎？您想享受【慧眼識英雄】的快樂，還是感受【狗眼看人低、薪事誰能知】的無奈！

◎ 類型 7

❖ 目標並不容易達成，因為若能成為【類型 4】或【類型 5】的好手，則已經各擁有一片天了，更何況是成為全方位的 AutoCAD 與 3DS MAX 高手，二者要能兼顧之，真的不容易！Autodesk 公司

的工程師都沒要求到要具備這種程度，因為您想達成這個目標，除決心、用心、專心勤加操練外，時間的犧牲更是可觀的，而且最重要的是工作環境能否允許您這麼做！而您真的能有那麼多時間？

學習的捷徑

✪ 專業訓練中心：

找一家居住或工作附近的專業 AutoCAD 補習班或訓練中心，探聽好口碑與講師實力，因為據筆者所知，很多補習班為了節省講師鐘點費，常留不住好講師，寧願不斷的更新講師陣容，結果學員成了新手講師的試驗白老鼠，若果真被您碰到，那也就請您自求多福了！

✪ 教材叢書：

找對適當的教材是非常重要的，請配合我們精心編著的 AutoCAD 2000~2023 全系列教材，除內容最『最完整』、『最專業』、『最豐富』、『最寶貴』外，尚可省下不少買書的冤枉錢。

✪ 多認識 AutoCAD 高手：

也許您四周就有一些 AutoCAD 熟手，甚至是 AutoCAD 高手，保持認識與聯繫，以備不時之需，也許他們輕輕一出手，就能解決你想破頭的苦惱，甚至讓你的功力大增，減少摸索時間。

✪ 翔虹 AutoCAD 技術中心：

www.autocad.com.tw 最專業用心的 AutoCAD 資源網站，熱忱的歡迎您加入 www.facebook.com/autocad8899:『翔虹 AutoCAD 技術中心』教學網，來一起練功與分享。

4　AutoCAD 專業工程師十大守則

☼ **守則 1**　【美】是要付出【代價】的！

☼ **守則 2**　天下沒有白吃的午餐：

不要被動的期盼公司培養您，幫您負擔所有的 AutoCAD 教育訓練費用，而且不能耽誤下班與休閒時間。

☼ **守則 3**　不要閉門造車：

多看、多學、多充電，才不會不小心成為【井底之蛙】。

☼ **守則 4**　自我要求，創造未來：

如果 AutoCAD 是您未來二年不可或缺的軟體，那請下定決心，強化自己，真正掌握它，讓自己成為真正的【AutoCAD 專業工程師】。

☼ **守則 5**　長江後浪推前浪，前浪死在沙灘上：

如果您是【後浪】，您能嗎？如果您是【前浪】，您願意嗎？

☼ **守則 6**　不要成為半桶水寓言的主角：

能力愈強，請以更熱忱的心情協助更多的初學者，切莫高傲不可及，而成為失去人緣的孤獨者。

☼ **守則 7**　要有時間、成本觀念：

因為對公司來說，能即時性送出客戶需求的圖面，協助成交案子，才是真正的當務之急。

☼ **守則 8**　為自己頭頂加上必要的光環：

擁有 AutoCAD 技能檢定證書，證明您真正具實力水準，或參加比賽，取得優秀名次，對未來求職、升遷、加薪都有相當的助益。

✪ 守則 9　專精重於廣學：

不要學得多而雜，學得皮毛神功，因為企業界是需要【專業】AutoCAD
工程師，而不是一位光說不練的 AutoCAD 大嘴師。

✪ 守則 10　廣結善緣，多認識一些 AutoCAD 高手：

找到高手當靠山，才能縮短自己的學習摸索時間，若能適時的解決
各種疑難雜症，則整個學習的順暢與實力，當可再更上一層樓！但
要注意以下原則：

❖ 將心比心、互相體諒！

❖ 付該付的費用，有【施】才有【得】。

❖ 才能讓您問得【理直氣壯】、【神采飛揚】。

❖ 才能讓他們回答得【責無旁貸】、【義無反顧】。

❖ 切忌造成他們的困擾與負擔。

❖ 成為他們的【拒絕往來戶】，那您就因小而失大了！

5 認識 AutoCAD 2023 螢幕畫面

✪ 『製圖與註解』工作區：

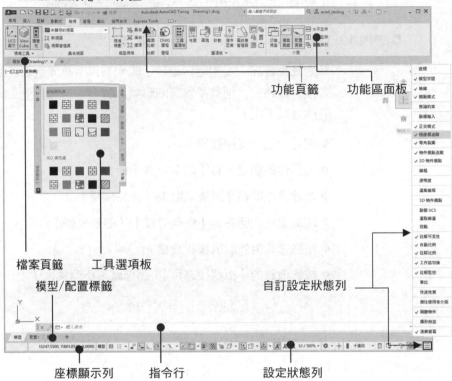

功能頁籤　　功能區面板

檔案頁籤　　工具選項板

模型/配置標籤

自訂設定狀態列

座標顯示列　　指令行　　設定狀態列

✪ 下拉式功能表列：

點選 [A CAD] 出現下
拉式功能表

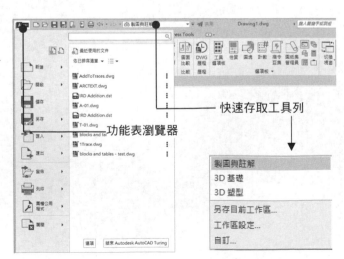

快速存取工具列

功能表瀏覽器

製圖與註解
3D 基礎
3D 塑型
另存目前工作區...
工作區設定...
自訂...

二鍵＋中間滾輪滑鼠 【IntelliMouse】(又稱智慧型滑鼠)

左鍵	選取功能鍵 (選圖元、選點、選功能)	
	連續快按二下	進入物件性質修改對話框
右鍵	繪圖區→快顯功能表或【Enter】功能	
	1.變數 SHORTCUTMENU 等於 0 →【Enter】 2.變數 SHORTCUTMENU 大於 0 →快顯功能表 3.或於環境選項→使用者設定→繪圖區域中的快顯功能表	
中間滾輪 Mbuttonpan=1 (預設值=1)	旋轉滾輪向前或向後	即時縮放(RTZOOM)
	按住滾輪不放與拖曳	即時平移(PAN)
	連續快按二下	縮放實際範圍(ZOOM → E)
	[Shift]+按住滾輪不放與拖曳	透明環轉 3DORBITTRANSPARENT (恢復正常 PLAN→W)
	[Ctrl]+按住滾輪不放與拖曳	搖桿(自由)式平移(FREE PAN) ※ Mbuttonpan=0 功能＝透明迴旋 3DSWIVELTRANSPARENT
	Mbuttonpan=0 時按滾輪	物件鎖點快顯功能表
[Shift]＋ 右鍵	物件鎖點快顯功能表	
[Ctrl]＋ 右鍵	物件鎖點快顯功能表	

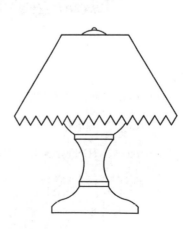

7　AutoCAD 2023 檔案類型

副檔名	說　明	副檔名	說　明
• ac$	圖形暫存檔	• dws	圖形標準檔
• arg	環境選項紀要設定檔	• dwt	圖形樣板檔
• adt	圖形檢核報告檔	• dxf	標準圖形交換檔
• arx	ARX 應用程式檔	• dxx	屬性 DXF 格式萃取檔
• avi	多媒體動態展示檔	• exe	應用程式執行檔
• bak	DWG 圖形備份檔	• err	AutoCAD 錯誤報告檔
• bmp	點陣圖影像檔	• fas	快速載入的 AutoLISP 程式檔
• cfg	規劃檔	• fmt	字體替換對應表檔
• ctb	出圖形式表格檔	• hdi	輔助說明索引檔
• cui • cuix	自訂使用者介面檔	• hlp	輔助說明檔
• dbx	Object DBX 程式檔	• htm	網頁標準格式檔
• dcc	對話框顏色控制檔	• html	網頁標準格式檔
• dce	對話框錯誤報告檔	• igs	IGES 圖形交換檔
• dcl	對話框程式檔	• ini	組態設定檔
• doc	WORD 文件檔	• jpg	JPEG 影像檔
• dst	圖紙集設定檔	• las	圖層狀態圖檔
• dvb	VBA 檔案	• lin	線型定義檔
• dwf	網際網路圖形檔	• log	圖面記錄檔
• dwg	圖形檔	• lsp	AutoLISP 程式檔
• max	3DS MAX 與 VIZ 格式檔	• sat	ACIS 實體圖形檔
• mli	材質庫檔	• scr	劇本檔、草稿檔

副檔名	說　明	副檔名	說　明
·mln	MLINE 定義檔	·shp	字型原始檔
·mnc	功能表編譯檔	·slb	SLIDE 幻燈片庫檔
·mnl	AutoLISP 功能表程式檔	·sld	SLIDE 幻燈片檔
·mnr	功能表資源檔	·stl	立體石板印刷格式檔
·mns	功能表原始檔	·sv$	自動儲存檔
·mnu	舊功能表母體檔	·tga	TGA 影像檔
·mnx	DOS 版功能表編譯檔	·tif	TIF 影像檔
·pat	剖面線形狀定義檔	·txt	ASCII 文字檔
·pcp	舊式出圖規劃設定參數檔	·vlx	Visual LISP 程式檔
·pc2	R14 出圖規劃設定參數檔	·wav	多媒體聲音檔
·pc3	出圖規劃設定參數檔	·wmf	Windows Meta(中繼)檔
·pgp	快捷鍵定義檔	·xmx	外掛訊息檔
·plt	繪圖輸出檔	·xls	EXCEL 文件
·ppt	Power Point 簡報檔	·xtp	工具選項板匯出檔
·ps	Post Script 檔	·xpg	工具選項板群組匯出檔
·shx	字型編譯檔 (AutoCAD 專用字體)		

8　重要的基礎功能區面板速查

快速存取工具列

	新建	QNEW		另存	SAVEAS		重做	REDO
	開啟	OPEN		出圖	PLOT			
	儲存	QSAVE		退回	U			

常用頁籤

⭐ 繪製

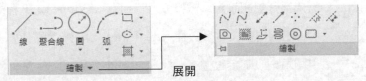

展開

	線	LINE		點	POINT
	聚合線	PLINE		等分	DIVIDE
	圓	CIRCLE		等距	MEASURE
	弧	ARC		面域	REGION
	矩形	RECTANG		遮蔽	WIPEOUT
	橢圓	ELLIPSE		3D 聚合線	3DPOLY
	填充線	HATCH		螺旋線	HELIX
	雲形線	SPLINE		環	DONUT
	多邊形	POLYGON		漸層	GRADIENT
	建構線	XLINE		邊界	BOUNDARY
	射線	RAY		修訂雲形	REVCLOUD

✪ 修改

	移動	MOVE		矩形陣列	ARRAYRECT
	複製	COPY		路徑陣列	ARRAYPATH
	旋轉	ROTATE		環形陣列	ARRAYPOLAR
	拉伸	STRETCH		編輯聚合線	PEDIT
	修剪	TRIM		編輯雲形線	SPLINEDIT
	比例	SCALE		編輯填充線	HATCHEDIT
	偏移	OFFSET		編輯陣列	ARRAYEDIT
	鏡射	MIRROR		對齊	ALIGN
	刪除	ERASE		切斷	BREAK
	分解	EXPLODE		延伸	EXTEND
	倒角	CHAMFER		接合	JOIN
	圓角	FILLET		反轉	REVERSE
	設定為依圖層	SETBYLAYER		複製巢狀物件	NCOPY
	變更空間	CHSPACE		刪除重複物件	OVERKILL
	調整長度	LENGTHEN		物件顯示順序	AI_DRAWORDER

✪ 圖層

	圖層關閉	LAYOFF		圖層凍結	LAYFRZ
	打開全部圖層	LAYON		解凍全部圖層	LAYTHW
	圖層隔離	LAYISO		圖層鎖護	LAYLCK
	取消隔離	LAYUNISO		圖層解鎖	LAYULK

設定物件圖層為目前圖層	LAYMCUR		圖層隔離至目前視埠	LAYVPI
相符	LAYMCH		合併圖層	LAYMRG
前次	LAYERP		刪除	LAYDEL
變更為目前圖層	LAYCUR		圖層性質管理員	LAYER
物件複製到新圖層	COPYTOLAYER		圖層漫遊	LAYWALK
鎖住圖層淡化	LAYLOCKFADECTL			

✪ 註解

多行文字	MTEXT		標註	DIM
單行文字	TEXT		標註型式	DIMSTYLE
多重引線	MLEADER		多重引線型式	MLEADERSTYLE
表格	TABLE		表格型式	TABLESTYLE
文字型式	STYLE		線性	DIMLINEAR

✪ 圖塊

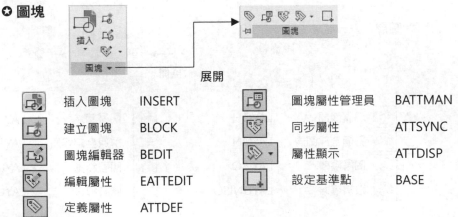

插入圖塊	INSERT		圖塊屬性管理員	BATTMAN
建立圖塊	BLOCK		同步屬性	ATTSYNC
圖塊編輯器	BEDIT		屬性顯示	ATTDISP
編輯屬性	EATTEDIT		設定基準點	BASE
定義屬性	ATTDEF			

✪ 性質

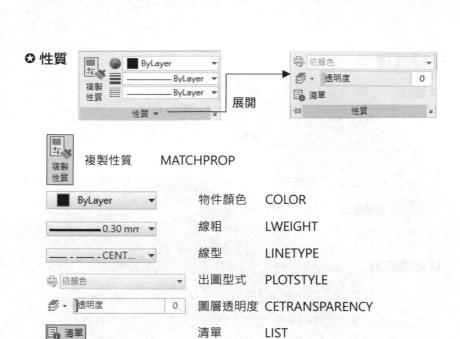

展開

複製性質	複製性質	MATCHPROP
ByLayer	物件顏色	COLOR
0.30 mm	線粗	LWEIGHT
CENT	線型	LINETYPE
依顏色	出圖型式	PLOTSTYLE
透明度 0	圖層透明度	CETRANSPARENCY
清單	清單	LIST

✪ 公用程式

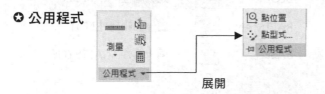

展開

測量	MEASUREGEOM		快速計算器	QUICKCALC
快速選取	QSELECT	點位置	點位置	ID
全選	[Ctrl]+A	點型式	點型式	PTYPE

✪ 剪貼簿

貼上	貼上	PASTECLIP
剪下	剪下	CUTCLIP
複本截取	複本截取	COPYCLIP

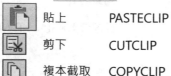

插入頁籤

✪ 圖塊

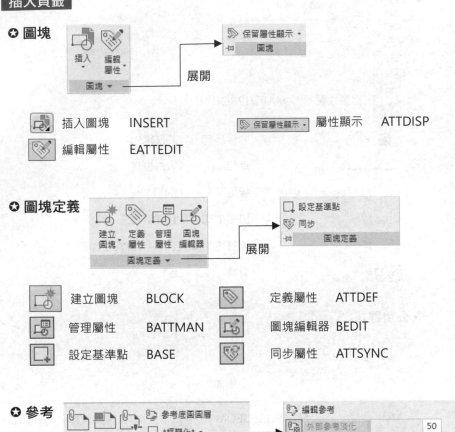

展開

插入圖塊　　INSERT

編輯屬性　　EATTEDIT

保留屬性顯示　屬性顯示　　ATTDISP

✪ 圖塊定義

展開

建立圖塊　　BLOCK　　　　　　定義屬性　　ATTDEF

管理屬性　　BATTMAN　　　　圖塊編輯器　BEDIT

設定基準點　BASE　　　　　　同步屬性　　ATTSYNC

✪ 參考

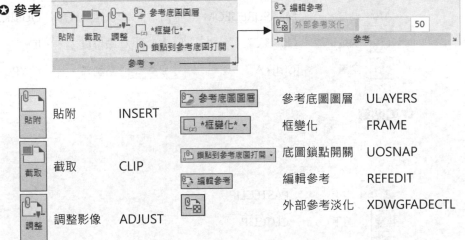

貼附　　　　INSERT　　　　參考底圖圖層　參考底圖圖層　ULAYERS

截取　　　　CLIP　　　　　*框變化*　　　框變化　　　　FRAME

　　　　　　　　　　　　　鎖點到參考底圖打開　底圖鎖點開關　UOSNAP

調整影像　　ADJUST　　　　編輯參考　　　編輯參考　　　REFEDIT

　　　　　　　　　　　　　　　　　　　　外部參考淡化　XDWGFADECTL

✪ 匯入

 匯入 PDF　　PDFIMPORT

✪ 資料

 功能變數　　　FIELD

更新功能變數　更新功能變數　UPDATEFIELD

OLE 物件　　OLE 物件　　　INSERTOBJ　　　　超連結　超連結　HYPERLINK

✪ 連結與萃取

 資料連結　　　DATALINK

萃取資料　　　DATAEXTRACTION

上傳至來源　　DATALINKUPDATE→W

從來源下載　　DATALINKUPDATE

註解頁籤

✪ 文字

展開

	多行文字	MTEXT		拼字檢查	SPELL
	單行文字	TEXT		對齊文字	TEXTALIGN
文字比例	比例	SCALETEXT		對正	JUSTIFYTEXT

Standard	文字型式	STYLE
尋找文字	尋找及取代	FIND
5	文字高度	TEXTSIZE

✪ 標註

展開

	線性	線性	DIMLINEAR		重新關聯	DIMREASSOCIATE
	對齊式	對齊式	DIMALIGNED		切斷	DIMBREAK
	角度	角度	DIMANGULAR		更新	DIMSTYLE
	弧長	弧長	DIMARC		標註轉折線	DIMJOGLINE
	半徑	半徑	DIMRADIUS		檢驗	DIMINSPECT
	直徑	直徑	DIMDIAMETER		取代	DIMOVERRIDE
	座標式	座標式	DIMORDINATE		公差	TOLERANCE
	轉折	轉折	DIMJOGGED		傾斜	DIMEDIT→O
	快速	快速標註	QDIM		文字角度	DIMTEDIT→A
		調整間距	DIMSPACE		靠左對齊	DIMTEDIT→L
		連續標註	DIMCONTINUE		靠中對齊	DIMTEDIT→C
		基線標註	DIMBASELINE		靠右對齊	DIMTEDIT→R

ISO-25	標註型式	DIMSTYLE
使用目前的設定	標註圖層	

✪ 中心線

 中心標記　CENTERMARK　　　　 中心線　CENTERLINE

✪ 引線

　　　　　　 多重引線　MLEADER

 加入引線　AIMLEADEREDITADD　　　 對齊　MLEADERALIGN

 移除引線　AIMLEADEREDITREMOVE　　 收集　MLEADERCOLLECT

 多重引線型式　DIMSTYLE

✪ 表格

 表格　　　TABLE

從來源下載　DATALINKUPDATE　　上傳至來源　DATALINKUPDATE

萃取資料　DATAEXTRACTION

連結資料　DATALINK

 表格型式　TABLESTYLE

第一篇　第一章　▼　踏出 2023 關鍵的第一步

❖ 標記

 遮蔽　　WIPEOUT　　　　　　　 修訂雲形　REVCLOUD

❖ 註解比例調整

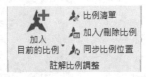

加入目前的比例	AIOBJECTSCALEADD
比例清單	SCALELISTEDIT
加入/刪除比例	OBJECTSCALE
同步比例位置	ANNORESET

參數式頁籤

❖ 幾何

自動約束　AUTOCONSTRAIN

垂直	GEOMCONSTRAINT→V		水平	GEOMCONSTRAINT→H
重合	GEOMCONSTRAINT→C		相切	GEOMCONSTRAINT→T
共線	GEOMCONSTRAINT→COL		平滑	GEOMCONSTRAINT→SM
同圓心	GEOMCONSTRAINT→CON		對稱	GEOMCONSTRAINT→S
固定	GEOMCONSTRAINT→FIX		相等	GEOMCONSTRAINT→E
平行	GEOMCONSTRAINT→PA		互垂	GEOMCONSTRAINT→P

展示/隱藏　CONSTRAINTBAR

✪ 尺度

	線性	DIMCONSTRAINT→LI	對齊式 DIMCONSTRAINT→A
	半徑	DIMCONSTRAINT→R	角度 DIMCONSTRAINT→AN
	直徑	DIMCONSTRAINT→D	轉換 DIMCONSTRAINT
	水平	DIMCONSTRAINT→H	垂直 DIMCONSTRAINT→V
	展示/隱藏動態約束	DCDISPLAY	

✪ 管理

 刪除約束　DELCONSTRAINT　　　 參數管理員　PARAMETERS

檢視頁籤

✪ 視埠工具

 UCS 圖示　UCSICON　　　　　 導覽列　　NAVBAR

 檢視立方塊　開關 VIEWCUBE

✪ 模型視埠

UCS 圖示　UCSICON

具名	具名	VPORTS
接合	接合	VPORTS→J
還原	還原	VPORTS→T

✪ 選項板

 工具選項板　TOOLPALETTES　　 性質選項板　PROPERTIES

計數　計數　COUNT　　 圖紙集管理員　SHEETSET

指令行　COMMANDLINEHIDE　　標記集管理員　MARKUP

 圖層性質　LAYER　　 快速計算機　QUICKCALC

 設計中心　ADCENTER　　 外部參考　EXTERNALREFERENCES

✪ 介面

 切換視窗

 配置頁籤　LAYOUTTAB　　 檔案頁籤　FILETABCLOSE

水平並排　水平並排　SYSWINDOWS→H

垂直並排　垂直並排　SYSWINDOWS→V

重疊排列　重疊排列　SYSWINDOWS→C

✪ 動作錄製器

錄製	錄製	ACTRECORD
插入訊息	ACTUSERMESSAGE	插入基準點 ACTBASEPOINT
管理動作巨集	ACTMANAGER	

✪ 自訂

 使用者介面 CUI 工具選項板 CUSTOMIZE

匯入 CUIIMPORT 匯出 CUIEXPORT

編輯快捷鍵 編輯別名 ACAD.PGP

✪ CAD 標準

圖層轉換器	圖層轉換器	LAYTRANS
檢查	檢查	CHECKSTANDARDS
規劃	規劃	STANDARDS

第一篇 第一章 ▼ 踏出 2023 關鍵的第一步

輸出頁籤

✪ **出圖**

 出圖　PLOT

 批次出圖　PUBLISH

 預覽　PREVIEW

🗔 頁面設置管理員　頁面設置管理員　PAGESETUP

🔍 檢視詳細資料　檢視詳細資料　VIEWPLOTDETAILS

🗔 繪圖機管理員　繪圖機管理員　PLOTTERMANAGER

✪ **匯出至 DWF/PDF**

 匯出　EXPORTDWFX

A360

（功能詳見第十四章）

✪ 初學者正確的學習方式

應先熟悉標準指令，再記憶指令快捷鍵，熟 AutoCAD 或系統規劃人員可以修改 ACAD.PGP 內容，使得這些快捷鍵能更方便、更好記，對設計與繪圖效率的提昇，助益甚大也！

✪ 2D 常用的快捷鍵：單一字母

快捷鍵	執行指令	指令說明
A	ARC	弧
B	BLOCK	圖塊
C	CIRCLE	圓
D	DIMSTYLE	標註型式管理員
E	ERASE	刪除
F	FILLET	圓角
G	GROUP	群組管理員
H	HATCH	剖面線、填充線
I	INSERT	插入圖塊
J	JOIN	結合
K	【未定義】	
L	LINE	畫線
M	MOVE	移動
N	【未定義】	
O	OFFSET	偏移複製
P	PAN	即時平移
Q	【未定義】	
R	REDRAW	重繪
S	STRETCH	拉伸
T	MTEXT	多行文字
U	【標準指令】	退回一次 (不等於 undo)

快捷鍵	執行指令	指令說明
V	VIEW	視圖
W	WBLOCK	寫出圖塊
X	EXPLODE	分解、炸開
Y	【未定義】	
Z	ZOOM	縮放

✪ 2D 常用的快捷鍵：2 個字母

快捷鍵	執行指令	指令說明
AA	AREA	面積
AL	ALIGN	對齊
AR	ARRAY	關聯式陣列
-AR	-ARRAY	指令式陣列
BO	BOUNDARY	邊界
BR	BREAK	切斷
CO	COPY	複製
DI	DIST	兩點距離
DT	TEXT	單行文字
ED	DDEDIT	編輯文字、屬性標籤、屬性值、標註
EL	ELLIPSE	橢圓
EX	EXTEND	延伸
HE	HATCHEDIT	填充線編修
LI	LIST	查詢物件資料
LT	LINETYPE	線型管理員
MA	MATCHPROP	複製性質
ME	MEASURE	等距佈點
MI	MIRROR	鏡射
OP	OPTIONS	選項
OS	OSNAP	物件鎖點設定
PE	PEDIT	聚合線編輯
PL	PLINE	聚合線

快捷鍵	執行指令	指令說明
PU	PURGE	清除無用物件
RE	REGEN	重生
RO	ROTATE	旋轉
SC	SCALE	比例
ST	STYLE	字型管理員
TR	TRIM	修剪
UN	UNITS	單位管理員
XL	XLINE	建構線

✪ **2D 常用的快捷鍵：** 3 個字母

快捷鍵	執行指令	指令說明
CHA	CHAMFER	倒角
DAL	DIMALIGNED	對齊式標註
DAN	DIMANGULAR	角度標註
DLI	DIMLINEAR	線性標註
DIV	DIVIDE	等分
LEN	LENGTHEN	調整長度
LTS	LTSCALE	整體線型比例設定
POL	POLYGON	建立正多邊形
REC	RECTANG	建立矩形
REG	REGION	面域

✪ **特殊快捷鍵：**

快捷鍵	執行指令	指令說明
BE	BEDIT	圖塊編輯器
GD	GRADIENT	漸層填滿
MV	MVIEW	建立與控制配置視埠
TB	TABLE	建立表格
TS	TABLESTYLE	表格型式
XR	XREF	外部參考

10　重要的鍵盤功能鍵速查

1	ESC	Cancel<取消指令執行>
2	F1	輔助說明 HELP
3	F2	文字畫面<開 or 關>
4	F3	物件鎖點<開 or 關>
5	F4	3D 物件鎖點<開 or 關>
6	F5	等角平面切換<上/右/左>
7	F6	動態 UCS<開 or 關>
8	F7	格線顯示<開 or 關>
9	F8	正交<開 or 關>
10	F9	鎖點<開 or 關>
11	F10	極座標追蹤<開 or 關>
12	F11	物件鎖點追蹤<開 or 關>
13	F12	動態輸入<開 or 關>
14	視窗鍵 ＋ D	Windows 桌面顯示
15	視窗鍵 ＋ E	Windows 檔案總管
16	視窗鍵 ＋ F	Windows 搜尋功能
17	視窗鍵 ＋ R	Windows 執行功能
18	視窗鍵 ＋ Break	Windows 系統內容
19	CTRL ＋ 0	清爽螢幕<開 or 關>

20	CTRL	+	1	性質選項板<開 or 關>
21	CTRL	+	2	設計中心<開 or 關>
22	CTRL	+	3	工具選項板<開 or 關>
23	CTRL	+	4	圖紙集管理員<開 or 關>
24	CTRL	+	6	資料庫連結管理員<開 or 關>
25	CTRL	+	7	標記集管理員 Markup<開 or 關>
26	CTRL	+	8	快速計算器<開 or 關>
27	CTRL	+	9	指令行<開 or 關>
28	CTRL	+	A	選取全部物件
29	CTRL	+	C	CopyClip 複製內容到剪貼簿內
30	CTRL	+	N	New 新圖
31	CTRL	+	O	Open 開啟舊檔
32	CTRL	+	P	Plot 繪圖輸出
33	CTRL	+	Q	Quit 離開 AutoCAD
34	CTRL	+	S	Qsave 快速圖檔儲存
35	CTRL	+	V	PasteClip 貼上剪貼簿內容
36	CTRL	+	W	選集循環<開 or 關>
37	CTRL	+	X	CutClip 剪下內容到剪貼簿內或刪除
38	CTRL	+	Shift + S	另存新檔
39	CTRL	+	Shift + A	群組<開或關>

11　正確的 AutoCAD 指令輸入方式

自動完成指令輸入

✪ **輸入指令的第一個字，即出現指令快顯功能表：**

❖ 打開 [F12] 動態輸入清單會跟隨滑鼠出現，關閉 [F12] 清單則在指令列出現。輸入第一個字 L，出現快顯功能表後再從清單上選取要執行的指令。

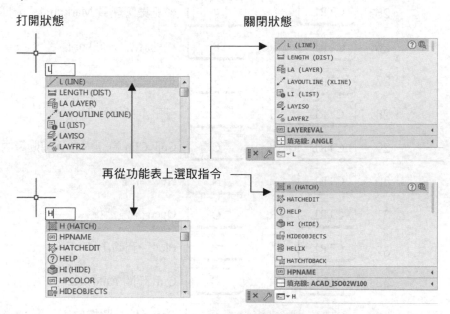

打開狀態　　　　　　　　　　　　　　　　關閉狀態

再從功能表上選取指令

✪ **滑鼠於指令選單中，停留幾秒後，會出現指令說明：**

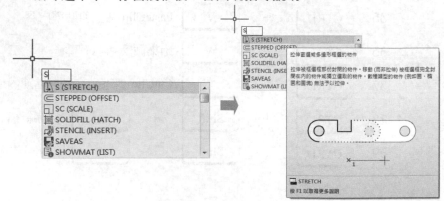

在 Command 指令後直接輸入指令

指令: LINE   ← 輸入指令

```
× 🔧 ╱▾ LINE 指定第一點:
```

指令: CIRCLE   ← 輸入指令 (可直接以滑鼠點選需要的選項)

```
× 🔧 ⊙▾ CIRCLE 指定圓的中心點或 [三點(3P) 兩點(2P) 相切、相切、半徑(T)]:
```

指令: L   ← 以快捷鍵指令輸入

```
× 🔧 ╱▾ LINE 指定第一點:
```

指令: C   ← 以快捷鍵指令輸入

```
× 🔧 ⊙▾ CIRCLE 指定圓的中心點或 [三點(3P) 兩點(2P) 相切、相切、半徑(T)]:
```

指令: Z   ← 以快捷鍵指令輸入 (直接以滑鼠點選需要的選項)

```
× 🔧 ±⬀▾ ZOOM [全部(A) 中心點(C) 動態(D) 實際範圍(E) 前次(P) 比例(S) 視窗(W) 物件(O)] <即時>:
```

重複上一次剛執行過的指令

只要按『Enter』或『空白鍵』即可快速重複執行該指令。

重複最近六次內使用過的指令

只要在指令區按下 📟▾ 鍵，即可
快速選擇最近執行過的指令。

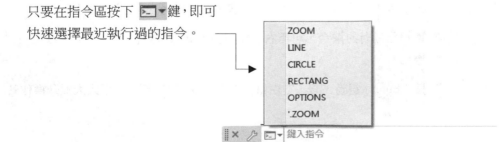

重複任何使用過的指令

✪ 只要按鍵盤往上鍵『↑』或往下鍵『↓』，找到該指令。

✪ 或對該指令作必要之修改後，按『Enter』即可快速重複執行該指令。

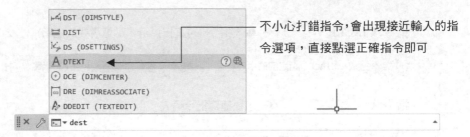

不小心打錯指令，會出現接近輸入的指令選項，直接點選正確指令即可

使用各類功能區面板

功能區面板的指令輸入方式，可說是視窗軟體的共同特徵，全球通行，詳細功能區面板介紹，讀者可參考本章第 8 單元。

製圖與註解

如何快速正確的輸入指令

✪ 姿勢上 → 二手【同心協力】、【左右開弓】。

✪ 右手儘量停在滑鼠上，不要輕易擅離職守。

✪ 左手輸入常用的指令（以指令【快捷鍵】為優先考慮）或數值。

✪ 重複已執行的指令，可用右手按滑鼠右鍵或按鍵盤上的往上『↑』往下『↓』尋找。

✪ 按『Enter』鍵時，以『空白鍵』為優先(寫文字除外)，可大大提升操作效率。

✪ **善用螢幕中看得見的頁籤切換各面板選取：**

頁籤功能區：常用、插入、註解、參數式、檢視、管理、輸出、…等。

✪ **佈置專屬的工作區：**(詳見第二章第 8 單元)

✪ **執行指令之游標徽章：**

執行指令時，游標旁會顯示相關的徽章，輕鬆確認當前執行的指令狀態。

| 框選 | 窗選 | 比例 | 複製 | 旋轉 |

12 查詢系統變數

✪ AutoCAD 的系統變數有很多，查看所有系統變數的方式有二種：

❖ 指令: SETVAR 或 SET

輸入變數名稱或 [列示(?)] <PLINEWID>: ?

輸入要列示的變數 <*>:　　← 輸入要查詢的變數

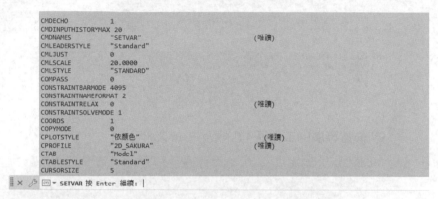

❖ 指令: ? 或 HELP

13　數值輸入的五種格式

1	整數	23,58,100,-30,-60…
2	實數	23.5,67.8,-43.8…
3	分數 (不可以帶小數點)	123/8,100/3,-50/6 注意 123.5/8 是無法接受的，除非改成 1235/80 將分子分母同乘 10，去除掉小數點
4	二點	直接由圖面中選取二點
5	'CAL	搭配其他指令，務必要用穿透指令'cal 呼叫出現表示式後，即可輸入正常的數學計算式

以 OFFSET 為例

指令:OFFSET

目前的設定:刪除來源=否　圖層=來源　OFFSETGAPTYPE=0

指定偏移距離或 [通過(T)/刪除(E)/圖層(L)] <1.0000>: 123/8　　　← 可接受

指令:OFFSET

目前的設定:刪除來源=否　圖層=來源　OFFSETGAPTYPE=0

指定偏移距離或 [通過(T)/刪除(E)/圖層(L)] <15.3750>: 123.5/8　← 分數帶小數點

需要數值距離，兩點，或選項關鍵字。　　　　　　　　　　　　← 錯誤不接受

指令:OFFSET

目前的設定:刪除來源=否　圖層=來源　OFFSETGAPTYPE=0

指定偏移距離或 [通過(T)/刪除(E)/圖層(L)] <15.3750>: 123.5/12+2.8*3.5 ←計算式

需要數值距離，兩點，或選項關鍵字。　　　　　　　　　　　　← 錯誤不接受

指令:OFFSET

目前的設定:刪除來源=否　圖層=來源　OFFSETGAPTYPE=0

指定偏移距離或 [通過(T)/刪除(E)/圖層(L)] <15.3750>: 'CAL　　← 呼叫計算機

>>>> 表示式: 123.5/12+2.8*3.5　　　　　　　　　　　　　　← OK 可接受

繼續執行 OFFSET 指令。

14　關鍵字快速搜尋技巧

對話框內的關鍵字搜尋法

- ✪ 這是 WINDOWS 提供的標準功能，很好用。

- ✪ 以建立字型 SS 為例：

所需的字體是 scriptc，在字體下拉選單中輸入 SC，則自動會跳到 SC 開頭的字母區，再選 scriptc 即可。

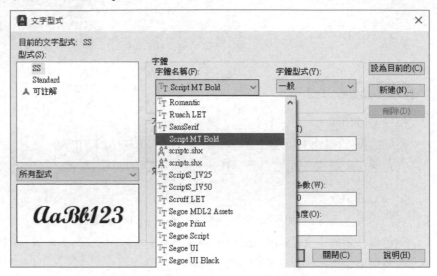

- ✪ 以載入線型 HIDDEN 為例：在可用線型選單中先點選一下。

再輸入 H 即可，則自動會跳到 H 開頭的字母區，有時候運氣很好，就會剛好命中。

請開啟 C:\2023DEMO\TESTDWG\GALLERIES-DEMO.DWG

✪ 各種文字型式效果，清清楚楚。

✪ 各種標註型式效果，一目了然。

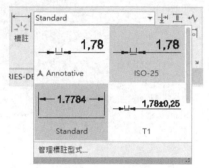

✪ 各種引線型式效果，變化分明。

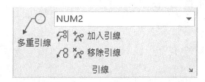

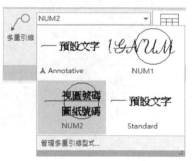

✪ 各種圖塊型式，所見所得。

隨手札記

第一篇 第二章

踏出 2023 關鍵的第二步

1　先決定您的圖檔要放在哪裡？

不要急著進入 AutoCAD 2023：

☆ **步驟一**　請先決定您的圖檔位置要放在什麼地方？建議以檔案總管在 C:\或 D:\下建立新資料夾 2023DWG。

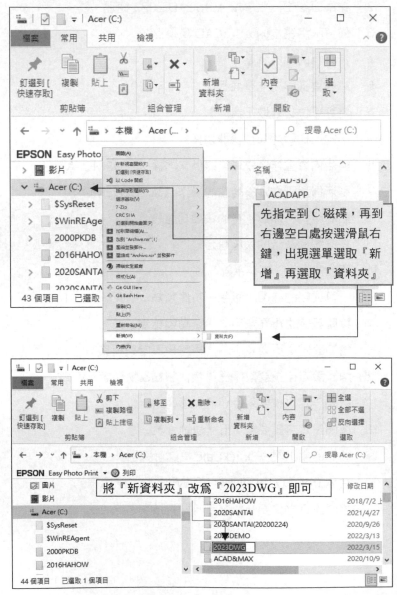

先指定到 C 磁碟，再到右邊空白處按選滑鼠右鍵，出現選單選取『新增』再選取『資料夾』

將『新資料夾』改為『2023DWG』即可

✪ 步驟二 再於 C:\2023DWG 中建立二個新資料夾，分別為 AUTOSAVE 與 DWT。

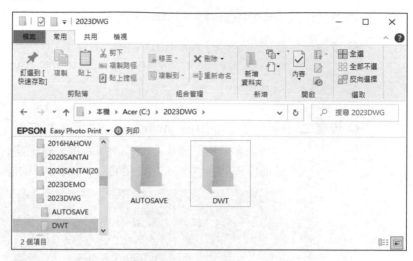

❖ DWT 是用來放圖面樣板檔。

❖ AUTOSAVE 是用來放自動儲存的檔案。

❖ 也可以在 2023DWG 下，依客戶別、專案別、月分別再建立資料夾才更易於管理圖面。

❖ 也可以在 2023DWG 下，建立其它專用資料夾：

2DPARTS	2D 圖塊、符號、零組件
FONTS	蒐集專用的 AutoCAD 字體檔 (SHX)
SUPPORT	相關支援檔

附註：這些資料要加入 OPTIONS (快捷鍵 OP) →檔案→支援路徑，才能自動連結。

2 　在桌面產生一組專屬 AutoCAD 2023 捷徑

若讀者在上一單元時已經建好 C:\2023DWG 資料夾，則可省略步驟一。

✪ **步驟一**　請先決定您的 AutoCAD 圖檔放在什麼地方，建議以檔案總管在 C:\ 建立新資料夾 C:\2023DWG，再於 2023DWG 下建立 DWT 與 AUTOSAVE 二個子資料夾。

✪ **步驟二**　新增自己專用的 AutoCAD 2023 捷徑圖像，在視窗桌面上的 AutoCAD 2023 圖像上方按滑鼠右鍵，選擇建立捷徑，此時桌面將新增出現另一組 AutoCAD 2023 捷徑圖像，如圖：

✪ **步驟三**　更名新的 AutoCAD 2023 圖像，在新的 AutoCAD 2023 圖像上方按滑鼠右鍵，選擇『重新命名』請將其改成你專屬的識別名稱（如 SAKURA 2D)，如圖：

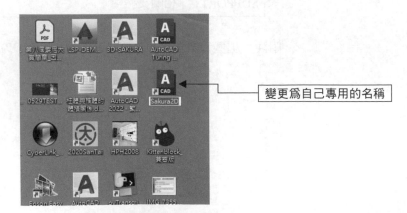

✪ **步驟四**　　調整新的 SAKURA 2D 圖像內容。

❖ 在新的 SAKURA 2D 圖像上方按滑鼠右鍵選擇『內容』如圖：

修改開始位置
C:\2023DWG

❖ 在原目標 "…\acad.exe" 後面預設指定 AutoCAD 環境管理設定。

❶ 先空一格，再加上『/P』，再空一格。

❷ 接著加上自行定義的 " 2D_SAKURA" 。

❸ 注意 1：　ACAD.EXE 所在資料夾是安裝時各有不同，讀者要特別留意，千萬別亂改才是。

❹ 注意 2：　環境管理設定名稱 "2D_SAKURA " 讀者可自訂，中英文均可，名稱中間亦可加入空白，但名稱內若含有空白字元時，一定要用雙引號『"』將之括起來，但名稱內若沒有空白時，雙引號則可省略。

設定專屬的紀要
名稱

✪ **步驟五** 　快樂的以【2D_SAKURA】捷徑，進入 AutoCAD 2023 影像。

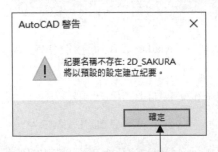

剛定義的紀要設定 2D_SAKURA 並不存在，將以預設值建立之

❖ 進入 AutoCAD 出現如下頁。

✪ **步驟六** 執行『新建』(QNEW)，正式進入 AutoCAD 2023。

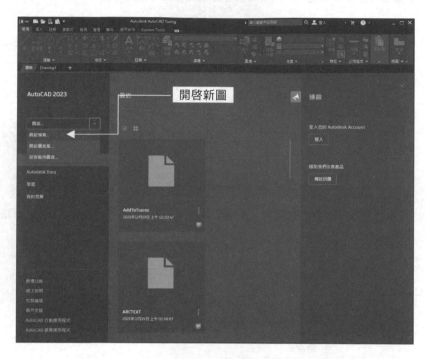

3 佈置一組基本的 AutoCAD 環境選項

✪ **關鍵指令：OPTIONS**

✪ **啟動方式：**

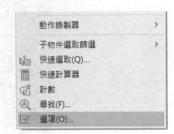

指令	OPTIONS 或 OP 快捷鍵
快顯功能表	滑鼠右鍵→選項

掌握基本的環境管理與設定技巧

✪ **按滑鼠右鍵執行『選項』：**先切至最右邊的『紀要』頁籤。

❖ 有一組<<未具名紀要>>是安裝完 AutoCAD 2023 後自動產生的，也是 AutoCAD 預設的個人設定名稱。

❖ 還有一組『2D_SAKURA』是我們上一單元所新增的『紀要』，而且它也正是『目前的』紀要。

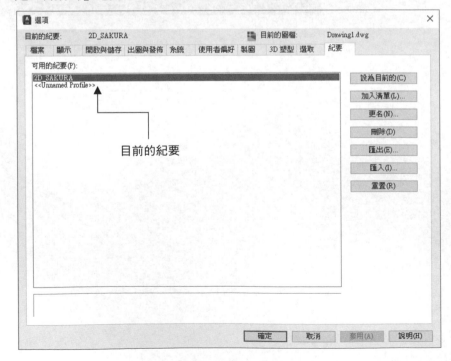

❖ 若有必要將個人設定套用到其他電腦，則可選擇『匯出』與『匯入』ARG 檔案的方式進行，非常的方便。

❖ 以下介紹『2D_SAKURA』搭配各選項夾內容 (由左而右)，共有 10 個選項夾 (檔案、顯示、開啟與儲存、出圖與發佈、系統、使用者偏好、製圖、3D 塑型、選取、紀要)。

檔案	顯示	開啟與儲存	出圖與發佈	系統	使用者偏好	製圖	3D 塑型	選取	紀要

❖ 調整的同時，可選擇『套用』或『確定』，二者的差別是『套用』不會關閉選項對話框，而『確定』將關閉選項對話框。

❖ 項目的左側有加入『圖面記號 ▓』者，表示該變數反應來自圖面現有設定，修改後的值，亦將反應回該圖面，而非儲存於紀要設定內。

✪ 選取：　此選項頁籤負責編修物件時『選取模式與掣點』控制，初學者建議可調一調點選框、掣點大小與掣點顏色。

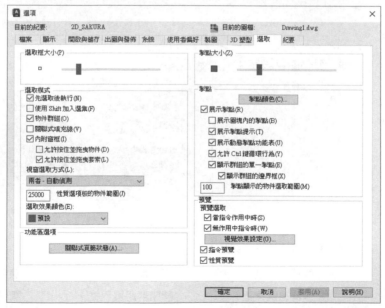

❖ 預覽選取：

指當游標靠近物件時，產生預選亮顯效果。

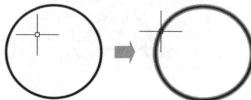

當指令作用中時：亮顯的效果指出現在指令作用時的開關。

無作用中指令時：亮顯的效果指出現在無指令預選物件時的開關。

視覺效果設定：初學者建議可調一調各種變化與顏色。

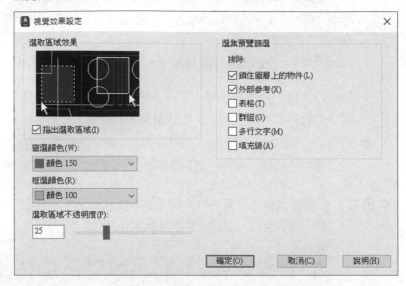

❖ 掣點顏色設定：

❖ 顯示群組單一掣點：

打開單一掣點
打開群組邊界框

打開單一掣點
關閉群組邊界框

關閉單一掣點
關閉群組邊界框

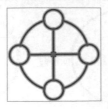
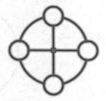
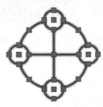

✪ **製圖**：此選項頁籤負責『自動鎖點設定』與『自動追蹤設定』控制，初學者
建議可調一調『自動鎖點標識大小』與『鎖點框大小』。

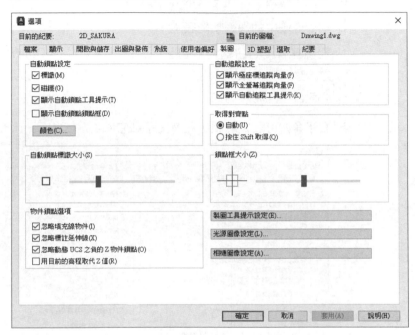

❖ 製圖工具提示顯示設定：

✪ **使用者偏好：**

❖ **按二下編輯：**(內定為 ON 啟用狀態)

❖ **繪製區域中的快顯功能表：**

若想讓滑鼠的右鍵在繪圖區單純是早期版本的 [Enter] 功能，則請取消之，建議 ON 打勾啟用之！(內定為 ON 啟用狀態)，以活用 AutoCAD 的貼心設計，同時讀者仍可進一步自訂右鍵的模式。

❖ **右下角亦可設定線粗，此時先不動它。**

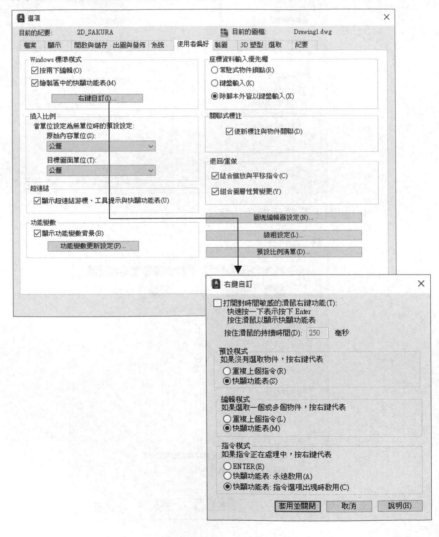

✪ **系統：**

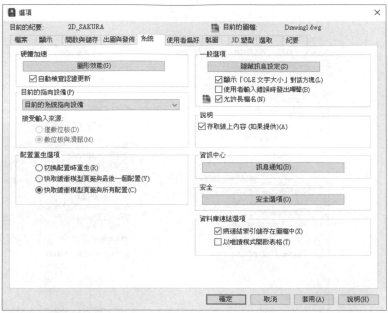

✪ **出圖與發佈：** 輸出設備、出圖型式設定與選擇『建議先不更動，請參考第十五章輕鬆掌握配置、視埠、比例與出圖』。

✪ **開啟與儲存：**有關檔案的儲存與安全防護要特別注意。

❖ 可指定『另存新檔』時的圖檔版本。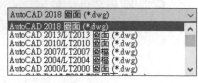

面對這麼多不同的 AutoCAD 版本，一般用戶早就搞得頭昏腦脹了

主分類	AutoCAD 各版本	dwg格式	可儲存圖檔格式
R16	2004 至 2006	2004	※舊版本打不開新版本圖檔
R17	2007 至 2009	2007	※新版本可以開啟舊版本
R18	2010 至 2012	2010	※新版本可另存成舊版本
R19	2013 至 2014	2013	
R20	2015 至 2017	2013	
R21	2018 至 2023	2018	

❖ 『自動儲存』：建議改為 10-30 分鐘。

✪ 顯示：

❖ 『在圖面視窗中顯示捲動軸』：建議取消不用➔可讓繪圖區更大。

❖ 『色彩計畫』：建議設定為淺色。

暗　　　　　　　　　　　　　淺色

 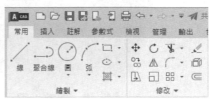

❖ 『展示候選物工具提示』：控制游標亮顯物件時是否要顯示提示。

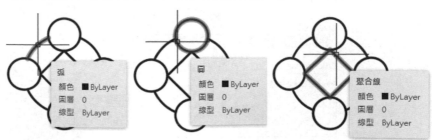

顯示的提示資訊可由→CUI 使用者自訂介面中設定 C

❖ 『展示工具提示』控制：停留 2 秒(預設值)，自動展示延伸工具提示。

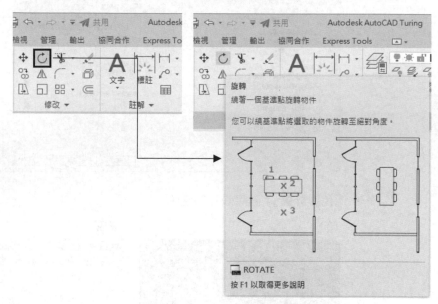

❖ 『字體』調整：調整指令行視窗字體。

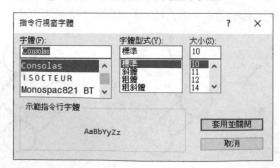

❖ 『顏色』調整：

可由左邊『介面環境』選單選取欲修改的『介面元素』，指定顏色即可調整，建議大膽的改改看，改壞了不用擔心，可輕易『還原目前元素』、『還原目前介面環境』、『還原所有介面環境』。

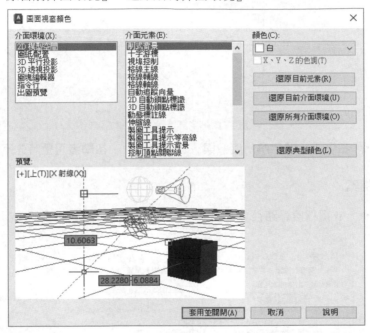

❖ 『配置元素』：建議只打開第一項，其餘關閉。

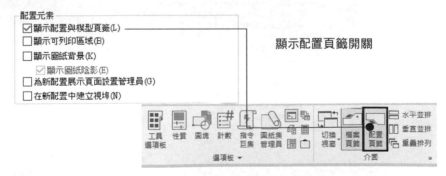

如果全部關閉也可以，可至右下方狀態列切換配置與模型空間。

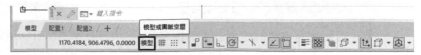

❖ 『十字游標大小』調整：

<5%畫面>　　　　　　　　　　　　　　<100%畫面>

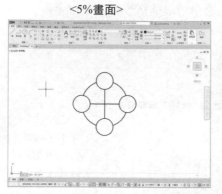
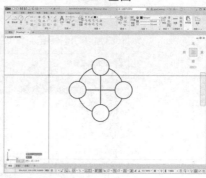

❖ 右側之『顯示解析度』與『顯示效能』，初學者可暫時先不管。

⭐ 檔案：

❖『支援檔搜尋路徑』安裝 AutoCAD 後，會自動產生多組支援路徑。

請勿隨意刪除任一個支援路徑，以免造成某些支援檔案無法搜尋的錯誤。

❖『自動儲存檔案的位置』：請指定至 C:\2023\DWG\AUTOSAVE。

❖『圖面樣板檔位置』：請指定至 C:\2023DWG\DWT。

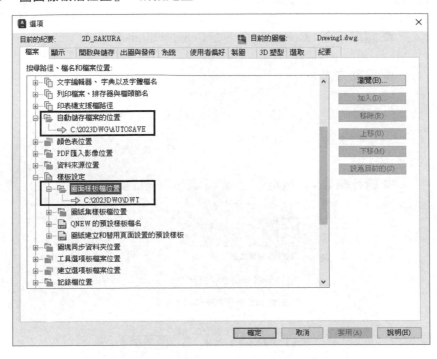

☺ 叮嚀：

❖ 初學者依照本單元調整即可。

❖ 其他搞不清楚或看不懂的選項，讀者待紮穩實力後，再進修我們另一本
精心代表作 → AutoCAD 魔法秘笈－進階系統規劃與巨集篇。

❖ 成為 AutoCAD 2023 2D 熟手後，若要朝著 AutoCAD 3D 邁進，待紮穩實
力後，讀者可再進修我們另一本精心代表作 → AutoCAD 2023 特訓教材
『3D 應用篇』邁進。

4 指令行的彈性調整

✪ **關鍵指令**：CommandLine 與 CommandlLineHide

✪ **啟動方式**：

指令	CommandLine 與 CommandlLineHide
快速鍵	[Ctrl]+9

✪ **執行結果**：選取指令行 ⊠ 記號，或直接按下[Ctrl]+9

若按選『是』，則指令行視窗就消失了，消失後的指令區指令依舊可以執行，此時建議打開 F12『動態輸入』，很貼心的指令與提示隨著游標移動清楚呈現。

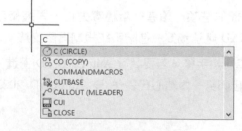

輸入 C，選取 CIRCLE 再按鍵盤↓往下鍵，出現選單快速選取選項

✪ **指令行工具** 🔧 **：**

❖ **自動完成**：輸入前面幾個字母後，會依據最常用的指令自動附加完整指令名稱。

打開自動附加，輸入 CIR 會自動附加 CLE (CIRCLE)完整指令名稱與指令提示清單，可直接 [Enter] 執行指令，或選取清單選項

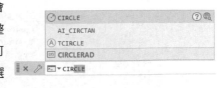

關閉自動附加，輸入 CIR 後，不會附加完整指令名稱，須選取清單選項或輸入完整指令名稱

❖ **自動修正**：輸入指令錯誤時會出現修正建議清單。

關閉自動修正　　　　　　　　打開自動修正

❖ **搜尋系統變數**：搜尋內容包含系統變數，名稱前符號是 皆為系統變數。

關閉系統變數提示　　　　　　打開系統變數提示

❖ **延遲時間**：設定建議清單出現的時間長短。

指令: _.INPUTSEARCHDELAY
輸入 INPUTSEARCHDELAY 的新值 <300>:　←輸入 100~10000 毫秒數

❖ **搜尋內容**：搜尋指令選項內含輸入字串。

關閉搜尋 打開搜尋

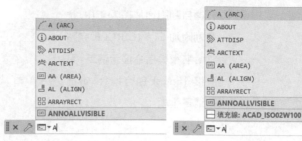

❖ **中間字串搜尋**：搜尋指令字串中間含有輸入字串。

關閉搜尋 打開搜尋

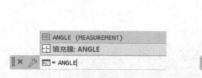

❖ **透明度**：決定指令行的透明度。

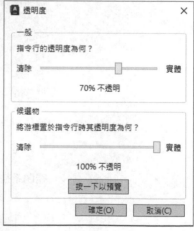

✪ **固定式的指令行**：用滑鼠左鍵選取指令行前端 ⠿ 位置不放，拖曳至底部，即可固定指令行。

拖曳此處，放置於底部

✪ **指令副選項可直接點選**：以 CIRCLE 為例。

直接點選副選項

✪ **指令輸入搜尋選項：**

控制指令行自動完成、自動修正與建議清單的顯示設定。

輸入搜尋選項	×
自動完成 ☑ 啟用自動完成(C) 　☑ 啟用中間字串搜尋(I) 　排序建議(O) 　◉ 根據使用頻率(U) 　○ 根據字母順序(A)	☑ 搜尋指令行內容(T) **內容類型**　▲　▼ ☑ 圖塊 ☑ 圖層 ☑ 填充線 ☑ 文字型式 ☑ 標註型式 ☑ 視覺型式
自動修正 ☑ 啟用自動修正(R) 　☑ 記憶自動修正清單於(M) 3 次輸入錯誤之後(Y)	
☑ 搜尋系統變數(S) 　☑ 隔開指令和系統變數(P) 建議清單延遲時間(D) 300 毫秒	確定　取消　說明

5 掌握頁籤與功能區面板

☉ 操作介面： 功能區面板。

☉ 可切換三種顯示的模式： (直接點選切換，或按選右鍵出現選單切換)

最小化為頁籤

最小化為面板標題

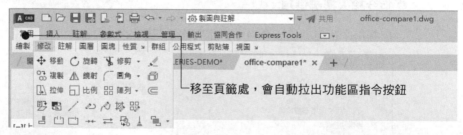

移至頁籤處，會自動拉出功能區指令按鈕

最小化為面板按鈕

移至按鈕處，會自動拉出功能區指令按鈕

✿ 展示面板標題開關控制：(於上方空白處按選滑鼠右鍵出現選單)

關閉面板標題的效果

可調整擺放的方位：(浮動)

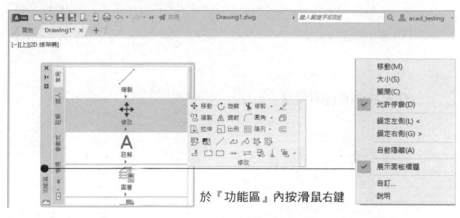

於『功能區』內按滑鼠右鍵

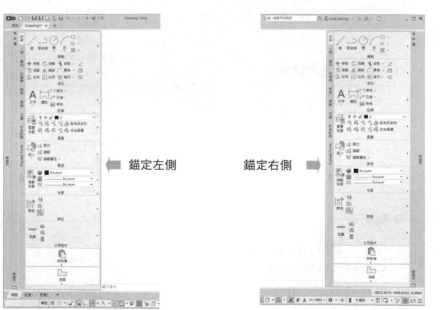

錨定左側

錨定右側

✪ 可單獨拖曳部分功能區面板為浮動的：

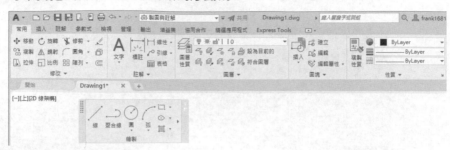

浮動的功能面板可迅速還原
歸位回到功能區

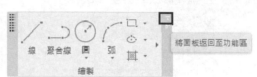

✪ 可控制頁籤的開關：

於任意功能區指令按鈕上
按右鍵出現選單

✪ 可控制面板的開關：

✪ 關閉：

選取『關閉』功能區頁籤
與面板，如果要再打開則
執行 ribbon 即可

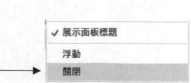

6 自訂【快速存取工具列】

✪ **左上角出現的【快速存取工具列】**：輕薄短小，很不錯！

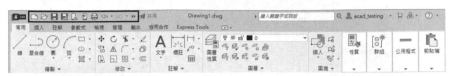

預設常有七組功能：新建、開啟、儲存、另存、出圖、退回、重做。

✪ **自訂快速存取工具列**：加入工作區。

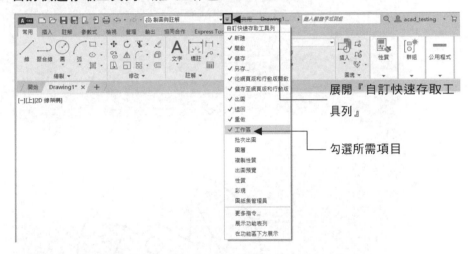

展開『自訂快速存取工具列』

勾選所需項目

再加入：複製性質、批次出圖

7　不同工作區的彈性快速切換

✪ 預設工作區共有三個：

從左側上方狀態列中選取工作區切換

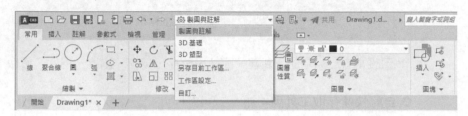

製圖與註解

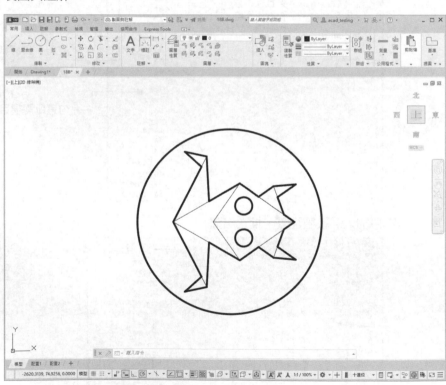

3D 基礎

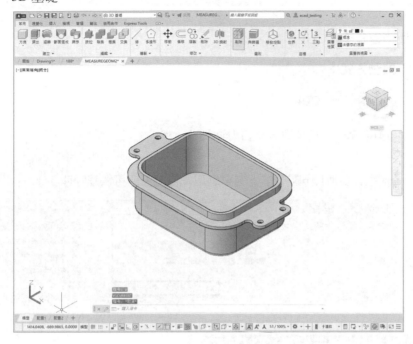

3D 塑型

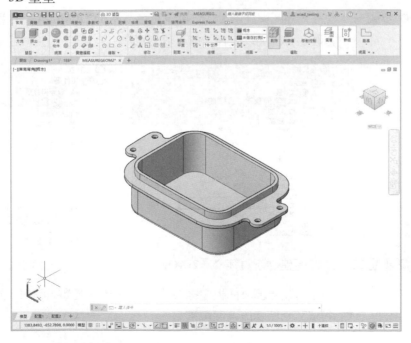

8　靈活佈置工作區→專業的操作門面 2D-DEMO-A

✪ **關鍵指令：CUI**

✪ **啟動方式：**

指令	CUI
功能表	管理頁籤→自訂面板→ 

將滑鼠移到工作區，拉下選單選取『自訂』即可快速呼叫。

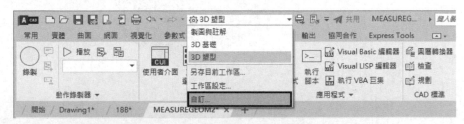

> 建立新的專屬工作區→2D-DEMO-A

✪ **步驟一：** 重複『製圖與註解』工作區→更名為『2D-DEMO-A』架著原本的工作區為骨幹加以改良，進可攻退可守。

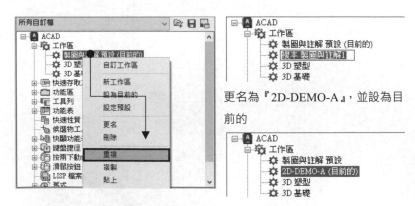

更名為『2D-DEMO-A』，並設為目前的

✪ **步驟二：** 功能區建立新頁籤→『2D-OK』。

由下方功能區→面板中拖曳『文字、標註、性質、圖層、公用程式、視埠』六個功能區面板進來。

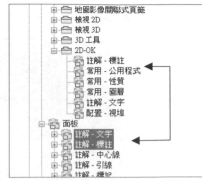

✪ **步驟三**：自訂工作區，準備規劃佈置『2D-DEMO-A』工作區之功能區。

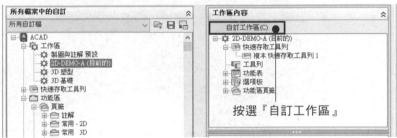

按選『自訂工作區』

❖ 右邊原本的功能區頁籤。

❖ 左邊再勾選一組前一個步驟建立的功能區頁籤 2D-OK。

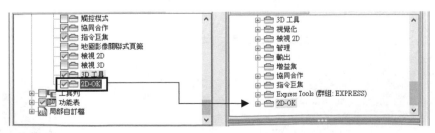

❖ 將右邊功能區頁籤 2D-OK 拖曳到第一順位。

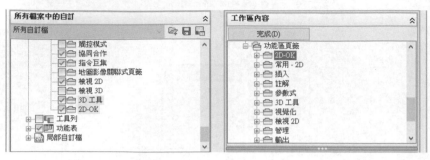

✪ **步驟四：**加入五組工具列到『2D-DEMO-A』工作區。

❖ 五組工具列➔標註、繪製、修改、物件鎖點、文字。

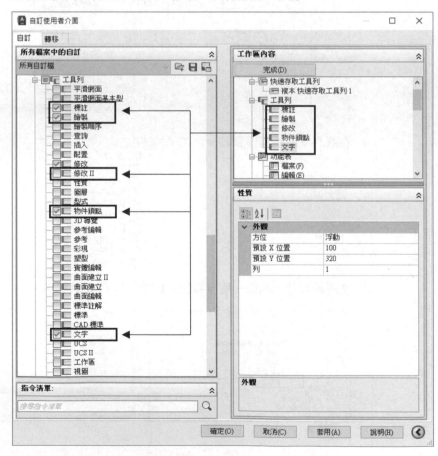

❖ 按選『確定』鍵後離開主畫面。

★ **步驟五**：將工具列各就左右適當定位。(左邊 2 組：繪製與修改，右邊 3 組：
標註、物件鎖點、文字)

✪ **步驟六：** 大功告成，最後再另存工作區，將 2D-DEMO-A 覆蓋取代。

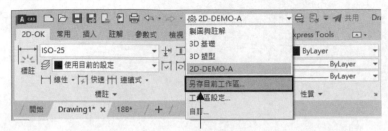

按選上方狀態列的工作區按鍵，跳出選單
→ 選擇『另存目前工作區...』

直接下拉選取 2D-DEMO-A 工作區。

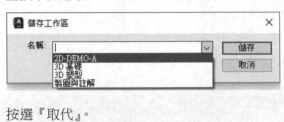

按選『取代』。

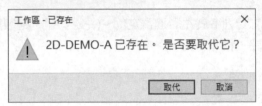

✪ **步驟七：** 新增一組工具列 2DTOOLS，整合漏網之魚的好用指令。

功能	指令	工具列	種類
等距	MEASURE		繪製
等分	DIVIDE		繪製
邊界	BOUNDRY		繪製
聚合線編輯	PEDIT		修改
調整長度	LENGTHEN		修改
清除	PURGE		檔案

❖ 呼叫出 CUI 對話框：

移到『工具列』按右鍵→
新工具列『2DTOOLS』。

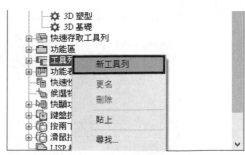

❖ 選取左下角的指令清單→
繪製→『等分』、『等距』
→ 左 鍵 直 接 拖 曳 至
『2DTOOLS』。

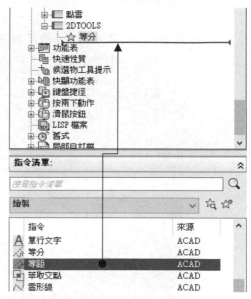

❖ 其他五個依此類推：左鍵直接拖曳至『2DTOOLS』。

PS：讀者們可以試著練習再加入一個「三切圓」功能到 2DTOOLS 內。

⬭ 圓，相切、相切、相切

❖ 為 2DTOOLS 各類別指令加上分隔符號：

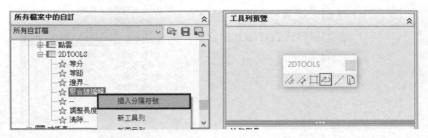

❖ 確定後，將 2DTOOLS 放置到適當位置。

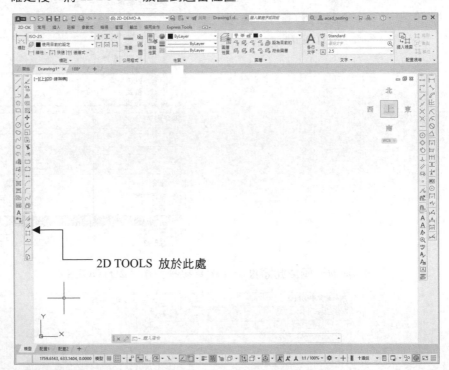

2D TOOLS 放於此處

❖ 大功告成：再另存工作區【2D-DEMO-A】，直接取代之！

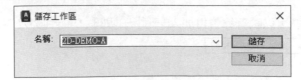

9　靈活佈置工作區→酷炫的操作門面 2D-DEMO-B

✪ **步驟一：** 接續 2D-DEMO-A 加入重要的三個貼心好幫手。

❖ 圖層性質管理員：LAyer

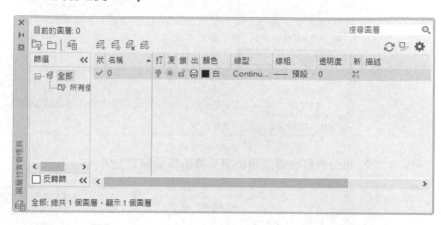

❖ 性質選項板（[Ctrl]+1）與工具選項板（[Ctrl]+3）

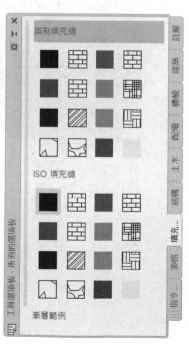

✪ **步驟二：** 先將圖層性質管理員錨定左側。

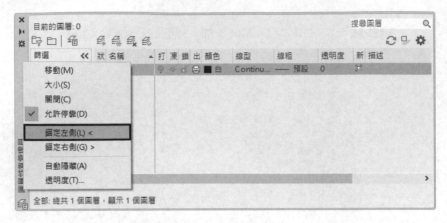

❖ 再分別將性質選項板與工具選項板錨定左側。

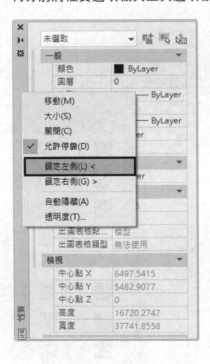

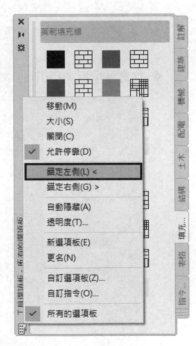

❖ 錨定後，三個項目平均分佈於左側。

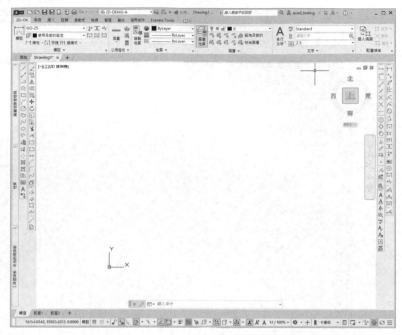

✪ **步驟三：** 將繪製、修改與 2DTOOLS 工具列也移到右側適當位置。

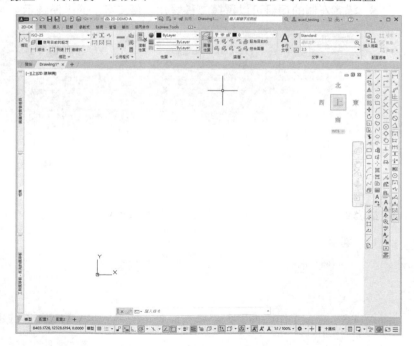

❖ 只要滑鼠往左輕輕一靠，圖層、性質或工具選項板自動展開。

❖ 錨定左側的項目可以選擇二種變化「僅文字」或「僅圖示」。

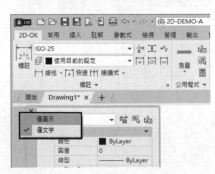 

✪ **步驟四：** 大功告成，將工作區另存成 2D-DEMO-B。

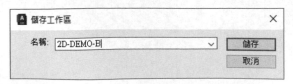

PS：未來工作區佈置如果再有異動，記得另存新的工作區或取代。

10　貼心親切、無所不在的快顯功能表

共有 A【繪圖區內】、B【繪圖區外】二類

A 類：【繪圖區內】之快顯功能表

快顯功能表型式		呼叫方式
A1	標準預設	繪圖區直接+按滑鼠右鍵
A2	指令搭配副選項	任一指令後於繪圖區+按滑鼠右鍵
A3	預選物件編輯	預選物件後+按滑鼠右鍵
A4	物件鎖點	[Shift]+滑鼠右鍵，或 [Ctrl]+滑鼠右鍵
A5	掣點作用	預選圖元，再選取一掣點後+按滑鼠右鍵
A6	OLE 物件	OLE 物件上方+按滑鼠右鍵

❖ 『預選物件編輯』快顯功能表　　❖ 『物件鎖點』快顯功能表

第一篇 第二章 ▼ 踏出 2023 關鍵的第二步

❂『標準預設』快顯功能表

❂『OLE 物件』快顯功能表

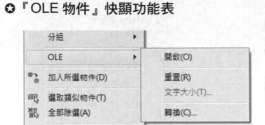

❂『指令搭配副選項』快顯功能表

搭配 CIRCLE 效果

❂『掣點作用』快顯功能表

B 類：【繪圖區外】之快顯功能表

	快顯功能表型式	呼叫方式
B1	『工具列』	工具列圖示上方直接+按滑鼠右鍵
B2	『指令區』	指令區直接+按滑鼠右鍵
B3	『對話框』	啟動部分對話框後，某選項上方+按滑鼠右鍵
B4	『狀態列』	狀態列上各開關選項上方+按滑鼠右鍵
B5	『模型、配置』	模型、配置標籤上方+按滑鼠右鍵

✪『工具列』快顯功能表

✪『頁籤』快顯功能表

✪『狀態列』快顯功能表

✪『指令區』快顯功能表

✪『對話框』快顯功能表

（以圖層為例，在某一圖層名上方按右鍵）

✪『模型、配置』快顯功能表

11 充分掌握圖紙的大小設定

✪ **設定指令**：國際標準公制的圖紙規格表。

圖紙規格	長度	寬度	記憶方式	備註
A0	1189	841	面積=1M^2，長寬比=$\sqrt{2}$	
A1	841	594	A0 圖紙對折一半	小數點捨棄
A2	594	420	A1 圖紙對折一半	小數點捨棄
A3	420	297	A2 圖紙對折一半	AutoCAD 公制預設值
A4	297	210	A3 圖紙對折一半	

✪ **圖例一**：

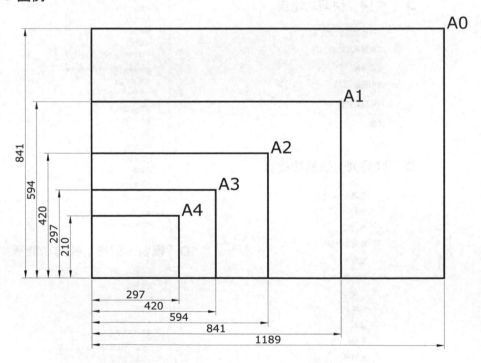

❃ **圖例二：**

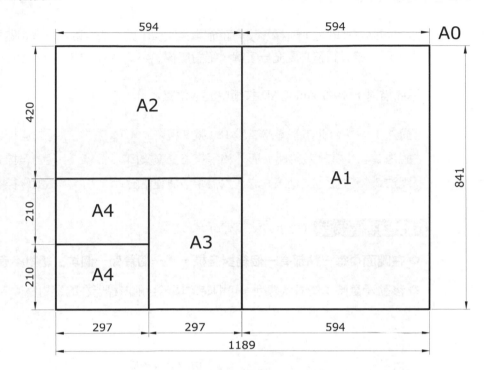

12　輕鬆掌握 2D 座標系統

座標如同家裡的地址一樣，沒有正確掌控座標，就無法取得每一個相關的位置點，所以讀者們務必要充分了解『絕對座標』與『相對座標』的表示方式。

譬如描述：『翔虹 AutoCAD 技術中心』位置

說法 1	台北市基隆路二段 189 號 9 樓	絕對座標表示
說法 2	在『基隆路』與『和平東路』交叉口	相對座標表示
說法 3	在『文湖線』的『六張犁』捷運站附近	相對座標表示

絕對座標表示法　(表示方法= X,Y)

✪ 在圖面中每一點都有一個絕對座標，『一個蘿蔔一個坑』絕對不會重複。

✪ **移動滑鼠時：**請看狀態列，可即時的顯示目前游標所在的絕對座標 X,Y,Z。

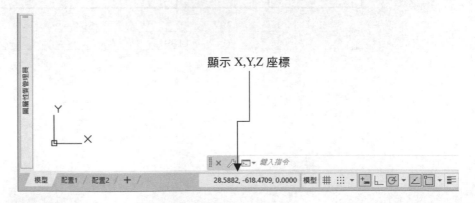

顯示 X,Y,Z 座標

✪ **座標顯示開關：**直接點選座標位置，即可開關。

✪ **範例一：**繪製 A3 圖框與距離 10 的內框。

　　　　左下角絕對座標 0,0
　　　　右上角絕對座標 420,297
　　　　內框左下角絕對座標 10,10
　　　　內框右下角絕對座標 (420-10),(297-10) ➔ 410,287

指令: RECTANG

指定第一個角點或 [倒角(C)/高程(E)/圓角(F)/厚度(T)/寬度(W)]:　　← 輸入 0,0

指定其他角點或 [面積(A)/尺寸(D)/旋轉(R)]:　← 輸入 420,297

指令: RECTANG

指定第一個角點或 [倒角(C)/高程(E)/圓角(F)/厚度(T)/寬度(W)]:　← 輸入 10,10

指定其他角點或 [面積(A)/尺寸(D)/旋轉(R)]:　← 輸入 410,287 (關閉 F12 再輸入)

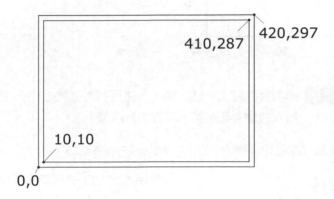

❂ **範例二：** 繪製 A4 矩形框。

　　　　左下角絕對座標 0,0

　　　　右上角絕對座標 297,210

指令: RECTANG

指定第一個角點或 [倒角(C)/高程(E)/圓角(F)/厚度(T)/寬度(W)]: ← 輸入 0,0

指定其他角點或 [面積(A)/尺寸(D)/旋轉(R)]:　　　← 輸入 297,210

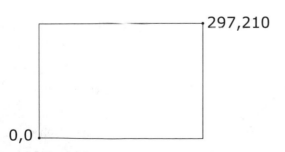

☼ **範例三：**如左圖所示，若已知 A 點絕對座標點為 50,50，則：

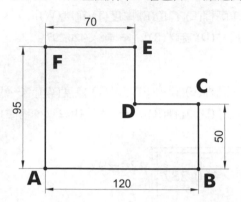

B 絕對座標點為 170,50

C 絕對座標點為 170,100

D 絕對座標點為 120,100

E 絕對座標點為 120,145

F 絕對座標點為 50,145

相對座標表示法 即相對應於上一點座標，凡使用相對座標法時一定要於座標輸入前加入@記號，其方法有兩種：

☼ **增減量表示法** (或直角座標表示法)：表示方法=@ΔX,ΔY

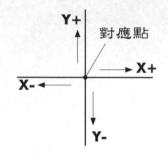

說明： 以上一對應座標點為基準點

水平往右移為 X 增量

水平往左移為 X 減量

垂直往上移為 Y 增量

垂直往下移為 Y 減量

☼ **距離角度表示法**(或極座標表示法)：表示方法=@距離<角度

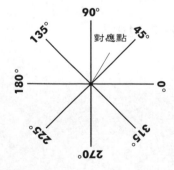

說明： 以上一對應座標點為基準點

順時鐘角度為負

逆時鐘角度為正

$315° = -45°$

$270° = -90°$

$225° = -135°$

第一篇 第二章 ▼ 踏出 2023 關鍵的第二步

✪ **範例介紹：**

絕對座標與相對座標可以交錯使用，下列圖形分別以三種方法取得其相關座標點。

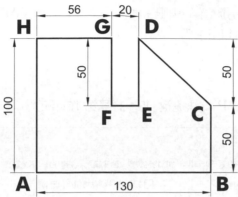

❖ 您可以執行畫線 (LINE) 指令分別用下列方式畫出圖形：

順序	絕對座標	增減量法	距離角度法	綜合運用
1	A=0,0	A=任意一點	D=任意一點	A=任意一點
2	B=130,0	B=@130,0	E=@50<270	B=@130<0
3	C=130,50	C=@0,50	F=@20<180	C=@50<90
4	D=76,100	D=@-54,50	G=@50<90	D=@-54,50
5	E=76,50	E=@0,-50	H=@56<180	E=@0,-50
6	F=56,50	F=@-20,0	A=@100<270	F=@-20,0
7	G=56,100	G=@0,50	B=@130<0	G=@50<90
8	H=0,100	H=@-56,0	C=@50<90	H=@56<180

❖ 最後一組線段，鍵入 C 即可自動封閉起點與最後一點 (Close)。

13 不可或缺的繪圖小幫手→物件鎖點

如果您要正確的抓到一個位置點,如圓中心點、物件交點、線端點、圓四分點…
等,請千萬『不要用精確的肉眼』與『目測法』,AutoCAD 提供了相當多的物件
鎖點工具,請多加利用它們。

彈跳式功能表

✪ **物件鎖點 OSNAP** (快捷鍵 OS,詳見第 16 單元)

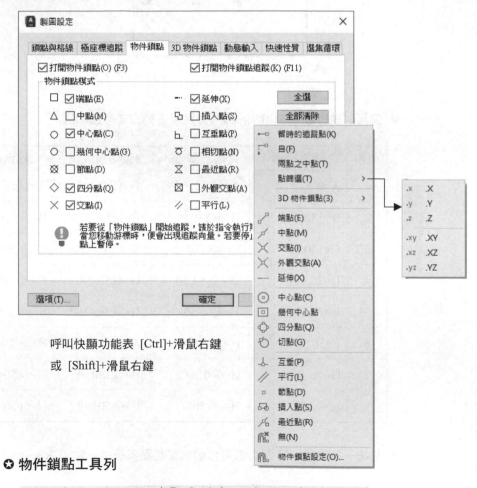

呼叫快顯功能表 [Ctrl]+滑鼠右鍵
或 [Shift]+滑鼠右鍵

✪ **物件鎖點工具列**

✪ 物件鎖點功能說明

中文指令	英文指令	說　　明
追蹤	TK	相對於圖面上追蹤點定出點的位置 (工具列中無此圖示)
自	FROM	指定最後的參考點
暫時性追蹤	TT	相對於圖面上暫時追蹤點定出點的位置
端點	END	鎖點至線或弧物件端點
中點	MID	鎖點至線或弧物件中間點
交點	INT	鎖點至兩物件相交之交點及延伸交點
幾何中心點	GCEN	鎖點至封閉區間的幾何中心點
外觀交點	APP	同『交點』特性，更可在 3D 中抓視覺交點
二點之中點	M2P,MTP	取得指定二點之中點 (工具列無此圖示)
延伸	EXT	鎖點至物件延伸路徑上的點
四分點	QUA	鎖點至圓、弧、橢圓上的 0、90、180、270 度四分點
中心點	CEN	鎖點至圓心、弧心、橢圓中心點
切點	TAN	鎖點至圓、弧、橢圓相切點
互垂	PER	鎖點至某一點互垂於另一個選取物件之互垂點
節點	NOD	鎖點至等分或等距後產生的節點
插入點	INS	鎖點至圖塊、外部參考、文字、屬性的插入點
平行	PAR	鎖點至平行於所選取線路徑上的點
最近點	NEA	鎖點至物件上最靠近輔助鎖點框中心的一點
無	NON	關閉此次選取的物件鎖點模式
設定	OSNAP	預設物件鎖點模式

✪ **追蹤 (TK)：**

指令: CIRCLE

指定圓的中心點或 [三點(3P)/兩點(2P)/相切、相切、半徑(T)]: ← 輸入 TK

第一追蹤點: ← 選取端點 1

下一點 (按下 Enter 結束追蹤):   ← 將游標往水平 0 度移動，輸入 40

下一點 (按下 Enter 結束追蹤):   ← 將游標往垂直 90 度移動，輸入 40

下一點 (按下 Enter 結束追蹤):   ← [Enter] 結束追蹤

指定圓的半徑或 [直徑(D)] <59.1013>: ← 輸入半徑 20

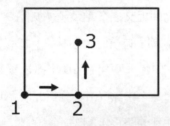 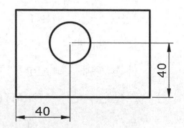

✪ **自 (FROM)：**

指令: LINE

指定第一點: ← 選取『端點』，碰選點 1

指定下一點或 [退回(U)]:   ← 選取『自』(From)

基準點: ← 選取『四分點』選取圓 0 度位置點，如點 2

\>> 打開『F8』功能鍵

<偏移>:   ← 將游標往水平右邊移動輸入 10，即畫出線段如圖

指定下一點或 [退回(U)]:   ← [Enter] 離開

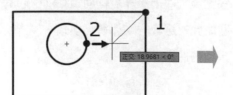 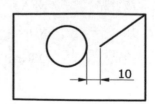

✪ **端點 (END)：**

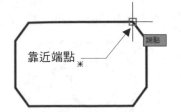

靠近端點

✪ **中點 (MID)：**

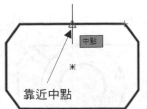

靠近中點

✪ **交點 (INT)：**

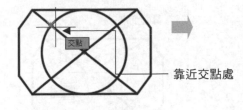

靠近交點處

✪ **中心點 (CEN)：**

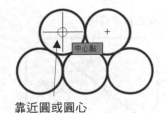

靠近圓或圓心

✪ **幾何中心點 (GCEN)：** 取得封閉空間的幾何中心點。

靠近物件，出現幾何中心點

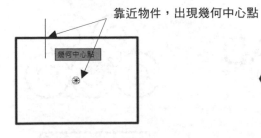
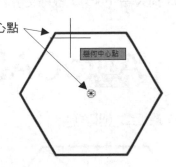

✪ **外觀交點 (APP)：**

❖ 2D 平面圖時，功能同 INT 交點。

❖ 但假若從上視圖看二線雖有相交點，但 Z 高度值卻不同，則 INT 無法由上視圖抓到交點，但是 APP 可以抓到該交點。

選取延伸物件　　　　　　　　　靠近另一個延伸物件

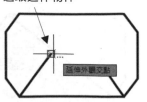

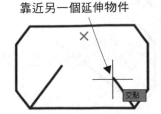

✪ **四分點 (QUA)：**

靠近圓 0、90、180、270 度

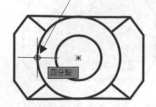

✪ **相切點 (TAN)：**

靠近物件邊緣，找出切點

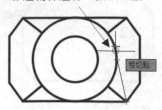

✪ **互垂點 (PER)：**

靠近互垂物件

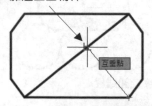

✪ **節點 (NOD)：**

靠近節點

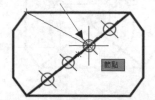

✪ **插入點 (INS)：** 取得文字之寫入點或圖塊之插入基準點。

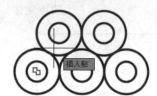

✪ **最近點 (NEA)：**

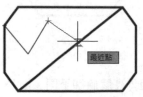

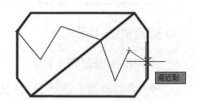

✪ **延伸點 (EXT)：**

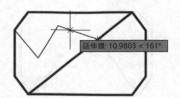

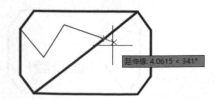

✪ 平行 (PAR)：

✪ 二點之中點 (M2P 或 MTP)：

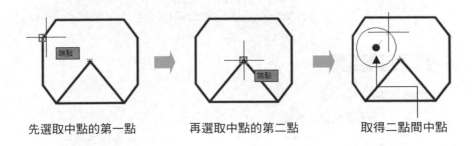

先選取中點的第一點　　　　再選取中點的第二點　　　　取得二點間中點

✪ 暫時性追蹤點 (TT)：

(打開 F3 於狀態列 上，按滑鼠右鍵，確定加入中點與端點自動鎖點功能)

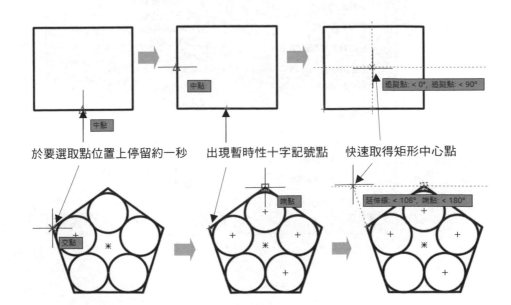

於要選取點位置上停留約一秒　　　出現暫時性十字記號點　　　快速取得矩形中心點

14 繪圖設定之重要幫手—『鎖點與格線』

指令	DSETTINGS 之『鎖點與格線』頁籤選項
說明	搭配用於『繪圖或修改』指令之鎖點用
快顯功能表	至狀態列找到『鎖點或格線』按選滑鼠右鍵選取『設定值』
相關功能鍵	『F7』→ 控制格線 GRID 開關 『F9』→ 控制鎖點 SNAP 開關
相關指令	GRID → 控制格線 GRID 設定 SNAP → 控制鎖點 SNAP 設定

功能指令敘述

指令: DSETTINGS

『鎖點與格線』頁籤

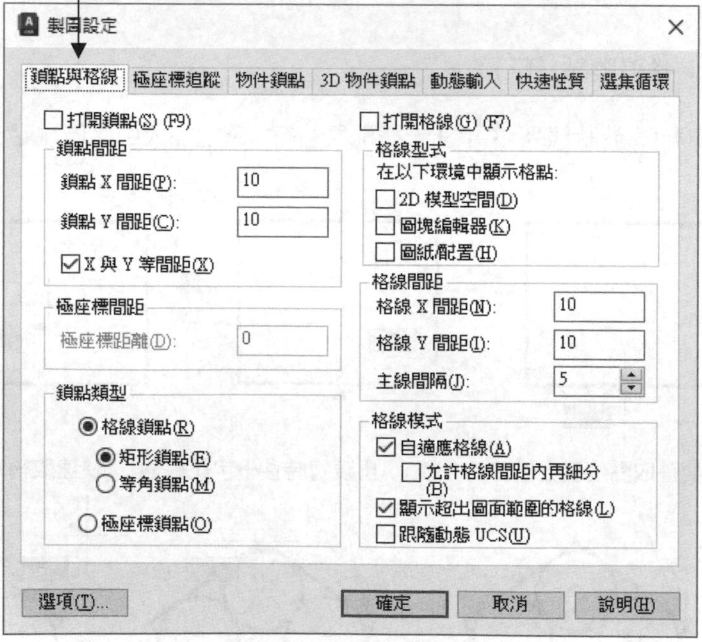

✪ **應用範例 1：**　活用『鎖點與格線』之『矩形鎖點』。

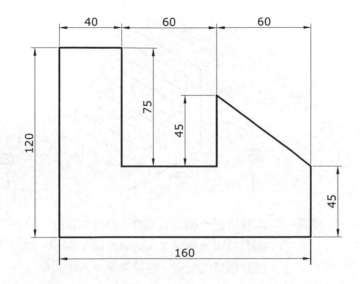

❖ **步驟一：** 調整設定→鎖點 X 間距與 Y 間距=5
調整設定→格線 X 間距與 Y 間距=10
鎖點類型與型式：格線鎖點→矩形鎖點

❖ **步驟二：** 打開『F7』、『F9』與『F8』垂直水平模式。

❖ **步驟三：** 輕鬆的執行 LINE 或 PLINE 指令完成上圖。

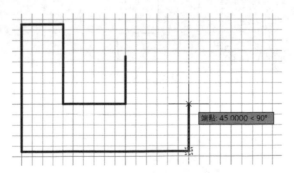

移動游標可看見測量長度直接點選正確位置即可

✪ **應用範例 2：**活用『鎖點與格線』之『等角鎖點』。

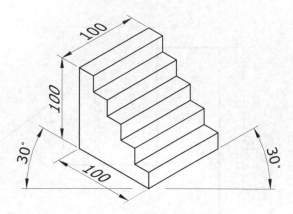

❖ **步驟一：** 調整設定→鎖點 X 間距&格線 X 間距= 20

　　　　　調整設定→鎖點 Y 間距&格線 Y 間距= 20

　　　　　鎖點類型與型式：格線鎖點→等角鎖點

❖ **步驟二：** 打開『F7』、『F9』與『F8』正交模式。

❖ **步驟三：** 輕鬆的執行 LINE 或 PLINE 指令完成上圖。

　　　　　(請搭配 [Ctrl]+E 或『F5』切換等角作圖方向，或狀態列選單)

✪ **應用範例 3：**活用『鎖點與格線』之『極座標鎖點』。

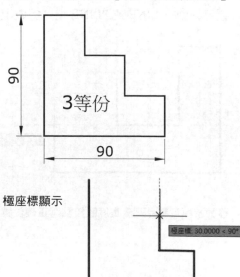

極座標顯示

❖ **步驟一：** 極座標間距→極座標距離→30。

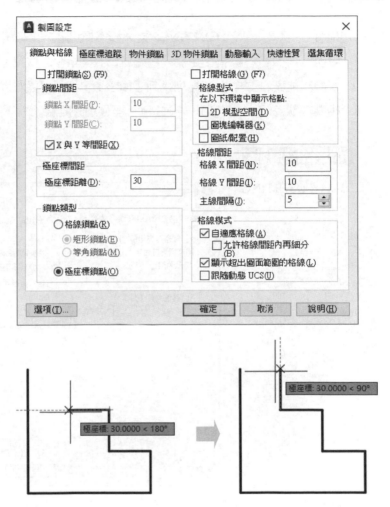

❖ **步驟二：** 打開『F9』鎖點與『F10』極座標追蹤。

❖ **步驟三：** 輕鬆的執行 LINE 或 PLINE 指令完成上圖。

❖ **注意事項：** 1.『F7』格線打開與否無所謂。

　　　　　　　　2.『F8』正交模式與『F10』極座標追蹤，只能二選一。

15　繪圖設定之重要幫手二『極座標設定與追蹤』

指令	DSETTINGS 之『極座標追蹤』頁籤選項
說明	搭配用於『繪圖或修改』指令之位置追蹤
快顯功能表	至狀態列找到『極座標』按選滑鼠右鍵選取『設定值』
相關功能鍵	『F10』→控制極座標追蹤開關

功能指令敘述

指令: DSETTINGS

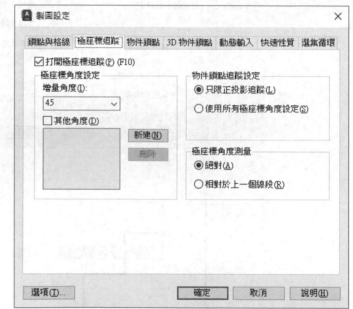

☻ **應用範例 1：**活用『極座標追蹤』之『只限正投影追蹤』。

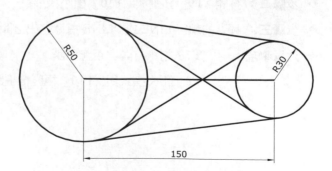

❖ **步驟一：** 先將『鎖點與格線』標籤夾中做二組設定。
　　　　◎ 鎖點類型：極座標鎖點
　　　　◎ 極座標距離：50

❖ **步驟二：** 再將『極座標追蹤』標籤夾中做二組設定。
　　　　◎ 極座標角度設定值➜增量角度設為 90 度 (預設值)
　　　　◎ 物件鎖點追蹤設定值➜只限正投影追蹤 (預設值)

❖ **步驟三：** 打開『F9』鎖點與『F10』極座標追蹤，輕鬆的執行 LINE 或 PLINE 指令完成上頁圖示。

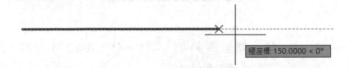

❖ **注　意：** 此時功能於 0、90、180、270 度時與使用『F8』打開類似，但不在前述角度時，卻也與使用『F8』關閉時的功能類似，能任意畫其他角度的點。

✪ **應用範例 2：** 活用『極座標追蹤』之『所有極座標角度』。

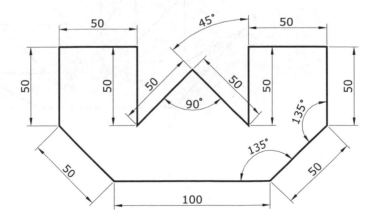

❖ **步驟一：** 先將『鎖點與格線』標籤夾中做二組設定。
　　　　◎ 鎖點類型：極座標鎖點
　　　　◎ 極座標距離：50

❖ **步驟二：** 先將『極座標追蹤』標籤夾中做二組設定。

◎ 極座標角度設定值➜增量角度設為 45 度

◎ 物件鎖點追蹤設定值➜使用所有極座標角度設定值

❖ **步驟三：** 打開『F9』鎖點&『F10』極座標追蹤，輕鬆的執行 LINE 或 PLINE 指令完成上頁圖示。

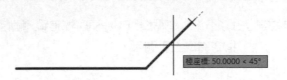

極座標: 50.0000 < 45°

❖ **注 意：** 增量為 45 度，則 0、45、90、135、180、225、270、315 度皆可以順利追蹤到。

✪ **應用範例 3：** 活用『極座標追蹤』之『新建增量角度』。

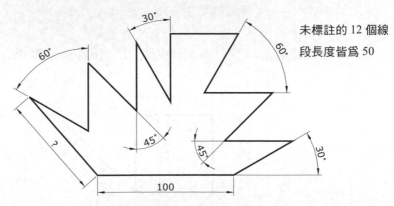

未標註的 12 個線段長度皆為 50

❖ **步驟一：** 先將『鎖點與格線』標籤夾中做二組設定。

◎ 鎖點類型：極座標鎖點

◎ 極座標距離：50

❖ **步驟二：** 先將『極座標追蹤』標籤夾中做四組設定。

◎ 極座標角度設定值➜增量角度設為 30 度

◎ 物件鎖點追蹤設定值➜使用所有極座標角度設定值

◎ 極座標角度測量➜絕對(預設值)

◎ 新建其他角度 45、135、225、315 四組

❖ **步驟三：** 輕鬆的執行 LINE 或 PLINE 指令完成下圖。

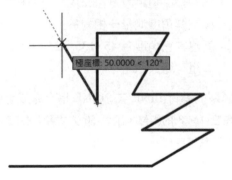

❖ **注　意：** 增量為 30 度，則 0、30、60、90、120、150、180、210、240、270、300、330 度皆可以順利追蹤到，再加上指定新建的四組角度 45、135、225、315，共可追蹤到 16 組。

✪ **應用範例 4**：活用『極座標追蹤』之『相對於上一線段』。

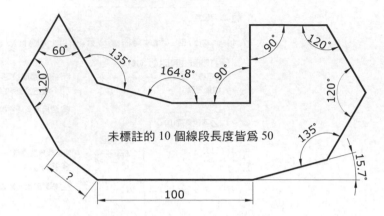

未標註的 10 個線段長度皆為 50

❖ **步驟一**：　先將【鎖點與格線】標籤夾中做二組設定。

　　　◎ 鎖點類型：極座標鎖點

　　　◎ 極座標距離：50

❖ **步驟二**：　先將【極座標追蹤】標籤夾中做四組設定。

　　　◎ 極座標角度設定值→增量角度設為 30 度

　　　◎ 物件鎖點追蹤設定值→使用所有極座標角度設定值

　　　◎ 極座標角度測量→相對於上一線段

　　　◎ 新建其它角度為 45、135、225、315 四組，再加上 15.7 與 164.8
　　　二組，總共六組。

❖ **步驟三**：　輕鬆的執行 LINE 或 PLINE 指令完成上圖。

　　　角度 164.8 的線條，請以-50 方式輸入長度，其他各線段皆可用極座標
　　　追蹤快速完成。

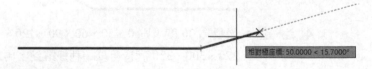

✪ **叮嚀**：　『極座標角度測量』方式也將影響接續的極座標追蹤的角度控制，要
　　　多加留意。

❖ 絕對 ← 系統預設值。

❖ 相對於上一線段。

指令	DSETTINGS 之『物件鎖點』頁籤選項	**快捷鍵**	OS
說明	搭配用於『繪圖或修改』指令之鎖點用		
快顯功能表	至狀態列找到『物件鎖點』按選滑鼠右鍵選取『設定值』		
相關功能鍵	『F3』 → 物件鎖點開關 『F11』 → 物件鎖點追蹤開關		

功能指令敘述

指令: DSETTINGS 或快捷鍵 OS

製圖設定

鎖點與格線　極座標追蹤　**物件鎖點**　3D 物件鎖點　動態輸入　快速性質　選集循環

☑打開物件鎖點(O) (F3)　　　　☑打開物件鎖點追蹤(K) (F11)

物件鎖點模式

☐ ☑端點(E)　　　　"‥" ☑延伸(X)　　　　全選
△ ☐中點(M)　　　　⌐⌐ ☐插入點(S)　　　全部清除
○ ☑中心點(C)　　　└ ☐互垂點(P)
○ ☐幾何中心點(G)　ㆆ ☐相切點(N)
⊠ ☐節點(D)　　　　✕ ☐最近點(R)
◇ ☑四分點(Q)　　　⊠ ☐外觀交點(A)
✕ ☑交點(I)　　　　// ☐平行(L)

💡 若要從「物件鎖點」開始追蹤,請於指令執行期間在該點上暫停。
當您移動游標時,便會出現追蹤向量。若要停止追蹤,請再度在該
點上暫停。

選項(T)...　　　　　　確定　　取消　　說明(H)

☆ 叮嚀:

❖ 物件鎖點模式,不要勾選太多,建議勾選左邊全部。

❖ 啟用『F11』之『物件鎖點追蹤』時,必須將 F3『物件鎖點』打開才有意義。

17　繪圖設定之重要幫手四『動態輸入』

動態輸入方法

✪ 以『F12』作為功能開關

狀態列位置

✪ 指令提示如影隨形，讓人不需一直回應指令行的提示

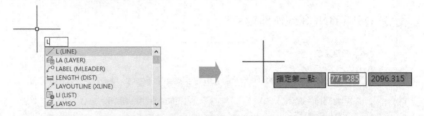

✪ 移動游標的同時，約略的距離與角度數值提示既貼心又具有參考價值

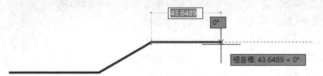

✪ 優先鎖定距離法：先於距離數值欄輸入 100，再按 [Tab] 鍵則可鎖定距離。

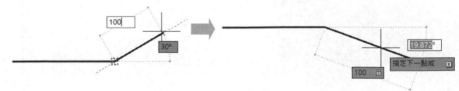

✪ 優先鎖定角度法：

按 [Tab] 鍵，切換至角度數值欄輸入
45 度後，再按 [Tab] 鍵，則可鎖定角
度。

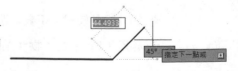

✪ **指令副選項：** 按下鍵盤往下鍵，即可見到指令副選項，再用滑鼠選取即可。

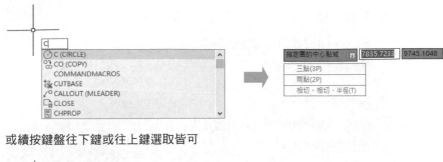

或續按鍵盤往下鍵或往上鍵選取皆可

動態輸入設定

✪ **動態輸入可做很多貼心的使用者設定**

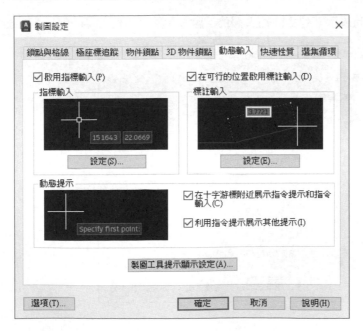

✪ **指標輸入設定**

❖ **極座標格式：**

輸入一個逗號(,)，可變更為直角座標格式。

❖ **直角座標格式：**

輸入一個角度符號(<)，可變更為極座標格式。

✪ **標註輸入設定**

❖ **一次僅展示 1 個標註輸入欄位：**僅顯示長度變更標註輸入工具提示。

❖ **一次展示 2 個標註輸入欄位：**顯示長度變更標註輸入工具提示。

❖ **同時展示下列標註輸入欄位：**會顯示下面所選的標註輸入工具提示。

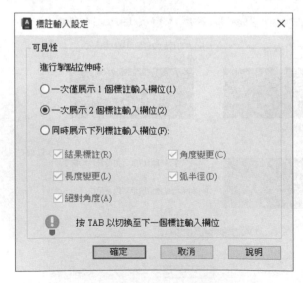

✪ 工具提示顯示設定

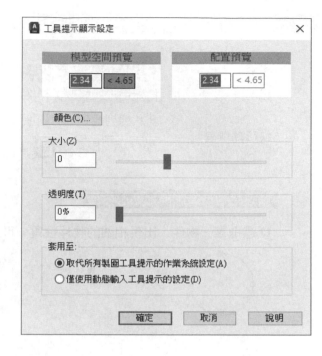

✪ 『選項』設定

18　繪圖設定之重要幫手五『快速性質』

指令	DSETTINGS 之『快速性質』頁籤選項
說明	搭配用於『修改』物件之性質
快顯功能表	至狀態列找到『快速性質』 ▤ 按選滑鼠右鍵選取『設定』

快速性質→如影隨形貼心方便

☺ **選取單一物件，出現相關的物件性質，可直接於相關欄位作修改**

滑鼠移至對話框內，出現更多內容，直接於欄位處作編輯修改即可

☺ **選取相同物件，作性質修改**

❖ 文字

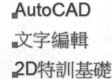

❖ Circle 線段

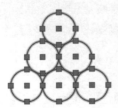

✪ 不同物件，作性質修改

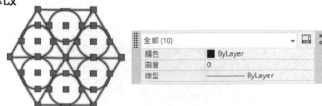

❖ 拉下選取物件清單

可修改同性質物件選項：

✪ 按選滑鼠右鍵，出現設定清單

❖ **關閉**：相同於狀態列，點
選 [image] 鍵切換開關。

❖ **位置模式**：

游標：對話框顯示隨著游標移動。
靜態：對話框顯示固定於相同的位置。

❖ **自動收闔**：若設定為關閉，則會顯示完全展開模式。

打開自動收闔，則顯示時會以定義的行
數顯示，滑鼠移動至對話框內便自動展
開。

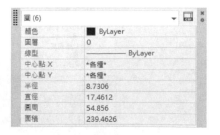

❖ 設定：可定義快速性質的顯示狀態。

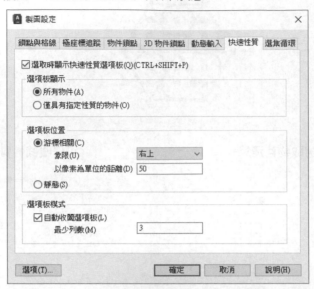

❖ 以 CUI 自訂：各物件顯示於快速性質的項目。

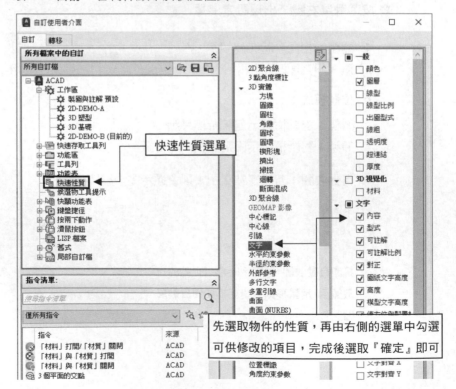

先選取物件的性質，再由右側的選單中勾選
可供修改的項目，完成後選取『確定』即可

✪ **關鍵指令**：Quickcalc 或快捷鍵[Ctrl]+8

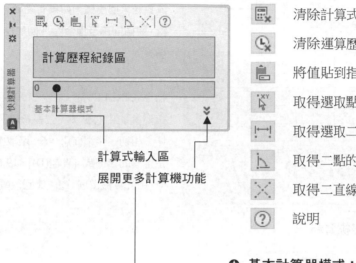

圖示	說明
	清除計算式輸入資料內容
	清除運算歷程內容
	將值貼到指令行
	取得選取點座標
	取得選取二點間之距離
	取得二點的線角度
	取得二直線的交點
	說明

計算式輸入區

展開更多計算機功能

✪ **基本計算器模式：**

輸入計算式內容

選取『=』鍵取得計算結果

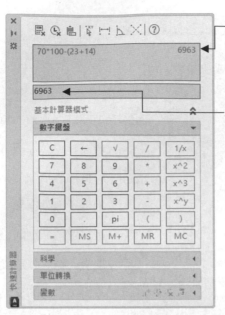

運算完成，資料會紀錄於運算歷程紀錄區

運算結果回應值，如果有需要可選取 鍵，將值回應至指令區（例如結果為圓半徑值）

指令: CIRCLE
指定圓的中心點或 [三點(3P)/兩點(2P)/相切、相切、半徑(T)]:　← 選取圓中心
指定圓的半徑或 [直徑(D)] <19.6627>:
← 由計算機按選 傳回後輸入 [Enter]

⊙ 取得座標資料 :

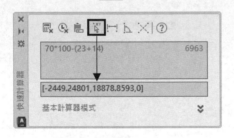

於繪圖區選取一點後，傳回座標資料

⊙ 取得二點間距離 :

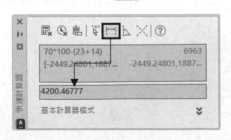

於繪圖區選取二點，傳回距離資料

☀ **取得二點的線角度資料** 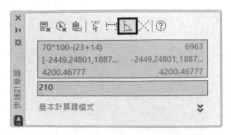 ：

於繪圖區選取二點後，傳回角
度資料

☀ **取得二直線的交點** 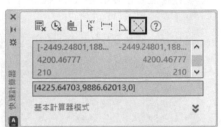 ：

於繪圖區選取四點後，傳回交
點資料

☀ **科學計算機：**(點選科學右側 ◀，即可展開科學運算功能區)

輸入運算式：依序選取 4→5→sin→*→3→4→=

✪ **單位轉換：**(點選單位轉換右側 ◀ ，即可展開單位轉換運算功能區)

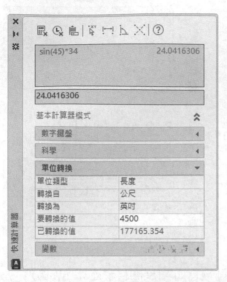 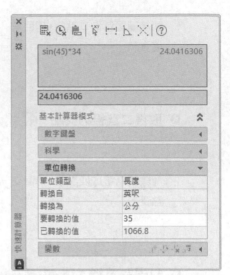

設定好轉換單位後，於『要轉換的值』輸入數值，再選取『要轉換的值』即可取得結果。

✪ **變數：**

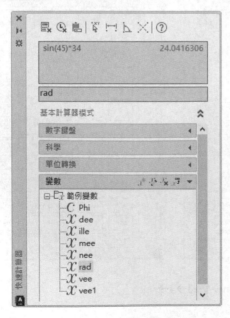

選取變數 (例如 rad)，再按選 🔣 鍵，將變數回傳至運算區，再按選 📋 回到指令區選取圓或弧即可取得半徑資料：

指令: >> 為 RAD 函數選取圓、弧或聚合線段:

指令: 35

✪ 直接可呼叫的指令 (ACAD.PGP 中定義)

1	EXPLORER	檔案總管
2	NOTEPAD	記事本
3	PBRUSH	小畫家

指令: PBRUSH　←　呼叫小畫家程式

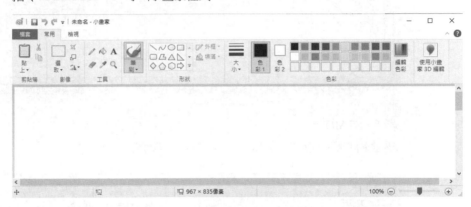

✪ 以 START 指令呼叫其它的應用程式

指令: START

Application to start: EXCEL　　　　　←　呼叫 EXCEL 程式

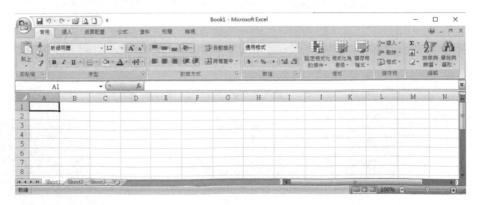

指令: START

Application to start: WINWORD　　　← 呼叫 WORD 程式

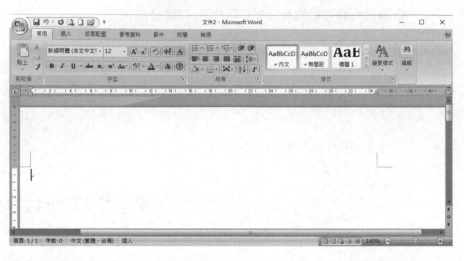

指令: START

要啟動的應用程式: CALC　　← 呼叫小算盤

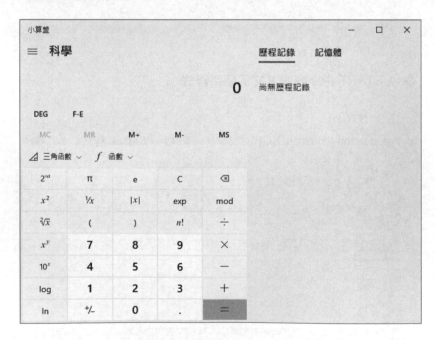

21　繪圖設定之重要的新幫手『選集循環』

當物件重疊時，選取時無法一次選中指定的物件，此時就可透過選集循環，切換所要選取的物件。

✪ **由狀態列** ⊡ **或按[Ctrl]+W 可開關選集循環：**

✪ **『選集循環』的使用技巧：**

滑鼠靠近物件時會出現選集循環圖示

碰選物件後出現選單

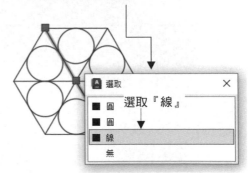

選取『弧』

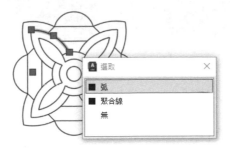

選取『無』

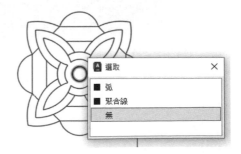

隨手札記

第一篇 第三章

檔案服務、公共指令

單元		工具列	中文指令	說　明	頁碼
1	NEW		新建	建立新圖檔	3-2
2	QNEW	📄	快速新建圖檔	使用預設的圖面樣板檔來建立新的圖檔	3-4
3	OPEN	📂	開啟舊檔	開啟舊圖檔	3-6
4	PARTIALOAD		局部載入	局部載入圖檔部分的圖層	3-11
5	XOPEN		開啟外部參考	開啟圖面上的外部參考圖檔	3-14
6	SAVEAS	💾	另存新檔	另存新檔	3-15
7	QSAVE	💾	儲存檔案	快速儲存檔案	3-17
8	QUIT		結束	離開 AutoCAD 作業環境	3-18
9	檔案頁籤的使用技巧				3-19
10	LIMITS		圖面範圍	圖面範圍設定	3-21
11	UNITS		單位	設定圖面單位之類型與精確度	3-22
12	AUDIT		檢核	檢核目前的圖檔並修復	3-23
13	RECOVER		修復	開啟並修復受損的圖檔	3-24
14	DRAWINGRECOVERY		圖檔修復管理員	更貼心專業的受損圖檔修復管理	3-25
15	EXPORT		匯出	匯出圖檔為其他格式檔案	3-26
16	PURGE		清除	清除未使用的項目	3-27
17	DWGPROPS		圖面性質	設定與顯示目前圖面的性質	3-30
18	CLOSE 與 CLOSEALL		關閉圖檔	關閉目前與開啟的圖檔	3-32
19	協同合作雲端上圖檔：在雲端開啟與儲存圖檔				3-33

1　NEW－新建

指令	NEW	快捷鍵	[Ctrl]+N
說明	建立新圖檔		

功能指令敘述

指令: NEW

檔案名稱可指定新圖樣板檔

選取開啟旁的 ▼ 可以『在沒有樣板的情況下開啟－公制』新檔

開啟(O)
在沒有樣板的情況下開啟- 英制(I)
在沒有樣板的情況下開啟- 公制(M)

❖ 樣板檔指定路徑設定，請參考第二章第 3 單元，環境選項→『檔案』設定。

❖ 樣板檔建立請參考第二篇。

✪ 新建方式如下：

❖ 選取檔案清單中的樣板檔開啟一張新圖：

即以定義完成的樣板檔，為參考開啟一張新圖。

第一篇　第三章 ▼ 檔案服務、公共指令

❖ 在沒有樣板的情況下開啟－英制：

將目前繪圖環境取用英制單位，包括線型、剖面線、尺寸變數環境皆以英制為主，預設圖面範圍為 12*9。

❖ 在沒有樣板的情況下開啟－公制：

將目前繪圖環境取用公制單位，包括線型、剖面線、尺寸變數環境皆以公制為主，預設圖面範圍為 A3 (420*297)。

✪ 由圖檔頁籤『開始』開啟新檔：

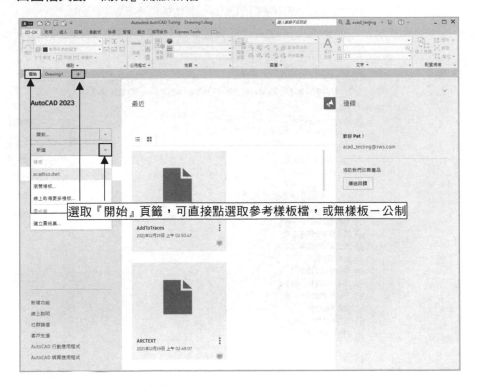

選取『開始』頁籤，可直接點選取參考樣板檔，或無樣板－公制

2　QNEW－快速新建圖檔

指令	QNEW
說明	使用預設的圖面樣板檔來建立新的圖檔

功能指令敘述

✪ 先設好 QNEW 的樣板檔名稱：

(若沒有設定 QNEW 的樣板檔名，則功能同 NEW 指令)

按滑鼠右鍵→選項→檔案→樣板設定→QNEW 的預設樣板檔名→a3base.dwt。

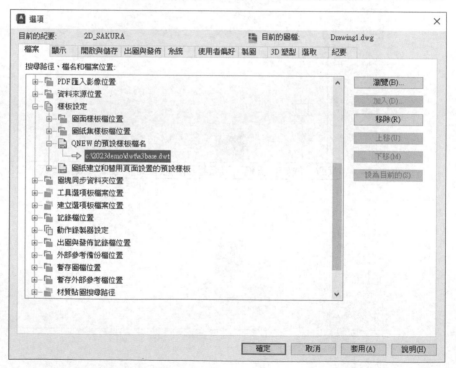

✪ 執行 QNEW 建立新圖檔：

執行 QNEW 指令或按選<圖示>，直接開新檔案，而不會出現對話框 (套用 a3base.dwt 樣板)。

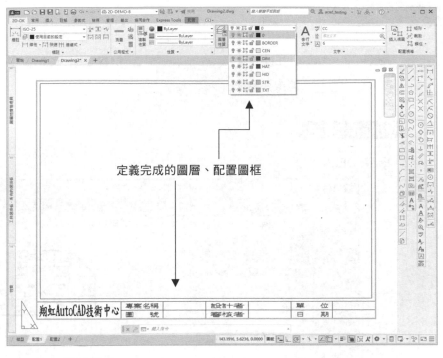

定義完成的圖層、配置圖框

已定義完成的字型

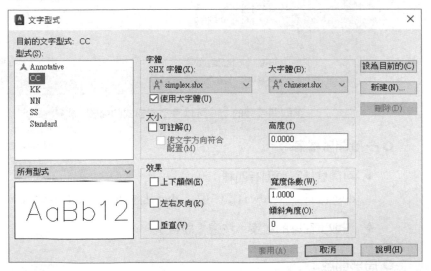

❖ DWT 樣板檔如同繪圖預設之舞台，依照不同的專案需求一定會有不同的
圖層、圖框、字型、顏色規劃舞台資源豐沛，畫起圖來就更得心應手。

3　OPEN－開啟舊檔

指令	OPEN	快捷鍵	[Ctrl]+O	
說明	開啟舊圖檔			

功能指令敘述

指令: OPEN

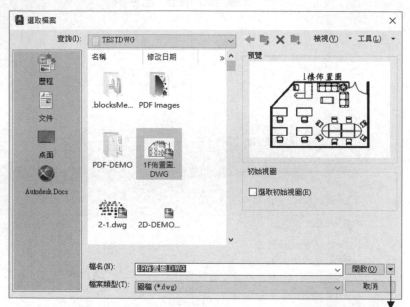

選取開啟旁的 ▼ 可以有不同模式的開啟

開啟(O)
開啟為唯讀(R)
局部開啟(P)
局部唯讀開啟(T)

✪ 一般開啟檔案

❖ 可開啟檔案類型有四種：

dwg (圖形檔)、dws (標準檔)、dwt (樣板檔)、dxf (交換檔)。

❖ 選取要開啟的檔案，按選『開啟』。

✪ 局部開啟：

按選『局部開啟』可選取需要開啟圖層，不需將整個龐大的圖形作載入，執行速度較快。

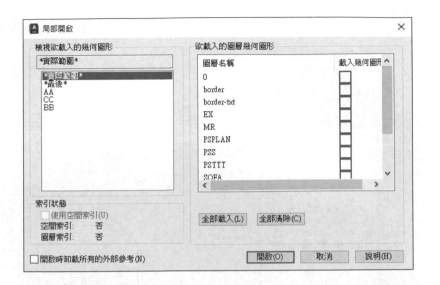

❂ 打開『**選取初始視圖**』：可選指定選取圖檔所定義的視圖為開啟視圖。

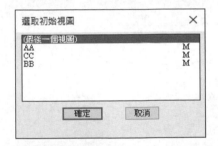

❂ 打開『**開啟為唯讀**』：圖檔將不允許以同檔名儲存。

❂ **同時開啟多張圖檔：**

利用[Ctrl]可逐一選取圖檔，或[Shift]連續選取多張圖，打開圖檔。

❖ 選取『檢視』頁籤→『介面』面板：可依需要作各種不同效果排列。

垂直並排

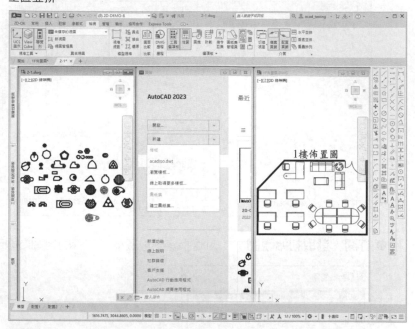

重疊排列

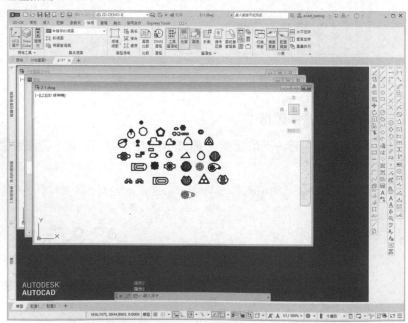

❖ 浮動視窗功能：

拖曳『檔案頁籤』中的圖面頁籤，可產生浮動的視窗，這樣就可以輕鬆地
將圖面移到另一個螢幕。

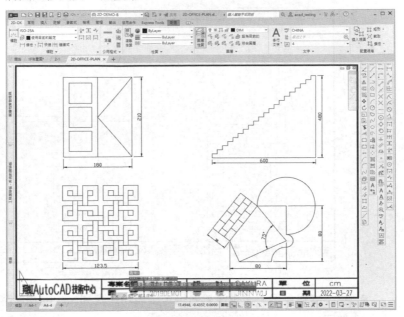

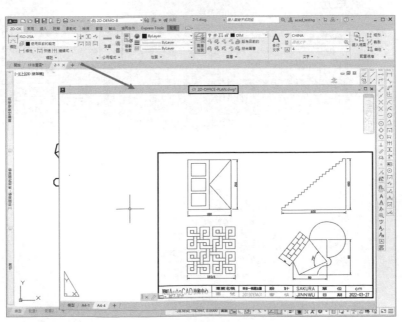

❖ 拖曳浮動的圖面視窗回到『檔案頁籤』，即可回到『檔案頁籤』

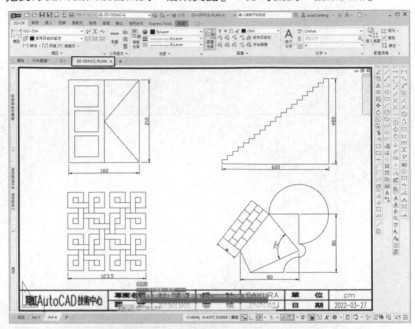

❖ 在『檔案頁籤』按選滑鼠右鍵，出現功能表列，相關功能請參考本章第 9
單元。

4 PARTIALOAD－局部載入

指令	PARTIALOAD
說明	局部載入圖檔部分的圖層

功能指令敘述

✪ 先執行『開啟舊檔』局部載入圖檔

指令: OPEN　(檔案位於隨書光碟 2023DEMO 內的 TESTDWG 子資料夾中)

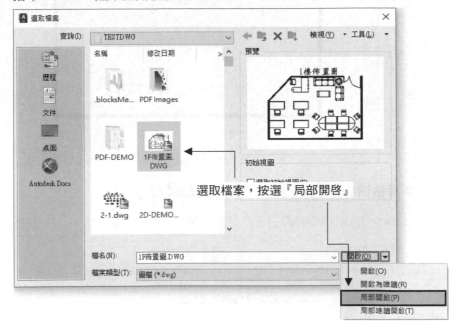

選取檔案，按選『局部開啟』

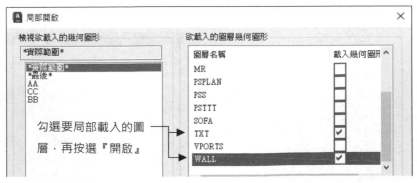

勾選要局部載入的圖
層，再按選『開啟』

❖ 局部開啟效果

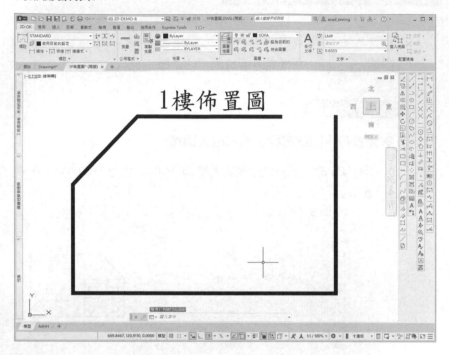

⭐ 再依需要加入其它圖層，執行『局部載入』

指令: PARTIALOAD

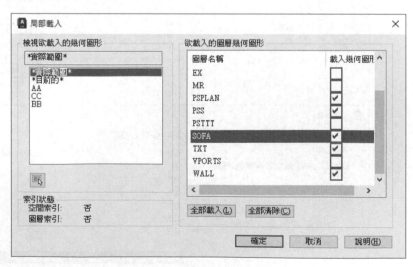

第一篇　第三章 ▼ 檔案服務、公共指令

❖ 再加入其它圖層，局部開啓效果

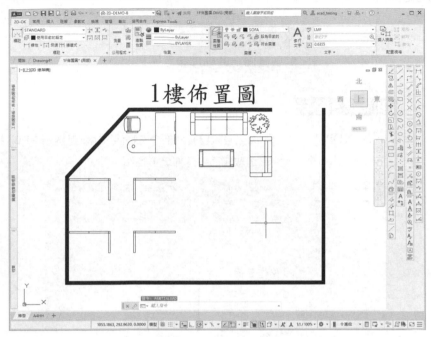

❖ 全圖載入的效果

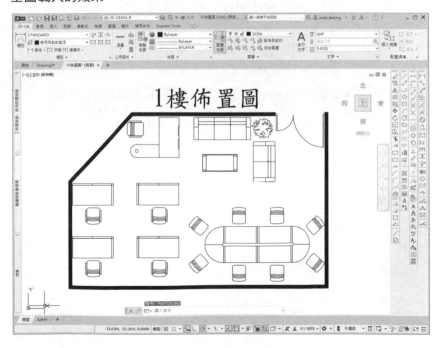

5　XOPEN－開啟外部參考

指令	XOPEN
說明	開啟圖面上的外部參考圖檔

功能指令敘述

指令: XOPEN　　　(圖面上必須要有外部參考物件，也就是透過 XREF 插入的物件)

選取外部參考:　　← 選取圖面中外部參考物件

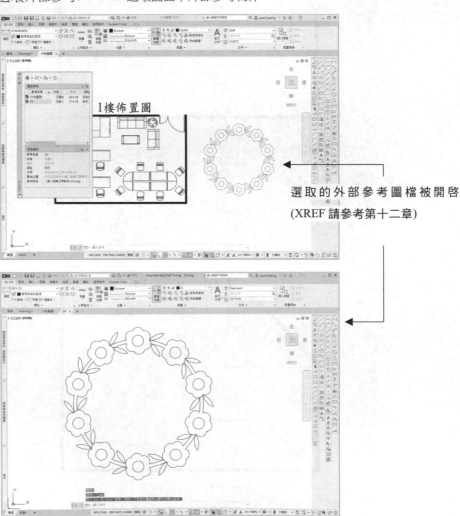

1樓佈置圖

選取的外部參考圖檔被開啟
(XREF 請參考第十二章)

6 SAVEAS — 另存新檔

指令	SAVEAS	快捷鍵	[Ctrl] + [Shift] + S
說明	另存新檔		

功能指令敘述

指令: SAVEAS

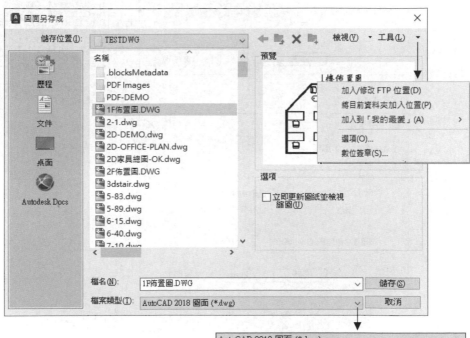

⊕ **檔案儲存的版本包括：**2004、2007、2010、2013、2018 的檔案格式

✪ **選取『選項』可儲存更多的檔案類型** (由『工具』中可選取『選項』)

DWG 選項

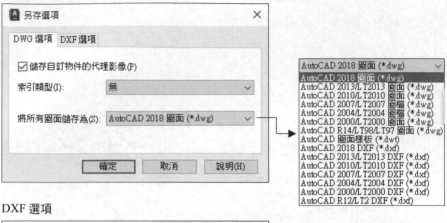

DXF 選項

7 QSAVE－儲存檔案

指令	QSAVE	快捷鍵	[Ctrl]+S	
說明	快速儲存檔案			

功能指令敘述

指令: QSAVE

✪ **如果目前的檔案尚未被儲存過：**則貼心的出現另存新檔對話框檔名。

✪ **如果圖檔已經被儲存過：**再一次執行 QSAVE 則不再出現對話框，直接儲存檔案。

8　QUIT－結束

指令	QUIT	快捷鍵	[Ctrl]+Q 或 EXIT
說明	離開 AutoCAD 作業環境		

功能指令敘述

指令: QUIT

✪ 如果圖檔尚未被儲存，則會出現是否要儲存對話框。

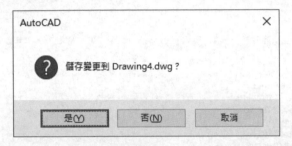

✪ 您也可以按選右上角的 ⊠ 記號離開 AutoCAD。

9 檔案頁籤的使用技巧

☆ 使用者開啟多張圖時可快速切換圖面：

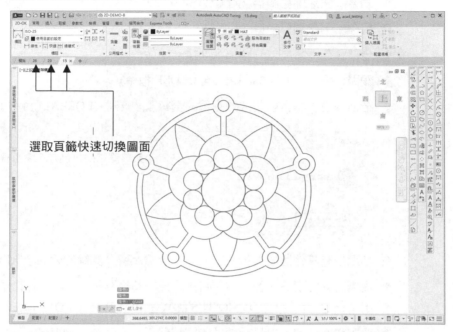

選取頁籤快速切換圖面

☆ 功能清單介紹：

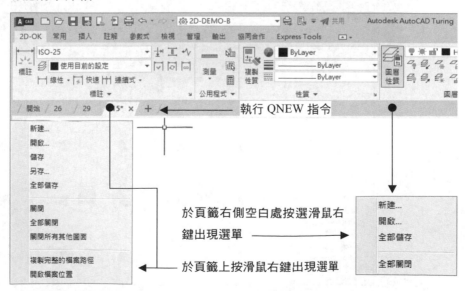

執行 QNEW 指令

新建...
開啟...
儲存
另存...
全部儲存

關閉
全部關閉
關閉所有其他圖面

複製完整的檔案路徑
開啟檔案位置

於頁籤右側空白處按選滑鼠右鍵出現選單

於頁籤上按滑鼠右鍵出現選單

新建...
開啟...
全部儲存

全部關閉

❖ 新建：開啟一張新圖 (同 QNEW 指令)。

❖ 開啓：開啟既有的圖檔 (同 OPEN 指令)。

❖ 儲存：快速儲存圖檔 (同 QSAVE 指令)。

❖ 另存：另存圖檔執行 (同 SAVEAS 指令)。

❖ 全部儲存：將開啟的圖檔全部快速儲存。

❖ 關閉：將目前的圖檔關閉 (同 CLOSE 指令)。

❖ 全部關閉：將目前開啟的圖檔，全數關閉 (同 CLOSEALL 指令)。

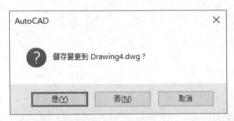　如果圖檔尚未儲存，會出現警告訊息

❖ 關閉所有其他圖面：將目前開啟的圖檔保留，其餘的圖面全數關閉。

❖ 複製完整的檔案路徑：複製目前頁籤的圖檔路徑，可貼附於其他位置上運用。例如：C:\2023\DEMO\TESTDWG\MEASUREGEOM.dwg。

❖ 開啓檔案位置：以目前開啟的圖檔路徑，開啟檔案管理員。

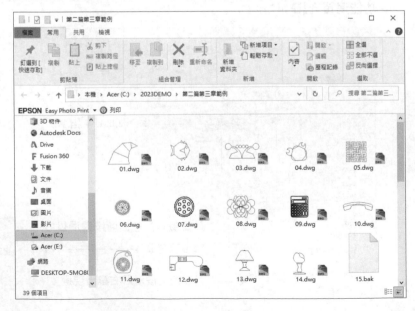

指令	LIMITS
說明	圖面範圍設定

功能指令敘述

指令: LIMITS
重置 圖紙空間 限制:
指定左下角或 [打開(ON)/關閉(OFF)] <0.0000,0.0000>:　　← 輸入左下角座標
指定右上角 <420.0000,297.0000>:　　← 輸入右上角座標

❂ **一般常用的圖面範圍規格說明**

規格	X	Y
A0	1189	841
A1	841	594
A2	594	420
A3	420	297
A4	297	210

❂ **圖面範圍開關控制**：輸入 ON，則在圖面範圍以外的區域無法繪圖。

指令: LIMITS
重置 模型空間 限制:
指定左下角或 [打開(ON)/關閉(OFF)] <0.0000,0.0000>:　　← 輸入 ON

指令: CIRCLE
指定圓的中心點或 [三點(3P)/兩點(2P)/相切、相切、半徑(T)]:
**超出圖面範圍

指令: LINE
指定第一點:
**超出圖面範圍

11　UNITS－單位

指令	UNITS	快捷鍵	UN
說明	設定圖面單位之類型與精確度		

功能指令敘述

指令: UNITS

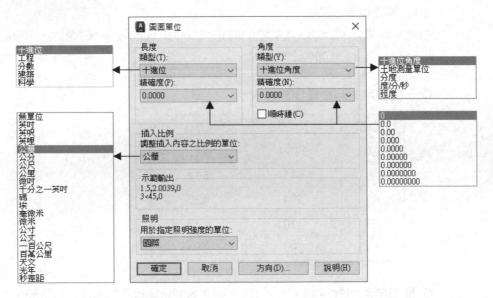

✪ **方向控制**

12　AUDIT－檢核

指令	AUDIT
說明	檢核目前的圖檔並修復

功能指令敘述

指令: AUDIT

是否要修復任何偵測到的錯誤? [是(Y)/否(N)] <N>:　← 輸入 Y 作物件檢核

✪ 回應訊息

檢核表頭

檢核表

檢核圖元階段 1

階段 1 200　　個物件受檢核

檢核圖元階段 2

階段 2 200　　　個物件受檢核

檢核圖塊

7　　　個圖塊被檢核

檢核 acdsrecords

總共發現 0 個錯誤，修復 0 個

已刪除 0 個物件

13 RECOVER－修復

指令	RECOVER
說明	開啟並修復受損的圖檔

功能指令敘述

指令: RECOVER

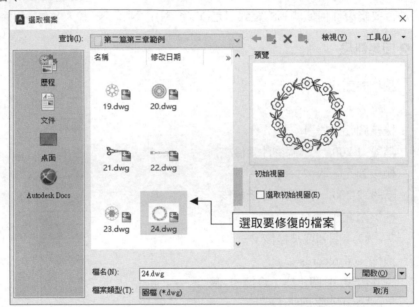

選取要修復的檔案

✪ 回應修復訊息

✪ 完成後自動開啟圖檔

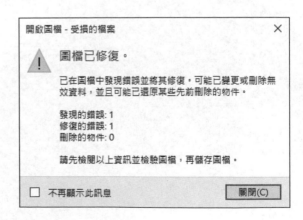

指令	DRAWINGRECOVERY	快捷鍵	DRM
說明	更貼心專業的受損圖檔修復管理		

功能指令敘述

指令: DRAWINGRECOVERY

可以快速直接協助開啟相關的自動儲存檔 (SV$檔) 與圖形備份檔 (BAK 檔)

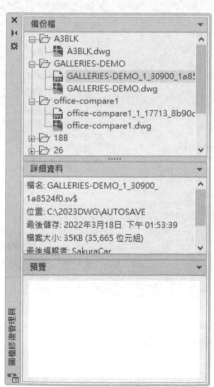

15 EXPORT－匯出

指令	EXPORT	快捷鍵	EXP
說明	匯出圖檔為其他格式檔案		

功能指令敘述

指令: EXPORT

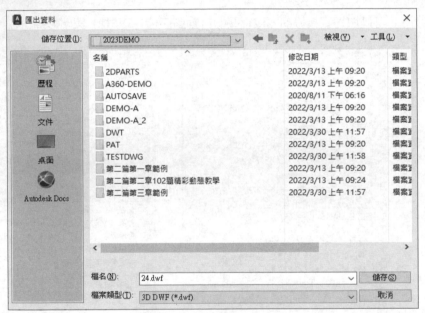

✪ 可匯出檔案類型有

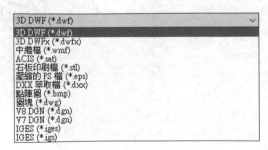

16　PURGE—清除

指令	PURGE	快捷鍵	PU
說明	清除未使用的項目		

功能指令敘述

指令: PURGE

　　檢視<可以清除的項目>

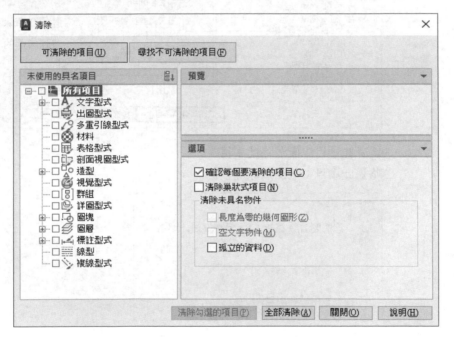

✪ 清除未使用的型式

❖ 先切換至『可以清除的項目』。

❖ 選取清除的單一項目。

❖ 如果打開『確認每個要清除的項目』，再按選『清除』，則會一一詢問是
　否確認清除，如果關閉則不再出現任何詢問。

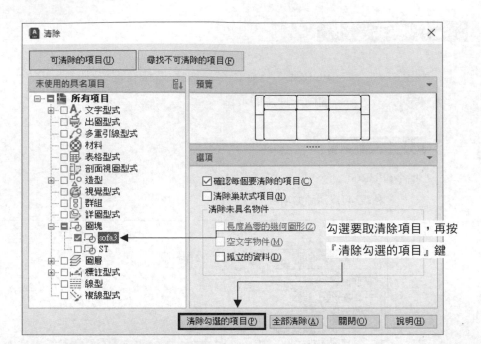

勾選要取清除項目，再按
『清除勾選的項目』鍵

清除此項目：僅清除此項目

略過此項目：取消清除此項目

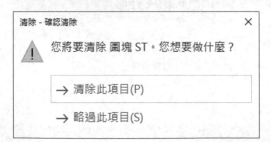

✪ **清除未使用的單一項目型式：**清除該主項目內所有未使用的型式。

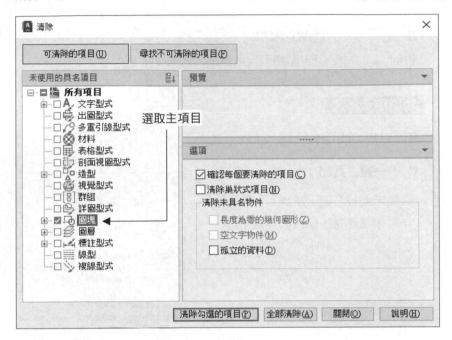

✪ **清除全部：**按選『全部清除』則會清除所有未使用的項目。

✪ **長度為零的幾何圖形：**清除圖面上長度為 0 的物件與空文字物件。

✪ **空文字物件：**清除空文字物件。

17 DWGPROPS － 圖面性質

指令	DWGPROPS
說明	設定與顯示目前圖面的性質

功能指令敘述

指令: DWGPROPS

✪『一般』頁面：

顯示圖檔名稱、類型、位置、大小、
與相關建立、修改與存取日期。

✪『統計值』頁面：

顯示圖檔建立與修改的日期、最後
儲存者與編輯圖面總計時間。

✪『摘要』頁面：

可供使用者建立一個參考的摘要資訊。

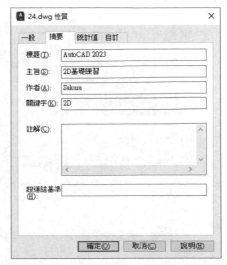

✪『自訂』頁面：

提供多組自訂欄位資料，當您用 AutoCAD 設計中心在搜尋圖檔時，它們可適時的被參考運用。

可利用『加入』來加入性質

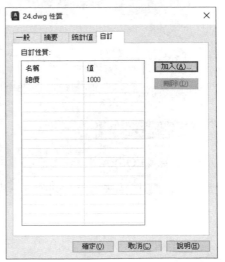

18　CLOSE 與 CLOSEALL－關閉圖檔

指令	CLOSE
說明	關閉目前的圖檔

功能指令敘述

指令: CLOSE

(如果圖檔尚未儲存,則會出現下列對話框,選擇完成後即離開該圖檔)

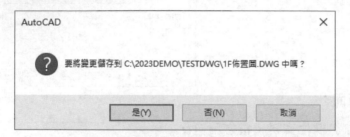

指令	CLOSEALL
說明	關閉目前與開啟的圖檔

功能指令敘述

指令: CLOSEALL

(如果圖檔尚未儲存,則會一一出現提示對話框,選擇完成後關閉所有的圖檔)

19　協同合作雲端上圖檔：在雲端開啟與儲存圖檔

指令	SAVETOWEBMOBILE
說明	儲存至線上的 Autodesk 網頁版和行動版帳戶
重要叮嚀	1. AutoCAD 2019-2023 新增的貼心功能。 2. 這個指令與 SAVEAS 指令類似，差別在於其預設位置是設定為您線上的 Autodesk 網頁版和行動版帳戶。 3. 在網頁、行動裝置或不同的桌上型電腦開啟圖檔並儲存之後，圖檔會保留其 DWG 版本。

快速存取工具列

指令: SAVETOWEBMOBILE

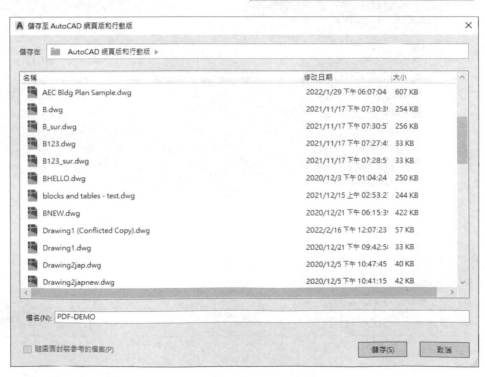

第一篇 第三章 ▼ 檔案服務、公共指令

指令	OPENFROMWEBMOBILE
說明	從線上網頁版和行動版帳戶開啟圖檔
重要叮嚀	1. AutoCAD 2019-2023 新增的貼心功能。 2. 這個指令與 OPEN 指令類似，差別在於其預設位置是設定為您線上的 Autodesk 網頁版和行動版帳戶。 3. 如果您開啟的圖面包含巨集，螢幕上會顯示「AutoCAD 巨集病毒防護」對話方塊，以防萬一。

快速存取工具列

指令: OPENFROMWEBMOBILE

第一篇 第四章

繪圖指令

	單元	工具列	中文指令	說　　明	頁碼
1	LINE	線	線	建立直線	4-2
2	XLINE		建構線	建立一條無限長輔助線	4-6
3	RAY		射線	建立半無限長輔助線	4-10
4	SKETCH		徒手描繪	徒手描繪線條	4-11
5	PLINE		聚合線	建立 2D 聚合線	4-12
6	MLINE		複線	建立多重平行線	4-15
7	SPLINE		雲形線	建立雲形線	4-17
8	ARC		弧	建立弧	4-19
9	CIRCLE		圓	建立圓	4-23
10	DONUT		環	建立填實的圓或環	4-26
11	ELLIPSE		橢圓	建立橢圓	4-27
12	RECTANG		矩形	建立矩形	4-31
13	REVCLOUD		修訂雲形	建立修訂雲形	4-36
14	POLYGON		多邊形	建立正多邊形	4-40
15	SOLID		2D 實面	填實三邊形或四邊形	4-43
16	POINT		點	建立點物件	4-45
17	DIVIDE		等分	等分佈點於物件上	4-46
18	MEASURE		等距	等距佈點於物件上	4-48
19	BOUNDARY		邊界	以內部點建立封閉邊界	4-50
20	WIPEOUT		遮蔽	建立遮蔽區塊	4-52

第一篇　第四章 ▼ 繪圖指令

1　LINE－線

指令	LINE	快捷鍵	L	
說明	建立直線			
選項功能	輸入[Enter]：結束線段繪製 取消[Esc]：取消線段繪製 封閉(C)：封閉起點與最後一個畫線點 退回(U)：退回至上一點			
重要叮嚀	若接續 ARC 指令後，則第一點可 [Enter] 產生弧的切線			

功能指令敘述

指令: LINE

指定第一點: ← 點選線段起點 1，或 [Enter] 接續上一個點

指定下一點或 [退回(U)]: ← 點選線段下一點 2

指定下一點或 [退回(U)]: ← 點選線段下一點 3

  ： ：

指定下一點或 [封閉(C)/退回(U)]: ← 也可按選滑鼠的右鍵，

出現選單再選取

或於指令區選取選項

輸入(E)	
取消(C)	
最近的輸入	>
封閉(C)	
退回(U)	
物件鎖點取代(V)	>
平移(P)	
縮放(Z)	
SteeringWheels	
快速計算器	

`✕ ✕ 🔧 ∕▾ LINE 指定下一點或 [封閉(C) 退回(U)]:`

✪ **選取『輸入』結束畫線**

或輸入 [Enter] 鍵

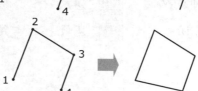

✪ **選取『封閉』封閉線段**

或輸入 C

☆ 選取『退回』退回至上一點

或輸入 U

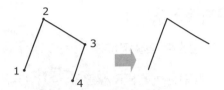

精選教學範例

❶ 繪製正三角形

❷

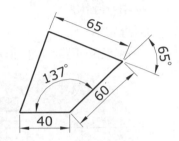

❸

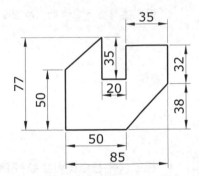

❹

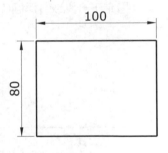

❺ 間距=10

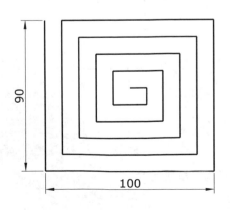

❻

第一篇　第四章　▼　繪圖指令

精華技巧介紹

✪ 極座標追蹤定位法

將狀態列的極座標追蹤 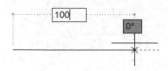 打開，或按選功能鍵『F10』，將十字游標上下左右移動，出現提示極座標方向與角度，直接輸入距離即可。

指令: LINE
指定第一點: 　　← 選取任意一點為起點
指定下一點或 [退回(U)]:   ← 滑鼠往水平右方移動出現圖像，輸入 100

100　　0°

指定下一點或 [退回(U)]:   ← 滑鼠往垂直上方移動出現圖像，輸入 65

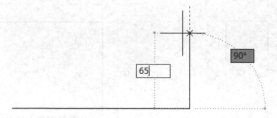

65　　90°

指定下一點或 [封閉(C)/退回(U)]: ← 設定 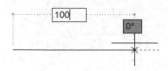 極座標角度 45，將滑鼠移至 135 度方向，輸入 100

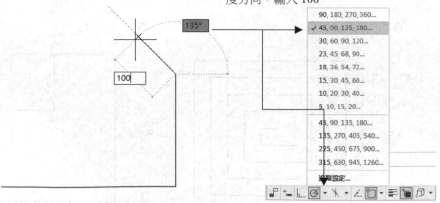

135°

100

90, 180, 270, 360...
✓ 45, 90, 135, 180...
30, 60, 90, 120...
23, 45, 68, 90...
18, 36, 54, 72...
15, 30, 45, 60...
10, 20, 30, 40...
5, 10, 15, 20...

45, 90, 135, 180...
135, 270, 405, 540...
225, 450, 675, 900...
315, 630, 945, 1260...

追蹤設定...

❖ 詳細極座標追蹤定位法請參考第二章單元 15。

✪ 自動方向定位法

將狀態列的正交模式 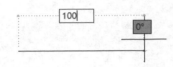 打開 (或按選功能鍵『F8』)，將游標移至要畫線方向，輸入距離即可迅速取得線段。

指令: LINE

指定第一點: 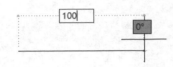　　　← 選取任意一點為起點

指定下一點或 [退回(U)]:　　← 滑鼠往水平右方移動，輸入 100

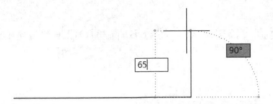

指定下一點或 [退回(U)]:　　← 滑鼠往垂直上方移動，輸入 65

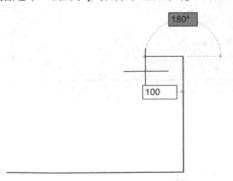

指定下一點或 [封閉(C)/退回(U)]:　← 滑鼠往水平左方移動，輸入 100

指定下一點或 [封閉(C)/退回(U)]:　　← 按選滑鼠右鍵出現清單，選取『封閉』或輸入 C，完成矩形

❖ 配合變數 SNAPANG 輸入旋轉角度值，可快速輔助特殊角度繪製。

❖ 配合 < 角度值，可於繪圖時轉換為暫時性的取代角度。

第一篇 第四章 ▼ 繪圖指令

2 XLINE-建構線

指令	XLINE	快捷鍵	XL
說明	建立一條無限長輔助線		
選項功能	水平(H)：水平方向 垂直(V)：垂直方向 角度(A)：指定角度 二等分(B)：角平分線 偏移(O)：偏移複製		

功能指令敘述

指令: XLINE

指定一點或 [水平(H)/垂直(V)/角度(A)/二等分(B)/偏移(O)]: ←輸入選項或選取點

✪ 任意角度

指定一點或 [水平(H)/垂直(V)/角度(A)/二等分(B)/偏移(O)]:　← 選取起點 1

指定通過點:　　← 選取通過點 2

指定通過點:　　← 選取通過點 3

指定通過點:　　← 選取通過點 4

指定通過點:　　← [Enter] 離開

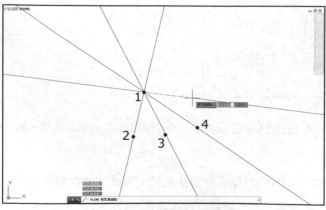

✪ 水平 (H)

指定一點或 [水平(H)/垂直(V)/角度(A)/二等分(B)/偏移(O)]:　← 輸入選項 H

指定通過點:　　← 選取通過點 1

指定通過點:　　← 選取通過點 2

指定通過點:　　← 選取通過點 3

指定通過點:　　← [Enter] 離開

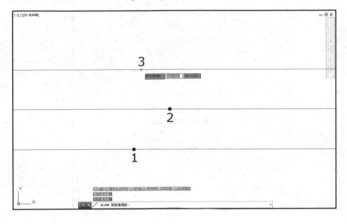

✪ 垂直 (V)

指定一點或 [水平(H)/垂直(V)/角度(A)/二等分(B)/偏移(O)]:　← 輸入選項 V

指定通過點:　　← 選取通過點 1

指定通過點:　　← 選取通過點 2

指定通過點:　　← [Enter] 離開

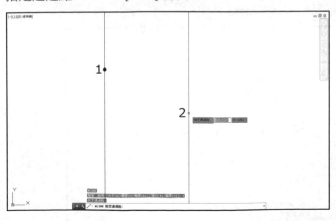

第一篇 第四章 ▼ 繪圖指令

✪ 角度 (A)

指定一點或 [水平(H)/垂直(V)/角度(A)/二等分(B)/偏移(O)]: ← 輸入選項 A
指定建構線角度 (0) 或 [參考(R)]: ← 輸入角度或輸入 R，選取線物件為參考角度
指定通過點: ← 選取通過點 1
指定通過點: ← 選取通過點 2
指定通過點: ← [Enter] 離開

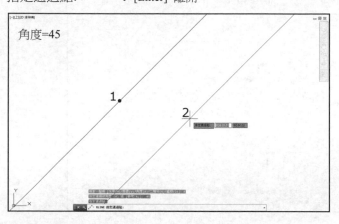

✪ 二等分 (B)

指定一點或 [水平(H)/垂直(V)/角度(A)/二等分(B)/偏移(O)]: ← 輸入選項 B
指定角度頂點: ← 選取通過點 1
指定角度起點: ← 選取通過點 2
指定角度端點: ← 選取通過點 3
指定角度端點: ← [Enter] 離開

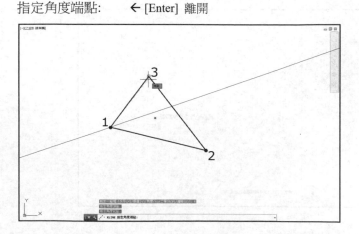

✪ 偏移 (O)

指定一點或 [水平(H)/垂直(V)/角度(A)/二等分(B)/偏移(O)]:   ← 輸入選項 O

指定偏移距離 [通過(T)] <1.0000>:   ← 輸入距離，例如 30

選取一個線物件: ← 選取已知線段 1

指定要偏移的那一側: ← 輸入偏移的邊 2

選取一個線物件: ← [Enter] 離開

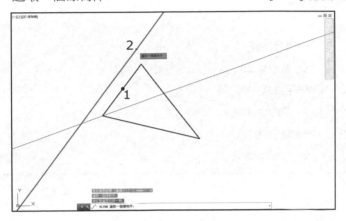

精選教學範例

❶

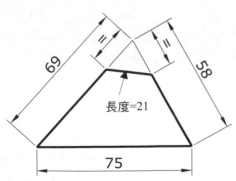

❷

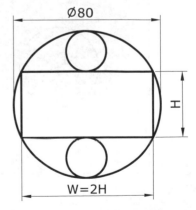

3　RAY－射線

指令	RAY	
說明	建立半無限長輔助線	

功能指令敘述

指令: RAY

指定起點:　　　　　　← 選取起點 1

指定通過點:　　　　　← 選取點 2

指定通過點:　　　　　← 選取點 3

指定通過點:　　　　　← 選取點 4

指定通過點:　　　　　← 選取點 5

指定通過點:　　　　　← [Enter] 離開

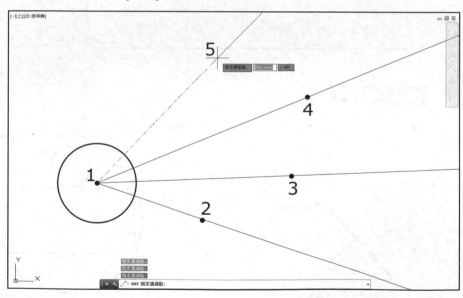

4　SKETCH－徒手描繪

指令	SKETCH
說明	徒手描繪線條
選項功能	類型(T)： 指定繪製物件類型 增量(I)： 指定圖筆移動增量值 公差(L)： 指定雲形線擬合公差

功能指令敘述

指令: SKETCH
類型 ＝ 線，增量 ＝ 1.0000，公差 ＝ 0.5000
指定手繪或 [類型(T)/增量(I)/公差(L)]:

✪ **輸入 T，設定類型**

輸入手繪類型 [直線(L)/聚合線(P)/雲形線(S)] <線>: ← 輸入指定的物件類型

✪ **輸入 I，設定圖筆增量值**

指定手繪增量 <1.0000>: ← 輸入增量值

✪ **輸入 L，設定雲形線公差**

指定雲形線擬合公差 <0.5000>: ← 輸入公差值

預選物件出現掣點

直線　　　　　　　聚合線　　　　　　雲形線

5　PLINE－聚合線

指令	PLINE	快捷鍵	PL
說明	建立 2D 聚合線		
選項功能	輸入[Enter]：結束線段繪製 取消[Esc]：取消線段繪製 弧(A)：切換至畫弧模式，選項如下： 　❖ 角度(A)：角度輸入 　❖ 中心點(CE)：中心點輸入 　❖ 方向(D)：弧之切線方向 　❖ 直線(L)：切換至畫線 　❖ 半徑(R)：輸入已知半徑 　❖ 第二點(S)：三點定一弧 　❖ 半寬(H)：設定新半寬 　❖ 封閉(CL)：封閉起點與最後一個畫線點 　❖ 退回(U)：退回至上一點 　❖ 寬度(W)：設定畫線起始與結束的寬度值 封閉(C)：封閉起點與最後一個畫線點 退回(U)：退回至上一點 長度(L)：繪出與上一段角度相同的線段 寬度(W)：設定畫線起始與結束的寬度值 半寬(H)：設定新半寬		

功能指令敘述

指令: PLINE
指定起點:　　　　　　　　　← 選取起點
目前的線寬是 0.0000　　　← 提示目前寬度
指定下一點或 [弧(A)/半寬(H)/長度(L)/退回(U)/寬度(W)]:　← 選點或輸入選項

指定下一點或 [弧(A)/封閉(C)/半寬(H)/長度(L)/退回(U)/寬度(W)]:← 選取下一點

指定下一點或 [弧(A)/封閉(C)/半寬(H)/長度(L)/退回(U)/寬度(W)]:

← 輸入 A，或直接選取指令列的『弧(A)』選項

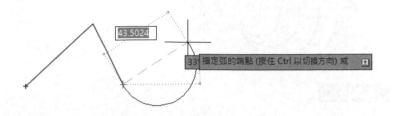

[角度(A)/中心點(CE)/封閉(CL)/方向(D)/半寬(H)/直線(L)/半徑(R)/第二點(S)/退回
(U) /寬度(W)]: ← 輸入 L，或直接選取指令列的『直線(L)』選項

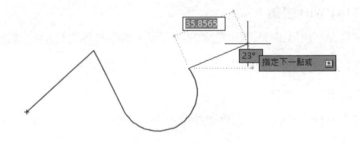

指定下一點或 [弧(A)/封閉(C)/半寬(H)/長度(L)/退回(U)/寬度(W)]:← 輸入[Enter]

精選教學範例

❶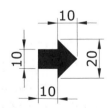

❷ 寬度分別：2,8,15,30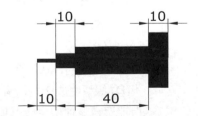

❸   ❹

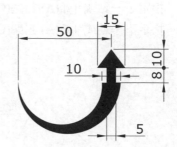

精華技巧

✪ **繪製有寬度部分請先設定寬度：**

當進入 PLINE 指令時，點選起始點，發現不同寬度時，請先改寬度，再畫寬度線。

✪ **PLINEWID 變數：**

該變數存放目前 PLINE 寬度的內定值，如果有需要可由此處先作修改。

✪ **PLINE 最小標準寬度為 0。**

✪ **PLINEGEN 變數：**

當選用特殊線形時，為避免產生不勻稱繪製效果時，可事先將該變數值調整為 1。

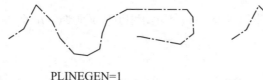

PLINEGEN=1   PLINEGEN=0

❖ **也可以透過聚合線編輯 PEDIT 來修改：**

指令: PEDIT

選取聚合線或 [多重(M)]:   ← 選取物件，或輸入 M 可一次編輯多個物件

輸入選項 [封閉(C)/接合(J)/寬度(W)/編輯頂點(E)/擬合(F)/雲形線(S)/直線化(D)/線型生成(L)/反轉(R)/退回(U)]:   ← 輸入選項 L

指定聚合線線型生成選項 [打開(ON)/關閉(OFF)]:   ← 輸入 ON 即可打開

6　MLINE－複線

指令	MLINE	快捷鍵	ML
說明	建立多重平行線		
選項功能	對正方式(J)：點選點之對正方式 ❖ 靠上(T)：向上對齊 ❖ 歸零(Z)：向中對齊 ❖ 靠下(B)：向下對齊 比例(S)：設定平行線寬的比例值 型式(ST)：切換已經由 MLSTYLE 定義完成複線型式		

功能指令敘述

指令: MLINE

目前的設定: 對正方式 = 靠上, 比例 = 20.00, 型式 = STANDARD

指定起點或 [對正方式(J)/比例(S)/型式(ST)]:　　← 選取起始點 1，或輸入選項

指定下一點:　　　　　　　　　　　　　　　　← 選取下一點 2

指定下一點或 [退回(U)]:　　　　　　　　　　← 選取下一點 3

指定下一點或 [封閉(C)/退回(U)]:　　　　　　← 選取下一點 4

指定下一點或 [封閉(C)/退回(U)]:　　　　　　← 按滑鼠右鍵出現選單，或按選『Enter』

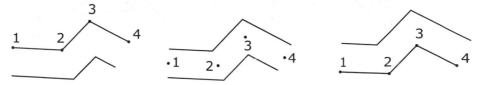

靠上(T)　　　　　　　　歸零(Z)　　　　　　　　靠下(B)

✪ 輸入 J 改變對正方式

指定起點或 [對正方式(J)/比例(S)/型式(ST)]:　　　← 輸入 J

輸入對正方式類型 [靠上(T)/歸零(Z)/靠下(B)] <靠下>:　← 輸入對正方式選項

✪ **輸入 S 改變比例值**

指定起點或 [對正方式(J)/比例(S)/型式(ST)]:　　　← 輸入 S
輸入複線比例 <20.00>:　　　　　　　　　　　← 輸入比例值

比例：15　　　　　　　　　　　　　　　　比例：10

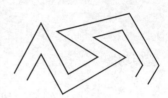

✪ **輸入 C 封閉起點與終點**

指令: MLINE
目前的設定: 對正方式 = 歸零, 比例 = 20.00, 型式 = STANDARD
指定起點或 [對正方式(J)/比例(S)/型式(ST)]:　　← 選取起始點 1
指定下一點:　　　　　　　　　　　　　　　　← 選取下一點 2
指定下一點或 [退回(U)]:　　　　　　　　　　← 選取下一點 3
指定下一點或 [封閉(C)/退回(U)]:　　　　　　← 選取下一點 4
指定下一點或 [封閉(C)/退回(U)]:　　　　　　← 輸入 C『封閉』

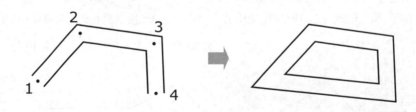

7　SPLINE—雲形線

指令	SPLINE	快捷鍵	SPL	
說明	建立雲形線			
選項功能	物件(O)：　選取已由 Pedit/雲形線擬合的 Pline 轉換為 Spline 物件 方式(M)：　設定擬合(F)或控制頂點(CV)雲形線繪製 節點(K)：　設定擬合雲形線節點參數 度(D)：　　設定控制頂點雲形線角度 封閉(C)：　封閉雲形線的起點與端點 公差(L)：　擬合公差			

功能指令敘述

指令: SPLINE

目前設定: 方式 = 擬合，節點 = 弦

指定第一點或 [方式(M)/節點(K)/物件(O)]:　　　　　← 點選第一點

輸入下一點或 [起始切向(T)/公差(L)]:　　　　　　← 點選第二點

輸入下一點或 [結束切向(T)/公差(L)/退回(U)/封閉(C)]:

　　：　：

輸入下一點或 [結束切向(T)/公差(L)/退回(U)/封閉(C)]:　　← 輸入 T

指定終點切向:　　　　　　　← 選取終止切線點

✪ 輸入 M 設定方式：

輸入雲形線建立方式 [擬合(F)/CV(CV)] <擬合>:　　← 輸入選項

擬合(F)

控制頂點(CV)

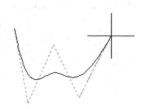

✪ **於擬合 (F) 雲形線繪製狀態，輸入 K 設定節點：**

輸入節點參數 [弦(C)/平方根(S)/均勻(U)] <均勻>:　　　　← 輸入選項

弦(C)　　　　　　　　　平方根(S)　　　　　　　　均勻(U)

 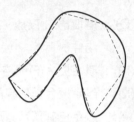 

✪ **於控制頂點 (CV) 雲形線繪製狀態方式，輸入 D 設定角度：**

輸入雲形線的角度 <3>:　← 輸入選項

3 度　　　　　　　　　　5 度　　　　　　　　　　7 度

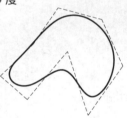 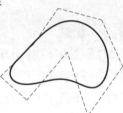 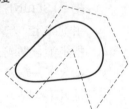

✪ **輸入 O 選取物件：**

選取聚合線:　　　　　　　　← 選取圖面上的聚合線

 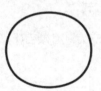

8 ARC －弧

指令	ARC	快捷鍵	A	
說明	建立弧			
選項功能	三點定一弧：ARC 內定 3 點定一弧 中心點(C)：中心點 起點(S)：起始點 終點(E)：終止點 弦長(L)：弦長 方向(D)：起始方向 半徑(R)：半徑值 (可給負值產生大於 180 度的弧) 角度(A)：包含角度			
重要叮嚀	※ 若接續 LINE 指令後，則起點可 [Enter] 產生線的切弧 ※ 指定角度時，按 [Ctrl] 鍵，可切換為順時鐘方向			

第一篇　第四章▼　繪圖指令

功能指令敘述

指令: ARC　(如果由面板中選取功能鍵，則直接輸入點或數值即可，不用再輸入選項)

✪ 三點定一弧

指定弧的起點或 [中心點(C)]:　　　　　　　← 選取起點 1
指定弧的第二點或 [中心點(C)/終點(E)]:← 選取第二點 2
指定弧的終點:　　　　　　　　　　　　← 選取終點 3

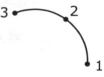

✪ 起點、中心點、終點

指定弧的起點或 [中心點(C)]:　　　　　　　← 選取起點 1
指定弧的第二點或 [中心點(C)/終點(E)]:← 輸入選項 C
指定弧的中心點:　　　　　　　　　　　← 選取中心點 2
指定弧的終點 (按住 Ctrl 以切換方向) 或 [角度(A)/弦長(L)]:
　　　　　　　　　　　　　　　　　　← 選取端點 3

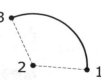

✪ 起點、中心點、角度

指定弧的起點或 [中心點(C)]:　　　　　　　　　　 ← 選取起點 1
指定弧的第二點或 [中心點(C)/終點(E)]:← 輸入選項 C
指定弧的中心點:　　　　　　　　　　　　　 ← 選取中心點 2
指定弧的終點 (按住 Ctrl 以切換方向) 或 [角度(A)/弦長(L)]:← 輸入選項 A
指定夾角 (按住 Ctrl 以切換方向):　　　 ← 輸入夾角值 3

✪ 起點、中心點、弦長

指定弧的起點或 [中心點(C)]:　　　　　　　　　　 ← 選取起點 1
指定弧的第二點或 [中心點(C)/終點(E)]:← 輸入選項 C
指定弧的中心點:　　　　　　　　　　　　　 ← 選取中心點 2
指定弧的終點 (按住 Ctrl 以切換方向) 或 [角度(A)/弦長(L)]:← 輸入選項 L
指定弦長 (按住 Ctrl 以切換方向):　　　 ← 輸入弦長值 3

✪ 起點、終點、角度

指定弧的起點或 [中心點(C)]:　　　　　　　　　　 ← 選取起點 1
指定弧的第二點或 [中心點(C)/終點(E)]:← 輸入選項 E
指定弧的終點:　　　　　　　　　　　　　　 ← 選取終點 2
指定弧的中心點 (按住 Ctrl 以切換方向) 或 [角度(A)/方向(D)/半徑(R)]:
　　　　　　　　　　　　　　　　　　　　　 ← 輸入選項 A
指定夾角 (按住 Ctrl 以切換方向):　　　 ← 輸入夾角值 3

✪ 起點、終點、方向

指定弧的起點或 [中心點(C)]:　　　　　　　　　　 ← 選取起點 1
指定弧的第二點或 [中心點(C)/終點(E)]:← 輸入選項 E
指定弧的終點:　　　　　　　　　　　　　　 ← 選取終點 2
指定弧的中心點 (按住 Ctrl 以切換方向) 或 [角度(A)/方向(D)/半徑(R)]:
　　　　　　　　　　　　　　　　　　　　　 ← 輸入選項 D
指定弧的起點的切線方向 (按住 Ctrl 以切換方向): ← 輸入選取點 3

✪ 起點、終點、半徑

指定弧的起點或 [中心點(C)]:   ← 選取起點 1

指定弧的第二點或 [中心點(C)/終點(E)]: ← 輸入選項 E

指定弧的終點: ← 選取終點 2

指定弧的中心點 (按住 Ctrl 以切換方向) 或 [角度(A)/方向(D)/半徑(R)]:

                    ← 輸入選項 R

指定弧的半徑 (按住 Ctrl 以切換方向): ← 輸入半徑值 3

✪ 中心點、起點、終點

指定弧的起點或 [中心點(C)]:   ← 輸入選項 C

指定弧的中心點: ← 選取中心點 1

指定弧的起點: ← 選取起點 2

指定弧的終點 (按住 Ctrl 以切換方向) 或 [角度(A)/弦長(L)]: ← 選取端點 3

✪ 中心點、起點、角度

指定弧的起點或 [中心點(C)]:   ← 輸入選項 C

指定弧的中心點: ← 選取中心點 1

指定弧的起點: ← 選取起點 2

指定弧的終點 (按住 Ctrl 以切換方向) 或 [角度(A)/弦長(L)]: ← 輸入選項 A

指定夾角 (按住 Ctrl 以切換方向):   ← 輸入夾角值 3

✪ 中心點、起點、弦長

指定弧的起點或 [中心點(C)]:   ← 輸入選項 C

指定弧的中心點: ← 選取中心點 1

指定弧的起點: ← 選取起點 2

指定弧的終點 (按住 Ctrl 以切換方向) 或 [角度(A)/弦長(L)]: ← 輸入選項 L

指定弦長 (按住 Ctrl 以切換方向):   ← 輸入弦長 3

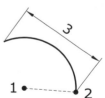

✪ **連續式切弧**

先執行 ARC 指令完成一個弧，再執行一次 ARC 指令，直接 [Enter] 就可以產生連續切弧。

精選教學範例

❶

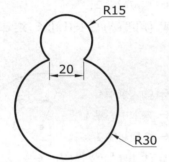

❷

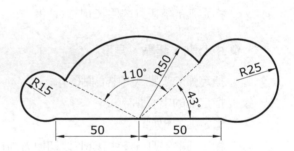

❸

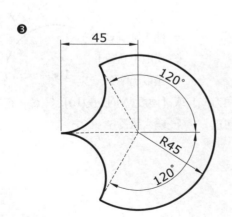

❹

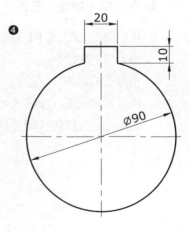

9 CIRCLE—圓

指令	CIRCLE	快捷鍵	C	
說明	建立圓			
選項功能	中心點,半徑：已知中心點及半徑值 中心點,直徑(D)：已知中心點及直徑值 兩點(2P)：兩點定一圓 三點(3P)：三點定一圓 相切,相切,半徑(T)：已知兩相切物件及圓半徑值 相切,相切,相切：建立三切圓			

功能指令敘述

令: CIRCLE (如果由面板中選取功能鍵，則直接輸入點或數值即可，不用再輸入選項)

✪ 中心點、半徑 (內定)

指定圓的中心點或 [三點(3P)/兩點(2P)/相切、相切、半徑(T)]:

         ← 選取圓心點 1

指定圓的半徑或 [直徑(D)] <30.0000>:　← 輸入半徑值 2

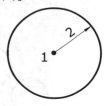

✪ 中心點、直徑

指定圓的中心點或 [三點(3P)/兩點(2P)/相切、相切、半徑(T)]:

         ← 選取圓心點 1

指定圓的半徑或 [直徑(D)] <30.0000>:　← 輸入選項 D

指定圓的直徑 <69.3320>:　← 輸入直徑值 2

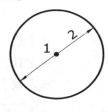

✪ 兩點定一圓

指定圓的中心點或 [三點(3P)/兩點(2P)/相切、相切、半徑(T)]:

         ← 輸入選項 2P

第一篇 第四章 ▼ 繪圖指令

指定圓直徑的第一個端點: ← 選取第一點 1
指定圓直徑的第二個端點: ← 選取第二點 2

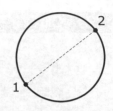

✪ 三點定一圓

指定圓的中心點或 [三點(3P)/兩點(2P)/相切、相切、半徑(T)]:
         ← 輸入選項 3P

指定圓上的第一點: ← 選取第一點 1
指定圓上的第二點: ← 選取第二點 2
指定圓上的第三點: ← 選取第三點 3

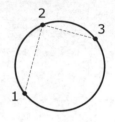

✪ 相切、相切、半徑

指定圓的中心點或 [三點(3P)/兩點(2P)/相切、相切、半徑(T)]:
         ← 輸入選項 T

指定物件上的點作為圓的第一個切點: ← 選取切點 1
指定物件上的點作為圓的第二個切點: ← 選取切點 2
指定圓的半徑 <16.1218>:   ← 輸入半徑 3

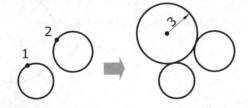

✪ 相切、相切、相切

指定圓上的第一點: _tan 於   ← 選取切點 1
指定圓上的第二點: _tan 於   ← 選取切點 2
指定圓上的第三點: _tan 於   ← 選取切點 3

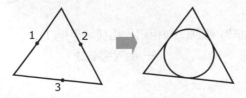

精選教學範例

❶
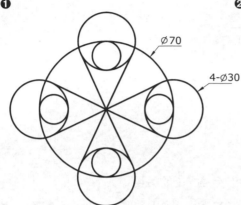
Ø70
4-Ø30

❷
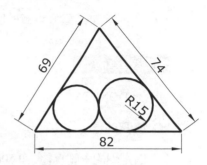
69
74
R15
82

❸
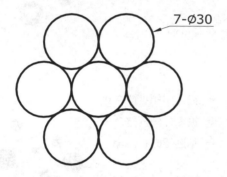
7-Ø30

❹
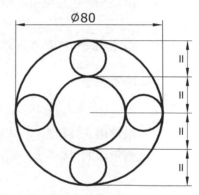
Ø80
=
=
=
=

❺
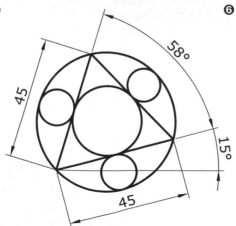
58°
45
15°
45

❻

75

10 DONUT－環

指令	DONUT	快捷鍵	DO	
說明	建立填實的圓或環			

功能指令敘述

指令: DONUT

✪ 填實的環

指定環的內側直徑 <0.5000>: ← 輸入內側直徑
指定環的外側直徑 <1.0000>: ← 輸入外側直徑
指定環的中心點或 <結束>: ← 點選環圓心位置
　　　　:　　:
指定環的中心點或 <結束>: ← [Enter] 結束選取

✪ 填實的圓

指定環的內側直徑 <0.5000>: ← 輸入內側直徑為 0
指定環的外側直徑 <1.0000>: ← 輸入外側直徑
指定環的中心點或 <結束>: ← 點選環圓心位置
　　　　:　　:
指定環的中心點或 <結束>: ← [Enter] 結束選取

11　ELLIPSE—橢圓

指令	ELLIPSE	快捷鍵	EL	
說明	建立橢圓			
選項功能	弧(A) ：繪製橢圓弧 (當 PELLIPSE 變數為 1 時，橢圓弧無法執行) ❖ 參數(P)：輸入參考角度點位置 ❖ 夾角(I)：輸入橢圓弧夾角值 ❖ 角度(A)：輸入結束角度 中心點(C)：橢圓中心 旋轉(R)：離心率及旋轉角度			
相關變數介紹	PELLIPSE=1(ON) → 建立聚合線組成的橢圓 PELLIPSE=0(OFF) → 建立真正的橢圓			

功能指令敘述

指令: ELLIPSE (如果由面板中選取功能鍵，則直接輸入點或數值即可，不用再輸入選項)

✪ **軸端點輸入模式**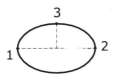

指定橢圓的軸端點或 [弧(A)/中心點(C)]:　　←　輸入第一軸端點 1
指定軸的另一端點:　　　　　　　　　　　　←　輸入第二軸端點 2
指定到另一軸的距離或 [旋轉(R)]:　　　　←　輸入軸距離或選取點 3

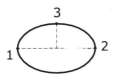 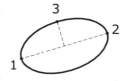 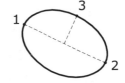

✪ **軸中心點輸入模式**

指定橢圓的軸端點或 [弧(A)/中心點(C)]:　　←　輸入選項 C
指定橢圓的中心點:　　　　　　　　　　　　←　選取軸中心點 1
指定軸端點:　　　　　　　　　　　　　　　←　選取軸端點 2

指定到另一軸的距離或 [旋轉(R)]:   ← 輸入軸距離或選取端點 3

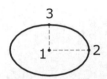 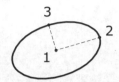 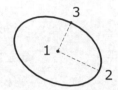

✪ **配合旋轉角度決定另一軸距離模式**

指定橢圓的軸端點或 [弧(A)/中心點(C)]:   ← 輸入第一軸端點 1
指定軸的另一端點: ← 輸入第二軸端點 2
指定到另一軸的距離或 [旋轉(R)]:   ← 輸入選項 R
指定繞著主軸的旋轉角度: ← 輸入旋轉角度

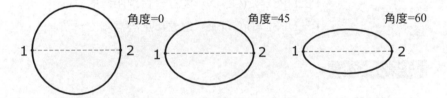

✪ **已知起始軸與結束軸參考點繪製橢圓弧**

指定橢圓的軸端點或 [弧(A)/中心點(C)]:   ← 輸入選項 A
指定橢圓弧的軸端點或 [中心點(C)]:   ← 輸入選項 C (可以配合軸端點模式)
指定橢圓的中心點: ← 選取軸中心點 1
指定軸端點: ← 點選軸端點 2 或輸入半徑軸長
指定到另一軸的距離或 [旋轉(R)]:   ← 輸入另一軸距離 3
指定起始角度或 [參數(P)]:   ← 選取起始角度點 2
指定結束角度或 [參數(P)/夾角(I)]:   ← 選取結束角度點 3

✪ 已知起始軸與弧夾角值繪製橢圓弧

指定橢圓的軸端點或 [弧(A)/中心點(C)]:　← 輸入選項 A

指定橢圓弧的軸端點或 [中心點(C)]:　← 輸入選項 C (可以配合軸端點模式)

指定橢圓的中心點:　← 選取軸中心點 1

指定軸端點:　← 點選軸端點 2 或輸入半徑軸長

指定到另一軸的距離或 [旋轉(R)]:　← 輸入另一軸距離 3

指定起始角度或 [參數(P)]:　← 選取起始角度點 2

指定結束角度或 [參數(P)/夾角(I)]:　← 輸入選項 I

指定弧的夾角 <180>:　← 輸入角度值 (如圖示 225 度)

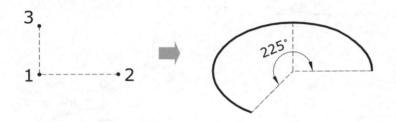

✪ 已知起始軸與弧起始與結束角度值繪製橢圓弧

指定橢圓的軸端點或 [弧(A)/中心點(C)]:　← 輸入選項 A

指定橢圓弧的軸端點或 [中心點(C)]: C　← 輸入選項 C (可以配合軸端點模式)

指定橢圓的中心點:　← 選取軸中心點 1

指定軸端點:　← 點選軸端點 2 或輸入半徑軸長

指定到另一軸的距離或 [旋轉(R)]:　← 輸入另一軸距離 3

指定起始角度或 [參數(P)]:　← 輸入起始角度 (如圖 15 度)

指定結束角度或 [參數(P)/夾角(I)]:　← 輸入結束角度 (如圖 165 度)

精選教學範例

❶

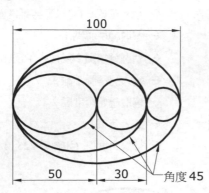

100
50
30
角度45

❷

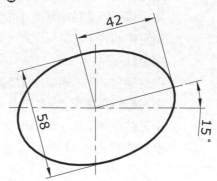

42
58
15°

❸

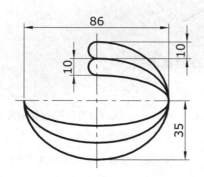

86
10
10
35

❹

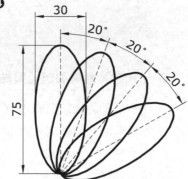

30
20°
20°
20°
75

指令	RECTANG		快捷鍵	REC
說明	建立矩形			
選項功能	倒角(C)： 矩形倒角設定			
	高程(E)： 矩形離地高度設定			
	圓角(F)： 矩形倒圓角值設定			
	厚度(T)： 矩形厚度值設定			
	寬度(W)： 矩形線寬設定			
	面積(A)： 事先定義矩形面積			
	尺寸(D)： 事先定義矩形長寬			
	旋轉(R)： 事先定義矩形旋轉角度			

功能指令敘述

指令: RECTANG

✪ **直角式的矩形繪製**

指定第一個角點或 [倒角(C)/高程(E)/圓角(F)/厚度(T)/寬度(W)]: ← 選取起點 1

指定其他角點或 [面積(A)/尺寸(D)/旋轉(R)]: ← 選取對角點

(或輸入@X,Y 例如@75,51)

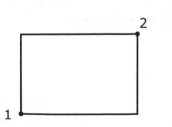
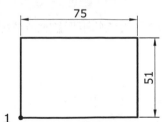

✪ **圓角式矩形繪製**

指定第一個角點或 [倒角(C)/高程(E)/圓角(F)/厚度(T)/寬度(W)]: ← 輸入選項 F

指定矩形的圓角半徑 <0.0000>: ← 輸入半徑值 (例如 5)

指定第一個角點或 [倒角(C)/高程(E)/圓角(F)/厚度(T)/寬度(W)]: ← 選取起點 1
指定其他角點或 [面積(A)/尺寸(D)/旋轉(R)]:　← 選取對角點 (或輸入@ X,Y)

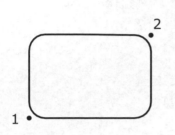
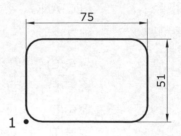

✪ 倒角式矩形繪製

指定第一個角點或[倒角(C)/高程(E)/圓角(F)/厚度(T)/寬度(W)]: ← 輸入選項 C
指定矩形的第一個倒角距離 <0.0000>:　← 輸入第一段距離 (如圖距離 10)
指定矩形的第二個倒角距離 <10.0000>:　← 輸入第二段距離 (如圖距離 15)
指定第一個角點或[倒角(C)/高程(E)/圓角(F)/厚度(T)/寬度(W)]: ← 選取起點 1
指定其他角點或 [面積(A)/尺寸(D)/旋轉(R)]:← 選取對角點 (或輸入@ X,Y)

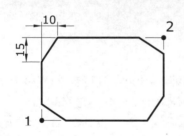
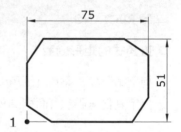

✪ 加寬線條的矩形繪製，並回復倒角模式為直角式的矩形

指令: RECTANG
目前的矩形模式:　倒角=10.0000 x 15.0000 ← 目前為倒角模式
指定第一個角點或[倒角(C)/高程(E)/圓角(F)/厚度(T)/寬度(W)]: ← 輸入選項 C
指定矩形的第一個倒角距離 <10.0000>:　← 輸入距離 0
指定矩形的第二個倒角距離 <15.0000>:　← 輸入距離 0
指定第一個角點或 [倒角(C)/高程(E)/圓角(F)/厚度(T)/寬度(W)]: ← 輸入選項 W
指定矩形的線寬 <0.0000>:　　　　　　　← 輸入寬度 (例如 5)
指定第一個角點或[倒角(C)/高程(E)/圓角(F)/厚度(T)/寬度(W)]: ← 選取起點 1

指定其他角點或 [面積(A)/尺寸(D)/旋轉(R)]: ← 選取對角點

也可以將利用圓角選
項將圓角半徑設為 0
回到直角狀態

✪ 先定義長寬，再決定矩形方向

指定第一個角點或[倒角(C)/高程(E)/圓角(F)/厚度(T)/寬度(W)]: ← 選取起點 1
指定其他角點或 [面積(A)/尺寸(D)/旋轉(R)]: ← 輸入尺寸選項 D
指定矩形的長 <100.0000>: ← 輸入長度值 (例如 100)
指定矩形的寬 <0.0000>: ← 輸入寬度值 (例如 50)
指定其他角點或 [面積(A)/尺寸(D)/旋轉(R)]: ← 選取另一個框角方向點 2

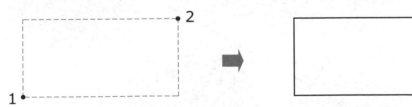

✪ 先定義面積與長度或寬度，繪製矩形

指定第一個角點或[倒角(C)/高程(E)/圓角(F)/厚度(T)/寬度(W)]: ← 選取起點 1
指定其他角點或 [面積(A)/尺寸(D)/旋轉(R)]: ← 輸入選項面積 A
以目前單位輸入矩形面積 <200.0000>: ← 輸入矩形面積值 (例如 400)
根據 [長度(L)/寬度(W)] 計算矩形尺寸 <長度>: ← 輸入要以長度或寬度計算矩
形尺寸(例如輸入 L 長度)
輸入矩形長度 <50.0000>: ← 輸入矩形長度 (例如 25 寬度會自動算出為 16)

長度=25

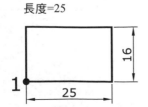

寬度＝25

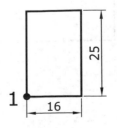

第一篇 第四章 ▼ 繪圖指令

✪ **先定義旋轉角度，再繪製矩形**

指定第一個角點或[倒角(C)/高程(E)/圓角(F)/厚度(T)/寬度(W)]: ← 選取起點 1

指定其他角點或 [面積(A)/尺寸(D)/旋轉(R)]: ← 輸入選項旋轉 R

指定旋轉角度或 [點選點(P)] <30>: ← 輸入角度 30

指定其他角點或 [面積(A)/尺寸(D)/旋轉(R)]: ← 輸入角點定義模式 (例如輸入 D)

指定矩形的長 <60.0000>: ← 輸入矩形長度 (例如 60)

指定矩形的寬 <35.0000>: ← 輸入矩形寬度 (例如 35)

指定其他角點或 [面積(A)/尺寸(D)/旋轉(R)]: ← 選取另一個框角方向點 2

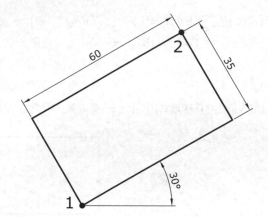

除了可利用尺寸定義矩形，還可以直接點選另一框角點或定義面積方式來繪製矩形

精選教學範例

❶

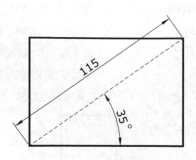

❷

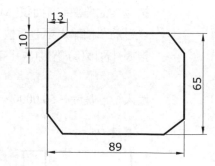

❸

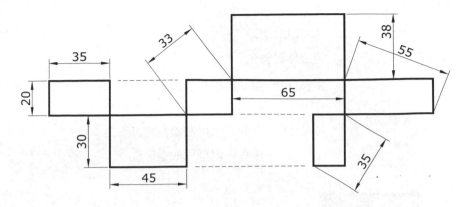

🐟🐟 隨手札記

13　REVCLOUD－修訂雲形

指令	REVCLOUD
說明	建立修訂雲形
選項功能	弧長(A)：設定最小弧長與最大弧長，最大弧長不能超過最小弧長的三倍 物件(O)：將封閉物件轉換為修訂雲形 型式(S)：建立不同型式的雲形線

功能指令敘述

指令: REVCLOUD

最小弧長: 18.0115　　最大弧長: 19.9276　　型式: 正常　　類型: 手繪

✪ 定義弧長，手繪雲形線

指定第一個點或 [弧長(A)/物件(O)/矩形(R)/多邊形(R)/手繪(F)/型式(S)/修改(M)] <物件>:　　　　　　　　　　　← 輸入選項 A

指定最小弧長 <18.0115>: 15　　　　　　← 輸入最小弧長

指定最大弧長 <15>: 20　　　　　　　　← 輸入最大弧長，不可超過最小弧長的三倍

指定第一個點或 [弧長(A)/物件(O)/矩形(R)/多邊形(R)/手繪(F)/型式(S)/修改(M)] <物件>:　　　　　　　　　　　← 選取起點 1

沿雲形路徑導引十字游標...　　　　　　← 移動十字游標

完成修訂雲形。　　　　　　　　　　　← 將游標移到起點 1 即完成封閉雲形

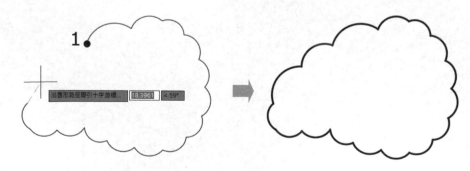

✪ 選取封閉物件建立雲形

指定第一個角點或 [弧長(A)/物件(O)/矩形(R)/多邊形(P)/手繪(F)/型式(S)/修改
(M)] <物件>:　　　　　　　　　　← 輸入選項 O
選取物件:　　　　　　　　　　　← 選取封閉的聚合線或圓
反轉方向 [是(Y)/否(N)] <否>:　　　← 輸入雲形是否反轉方向
完成修訂雲形。

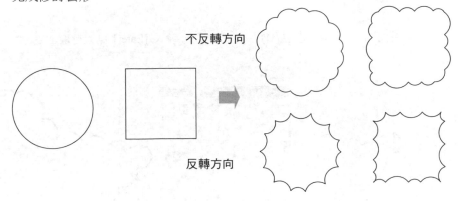

不反轉方向

反轉方向

✪ 建立矩形雲形 🔲

指定第一個角點或 [弧長(A)/物件(O)/矩形(R)/多邊形(P)/手繪(F)/型式(S)/修改
(M)] <物件>:　　　　　　　　　　← 輸入選項 R
指定第一個角點或 [弧長(A)/物件(O)/矩形(R)/多邊形(P)/手繪(F)/型式(S)/修改
(M)] <物件>:　　　　　　　　　　← 選取第一角點 1
指定對角點:　　　　　　　　　　← 選取對角點 2

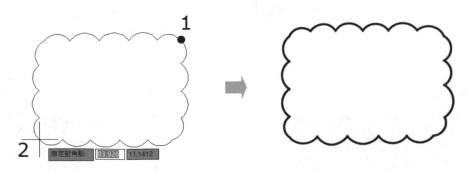

☺ 建立多邊形雲形

指定第一個角點或 [弧長(A)/物件(O)/矩形(R)/多邊形(P)/手繪(F)/型式(S)/修改(M)] <物件>:   ← 輸入選項 P

指定起點或 [弧長(A)/物件(O)/矩形(R)/多邊形(R)/手繪(F)/型式(S)/修改(M)] < 物件>:   ← 選取起點 1

指定下一點: ← 選取下點 2

    :   :

指定下一點或 [退回(U)]:   ← 輸入 [Enter] 結束選取

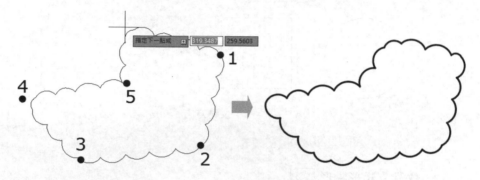

☺ 繪製不同型式的雲形

指定第一個角點或 [弧長(A)/物件(O)/矩形(R)/多邊形(P)/手繪(F)/型式(S)/修改(M)] <物件>:   ← 輸入選項 S

選取弧型式 [正常(N)/書法(C)] <正常>:   ← 輸入弧形型式

指定起點或 [弧長(A)/物件(O/型式(S)] <物件>:   ← 選取起點

沿雲形路徑導引十字游標...   ← 移動十字游標

完成修訂雲形。   ← 將游標移到起點位置即完成封閉雲形

型式：正常 N   型式：書法 C

✪ 修改雲形

指定第一個角點或 [弧長(A)/物件(O)/矩形(R)/多邊形(P)/手繪(F)/型式(S)/修改(M)] <物件>:   ← 輸入選項 M

選取要修改的聚合線: ← 選取要修改的雲形

指定下一點或 [第一點 (F)]:   ← 選取修改位置點 1

指定下一點或 [退回(U)]:   ← 選取修改位置點 2

指定下一點或 [退回(U)]:   ← 輸入 [Enter] 結束選點

點選一側以刪除: ← 選取要刪除的邊

反轉方向 [是(Y)/否(N)] <否>:   ← 輸入是否反轉

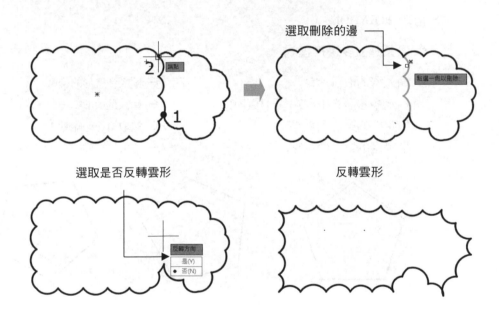

選取刪除的邊

選取是否反轉雲形　　　　　　　　反轉雲形

14 POLYGON－多邊形

指令	POLYGON	快捷鍵	POL
說明	建立正多邊形		
選項功能	邊(E)：已知多邊形邊長		
	內接於圓(I)：多邊形內接於圓內		
	外切於圓(C)：多邊形外切於圓外		

功能指令敘述

指令: POLYGON

✪ 邊長建立多邊形模式

輸入邊的數目 <5>:   ← 輸入多邊形的邊數

指定多邊形的中心點或 [邊(E)]:   ← 輸入選項 E

指定邊的第一個端點: ← 選取第一個端點 1

指定邊的第二個端點: ← 選取第二個端點 2 (或輸入@35<30)

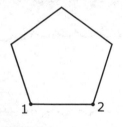 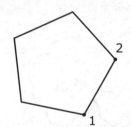 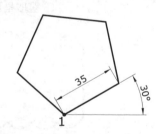

✪ 中心點、內接於圓之多邊形模式

輸入邊的數目 <5>:   ← 輸入多邊形的邊數

指定多邊形的中心點或 [邊(E)]:   ← 選取中心點 1

輸入選項 [內接於圓(I)/外切於圓(C)] <I>: ← 輸入選項 I

指定圓的半徑: ← 選取半徑點 2 (或直接輸入半徑值)

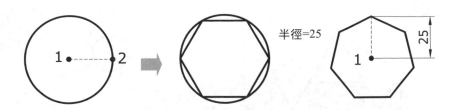

半徑=25

❂ 中心點、外切於圓之多邊形模式

輸入邊的數目 <4>:　　　　　　　　　← 輸入多邊形的邊數

指定多邊形的中心點或 [邊(E)]:　　　　← 選取中心點 1

輸入選項 [內接於圓(I)/外切於圓(C)] <I>:　← 輸入選項 C

指定圓的半徑:　　　　　　　　　　　← 選取半徑點 2 (或直接輸入半徑值)

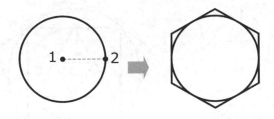
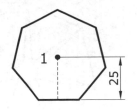

25

精選教學範例

❶

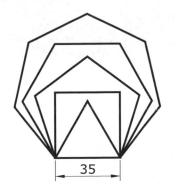

35

❷

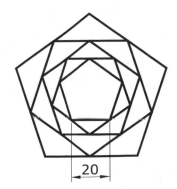

20

❸

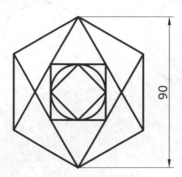

90

❹

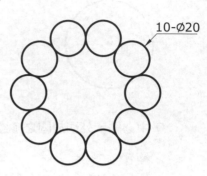

10-∅20

❺

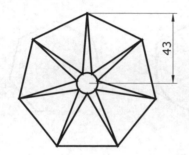

43

❻

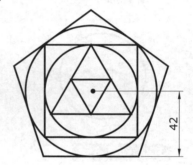

42

15　SOLID－2D 實面

指令	SOLID	快捷鍵	SO	
說明	填實三邊形或四邊形			

功能指令敘述

指令: SOLID

✪ 填實的三邊形

指定第一點:	←	選取第一點 1
指定第二點:	←	選取第二點 2
指定第三點:	←	選取第三點 3
指定第四點或 <結束>:	←	[Enter]
指定第三點:	←	[Enter] 結束

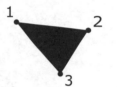

✪ 填實的四邊形

指定第一點:	←	選取第一點 1
指定第二點:	←	選取第二點 2
指定第三點:	←	選取第三點 3
指定第四點或 <結束>:	←	選取第四點 4
指定第三點:	←	[Enter] 結束

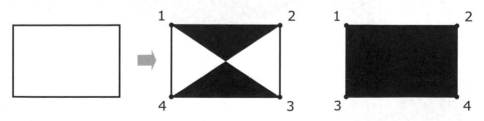

❖　更複雜的封閉區域填實，請改用 HATCH→SOLID，建立填實的剖面線。

精選教學範例

❶

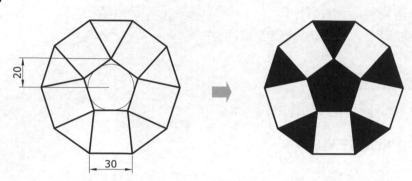

❷

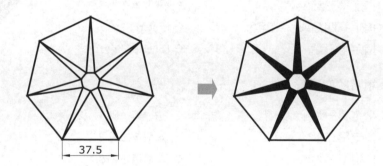

16　POINT—點

指令	POINT	快捷鍵	PO	
說明	建立點物件			
相關變數介紹	PDMODE：設定點型式變數值			
	PDSIZE：控制點型式相對於螢幕上的大小			

功能指令敘述

✪ 建立點之前先修改點型式

指令: PTYPE

(或『常用』頁籤→『公用程式』面板→點型式)

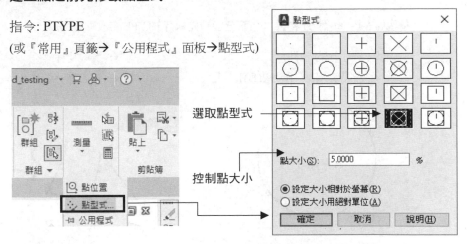

選取點型式

控制點大小

✪ 繪製點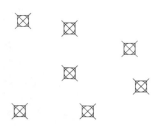

指令: POINT

目前的點模式:　PDMODE=99　PDSIZE=0.0000

指定一點:　← 選取點位置

第一篇 第四章 ▼ 繪圖指令

17　DIVIDE－等分

指令	DIVIDE		快捷鍵	DIV
說明	等分佈點於物件上			
選項功能	圖塊(B)：以圖塊來取代以點記號 (POINT) 佈點			

功能指令敘述

指令: DIVIDE

✪ **以點 Point 等分物件：** (等分前請先執行 PTYPE 修改點型式)

選取要等分的物件:　　　　　　　　　　← 選取物件
輸入分段數目或 [圖塊(B)]:　　　　　　　← 輸入等分數量

等分數=15

等分數=12

✪ **以圖塊 Block 等分物件：** (等分前，請參考第十二章 Block 建立圖塊)

選取要等分的物件:　　　　　　　　　　　　　← 選取物件
輸入分段數目或 [圖塊(B)]:　　　　　　　　　← 輸入選項 B
輸入要插入的圖塊名稱:　　　　　　　　　　　← 輸入建立完成的圖塊名稱
是否將圖塊對齊物件? [是(Y)/否(N)] <Y>:　　← 圖塊是否跟著物件角度旋轉
輸入分段數目:　　　　　　　　　　　　　　　← 輸入等分數量

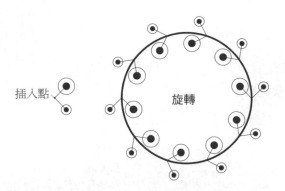

插入點

旋轉

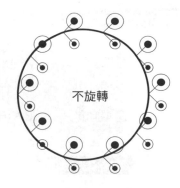

不旋轉

精選教學範例

❶

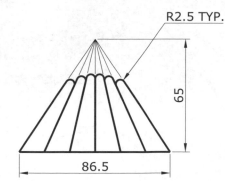

R2.5 TYP.

65

86.5

❷

80

❸

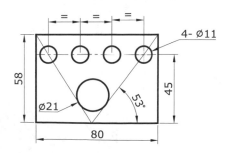

4- Ø11

58

45

Ø21

53°

80

❹

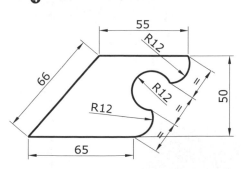

55

R12

R12

R12

66

50

65

第一篇 第四章 ▼ 繪圖指令

18 MEASURE ─ 等距

指令	MEASURE	快捷鍵	ME	
說明	等距佈點於物件上			
選項功能	圖塊(B)：以圖塊來取代以點記號 (POINT) 佈點			

功能指令敘述

指令: MEASURE

✪ **以點 Point 等距物件：**(等距前請先執行 PTYPE 修改點型式)

選取要測量的物件:　　　　　　　　　　← 選取物件

指定分段長度或 [圖塊(B)]　　　　　　　← 輸入分段長度

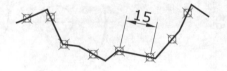

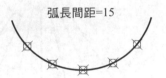

弧長間距=15

✪ **以圖塊 Block 等距物件：**(等距前，請參考第十二章 Block 建立圖塊)

選取要測量的物件:　　　　　　　　　　← 選取物件

指定分段長度或 [圖塊(B)]　　　　　　　← 輸入選項 B

輸入要插入的圖塊名稱:　　　　　　　　← 輸入建立完成的圖塊名稱

是否將圖塊對齊物件? [是(Y)/否(N)] <Y>:　← 圖塊是否跟著物件角度旋轉

指定分段長度:　　　　　　　　　　　　← 輸入分段長度

插入點

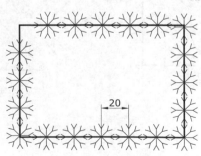

20

精選教學範例

❶

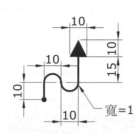

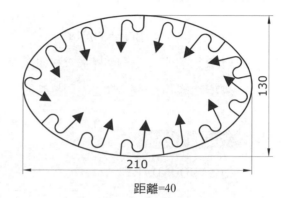

距離=40

❷ 間距=15

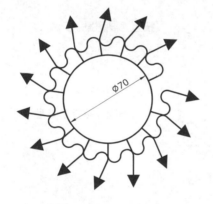

❸

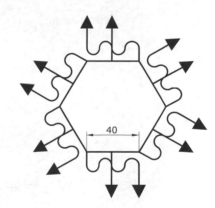

第一篇

第四章

▼

繪圖指令

19 BOUNDARY－邊界

指令	BOUNDARY	快捷鍵	BO
說明	以內部點建立封閉邊界		
選項功能	物件類型：可控制的邊界物件類型為聚合線或面域		

功能指令敘述

指令: BOUNDARY

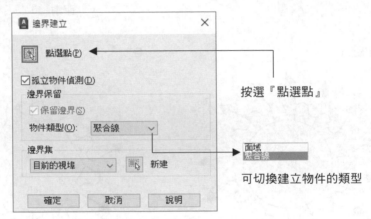

按選『點選點』

可切換建立物件的類型

點選內部點:　　　　　　← 選取圖形內部點

　　:　:

點選內部點:　　　　　　← [Enter]離開

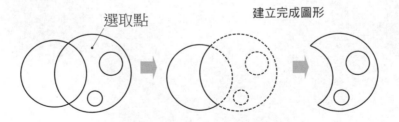

選取點　　　　　　建立完成圖形

如果將『孤立物件偵測』關閉，只會建立半月形物件，內部兩個圓不會被偵測到。

✪ 定義搜尋邊界集：

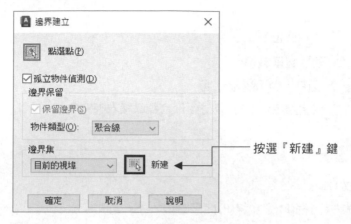

按選『新建』鍵

選取物件:　　　　　　← 選取物件 1、2、3

選取物件:　　　　　　← [Enter] 結束選取

❖ 選完回到對話框後，再選取點選點 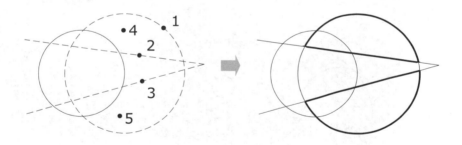 鍵，選取區域內點 4、5，建立二
　　個封閉物件。

❖ 如果沒有建立邊界集，直接點選點，則建立邊界時會偵測所有的物件。

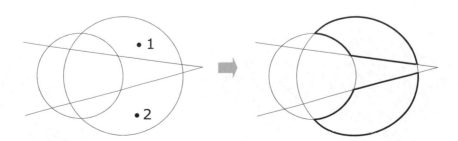

20　WIPEOUT－遮蔽

指令	WIPEOUT
說明	建立遮蔽區塊
選項功能	框(F)：顯示遮蔽外框
	聚合線(P)：將選取封閉聚合線轉換為遮蔽物件

功能指令敘述

指令: WIPEOUT
指定第一個點或 [框(F)/聚合線(P)] <聚合線>:　　　　← 選取點 1
指定下一點:　　　　　　　　　　　　　　　　　　← 選取點 2
指定下一點或 [退回(U)]:　　　　　　　　　　　　← 選取點 3
指定下一點或 [封閉(C)/退回(U)]:　　　　　　　　← 選取點 4
　　　　　　　:　　　　　　　　:
指定下一點或 [封閉(C)/退回(U)]:　　　　　　　　← [Enter] 結束選取

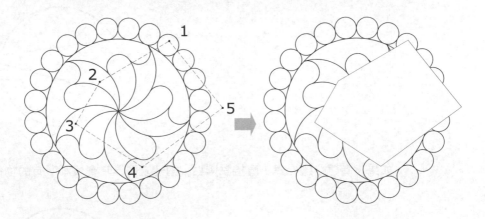

✪ 選取圖面上封閉聚合線繪製遮蔽

指定第一個點或 [框(F)/聚合線(P)] <聚合線>:   ← 輸入選項 P

選取一條封閉的聚合線: ← 選取一條封閉聚合線

要刪除聚合線嗎？[是(Y)/否(N)] <否>:   ← 輸入是否刪除原有的聚合線

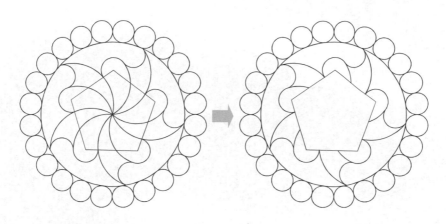

✪ 關閉或打開遮蔽框線

指定第一個點或 [框(F)/聚合線(P)] <聚合線>:   ← 輸入選項 F

輸入模式 [開啟(ON)/關閉(OFF)/顯示但不出圖(D)] <關閉>:

           ← 輸入選項 ON 或 OFF

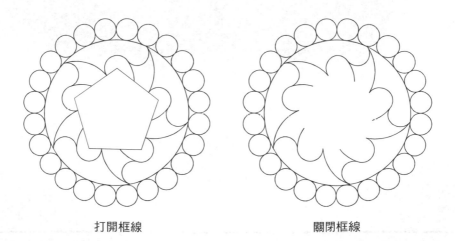

打開框線   關閉框線

隨手札記

第一篇 第五章

編輯指令

單元		工具列	中文指令	說　　明	頁碼
1	物件選取方式說明				5-3
2	QSELECT		快速選取	依據過濾器準則快速建立選擇集	5-10
3	GROUP		物件群組	建立物件群組	5-13
4	ERASE		刪除	刪除物件	5-17
5	COPY		複製	複製物件	5-18
6	MOVE		移動	移動物件至其它位置	5-21
7	OFFSET		偏移複製	偏移複製物件	5-22
8	TRIM		修剪	修剪物件	5-26
9	EXTEND		延伸	延伸物件	5-32
10	BREAK		切斷	切斷物件	5-36
11	FILLET		圓角	物件倒圓角	5-38
12	CHAMFER		倒角	物件倒角	5-42
13	SCALE		比例	放大或縮小圖形比例	5-46
14	ROTATE		旋轉	旋轉物件角度	5-49
15	ALIGN		對齊	物件對齊	5-52
16	ARRAYCLASSIC		陣列	建立矩形或環形陣列	5-53
17	STRETCH		拉伸	拉伸物件點	5-59
18	MIRROR		鏡射	鏡射物件	5-60
19	EXPLODE		分解	將物件分解	5-62
20	LENGTHEN		調整長度	調整物件長度	5-63
21	OVERKILL		刪除重複物件	刪除重疊不需要的物件	5-67

第
一
篇

第
五
章
▼
編
輯
指
令

	單元	工具列	中文指令	說　　明	頁碼
22	NCOPY		複製巢狀物件	複製圖塊、外部參考內的物件	5-68
23	PROPERTIES	性質	性質	修改物件的性質	5-69
24	MATCHPROP	複製性質	複製性質	複製一參考物件性質	5-74
25	JOIN		接合	接合或閉合物件	5-76
26	UNDO、U		退回	退回至上一個指令	5-78
27	REDO		重做	重做被 UNDO 或 U 指令復原動作	5-81
28	OOPS		取消刪除	救回最後被刪除的物件	5-82
29	掣點編輯與多功能掣點				5-83
30	快速性質				5-88

1　物件選取方式說明

說明	配合各種編輯指令或查詢指令選取物件說明
選項功能	最後一個(L)：選取最後完成的物件 前次(P)：前一次所選取的選擇集 全部(ALL)：選取全部的物件 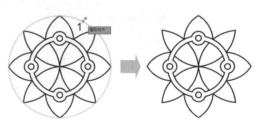 框選(C)：矩框內及框線上皆被選取 窗選(W)：完全於矩框內皆被選取 多邊形框選(CP)：多邊形框選功能同『框選(C)』 多邊形窗選(WP)：多邊形窗選功能同『窗選(W)』 籬選(F)：線穿透物件選取方式 群組(G)：物件群組選取 套索選取：有三種模式分別為框選、窗選、籬選 移除(R)：移除被選取的物件 退回(U)：回復至上一個動作 過濾器('FILTER)：物體特性過濾及篩選
重要叮嚀	[Ctrl]+A 全部選取

功能指令敘述 (被選取物件，會出現藍色粗線)

✪ 直接選取物件

指令: ERASE
選取物件:　　　← 點選物件 1
選取物件:　　　← [Enter] 結束選取

✪ 選取最後完成的物件 (L)

圖形完成的順序分別為 1→2→3
指令: ERASE
選取物件:　　　← 輸入選項 L
選取物件:　　　← [Enter] 結束選取

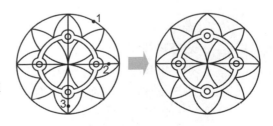

✪ **全部選取** (ALL)：(或於常用面板中執行 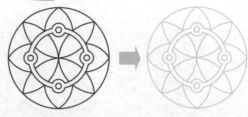 AI_SELALL 功能)

指令: ERASE

選取物件：　← 輸入選項 AL 或 ALL

選取物件：　← [Enter] 結束選取

✪ **框選** (C)：(拉動時為虛線框，以綠色顯示選取的範圍)

指令: ERASE

選取物件：　　← 輸入選項 C

指定第一角點：　← 選取框角 1

指定對角點：　　← 選取框角 2

選取物件：　　← [Enter] 結束選取

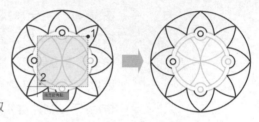

另一方法：(由右向左選取物件)

指令: ERASE

選取物件：　　← 選取框角 1，不要碰到任何物件

指定對角點：　　← 將滑鼠往左邊拉動，出現綠色矩形範圍，再選取框角 2

選取物件：　　← [Enter] 結束選取

✪ **窗選** (W)：(拉動時為實線框，以藍色顯示選取的範圍)

指令: ERASE

選取物件：　　← 輸入選項 W

指定第一角點：　← 選取框角 1

指定對角點：　　← 選取框角 2

選取物件：　　← [Enter] 結束選取

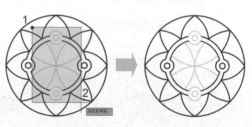

另一方法：(由左向右選取物件)

指令: ERASE

選取物件：　　← 選取框角 1，不要碰到任何物件

指定對角點：　　← 將滑鼠往右邊拉動，出現藍色矩形範圍，再選取框角 2

選取物件：　　← [Enter] 結束選取

✪ **多邊形框選 (CP)：**(拉動時為虛線框，以綠色顯示選取的範圍)

指令: ERASE
選取物件:　　　　　　　　　← 輸入選項 CP
多邊形第一點:　　　　　　　← 選取點 1
指定線的端點或 [退回(U)]:　← 選取點 2
指定線的端點或 [退回(U)]:　← 選取點 3
指定線的端點或 [退回(U)]:　← 選取點 4
指定線的端點或 [退回(U)]:　← [Enter] 結束選取
選取物件:　　　　　　　　　← [Enter] 結束選取

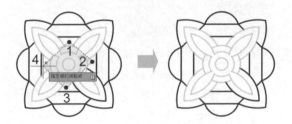

✪ **多邊形窗選 (WP)：**(拉動時為實線框，以藍色顯示選取的範圍)

指令: ERASE
選取物件:　　　　　　　　　← 輸入選項 WP
多邊形第一點:　　　　　　　← 選取點 1
指定線的端點或 [退回(U)]:　← 選取點 2
指定線的端點或 [退回(U)]:　← 選取點 3
指定線的端點或 [退回(U)]:　← 選取點 4
指定線的端點或 [退回(U)]:　← [Enter] 結束選取
選取物件:　　　　　　　　　← [Enter] 結束選取

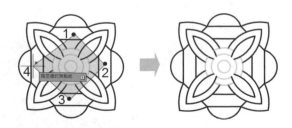

✪ 前一組選集 (P)：

指令: ERASE
選取物件: ← 輸入選項 P
選取物件: ← [Enter] 結束選取

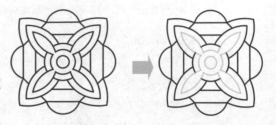

✪ 籬選 (F)：

指令: ERASE
選取物件: ← 輸入選項 F
指定第一個籬選點: ← 選取點 1
指定下一個籬選點或 [退回(U)]: ← 選取點 2
指定下一個籬選點或 [退回(U)]: ← 選取點 3
指定下一個籬選點或 [退回(U)]: ← [Enter] 結束選取
選取物件: ← [Enter] 結束選取

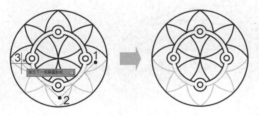

✪ 利用 [Shift] 來控制選集的物件加入或移除：

指令: ERASE
選取物件: ← 輸入選項 ALL
選取物件: ← 左手按住 [Shift] 不放，移動滑鼠碰選物件 1
選取物件: ← 左手按住 [Shift] 不放，移動滑鼠碰選物件 2 移除
選取物件: ← 放開 [Shift] 鍵，移動滑鼠碰選物件 3 加入
選取物件: ← [Enter] 結束選取

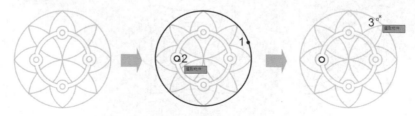

✪ 套索選取：

指令: ERASE

選取物件:　　　　　　　　　　　　← 選取任意一點，按住滑鼠左鍵 (不可碰選物件)

框選(C) 套索 – 按空白鍵以在選項間循環　← 移動滑鼠套索範圍，或輸入空白鍵切
　　　　　　　　　　　　　　　　　　　　　　換套索模式

❖ 以框選(C)套索物件 (滑鼠從右至左選取，選取範圍為綠色顯示)

❖ 以窗選(W)套索物件 (滑鼠從左至右選取，選取範圍為藍色顯示)

❖ 以籬選(F)套索物件

✪ 群組 (G)：(GROUP 建立請參考單元 3)

指令: ERASE

選取物件:　　　　　　　　　← 輸入選項 G

輸入群組名稱:　　　　　　　← 輸入群組名稱

選取物件:　　　　　　　　　← [Enter] 結束選取

✪ **過濾器** ('FILTER)：

選取物件：　　　　　　　　　　← 輸入 'FILTER，出現對話框

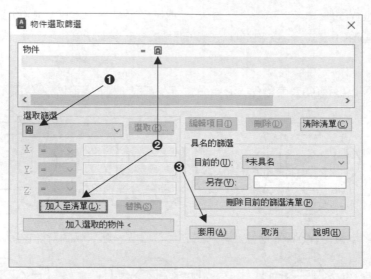

❶ 將『選取篩選』中的性質設為→圓

❷ 選取『加入至清單』，清單上多一個→物件＝圓

❸ 選取『套用』，對話框即關閉 (以下的選取動作可透過各種選項選取物件)

選取物件：　　　　　　← 選取框角 1，不要碰到任何物件

指定對角點：　　　　　← 將滑鼠往左邊拉動，選取框角 2

選取物件：　　　　　　← [Enter] 結束選取

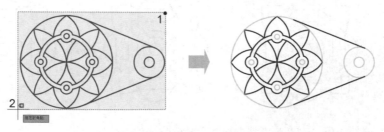

指令：FILTER　(再新增一組圖層過濾)

❶ 將『選取篩選』中的性質設為→ 圖層，按選『選取』鍵，選取圖層名稱 (例如 DIM)，按選『確定』鍵。

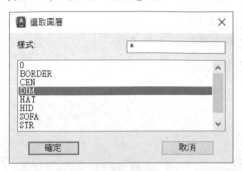

❷ 選取『加入至清單』，清單上多一個→圖層=DIM。

❸ 選取『套用』，對話框即關閉。

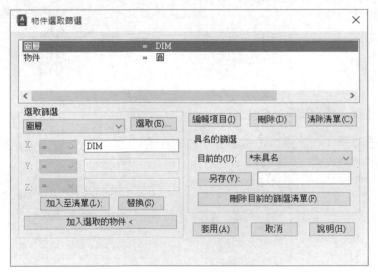

選取物件：　　　← 輸入選項 ALL

選取物件：　　　　　← [Enter] 結束選取，符合條件物件亮顯

指令：ERASE　　　← [Enter]後，亮顯物件全部被刪除

2　QSELECT－快速選取

指令	QSELECT
說明	依據過濾器準則快速建立選擇集
快顯功能表	至繪圖區按選滑鼠右鍵

功能指令敘述

指令: QSELECT

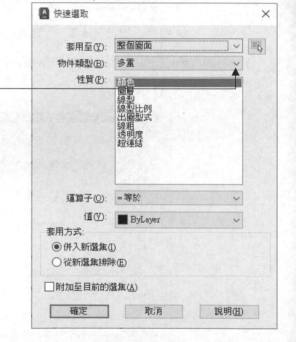

✪ **套用至：**可選取過濾整個圖面
或按選 🔲 鍵設定過濾範圍。

✪ **物件類型：**指定目前套用物件
類型過濾。

多重
弧
圓
聚合線
圖塊參考
線

✪ **性質：**指定物件性質過濾。

✪ **運算子：**指定運算子過濾。

= 等於
<> 不等於
> 大於
< 小於
全選

✪ **值：**

指定『性質』後，細部值選項過濾，例如選取『顏色』會出現顏色選單，選
取『圖層』則出現圖層選單。

✪ **套用方式：**

❖ **併入新選集：**將選取到的物件新建一個選集。

❖ **從新選集排除：**將選取到的物件從目前的選集中移除。

✪ **附加至目前的選集：**將選取到的物件新增至目前的選集。

精選教學範例 建立 2 個圖層 hat (顏色：藍)、str (顏色：紅)，完成下列圖形 (或開啟隨書附贈光碟 qselect.dwg)：

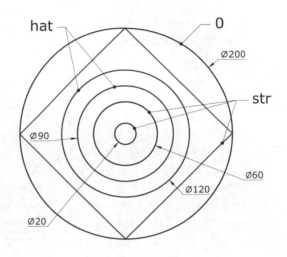

❂ **已選取四邊形，想要再加入半徑小於 50 的圓：**

❖ 將十字游標移到四邊形並選取。

❖ 按滑鼠右鍵，出現選單後，碰選『快速選取』。

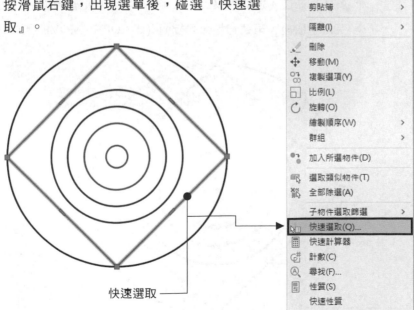

❖ 選取後出現對話框：

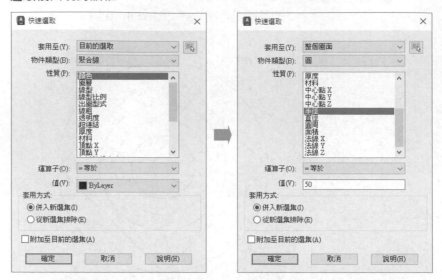

❖ 左邊對話框，會顯示目前選集的物件類型 (聚合線)，請依序將修改內容如右邊顯示內容：套用至 (整個圖面)➔物件類型 (圓)➔性質 (半徑)➔運算子 (<小於)➔值 (50)➔附加至目前的選集 (打開)。

❖ 輸入完成後，選取『確定』，半徑小於 50 的圓便加入目前的選集。

❖ 完成選取後，再執行指令作編輯 (如 COPY、MOVE、ERASE…等即可)。

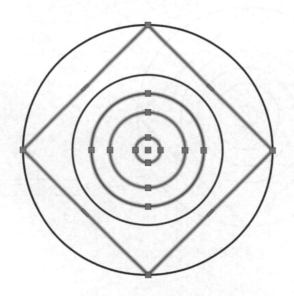

3　GROUP─物件群組

指令	GROUP	快捷鍵	G
說明	建立物件群組		
開關控制	[Ctrl]+[Shift]+A 可控制群組模式開關		

功能指令敘述

指令: GROUP
選取物件或 [名稱(N)/描述(D)]:　　　←　建立群組

✪ **建立新群集：**

選取物件或 [名稱(N)/描述(D)]:　　←　框選物件 1-2
選取物件或 [名稱(N)/描述(D)]:　　←　輸入選項 N 定義名稱 (或輸入 D 加入描述)
輸入群組名稱或 [?]:　　　　　　　←　輸入欲定義群組的名稱，如 AA1
已建立群組 "AA1"。　　　　　　　←　完成群組定義

✪ **選取群組方式：**

❖　方法一：打開『常用』頁籤→『群組』面板中的

指令: ERASE
選取物件:　　←　碰選物件
選取物件:　　←　[Enter] 刪除整個 AA1 群組

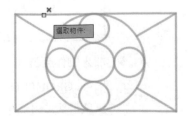

當 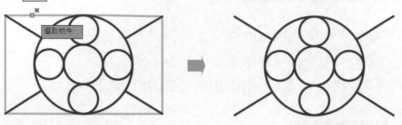 關閉時，碰選物件 1 時，只會選取該物件不會整組被選取。

❖ **方法二**：當 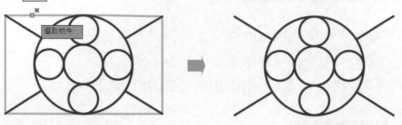 設定為關閉或打開時，都可用群組名稱選取群組物件。

指令: ERASE

選取物件:　　　　　　← 輸入選項 G

輸入群組名稱:　　　← 輸入群組名稱 AA1

選取物件:　　　　　← [Enter] 結束選取

✪ **群組編輯** 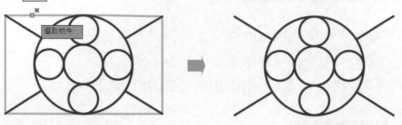 :

❖ **移除群組中的物件**

指令: GROUPEDIT

選取群組或 [名稱(N)]:　← 碰選群組物件或輸入 N 指定群組名稱

輸入選項 [加入物件(A)/移除物件(R)/更名(REN)]:

　　　　　　　　← 輸入選項 R 或直接由滑鼠選單中選取『移除物件』

選取要從群組中移除的物件...

移除物件:　　　　　　← 選取要移除物件，如圖面上的五個圓

　　　:　　:

移除物件:　　　　　　← [Enter] 結束選取

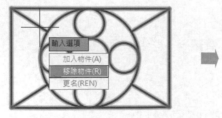
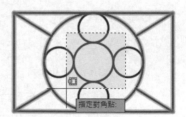

❖ **加入物件至群組**

指令: GROUPEDIT

選取群組或 [名稱(N)]:　← 碰選群組物件或輸入 N 指定群組名稱

輸入選項 [加入物件(A)/移除物件(R)/更名(REN)]:

← 輸入選項 A 或直接由滑鼠選單中選取『加入物件』

選取要加入群組的物件...

選取物件: ← 選取要加入物件 (如新增的左右兩個圓)

　　: 　:

選取物件: ← [Enter] 結束選取　　　　　選取要加入群組的物件

 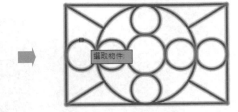

❖ **變更群組名稱**

指令: GROUPEDIT

選取群組或 [名稱(N)]: ← 碰選群組物件或輸入 N 指定群組名稱

輸入選項 [加入物件(A)/移除物件(R)/更名(REN)]:

← 輸入選項 REN 或直接由滑鼠選單中選取『更名』

輸入群組的新名稱或 [?] <AA1>: ← 輸入群組新名稱,例如 BB1

✪ **取消群組** 　：

指令: UNGROUP

選取群組或 [名稱(N)]: ← 碰選群組物件或輸入 N 指定群組名稱

群組 BB1 已分解。

✪ **群組邊界框**:『常用』頁籤→『群組』面板

關閉群組邊界框　　　　　打開群組邊界框

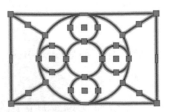  

群組邊界框

第一篇 第五章 ▼ 編輯指令

✪ **群組管理員：**

指令: CLASSICGROUP

❖ **分解**：功能相同於取消群組。

❶ 選取清單上要移除的群組名稱。

❷ 按選『分解』，再按選『確定』即可。

❖ **更名**：相同於 GROUPEDIT 選項 REN 更名。

❶ 選取清單上要更改的群組名稱。

❷ 於『群組名稱』處輸入要更改的名稱 (例如將 AA1 改為 CC)。

❸ 按選『更名』，再按選『確定』即可。

❖ **設定某一項群組是否爲可選取或不可選取：**

❶ 選取清單上群組名稱。

❷ 按選『可選取的』可切換開或關，再按選『確定』即可。

❸ 完成後該項群組物件就不會被一次選取。

❖ **移除與加入**：相同於 GROUPEDIT 中選項 A 加入物件與 R 移除物件。

4 ‧ ERASE－刪除

指令	ERASE	快捷鍵	E	
說明	刪除物件			
重要叮嚀	取消刪除(OOPS)：取回刪除的物件			

功能指令敘述

指令: ERASE

選取物件: ← 碰選物件 1

選取物件: ← 碰選物件 2

    ： ：

選取物件: ← [Enter] 結束選取

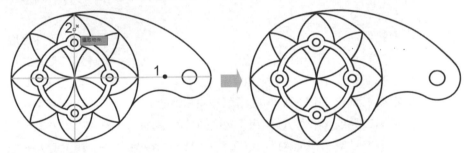

❖ **刪除物件更俐落的手法：** 先碰選物件再按 [Delete] 鍵。

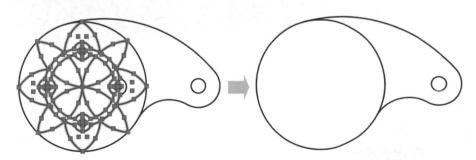

第一篇　第五章 ▼ 編輯指令

5　COPY－複製

指令	COPY	快捷鍵	CO 或 CP
說明	複製物件		
選項功能	位移(D)： 以 0,0 為基準點		
	模式(O)： 設定多重或單一複製		
	結束(E)： 結束複製物件		
	退回(U)： 取消上一個複製動作		

功能指令敘述

指令: COPY
選取物件:　　　　　　　　　　　← 窗選點 1 至 2 (相關選取功能請參考本章單元 1)
　　：　：
選取物件:　　　　　　　　　　　　　　　　　← [Enter] 結束選取
目前的設定：　複製模式 ＝ 多重　　　　　　← 目前複製模式
指定基準點或 [位移(D)/模式(O)] <位移>:　　← 選取基準點 3
指定第二點或 [陣列(A)] <使用第一點做為位移>:　← 選取位移點 4
指定第二點或 [陣列(A)/結束(E)/退回(U)] <結束>:　← 選取位移點 5
指定第二點或 [陣列(A)/結束(E)/退回(U)] <結束>:　← 選取位移點 6
指定第二點或 [陣列(A)/結束(E)/退回(U)] <結束>:　← [Enter] 結束複製

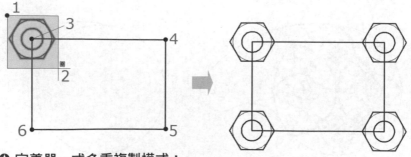

✪ 定義單一或多重複製模式：

選取物件:　　　　　　　　　　　← 選取物件
選取物件:　　　　　　　　　　　← [Enter] 結束選取
目前的設定：　複製模式 ＝ 多重

指定基準點或 [位移(D)/模式(O)] <位移>:　　　　　← 輸入選項 O

輸入複製模式選項 [單一(S)/多重(M)] <多重>:　　← 輸入選項 S

指定基準點或 [位移(D)/模式(O)/多重(M)] <位移>:　← 選取基準點

指定第二點或 [陣列(A)] <使用第一點做為位移>:　← 選取位移點

✪ 陣列複製：

指令: COPY

選取物件:　　　　　　　　　　　　　　　　　← 框選物件

選取物件:　　　　　　　　　　　　　　　　　← [Enter] 結束選取

目前的設定:　複製模式 = 單一

指定基準點或 [位移(D)/模式(O)/多重(M)] <位移>:　← 選取基準點 (端點)

指定第二點或 [陣列(A)] <使用第一點做為位移>:　← 輸入選項 A

輸入要排成陣列的項目個數:　　　　　　　　　← 輸入數量 (如下圖 10 個)

指定第二點或 [佈滿(F)]:　　　　　　　　　　← 選取位移點

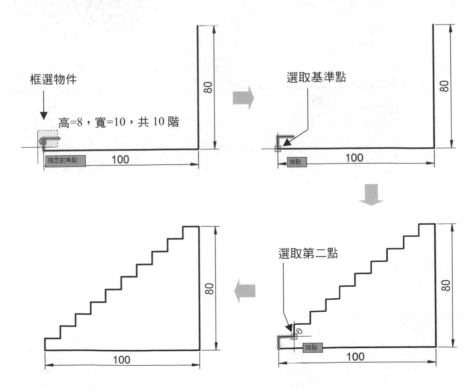

第一篇 第五章 ▼ 編輯指令

精選教學範例

❶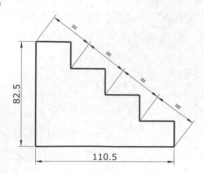

❷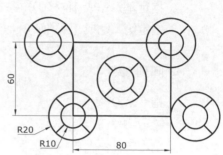

❸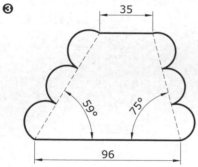

❹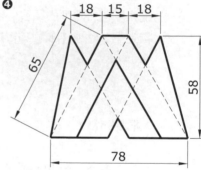

6 MOVE—移動

指令	MOVE	快捷鍵	M
說明	移動物件至其它位置		
選項功能	位移(D)：以 0,0 為基準點		

功能指令敘述

指令: MOVE

選取物件: ← 窗選物件 1-2

　　：　：

選取物件: ← [Enter] 結束選取

指定基準點或 [位移(D)] <位移>:   ← 選取基準點 3

指定第二點或 <使用第一點作為位移>:   ← 選取位移點 4

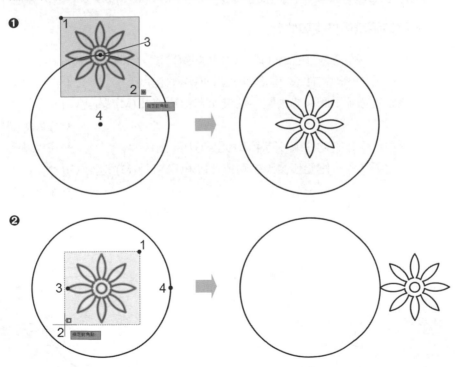

7 OFFSET－偏移複製

指令	OFFSET	快捷鍵	O
說明	偏移複製物件		
選項功能	通過(T)：穿越一點偏移複製物件		
	刪除(E)：複製完成後刪除來源物件		
	圖層(L)：指定複製物件為來源物件圖層或目前圖層		
	結束(E)：結束複製物件		
	退回(U)：取消上一個複製動作		

功能指令敘述

指令: OFFSET

目前的設定:刪除來源=否 圖層=來源 OFFSETGAPTYPE=0 ← 顯示目前設定內容

✪ **已知距離偏移複製物件**

指定偏移距離或 [通過(T)/刪除(E)/圖層(L)] <8.6264>:← 輸入偏移距離(例如 10)

選取要偏移的物件或 [結束(E)/退回(U)] <結束>:   ← 選取物件 1

指定要在那一側偏移複製的點或 [結束(E)/多重(M)/退回(U)] <結束>:

← 選取複製方向點 2

選取要偏移的物件或 [結束(E)/退回(U)] <結束>:   ← 選取物件 3

指定要在那一側偏移複製的點或 [結束(E)/多重(M)/退回(U)] <結束>:

← 選取複製方向點 4

選取要偏移的物件或 [結束(E)/退回(U)] <結束>:   ← [Enter] 結束選取

❖ **由弧 (ARC) 構成**

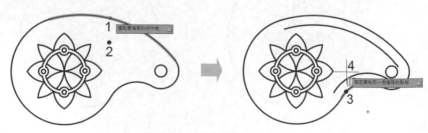

❖ 由聚合線 (PLINE) 一次構成

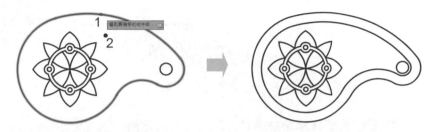

✪ **選取通過點偏移複製物件**

指定偏移距離或 [通過(T)/刪除(E)/圖層(L)] <8.6264>:

　　　　　　　　 ← 輸入選項 T，或按滑鼠右鍵選取清單中的『通過』

選取要偏移的物件或 [結束(E)/退回(U)] <結束>:　　　← 選取物件 1

指定通過點或 [結束(E)/多重(M)/退回(U)] <結束>:　　← 選取複製點 2

選取要偏移的物件或 [結束(E)/退回(U)] <結束>:　　　← 選取物件 1

指定通過點或 [結束(E)/多重(M)/退回(U)] <結束>:　　← 選取複製點 3

選取要偏移的物件或 [結束(E)/退回(U)] <結束>:　　　← [Enter] 結束選取

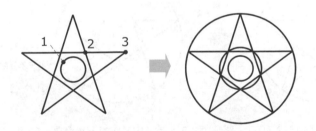 

✪ **偏移複製物件後刪除來源物件**

指定偏移距離或 [通過(T)/刪除(E)/圖層(L)] <8.6264>:← 輸入選項 E

偏移後是否刪除來源物件？[是(Y)/否(N)] <否>:　　　← 輸入選項 Y

指定偏移距離或 [通過(T)/刪除(E)/圖層(L)] <8.6264>:

　　　　　　　　　 ← 輸入選項 T (或以距離複製)

選取要偏移的物件或 [結束(E)/退回(U)] <結束>:　　　← 選取物件 1

指定通過點或 [結束(E)/多重(M)/退回(U)] <結束>:　　← 選取複製點 2

選取要偏移的物件或 [結束(E)/退回(U)] <結束>:　　← [Enter] 結束選取

第一篇　第五章　編輯指令

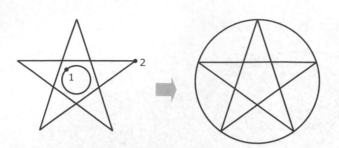

如果不要刪除來源物件，記得再執行一次設定，把『刪除』設為 N

✪ **指定複製物件為來源物件圖層或目前圖層**

指定偏移距離或 [通過(T)/刪除(E)/圖層(L)] <通過>:　　← 輸入選項 L
輸入偏移物件的圖層選項 [目前(C)/來源(S)] <目前的>:　← 輸入選項 C
指定偏移距離或 [通過(T)/刪除(E)/圖層(L)] <通過>:
　　　　　　　　　　　　　　　　　　← 輸入選項 T (或以距離複製)
選取要偏移的物件或 [結束(E)/退回(U)] <結束>:　　　← 選取物件 1
指定通過點或 [結束(E)/多重(M)/退回(U)] <結束>:　　← 選取複製點 2
選取要偏移的物件或 [結束(E)/退回(U)] <結束>:　　　← [Enter] 結束選取

原物件 1 圖層為 0

偏移複製物件 2 為 HID 層

❖ 如果目前圖層為 HID，該圖層線型為 HIDDEN 隱藏線，所以複製完成的
　物件就會在 HID 層，如果選項設為來源物件的圖層，複製完成的物件會
　與原物件在相同的 0 層。

✪ **多重的偏移複製功能**

指令: OFFSET
目前的設定:刪除來源=否　圖層=來源　OFFSETGAPTYPE=0
指定偏移距離或 [通過(T)/刪除(E)/圖層(L)] <1.0000>:　← 輸入選項 T (或距離)
選取要偏移的物件或 [結束(E)/退回(U)] <結束>:　　　← 選取物件 1

指定要在那一側偏移複製的點或 [結束(E)/多重(M)/退回(U)] <結束>:

← 輸入選項 M

在要偏移的一側指定點或 [結束(E)/退回(U)] <下一個物件>: ← 選取偏移點 2

在要偏移的一側指定點或 [結束(E)/退回(U)] <下一個物件>: ← 選取偏移點 3

　　　　　　:　　　　:

選取要偏移的物件或 [結束(E)/退回(U)] <結束>: ← [Enter] 結束選取

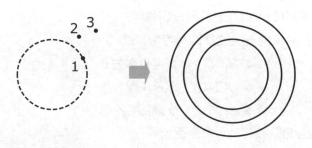

精選教學範例

❶

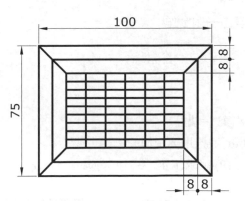

❷

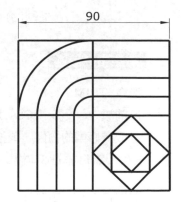

8 TRIM－修剪

指令	TRIM	快捷鍵	TR
說明	修剪物件		
選項功能	切割邊(T)：定義切割物件 籬選(F)：以拖曳籬選線選取裁切物件 框選(C)：以框選選取裁切物件 投影(P)：設定 3D 圖形投影方式 　　❖ 無(N)：無任何投影方式 　　❖ UCS(U)：世界座標 　　❖ 視圖(V)：依據視圖投影 邊(E)：設定裁切線是否延伸 　　❖ 延伸(E)：可延伸裁切線 　　❖ 不延伸(N)：不可延伸裁切線 刪除(R)：刪除物件 退回(U)：退回至上一個動作		

功能指令敘述

指令: TRIM
目前設定: 投影=UCS，邊=無，模式=快速
選取要修剪的物件，或按住 Shift 並選取要延伸的物件，或
[切割邊(T)/框選(C)/模式(O)/投影(P)/刪除(R)]:　← 輸入選項或直接選取切割段

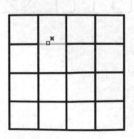

直接碰選切割段

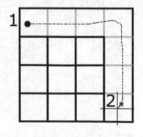

按住滑鼠左鍵拖曳切割範圍

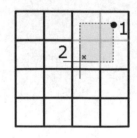

輸入選項 C 框選取範圍

✪ 輸入選項 T，定義切割邊，修剪物件

目前設定: 投影=UCS，邊=無，模式=快速

選取切割邊...

選取物件或 <全選>:　　　　　　　　　 ← 框選取切割邊 (如物件 1、2)

選取物件:　　　　　　　　　　　　　 ← [Enter] 結束選取

選取要修剪的物件，或按住 Shift 並選取要延伸的物件，或[切割邊(T)/框選(C)/
模式(O)/投影(P)/刪除(R)/退回(U)]:　 ← 分別選取裁切端 3、4、5、6

選取要修剪的物件，或按住 Shift 並選取要延伸的物件，或[切割邊(T)/框選(C)/
模式(O)/投影(P)/刪除(R)/退回(U)]:　 ← [Enter] 結束選取

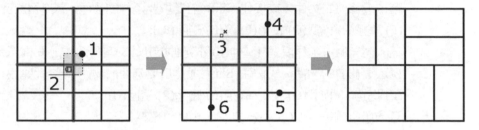

✪ 輸入選項 O，定義模式

輸入修剪模式選項 [快速(Q)/標準(S)] <快速(Q)>:　 ← 輸入選項

輸入 S 標準模式，出現選單：
[切割邊(T)/籬選(F)/框選(C)/模式(O)/投影(P)/邊(E)/刪除(R)/退回(U)]:

輸入 Q 快速模式，出現選單：
[切割邊(T)/框選(C)/模式(O)/投影(P)/刪除(R)]:

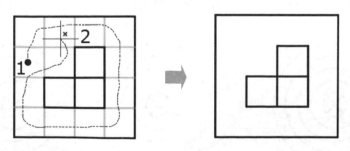

輸入 F 籬選裁切方式，例如滑鼠左鍵按選點 1 不放，拖曳至點 2 完成裁切

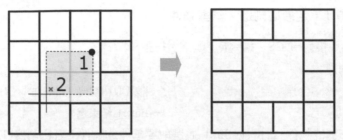

輸入 C 框選裁切方式，例如點選點 1 框選至點 2 完成裁切

✪ 標準模式下輸入選項 E，定義切割邊延伸

選取要修剪的物件，或按住 Shift 並選取要延伸的物件，或 [切割邊(T)/籬選
(F)/框選(C)/模式(O)/投影(P)/邊(E)/刪除(R)]: 　　　　　　　← 輸入選項 E
輸入隱含的邊延伸模式 [延伸(E)/不延伸(N)] <不延伸>: E　　← 輸入選項 E
選取要修剪的物件，或按住 Shift 並選取要延伸的物件，或 [切割邊(T)/籬選
(F)/框選(C)/模式(O)/投影(P)/邊(E)/刪除(R)/退回(U)]: T　　　← 輸入選項 T
目前設定: 投影=UCS，邊=延伸，模式=標準
選取切割邊...
選取物件或 <全選>: 　　　　　　　　← 選取要修剪的物件 (如物件 1、2)
選取物件: 　　　　　　　　　　　← [Enter] 結束選取
選取要修剪的物件，或按住 Shift 並選取要延伸的物件，或 [切割邊(T)/籬選
(F)/框選(C)/模式(O)/投影(P)/邊(E)/刪除(R)]: ← 輸入選項 F
指定第一個籬選點或點選/拖曳游標: 　　← 滑鼠左鍵按選點 3 不放
指定下一個籬選點或 [退回(U)]: 　　　← 拖曳至選點 4 放開
選取要修剪的物件，或按住 Shift 並選取要延伸的物件，或 [切割邊(T)/籬選
(F)/框選(C)/模式(O)/投影(P)/邊(E)/刪除(R)/退回(U)]: 　　　　← [Enter] 結束

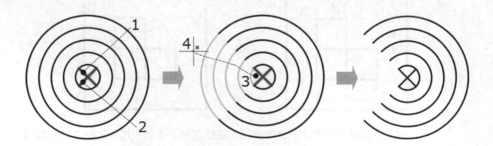

✿ 修剪填充線

目前設定: 投影=UCS，邊=無，模式=快速

選取要修剪的物件，或按住 Shift 並選取要延伸的物件，或 [切割邊(T)/框選
(C)/模式(O)/投影(P)/刪除(R)]:   ← 選取點 1 物件

選取要修剪的物件，或按住 Shift 並選取要延伸的物件，或 [切割邊(T)/框選
(C)/模式(O)/投影(P)/刪除(R)/退回(U)]:   ← [Enter] 結束

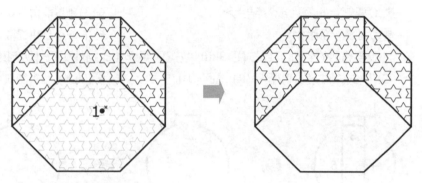

✿ 修剪裁切與延伸同步進行

目前設定: 投影=UCS，邊=延伸，模式=快速

選取切割邊...

選取物件或 <全選>:   ← 框選取切割邊 (如框選 1、2)

選取物件: ← [Enter] 結束選取

選取要修剪的物件，或按住 Shift 並選取要延伸的物件，或 [切割邊(T)/框選
(C)/模式(O)/投影(P)/刪除(R)]:   ← 分別選取邊緣 3、4、5、6

選取要修剪的物件，或按住 Shift 並選取要延伸的物件，或 [切割邊(T)/框選
(C)/模式(O)/投影(P)/刪除(R)/退回(U)]:   ← 按住 [Shift] 不放分別選取邊緣 7、8

選取要修剪的物件，或按住 Shift 並選取要延伸的物件，或 [切割邊(T)/框選
(C)/模式(O)/投影(P)/刪除(R)/退回(U)]:   ← [Enter] 結束選取

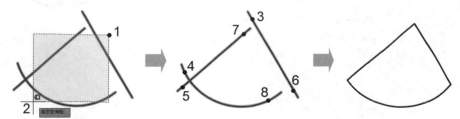

✪ **修剪裁切時同步刪除物件**

目前設定: 投影=UCS，邊=延伸，模式=快速　　　← 注意邊緣要延伸

選取要修剪的物件，或按住 Shift 並選取要延伸 的物件，或 [切割邊(T)/框選
(C)/模式(O)/投影(P)/刪除(R)]:　　　　　　　← 分別選取邊緣 1 至 5

選取要修剪的物件，或按住 Shift 並選取要延伸的物件，或 [切割邊(T)/框選
(C)/模式(O)/投影(P)/刪除(R) /退回(U)]:　　　← 輸入選項 R

選取要刪除的物件或 <結束>:　　　　　　　　　← 分別選取物件 6、7

選取要刪除的物件:　　　　　　　　　　　　　← [Enter] 結束選取

選取要修剪的物件，或按住 Shift 並選取要延伸的物件，或 [切割邊(T)/框選
(C)/模式(O)/投影(P)/刪除(R)/退回(U)]:　　　← [Enter] 結束選取

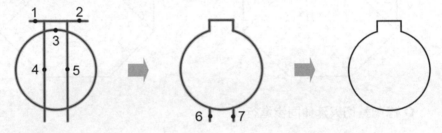

精選教學範例

❶

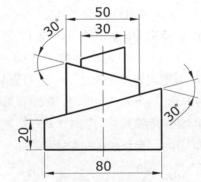

❷

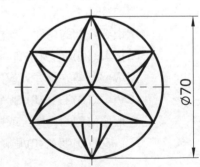

❸

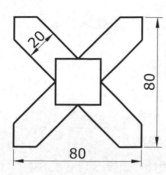

20

80

80

❹

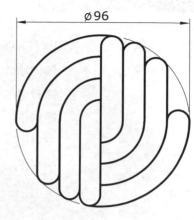

⌀96

❺

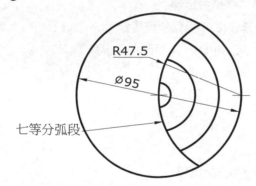

R47.5

⌀95

七等分弧段

第一篇　第五章 ▼ 編輯指令

9　EXTEND－延伸

指令	EXTEND		快捷鍵	EX
說明	延伸物件			
選項功能	邊界邊(B)：設定延伸邊界			
	籬選(F)：以圍籬方式，選取延伸物件			
	框選(C)：以框選方式，選取延伸物件			
	投影(P)：設定 3D 圖形投影方式			
	❖　無(N)：無任何投影方式			
	❖　UCS(U)：世界座標			
	❖　視圖(V)：依據視圖投影			
	邊(E)：設定邊界線是否延伸			
	❖　延伸(E)：可延伸邊界線			
	❖　不延伸(N)：不可延伸邊界線			
	退回(U)：退回至上一個動作			

功能指令敘述

指令: EXTEND

目前設定: 投影=UCS，邊=無，模式=快速

選取要延伸的物件，或按住 Shift 並選取要修剪的物件，或

　[邊界邊(B)/框選(C)/模式(O)/投影(P)]:　　　　　　　← 輸入選項或直接選取延伸段

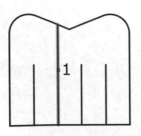

直接碰選切割段

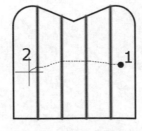

按住滑鼠左鍵拖曳切割範圍

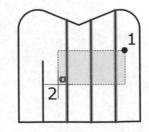

輸入選項 C 框選取範圍

✪ 逐一延伸物件輸入選項 B，定義延伸邊，延伸物件

目前設定: 投影=UCS，邊=無，模式=快速　　　← 提示目前設定狀態

選取邊界邊...

選取物件或　　　　　　　　　　　　　　　　← 選取邊界物件 1

選取物件:　　　　　　　　　　　　　　　　← [Enter] 結束選取

選取要延伸的物件，或按住 Shift 並選取要修剪的物件，或 [邊界邊(B)/框選
(C)/模式(O)/投影(P)]:　　　　　　　　　　← 選取延伸端 2

選取要延伸的物件，或按住 Shift 並選取要修剪的物件，或 [邊界邊(B)/框選
(C)/模式(O)/投影(P) /退回(U)]:　　　　　　← 選取延伸端 3

選取要延伸的物件，或按住 Shift 並選取要修剪的物件，或 [邊界邊(B)/框選
(C)/模式(O)/投影(P) /退回(U)]:　　　　　　← [Enter]結束選取

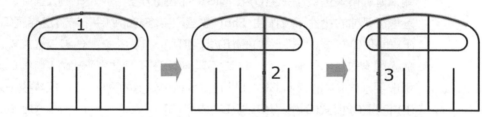

✪ 輸入選項 O，定義模式

輸入延伸模式選項 [快速(Q)/標準(S)] <快速(Q)>:

輸入 S 標準模式，出現選單：
[邊界邊(B)/籬選(F)/框選(C)/模式(O)/投影(P)/邊(E)/退回(U)]

輸入 Q 快速模式，出現選單：
[邊界邊(B)/框選(C)/模式(O)/投影(P)]:

輸入 F 籬選裁切方式，例如滑鼠左鍵按選點 1 不放，拖曳至點 2 完成延伸

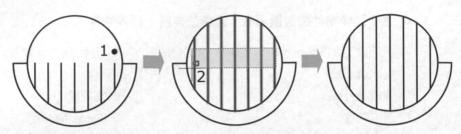

輸入 C 框選裁切方式，例如點選點 1 框選至點 2 完成裁切

✪ 延伸裁切線模式設定

目前設定: 投影=UCS，邊=無，模式=快速　　　　　← 邊=無，表示不延伸

選取要延伸的物件，或按住 Shift 並選取要修剪的物件，或 [邊界邊(B)/框選
(C)/模式(O)/投影(P)]:　　　　　　　　　　　　　← 輸入選項 O

輸入延伸模式選項 [快速(Q)/標準(S)] <快速(Q)>:　← 輸入選項 S

選取要延伸的物件，或按住 Shift 並選取要修剪的物件，或 [邊界邊(B)/籬選
(F)/框選(C)/模式(O)/投影(P)/邊(E)/退回(U)]:　　← 輸入選項 E

輸入隱含的邊延伸模式 [延伸(E)/不延伸(N)] <不延伸>:　← 輸入選項 E 延伸

選取要延伸的物件，或按住 Shift 並選取要修剪的物件，或 [邊界邊(B)/籬選
(F)/框選(C)/模式(O)/投影(P)/邊(E)/退回(U)]:　　← 分別選取延伸端 1、2

選取要延伸的物件，或按住 Shift 並選取要修剪的物件，或 [邊界邊(B)/籬選
(F)/框選(C)/模式(O)/投影(P)/邊(E)]:　　　　　　← [Enter] 結束選取

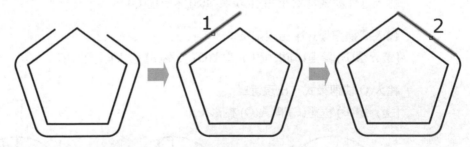

✪ 裁切與延伸同步進行

目前設定: 投影=UCS，邊=延伸，模式=標準　　← 注意邊緣=延伸，模式=標準

選取邊界邊...

選取物件或 [模式(O)] <全選>:　　　　　　　← 框選邊界物件 1-2

選取物件:　　　　　　　　　　　　　　　　← [Enter] 結束選取

選取要延伸的物件，或按住 Shift 並選取要修剪的物件，或 [邊界邊(B)/籬選
(F)/框選(C)/模式(O)/投影(P)/邊(E)]:　　　　　　　← 分別選取邊緣 3、4
選取要延伸的物件，或按住 Shift 並選取要修剪的物件，或 [邊界邊(B)/籬選
(F)/框選(C)/模式(O)/投影(P)/邊(E)/退回(U)]:← 按住[Shift]不放分別選取邊緣 5、6
取要延伸的物件，或按住 Shift 並選取要修剪的物件，或 [邊界邊(B)/籬選(F)/
框選(C)/模式(O)/投影(P)/邊(E)/退回(U)]:　　　　　　← [Enter] 結束選取

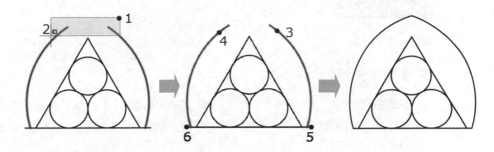

精選教學範例

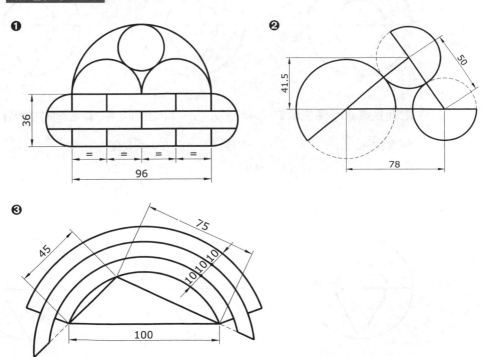

❶

36
=　=　=　=
96

❷

41.5
50
78

❸

45
75
10 10 10 10
100

10　BREAK－切斷

指令	BREAK	快捷鍵	BR
說明	切斷物件		
選項功能	第一點(F)：重新指定第一點		

功能指令敘述

指令: BREAK

✪ 切斷物件一部分

選取物件:　　　　　　　　　　　　　← 選取要切斷的物件，同時也是切斷點 1
指定第二切斷點 或 [第一點(F)]:　← 選取切斷點 2 (切斷要以逆時針方向選取點)

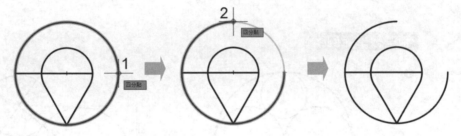

✪ 重新定義第一個切斷點 (如果選取的第一點很難判定要切斷哪一個物件時)

選取物件:　　　　　　　　　　　　　← 選取要切斷的物件 1
指定第二切斷點 或 [第一點(F)]:　← 輸入選項 F
指定第一切斷點:　　　　　　　　　　← 選取切斷點 2
指定第二切斷點:　　　　　　　　　　← 選取切斷點 3

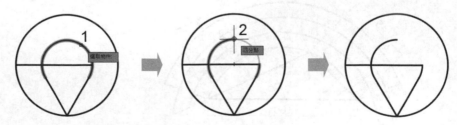

✪ **將物件一分為二** (如果選取工具 ，可省略輸入選項 F 與第二個切斷點)

選取物件:	← 選取要切斷的物件 1
指定第二切斷點 或 [第一點(F)]:	← 輸入選項 F
指定第一切斷點:	← 選取切斷點 2
指定第二切斷點:	← 輸入@，同上一點

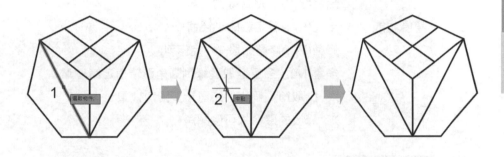

切斷前選取物件　　　切斷後選取物件

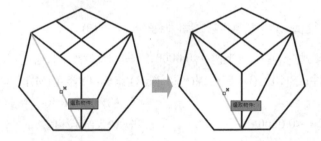

11　FILLET－圓角

指令	FILLET	快捷鍵	F
說明	物件倒圓角		
選項功能	退回(U)：於多重倒圓角(M)狀態下回復上一個倒圓角動作 聚合線(P)：聚合線倒圓角 半徑(R)：設定新的半徑值 修剪(T)：修整線段 (內定修剪) 多重(M)：多重選取邊緣倒圓角重新指定第一點		
重點叮嚀	※　選取第二個物件時可預覽圓角效果 ※　開放的聚合線可倒圓角		

功能指令敘述

指令: FILLET

✪ **設定新圓角半徑值** (也可於選取第二物件時重新設定圓角)

目前的設定: 模式 ＝ 修剪，半徑 ＝ 0.0000　　　← 目前的設定狀態
選取第一個物件或 [退回(U)/聚合線(P)/半徑(R)/修剪(T)/多重(M)]:

← 輸入選項 R

請指定圓角半徑 <0.0000>:　　　　　　　　　← 輸入新半徑值

✪ **一般物件倒圓角**

目前的設定: 模式 ＝ 修剪，半徑 ＝ 20.0000　　　　← 目前的設定狀態
選取第一個物件或 [退回(U)/聚合線(P)/半徑(R)/修剪(T)/多重(M)]:

← 選取物件 1

選取第二個物件，或按住 Shift 並選取物件以套用角點或 [半徑(R)]:

← 選取物件 2

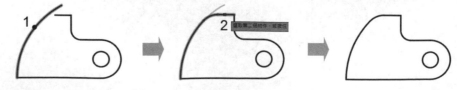

✪ 聚合線倒圓角

目前的設定:模式 ＝ 修剪，半徑 ＝ 10.0000　　　　← 目前的設定狀態

選取第一個物件或 [退回(U)/聚合線(P)/半徑(R)/修剪(T)/多重(M)]:

　　　　　　　　　　　　　　　　　　　　　　← 輸入選項 P

請選取 2D 聚合線或 [半徑(R)]:　　　　　　← 選取物件 1

✪ 修剪物件交角 (按住 [Shift] 同時選取物件 2，圓角半徑暫時=0)

目前的設定:模式 ＝ 修剪，半徑 ＝ 20.0000　　　　← 目前的設定狀態

選取第一個物件或 [退回(U)/聚合線(P)/半徑(R)/修剪(T)/多重(M)]:

　　　　　　　　　　　　　　　　　　　　← 選取物件 1

選取第二個物件，或按住 Shift 並選取物件以套用角點或 [半徑(R)]:

　　　　　　　　　　　　　　　　　　← 按住[Shift]選取物件 2

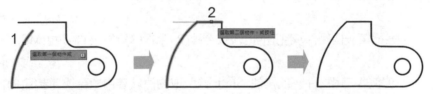

✪ 不修剪物件倒圓角

目前的設定:模式 ＝ 修剪，半徑 ＝ 10.0000　　　　　　← 目前的設定狀態

選取第一個物件或 [退回(U)/聚合線(P)/半徑(R)/修剪(T)/多重(M)]:

　　　　　　　　　　　　　　　　　　　← 輸入選項 T

輸入「修剪」模式選項 [修剪(T)/不修剪(N)] <修剪>:　← 輸入選項 N

選取第一個物件或 [退回(U)/聚合線(P)/半徑(R)/修剪(T)/多重(M)]:

　　　　　　　　　　　　　　　　　　　← 選取物件 1

選取第二個物件，或按住 Shift 並選取物件以套用角點或 [半徑(R)]:

　　　　　　　　　　　　　　　　　　　← 選取物件 2

第一篇

第五章

編輯指令

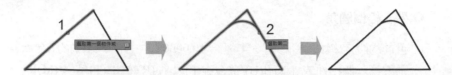

✪ 連續倒圓角與回復上一個圓角

目前的設定:模式 =修剪，半徑 = 10.0000　　　　　　← 目前的設定狀態

選取第一個物件或 [退回(U)/聚合線(P)/半徑(R)/修剪(T)/多重(M)]:

　　　　　　　　　　　　　　　　　　　　　← 輸入選項 M

選取第一個物件或 [退回(U)/聚合線(P)/半徑(R)/修剪(T)/多重(M)]:

　　　　　　　　　　　　　　　　　　　　　← 選取物件 1

選取第二個物件，或按住 Shift 並選取物件以套用角點或 [半徑(R)]:

　　　　　　　　　　　　　　　　　　　　　← 選取物件 2

選取第一個物件或 [退回(U)/聚合線(P)/半徑(R)/修剪(T)/多重(M)]:

　　　　　　　　　　　　　　　　　　　　　← 選取物件 3

選取第二個物件，或按住 Shift 並選取物件以套用角點或 [半徑(R)]:

　　　　　　　　　　　　　　　　　　　　　← 選取物件 4

選取第一個物件或 [退回(U)/聚合線(P)/半徑(R)/修剪(T)/多重(M)]:

　　　　　　　　　　　　　　← 輸入 U 復原物件 3 與 4 倒圓角

選取第一個物件或 [退回(U)/聚合線(P)/半徑(R)/修剪(T)/多重(M)]:

　　　　　　　　　　　　　　　　　　　　　← 選取物件 5

選取第二個物件，或按住 Shift 並選取物件以套用角點或 [半徑(R)]:

　　　　　　　　　　　　　　　　　　　　　← 選取物件 6

選取第一個物件或 [退回(U)/聚合線(P)/半徑(R)/修剪(T)/多重(M)]:

　　　　　　　　　　　　　　　　　　　　　← [Enter] 離開

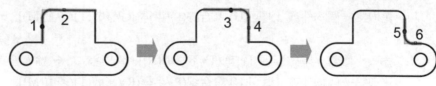

✪ 二平行線之倒圓角

指令: FILLET

目前的設定: 模式 = 修剪，半徑 = 0.0000　　　　　　　　　← 不用設定半徑

選取第一個物件或 [退回(U)/聚合線(P)/半徑(R)/修剪(T)/多重(M)]:

　　　　　　　　　　　　　　　　　　　　　　　　　← 選取物件 1

選取第二個物件，或按住 Shift 並選取物件以套用角點或 [半徑(R)]:

　　　　　　　　　　　　　　　　　　　　　　　　　← 選取物件 2

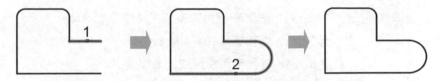

精選教學範例

❶

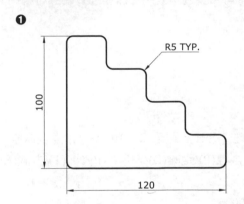

R5 TYP.

❷

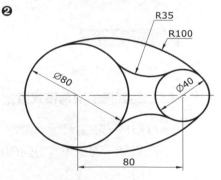

R35
R100
Ø80
Ø40
80

二圓之間內凹切弧用 FILLET

二圓之間外凸切弧用圓之切切半徑

❸

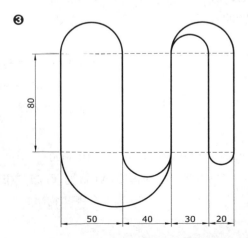

80

50　40　30　20

第一篇 第五章 ▼ 編輯指令

12　CHAMFER－倒角

指令	CHAMFER	快捷鍵	CHA
說明	物件倒角		
選項功能	退回(U)：於多重(M)倒角狀態下回復上一個倒角動作 聚合線(P)：聚合線倒角 距離(D)：設定新倒角的二段距離 角度(A)：設定新倒角的長度與角度 修剪(T)：修整線段 (內定修剪) 方式(E)：設定倒角角度或距離模式 多重(M)：多重選取邊緣倒角		
重點叮嚀	選取第二個物件時可預覽倒角效果，開放的聚合線可倒角		

功能指令敘述

指令: CHAMFER

✪ 二段距離的倒角模式設定

(TRIM 模式) 目前的倒角 距離 1 = 10，距離 2 = 10　← 目前設定狀態

選取第一條線或 [退回(U)/聚合線(P)/距離(D)/角度(A)/修剪(T)/方式(E)/多重(M)]:　← 輸入選項 D

請指定第一個倒角距離 <10.0000>:　← 輸入距離 1

請指定第二個倒角距離 <10.0000>:　← 輸入距離 2

距離 1 與距離 2 確定後，在執行倒角時選取物件必須注意先後順序

✪ 一般物件倒角

(TRIM 模式) 目前的倒角 距離 1 = 15.0000，距離 2 = 10.0000

選取第一條線或 [退回(U)/聚合線(P)/距離(D)/角度(A)/修剪(T)/方式(E)/多重(M)]:　← 選取物件 1

選取第二條線，或按住 Shift 並選取線以套用角點或 [距離(D)/角度(A)/方式
(M)]:　　　　　　　　　　　　　　　　　　　　← 選取物件 2

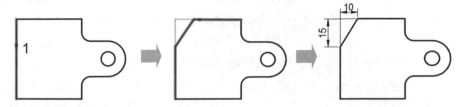

❂ 聚合線倒角

(TRIM 模式) 目前的倒角 距離 1 = 15.0000，距離 2 = 10.0000
選取第一條線或 [退回(U)/聚合線(P)/距離(D)/角度(A)/修剪(T)/方式(E)/多重
(M)]:　　　　　　　　　　　　　　　　　　　← 輸入選項 P
選取 2D 聚合線或 [距離(D)/角度(A)/方式(M)]:　← 選取物件 1

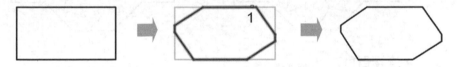

❂ 一段長度與角度的倒角模式設定 (也可於選取第二個物件時設定)

(TRIM 模式) 目前的倒角 距離 1 = 10.0000，距離 2 = 10.0000
選取第一條線或 [退回(U)/聚合線(P)/距離(D)/角度(A)/修剪(T)/方式(E)/多重
(M)]:　　　　　　　　　　　　　　　　　　　← 輸入選項 A
輸入第一條線的倒角長度 <20.0000>:　　　　　← 輸入長度 (例如 20)
輸入自第一條線的倒角角度 <0>:　　　　　　　← 輸入角度 (例如 30)
選取第一條線或 [退回(U)/聚合線(P)/距離(D)/角度(A)/修剪(T)/方式(E)/多重
(M)]:　　　　　　　　　　　　　　　　　　　← 選取物件 1
選取第二條線，或按住 Shift 並選取線以套用角點或 [距離(D)/角度(A)/方式
(M)]:　　　　　　　　　　　　　　　　　　　← 選取物件 2

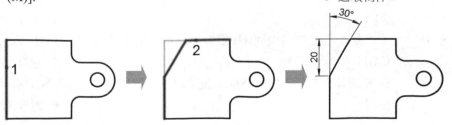

✪ 不修剪物件的倒角模式

(TRIM 模式) 目前的倒角　距離　1 = 10.0000，距離　2 = 10.0000

選取第一條線或 [退回(U)/聚合線(P)/距離(D)/角度(A)/修剪(T)/方式(E)/多重 (M)]:　　　　　　　　　　　　　　　　　　　　　　　← 輸入選項 T

輸入「修剪」模式選項 [修剪(T)/不修剪(N)] <修剪>:　　← 輸入選項 N

選取第一條線或 [退回(U)/聚合線(P)/距離(D)/角度(A)/修剪(T)/方式(E)/多重 (M)]:　　　　　　　　　　　　　　　　　　　　　　　← 選取物件 1

選取第二條線，或按住 Shift 並選取線以套用角點或 [距離(D)/角度(A)/方式 (M)]:　　　　　　　　　　　　　　　　　　　　　　　← 選取物件 2

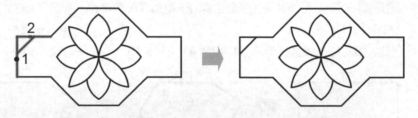

✪ 連續倒角

(TRIM 模式) 目前的倒角　距離　1 = 10.0000，距離　2 = 10.0000

選取第一條線或 [退回(U)/聚合線(P)/距離(D)/角度(A)/修剪(T)/方式(E)/多重 (M)]:　　　　　　　　　　　　　　　　　　　　　　　← 輸入選項 M

選取第一條線或 [退回(U)/聚合線(P)/距離(D)/角度(A)/修剪(T)/方式(E)/多重 (M)]:　　　　　　　　　　　　　　　　　　　　　　　← 選取物件 1

選取第二條線，或按住 Shift 並選取線以套用角點或 [距離(D)/角度(A)/方式 (M)]:　　　　　　　　　　　　　　　　　　　　　　　← 選取物件 2

選取第一條線或 [退回(U)/聚合線(P)/距離(D)/角度(A)/修剪(T)/方式(E)/多重 (M)]:　　　　　　　　　　　　　　　　　　　　　　　← 選取物件 3

選取第二條線，或按住 Shift 並選取線以套用角點或 [距離(D)/角度(A)/方式 (M)]:　　　　　　　　　　　　　　　　　　　　　　　← 選取物件 4

選取第一條線或 [退回(U)/聚合線(P)/距離(D)/角度(A)/修剪(T)/方式(E)/多重 (M)]:　　　　　　　　　　　　　　　　　　　　　　　← 選取物件 5

選取第二條線，或按住 Shift 並選取線以套用角點或 [距離(D)/角度(A)/方式 (M)]:　　　　　　　　　　　　　　　　　　　　　　　← 選取物件 6

選取第一條線或 [退回(U)/聚合線(P)/距離(D)/角度(A)/修剪(T)/方式(E)/多重(M)]:　　　　　　　　　　　　　　　　　　　← [Enter] 離開

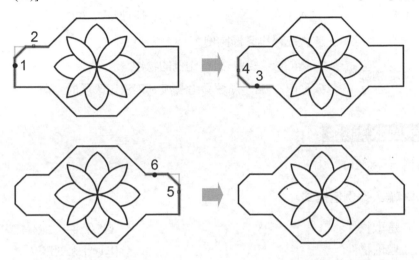

❖ 於設定多重倒角下，可以執行退回(U)上一組倒角動作，當選取第二條線同時按住 [Shift] 其功能如同 Fillet (圓角) 一樣，同為修交角功能。

精選教學範例

❶　　　　　　　　　　❷

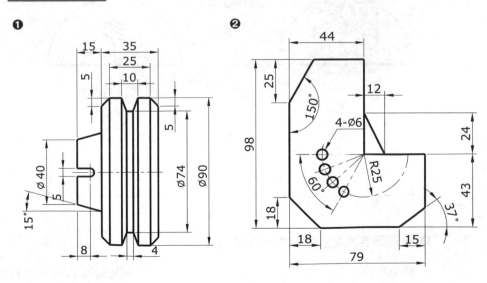

第一篇 第五章 ▼ 編輯指令

13　SCALE－比例

指令	SCALE	快捷鍵	SC
說明	放大或縮小圖形比例		
選項功能	複製(C)：複製一組新比例的物件 參考(R)：給予新舊參考長度，來決定改變的比例		

功能指令敘述

指令: SCALE

✪ 輸入比例值模式

選取物件:	← 選取物件 (如圖窗選 1-2)
選取物件:	← [Enter] 離開選取
指定基準點:	← 選取基準點 3
指定比例係數或 [複製(C)/參考(R)] <1.0000>:	← 輸入比例值

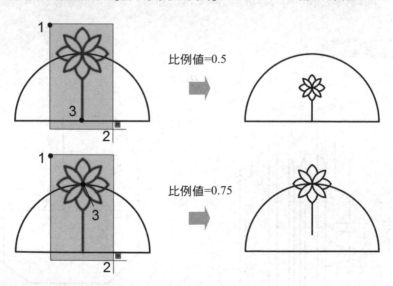

✪ 已知新舊長度計算相對比例值模式

選取物件:	← 選取物件 (如圖框選 1-2)
選取物件:	← [Enter] 離開選取

指定基準點:　　　　　　　　　　　　　　　← 選取基準點 3

指定比例係數或 [複製(C)/參考(R)] <1.0000>:　← 輸入選項 R

指定參考長度 <1.0000>:　　　　　　　← 輸入舊長度值,或選取參考長度點 3-4

指定新長度或 [點(P)] <1.0000>:　　　　← 輸入新長度值,或選取新長度點 5

❖ 第一點同舊長度的點 3,或輸入選項 P 可重新選取第一個參考點。

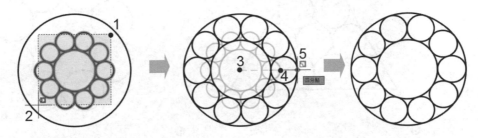

✪ 複製新比例物件

選取物件:　　　　　　　　　　　　　← 選取物件 (如圖框選 1-2)

選取物件:　　　　　　　　　　　　　← [Enter] 離開選取

指定基準點:　　　　　　　　　　　　← 選取基準點 3

指定比例係數或 [複製(C)/參考(R)] <1.0000>:← 輸入複製選項 C

調整所選取物件一個複本的比例。

指定比例係數或 [複製(C)/參考(R)] <1.0000>:← 輸入比例值 (例如 0.5)

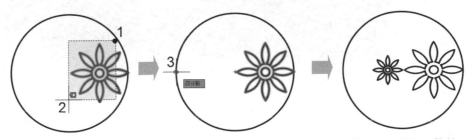

新增一組比例 0.5 物件

精選教學範例

❶

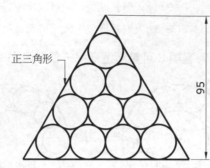

正三角形

95

❷ 8 個等圓

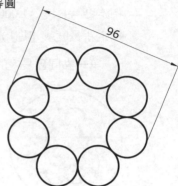

96

❸

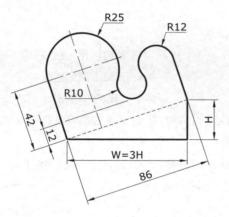

R25　R12

R10

42

12

W=3H

86

H

❹

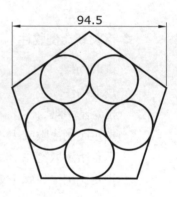

94.5

指令	ROTATE	快捷鍵	RO
說明	旋轉物件角度		
選項功能	複製(C)：複製一組新角度的物件 參考(R)：給予新舊參考角度，來決定改變的角度		

功能指令敘述

指令: ROTATE

✪ 輸入角度值模式

目前使用者座標系統中的正向角：　ANGDIR=逆時鐘方向　　ANGBASE=0

選取物件：　　　　　　　　　　　　　← 選取物件 (如圖窗選 1-2)

選取物件：　　　　　　　　　　　　　← [Enter] 離開選取

指定基準點：　　　　　　　　　　　　← 選取基準點 3

指定旋轉角度或 [複製(C)/參考(R)] <0>:　← 輸入角度值

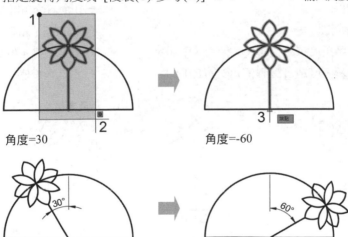

角度=30　　　　　　　　角度=-60

✪ 已知新舊角度計算相對角度值模式

目前使用者座標系統中的正向角：　ANGDIR=逆時鐘方向　　ANGBASE=0

選取物件：　　　　　　　　　　　　　← 選取物件 (如窗選 1-2)

選取物件：　　　　　　　　　　　　　← [Enter] 離開選取

指定基準點:	← 選取基準點 3
指定旋轉角度或 [複製(C)/參考(R)] <0>:	← 輸入選項 R
指定參考角度 <0>:	← 輸入舊角度值，或選取參考角度點 3-4
指定新角度或 [點(P)] <0>:	← 輸入新角度值，或選取新角度點 5

❖ 第一點同舊長度的點 3，或輸入選項 P 可重新選取第一個參考點。

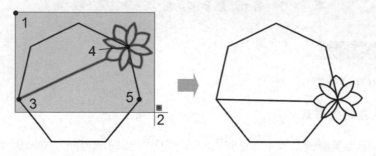

✪ 複製新角度值物件

目前使用者座標系統中的正向角: ANGDIR=逆時鐘方向 ANGBASE=0	
選取物件:	← 選取物件 (如圖框選 1-2)
選取物件:	← [Enter] 離開選取
指定基準點:	← 選取基準點 3
指定旋轉角度或 [複製(C)/參考(R)] <0>:	← 輸入複製選項 C
指定旋轉角度或 [複製(C)/參考(R)] <0>:	← 輸入角度值

角度值 45

角度值-60

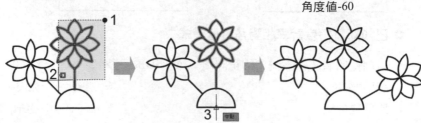

精選教學範例

❶
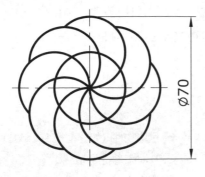

❷
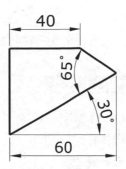

❸
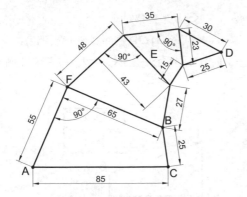

❹
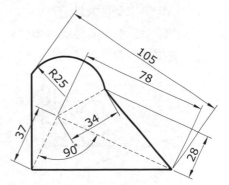

15　ALIGN－對齊

指令	ALIGN	快捷鍵	AL
說明	物件對齊 (MOVE+ROTATE+SCALE 三合一)		

功能指令敘述

指令: ALIGN
選取物件:　　　　　　　　　　　　　← 選取物件 (如圖框選 1-2 範圍)
選取物件:　　　　　　　　　　　　　← [Enter] 離開選取
指定第一個來源點:　　　　　　　　　← 選取位移與對齊角度基準點 3
指定第一個目標點:　　　　　　　　　← 選取位移點 4
指定第二個來源點:　　　　　　　　　← 選取位移與對齊角度基準點 5
指定第二個目標點:　　　　　　　　　← 選取位移點 6
指定第三個來源點或 <繼續>:　　　　← [Enter] (3D 物件對齊才會用到)
要根據對齊點調整物件比例? [是(Y)/否(N)] <否>:　← 輸入是否調整比例

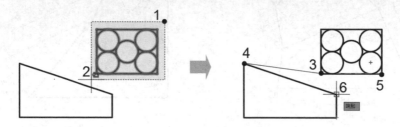

不調整比例　　　　　　　　　　調整比例

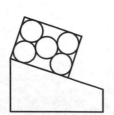

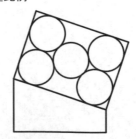

16 ARRAYCLASSIC — 陣列

指令	ARRAYCLASSIC
說明	建立矩形或環形陣列
選項功能	矩形(R)：矩形陣列 環形(P)：環形陣列
特別注意	新一代的 ARRAY 關聯式陣列，請參考第六章第 1 至 4 單元

功能指令敘述

指令: ARRAYCLASSIC　(出現對話框)

✪ 矩形陣列

❶ 切換至矩形陣列。

❷ 修改列數量 (例如 3) 與行數量 (例如 4)。

❸ 輸入列偏移距離 (例如 15) 與行偏移距離 (例如 20)。

❹ 按選『選取物件』鈕 。

選取物件:　　　　　　　　　　← 選取要陣列的物件，窗選 1-2

選取物件:　　　　　　　　　　← [Enter] 結束選取，回到對話框

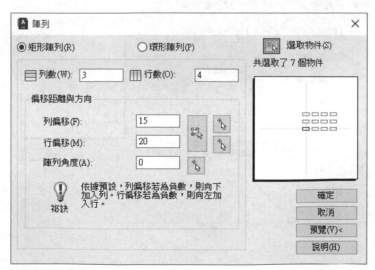

❺ 可選取『預覽』看一下效果，無誤後按選滑鼠右鍵，完成陣列，或按 [Esc]。

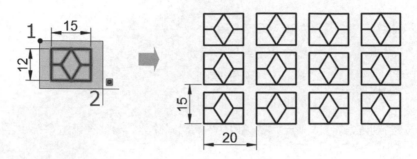

☼ **旋轉角度的矩形陣列** (圖面上圓半徑=5)

❶ 切換至矩形陣列。

❷ 修改列數量 (例如 1) 與行數量 (例如 4)。

❸ 輸入行偏移距離 (例如 10)。

❹ 輸入陣列角度 (例如 60)。

❺ 按選『選取物件』鈕 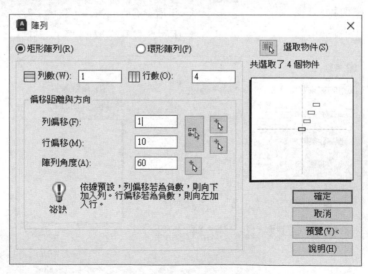 。

選取物件: ← 選取要陣列的物件，框選 1-2

選取物件: ← [Enter] 結束選取

❻ 可選取『預覽』看一下效果，無誤後按選『確認』鍵，完成陣列。

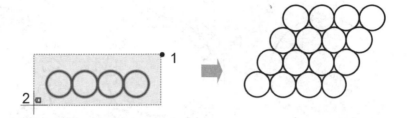

✪ 已知總夾角環形陣列

❶ 切換至環形陣列。

❷ 將方式切換至『項目總數與佈滿角度』。

❸ 輸入項目總數 (例如 8) 與佈滿角度 (例如 360 或 150)。

❹ 按選『選取物件』鈕 。

    選取物件: ← 選取要陣列的物件，窗選 1-2

    選取物件: ← [Enter] 結束選取

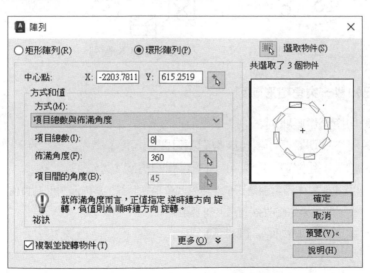

❺ 選取環形陣列中心點 鈕，進入圖面選取中心點 3。

❻ 可選取『預覽』看一下效果，無誤後按選『確認』鈕，完成陣列。

第一篇

第五章 ▼ 編輯指令

打開『複製並旋轉物件』

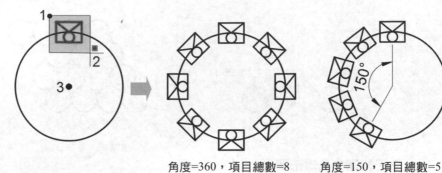

角度=360，項目總數=8　　角度=150，項目總數=5

關閉『複製並旋轉物件』

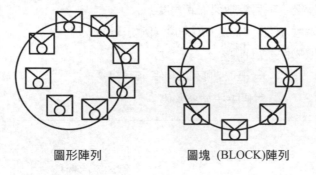

圖形陣列　　　　　　圖塊 (BLOCK)陣列

✪ **已知單一夾角環形陣列**

❶ 切換至環形陣列。

❷ 將方式切換至『項目總數與項目間的角度』。

❸ 輸入項目總數 (例如 4) 與項目間的角度 (例如 42)。
(要注意當佈滿角度為正值，陣列就會為逆時鐘，當佈滿角度為負值，物件即為順時鐘，所以要先修改佈滿角度正負值)。

❹ 按選『選取物件』鈕

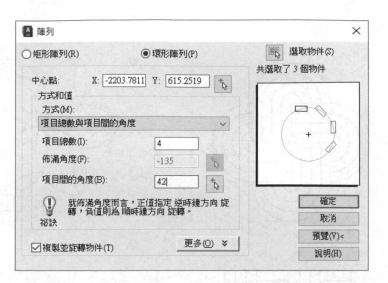

選取物件: ← 選取要陣列的物件，窗選 1-2

選取物件: ← [Enter] 結束選取

❺ 選取環形陣列中心點 ⟦↖⟧ 鈕，進入圖面選取中心點 3。

❻ 可選取『預覽』看一下效果，無誤後按選『確認』鍵，完成陣列。

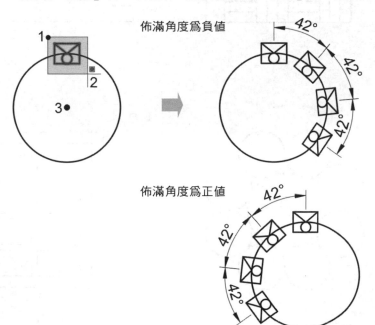

精選教學範例

❶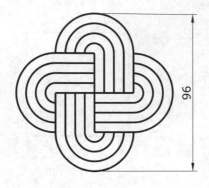

96

❷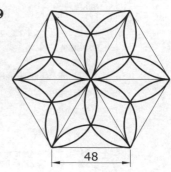

48

❸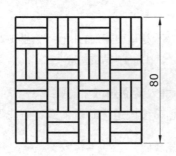

80

❹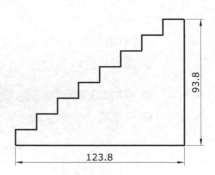

93.8

123.8

❺

$\varnothing 40$

❻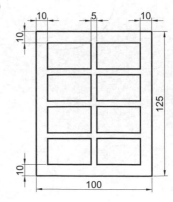

10 5 10

10

125

10

100

17 STRETCH－拉伸

指令	STRETCH	快捷鍵	S	
說明	拉伸物件點			
選項功能	位移(D)：以 0,0 為基準點			

功能指令敘述

指令: STRETCH

以「框選窗」或「多邊形框選」選取要拉伸的物件...

選取物件: ← 框選物件 1-2

選取物件: ← 可繼續框選物件或 [Enter] 結束選取

指定基準點或 [位移(D)] <位移>: ← 選取基準點 3

指定第二點或 <使用第一點作為位移>: ← 選取位移點 (位移點輸入效果如圖)

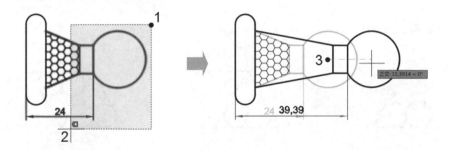

打開 F8 滑鼠往左移動
(0 度)輸入長度 20

打開 F8 滑鼠往左移動
(180 度) 輸入長度 10

輸入長度@10<60

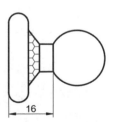

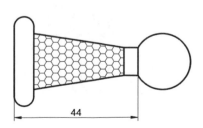

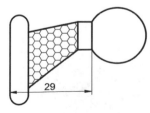

第一篇 第五章 ▼ 編輯指令

18　MIRROR－鏡射

指令	MIRROR	快捷鍵	MI	
說明	鏡射物件			
選項功能	MIRRTEXT=0　關閉文字鏡射			
	MIRRTEXT=1　打開文字鏡射			

功能指令敘述

指令: MIRROR

選取物件:　　　　　　　　　　　　　　　　← 框選物件 1-2

選取物件:　　　　　　　　　　　　　　　　← [Enter] 結束選取

指定鏡射線的第一點:　　　　　　　　　　　← 選取鏡射點 3

指定鏡射線的第二點:　　　　　　　　　　　← 選取鏡射點 4

是否刪除來源物件？[是(Y)/否(N)] <N>:　← 輸入是否刪除來源物件

不刪除來源物件

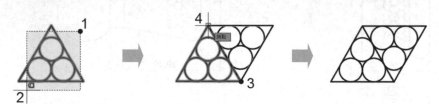

刪除來源物件

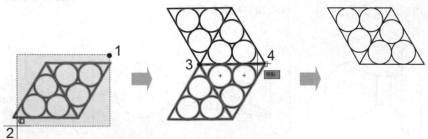

❶

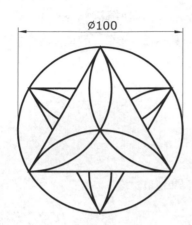

❷

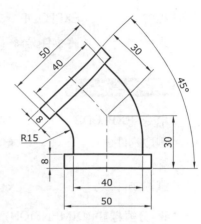

❸

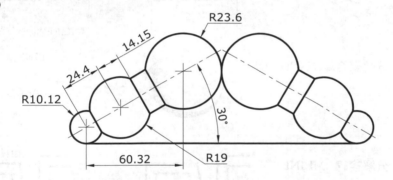

❹

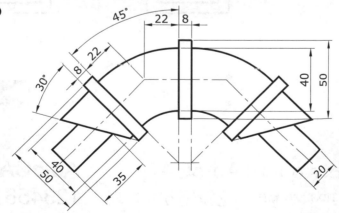

第一篇 第五章 ▼ 編輯指令

19 EXPLODE－分解

指令	EXPLODE	快捷鍵	X
說明	將物件分解 (如標註、聚合線、複線、圖塊、多行文字...)		

功能指令敘述

指令: EXPLODE

選取物件:　　　　　　　　　← 選取物件

　　:　　:

選取物件:　　　　　　　　　← [Enter] 結束選取

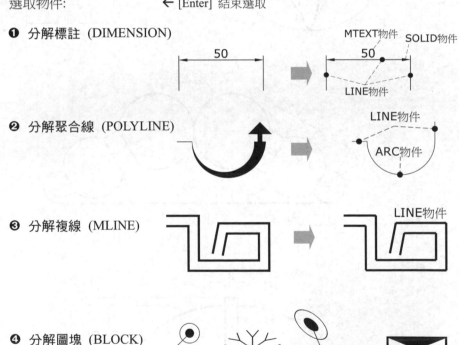

❶ 分解標註 (DIMENSION)

❷ 分解聚合線 (POLYLINE)

❸ 分解複線 (MLINE)

❹ 分解圖塊 (BLOCK)

❺ 分解多行文字 (MTEXT)

分解後為 TEXT 文字物件

指令	LENGTHEN	快捷鍵	LEN	
說明	調整物件長度			
選項功能	差值(DE)：依輸入增減量調整長度或角度 百分比(P)：依輸入百分比調整長度 總長度(T)：依輸入總長調整長度 動態(DY)：動態控制長度			

功能指令敘述

指令: LENGTHEN

✪ 依輸入增減量調整長度

選取要測量的物件或 [差值(DE)/百分比(P)/總長度(T)/動態(DY)] <差值(DE)>:

← 輸入選項 DE

❖ 長度增減量模式

輸入長度差值或 [角度(A)] <20.0000>:　← 輸入長度

(正值增加長度，負值減去長度)

選取要變更的物件或 [退回(U)]:　← 選取修改端 1

選取要變更的物件或 [退回(U)]:　← 選取修改端 2

選取要變更的物件或 [退回(U)]:　← [Enter] 離開選取

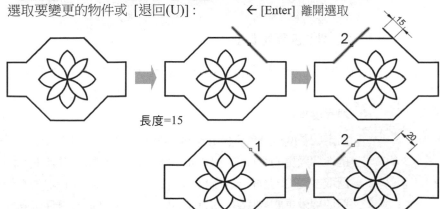

長度=15

長度=-20

❖ 角度增減量模式

輸入長度差值或 [角度(A)] <20.0000>:　　　← 輸入選項 A

輸入角度差值 <90>:　　　　　　　　　　← 輸入角度

選取要變更的物件或 [退回(U)]:　　　　← 選取修改端 1

選取要變更的物件或 [退回(U)]:　　　　← [Enter] 離開選取

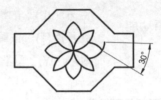

角度=30

❖ 依輸入百分比調整長度

選取要測量的物件或 [差值(DE)/百分比(P)/總長度(T)/動態(DY)] <差值(DE)>:

　　　　　　　　　　　　　　　　← 輸入選項 P

輸入百分比長度 <50.0000>:　　　　← 輸入百分比值

選取要變更的物件或 [退回(U)]:　　　← 選取修改端 1

選取要變更的物件或 [退回(U)]:　　　← 選取修改端 2

選取要變更的物件或 [退回(U)]:　　　← [Enter] 離開選取

百分比=50

❖ 依輸入總長度調整長度

選取要測量的物件或 [差值(DE)/百分比(P)/總長度(T)/動態(DY)] <差值(DE)>:

　　　　　　　　　　　　　　　　← 輸入選項 T

❖ 總長度模式

指定總長度或 [角度(A)] <100.0000>:　← 輸入總長度

選取要變更的物件或 [退回(U)]:　　　← 選取修改端 1

選取要變更的物件或 [退回(U)]:　　　← 選取修改端 2

選取要變更的物件或 [退回(U)]:　　　← [Enter] 離開選取

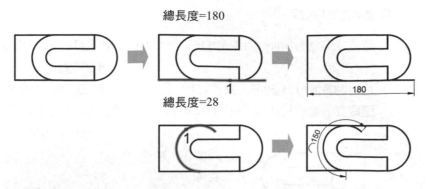

總長度=180

180

總長度=28

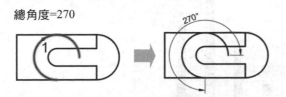

❖ **總角度模式**

指定總長度或 [角度(A)] <100.0000)>:   ← 輸入選項 A

指定總角度 <57>:   ← 輸入總角度

選取要變更的物件或 [退回(U)]:   ← 選取修改端 1

選取要變更的物件或 [退回(U)]:   ← [Enter] 離開選取

總角度=270

270°

✪ **動態控制長度** (聚合線物件不可使用)

選取要測量的物件或 [差值(DE)/百分比(P)/總長度(T)/動態(DY)] <差值(DE)>:

            ← 輸入選項 DY

選取要變更的物件或 [退回(U)]:   ← 選取修改端

指定新端點: ← 選取新端點

選取要變更的物件或 [退回(U)]:   ← [Enter] 離開選取

❂ **查詢物件長度**

選取要測量的物件或 [差值(DE)/百分比(P)/總長度(T)/動態(DY)] <差值(DE)>:

←選取物件

目前的長度: 121.3067，夾角: 180　　　　← 選取弧，顯示該物件長度角度

選取要測量的物件或 [差值(DE)/百分比(P)/總長度(T)/動態(DY)] <差值(DE)>:

← [Enter] 離開

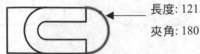

長度: 121.3067

夾角: 180

精選教學範例

❶

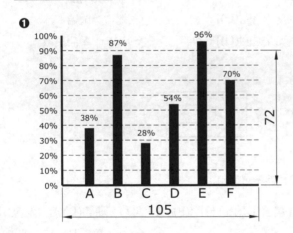

❷

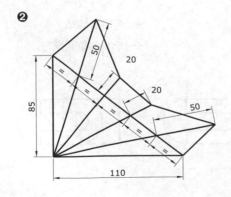

❸

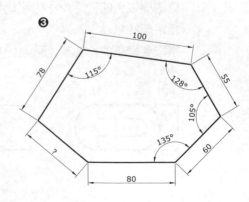

21 OVERKILL－刪除重複物件

指令	OVERKILL	
說明	刪除重疊不需要的物件	

功能指令敘述

指令: OVERKILL

選取物件:　　　　　　　　　← 框選物件 1-2

指定對角點: 找到 8 個　　　← 出現選取物件數量

　　　: :

選取物件:　　　　　　　　　← [Enter] 結束選取

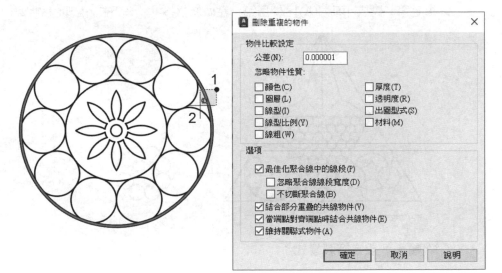

設定物件比較，修改完後選取『確定』鍵，出現完成訊息:

已刪除 7 個複本

已刪除 0 個重疊的物件或線段

22　NCOPY－複製巢狀物件

指令	NCOPY
說明	複製圖塊、外部參考內的物件

功能指令敘述

指令: NCOPY

選取要複製的巢狀物件或 [設定(S)]:　← 不用炸開圖塊或外部參考，選取內部物件

　　：　　　：　　　　　　　　　　　　(物件須一個個點選，無法框選)

選取要複製的巢狀物件或 [設定(S)]:　　　　　← [Enter] 結束選取

指定基準點或 [位移(D)/多重(M)] <位移>:　　　← 選取複製基準點 1

指定第二點或 [陣列(A)] <使用第一點做為位移>:　← 選取複製位移點 2

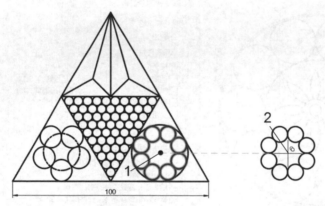

✪ 輸入 S 設定複製模式：

選取要複製的巢狀物件或 [設定(S)]:　　　　← 輸入選項 S

輸入用於複製巢狀物件的設定 [插入(I)/併入(B)] <插入>:

❖ **插入：** 複製選取物件至目前圖層中，不考慮具名物件，相同於 COPY 指令。

❖ **併入：** 將具名物件加入至圖面，如複製物件關聯的圖塊、標註型式、圖層、線型和文字型式。

23 PROPERTIES－性質

指令	PROPERTIES	快捷鍵	[Ctrl]+1 或 PR
說明	修改物件的性質		
滑鼠呼叫	將滑鼠移到物件上快按滑鼠左鍵二次可呼叫性質工具列		

功能指令敘述

指令: PROPERTIES　(出現對話框)

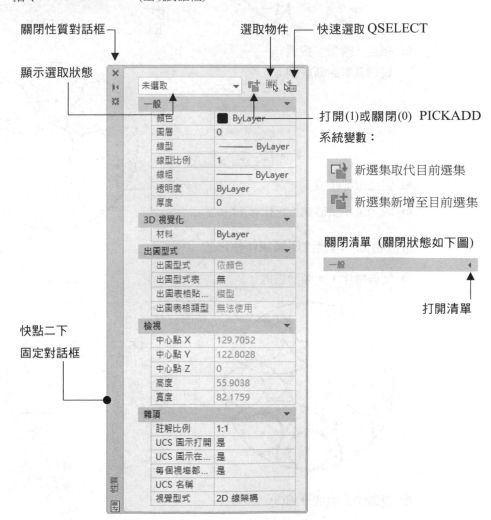

關閉性質對話框

顯示選取狀態

選取物件

快速選取 QSELECT

打開(1)或關閉(0)　PICKADD
系統變數：

新選集取代目前選集

新選集新增至目前選集

關閉清單　(關閉狀態如下圖)

一般

打開清單

快點二下
固定對話框

未選取

一般
顏色　　　ByLayer
圖層　　　0
線型　　　ByLayer
線型比例　1
線粗　　　ByLayer
透明度　　ByLayer
厚度　　　0

3D 視覺化
材料　　　ByLayer

出圖型式
出圖型式　依顏色
出圖型式表　無
出圖表格貼...　模型
出圖表格類型　無法使用

檢視
中心點 X　129.7052
中心點 Y　122.8028
中心點 Z　0
高度　　　55.9038
寬度　　　82.1759

雜項
註解比例　1:1
UCS 圖示打開　是
UCS 圖示在...　是
每個視埠都...　是
UCS 名稱
視覺型式　2D 線架構

第一篇 第五章 ▼ 編輯指令

✪ 選取全部物件作修改

❶ 框選物件。

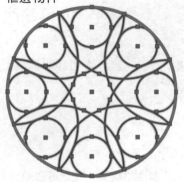
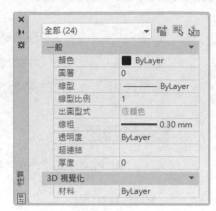

❷ 移至『線型』按選 ──── ByLayer ▾ 出現清單選取新線型。

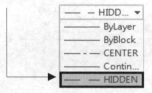

❸ 完成線型修改。

❹ 取消掣點狀態請按選[Esc]鍵。

✪ 選取物件，再過濾同類物件作修改

❶ 框選物件，大圓勿選取。

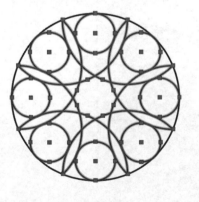
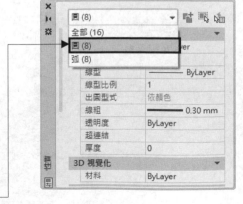

❷ 選取清單中的→圓(8)。

❸ 移至『半徑』位置，將右邊半徑改為 3。

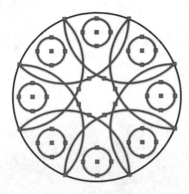

馬上可看到修改效果

❹ 選取右邊的 🖩 鍵，會出現 QuickCalc 計算機對話框，當完成運算時，選取『套用』其結果會回傳至半徑值的欄位中。

❺ 取消掣點狀態請按選 [Esc] 鍵。

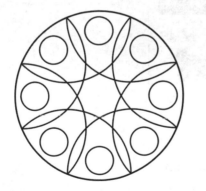

✪ 修改物件的所在圖層

❶ 框選物件。

❷ 選取『圖層』按選 ▼ 出現清單選取新圖層即可。

❸ 取消掣點狀態請按選 [Esc] 鍵。

✪ 修改物件的顏色

❶ 框選物件。

❷ 選取『顏色』按選 ▼ 出現清單選取新顏色即可。

❸ 如果清單上找不到新的，可選取『選取顏色』選項，出現顏色色表對話框。

❹ 取消掣點狀態請按選 [Esc] 鍵。

✪ 用滑鼠左鍵雙擊物件 (Double click)

❶ 選取文字物件，文字出現編輯狀態，直接把游標移到修改處，編輯文字內容即可。

❷ 選取填充線物件，則功能區出現『填充線編輯器』頁籤與相關功能面板。

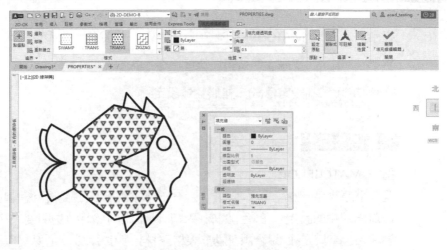

❸ 選取標註、圓、橢圓、弧、聚合線物件，出現性質修改 (PROPERTIES) 對話框。

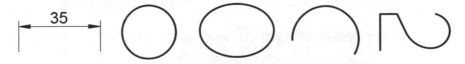

❹ 選取圖塊 (BLOCK) 物件，出現編輯圖塊定義對話框，修改方式請參考第十二章。

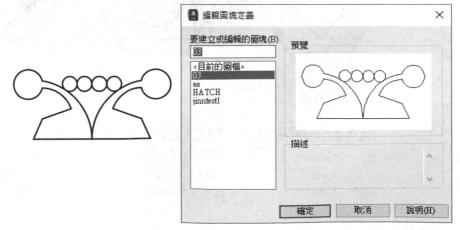

24　MATCHPROP－複製性質

指令	MATCHPROP	快捷鍵	MA	
說明	複製一參考物件性質			複製性質
選項功能	設定值(S)：複製性質設定			

功能指令敘述

指令: MATCHPROP
選取來源物件: 　　　　　　　　　← 選取來源物件，選完後，游標即呈現刷子模式
目前作用中的設定: 顏色 圖層 線型 線型比例 線粗 透明度 厚度 出圖型式
標註 文字 填充線 聚合線 視埠 表格 材料 多重引線 中心點物件
選取目的物件或 [設定(S)]: 　　　　← 選取要複製的物件
　　　　　　: :
選取目的物件或 [設定(S)]: 　　　　← [Enter] 結束選取

✪ **複製物件的共同性質** (如：顏色、圖層、線型、線型比例、線粗、厚度、出圖型式)

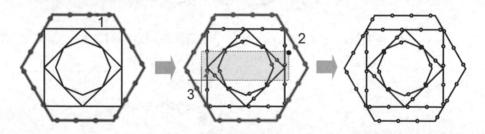

✪ **複製文字性質**

❂ 複製填充線性質

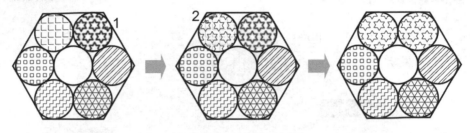

❂ 複製尺寸線性質

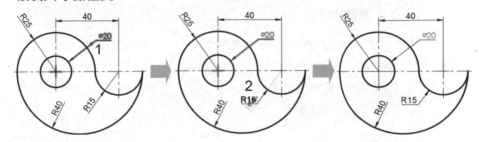

選取來源物件:　　　　　　　　　　 ← 選取來源物件，選完後，游標即呈現刷子模式

目前作用中的設定：　顏色　圖層　線型　線型比例　線粗　透明度　厚度　出圖型式　標註　文字　填充線　聚合線　視埠　表格　材料　多重引線　中心點物件

選取目的物件或 [設定(S)]:　　← 輸入選項 S

出現對話框，可關閉或打開基本或特殊性質複製項目

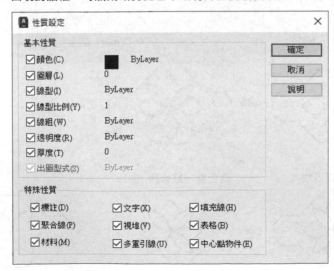

例如關閉圖層，圖層部分就不會隨著變更

第
一
篇

第
五
章
▼
編
輯
指
令

25 JOIN－接合

指令	JOIN	快捷鍵	J
說明	接合或閉合物件		

功能指令敘述

指令: JOIN

✪ 接合相連物件：

選取要一次接合的來源物件或多個物件：	← 選取 LINE 線 1
選取要接合的物件：	← 選取 LINE 線 2
選取要接合的物件：	← [Enter] 結束選取

1 條線已接合到來源

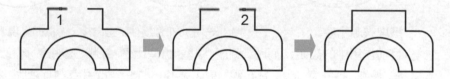

✪ 接合相連物件多個物件：

選取要一次接合的來源物件或多個物件：　← 選取相連多個物件

（或框選物件 1-2）

選取要接合的物件:　　　　　　　　　　← [Enter] 結束選取

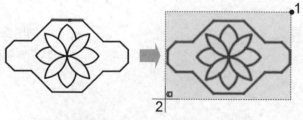

原爲 LINE 或弧物件　　　　　　結合爲一聚合線

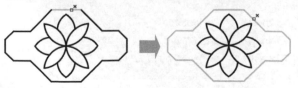 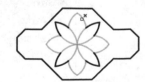

✪ 閉合弧 (ARC) 或橢圓 (ELLIPSE)：

選取要一次接合的來源物件或多個物件：   ← 選取弧 1 或橢圓 1

選取要接合到來源的弧或 [關閉(L)]：   ← 輸入閉合選項 L

弧已轉換為圓。

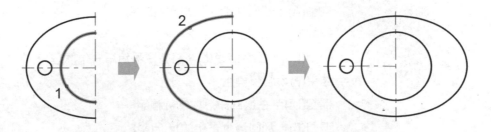

✪ 閉合雲形線 (SPLINE)：

❖ 先畫一條 SPLINE 線，再執行 SPLINE 將端點 1 與端點 2 連接起來。

選取要一次接合的來源物件或多個物件： ← 選取雲形線 3 與 4

選取要接合的物件：   ← [Enter] 結束選取

7 個線段已接合為 1 條聚合線

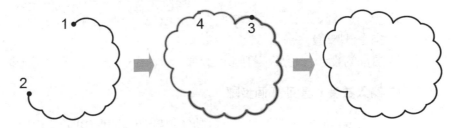

26　UNDO、U－退回

指令	UNDO (進階復原) 或 U (一次復原)
說明	退回至上一個指令
選項功能	自動(A)：控制功能表巨集群組開關
	控制(C)：Undo 功能控制
	開始(BE)：配合結束(E)，將指令群組單一化處理
	結束(E)：結束群組
	標記(M)：在退回訊息中加註標記
	退回(B)：溯回最近一次的標記(M)

功能指令敘述

✪ 選取 ⇦ 於清單上選取退回指令次數，或鍵入 U 每執行一次即復原一次。

指令: UNDO

目前的設定: 自動 = 打開、 控制 = 全部、 結合 = 是、 圖層 = 是

✪ **輸入數量，退回 N 個步驟**

輸入要復原的作業數目或 [自動(A)/控制(C)/開始(BE)/結束(E)/標記(M)/退回
(B)] <1>:　　　　　　　　　　　　← 輸入數量

❖ 表示退回最近 N 個執行過程，如果數量=1 則等於在指令下執行 U 指令。

✪ **標記(M)與退回(B)**

輸入要復原的作業數目或 [自動(A)/控制(C)/開始(BE)/結束(E)/標記(M)/退回
(B)] <1>:　　　　　　　　　　　　← 輸入選項 M

❖ **再依序畫出 LINE、ARC、CIRCLE。**

指令: UNDO

輸入要復原的作業數目或 [自動(A)/控制(C)/開始(BE)/結束(E)/標記(M)/退回(B)] <1>:　　　　　← 輸入選項 B

❖ 一次退回剛才完成的 LINE、ARC、CIRCLE 回到最近一次的標記，若以 UNDO 指令數值退回則不受標記與退回的影響。

✪ 開始(BE)與結束(E)

輸入要復原的作業數目或 [自動(A)/控制(C)/開始(BE)/結束(E)/標記(M)/退回(B)] <1>:　　　　　← 輸入選項 BE

❖ 再依序繪製 LINE、ARC、CIRCLE。

指令: UNDO

輸入要復原的作業數目或 [自動(A)/控制(C)/開始(BE)/結束(E)/標記(M)/退回(B)] <1>:　　　　　← 輸入選項 E

❖ 當輸入 BE 開始建立群組，執行結束(E)，其過程中的所有指令將被視為單一指令，若以 UNDO 指令數值退回遇到群組將會被視為單一群組一次退回。

✪ 巨集群組開與關，自動(A)

輸入要復原的作業數目或 [自動(A)/控制(C)/開始(BE)/結束(E)/標記(M)/退回(B)] <1>:　　　　　← 輸入選項 A

輸入 UNDO 自動模式 [打開(ON)/關閉(OFF)] <打開>: ← 輸入 ON 或 OFF

❖ 若輸入為 ON，則控制由功能表中選取執行巨集指令時，在其前後分別加上開始(BE)及結束(E)形成一個群組。

✪ 控制(C)與 UNDO 功能

輸入要復原的作業數目或 [自動(A)/控制(C)/開始(BE)/結束(E)/標記(M)/退回(B)] <1>:　　　　　← 輸入選項 C

❖ 取消退回功能。

　　輸入 UNDO 控制選項 [全部(A)/無(N)/一個(O)/組合(C)/圖層(L)] <全部>:
　　　　　　　　　　　　　　← 輸入選項 N

　　指令: U　　　　　　← 已不接受退回
　　U 指令已停用。請使用 UNDO 指令打開它　←回應訊息

❖ 限制 UNDO 指令只退回一次。

輸入 UNDO 控制選項 [全部(A)/無(N)/一個(O)/組合(C)/圖層(L)] <全部>:
← 輸入選項 O

輸入一種選擇 [控制(C)] <1>: ← 輸入 2 看是否接受

需要整數值 1, 或選項關鍵字. ← 回應訊息

輸入一種選擇 [控制(C)] <1>: ← 輸入 1 可完成退回

❖ **調回至正常狀態：**

輸入一種選擇 [控制(C)] <1>:: ← 輸入選項 C

輸入 UNDO 控制選項 [全部(A)/無(N)/一個(O)/組合(C)/圖層(L)] <全部>:
← 輸入選項 A

❖ **組合狀態：** 控制是否將多重連續縮放和平移指令組合為單一個來進行退回與重做。

輸入 UNDO 控制選項 [全部(A)/無(N)/一個(O)/組合(C)/圖層(L)] <全部>:
← 輸入選項 C

是否結合縮放與平移作業？[是(Y)/否(N)] <是>:← 輸入 Y 或 N

❖ **圖層狀態：** 控制圖層對話框作業是否組合為單一退回。

輸入 UNDO 控制選項 [全部(A)/無(N)/一個(O)/組合(C)/圖層(L)] <全部>:
← 輸入選項 L

組合圖層對話方塊作業？[是(Y)/否(N)] <是>: ← 輸入 Y 或 N

✪ **UNDO 指令對以下指令及系統變數之效能沒有影響**

No.	指令	No.	指令	No.	指令	No.	指令
1	ABOUT	10	END	19	OPEN	28	RESUME
2	AREA	11	FILES	20	OPTIONS	29	SAVE
3	ATTEXT	12	GRAPHSCR	21	PLOT	30	SAVEAS
4	COMPILE	13	HELP	22	PSOUT	31	SHADE
5	CVPORT	14	HIDE	23	QSAVE	32	SHELL
6	DBLIST	15	ID	24	QUIT	33	STATUS
7	DELAY	16	LIST	25	REDRAW	34	TEXTSCR
8	DIST	17	MSLIDE	26	REDRAWALL		
9	DXFOUT	18	NEW	27	REINIT		

27 REDO－重做

指令	REDO	
說明	重做被 UNDO 或 U 指令復原動作	

功能指令敘述

❂ 由工具列 中拉下重做清單，可清楚的選取重做位置。

指令: REDO　　　　　　　由此處選取

❂ 如果出現下列訊息

　　沒有可重做的動作　　　← 指 REDO 要為有效時，必須緊跟著 UNDO 或 U 指
　　　　　　　　　　　　　　令後執行才有效用

❂ 正確 REDO 的用法

　❖ 執行 CIRCLE 畫一個圓

　　指令: U　　　　　　　← 退回畫圓動作
　　CIRCLE　　　　　　　← 回應訊息
　　指令: REDO　　　　　← 救回剛才的退回，圓又出現了！
　　所有動作都已重做

❂ 當前一個指令如果執行 UNDO→退回(B)，退回至標記處

則 REDO 亦將回復整個標記，對於 UNDO 的開始(BE)與結束(E)產生的群組，
一樣也回復整個群組。

第一篇 第五章 ▼ 編輯指令

28 OOPS－取消刪除

指令	OOPS
說明	救回最後被刪除 (ERASE) 的物件

功能指令敘述

指令: OOPS

★ 範例說明

指令: ERASE
選取物件:　← 框選物件 (1-2)
選取物件　← [Enter] 離開

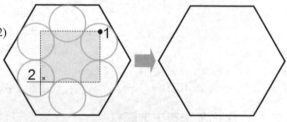

執行畫線 (LINE) 於圓繪製 3 條線段

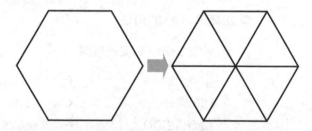

指令: OOPS
會發現不僅六個圓救回來了，剛完成的 3 條 LINE 線還在。

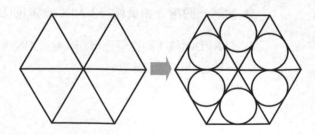

29 掣點編輯與多功能掣點

指令	不需輸入指令，直接選取物件
說明	❖ 配合五大編輯指令： 移動(MOVE)、鏡射(MIRROR)、旋轉(ROTATE)、 比例(SCALE)、拉伸(STRETCH)

功能指令敘述

指令:　　　　　 ← 不需下任何指令直接選取物件，選取物件即出現掣點狀態

✪ **配合編輯指令，作預選功能** (先將狀態列快速性質 ▤ 關閉)

指令:　　　 ← 由右至左框選物件，即出現被選取狀態與掣點

指令: ERASE　← 執行刪除 (或其它編輯指令，如 COPY、TRIM…)

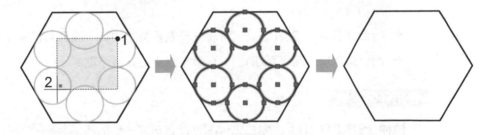

✪ **指定一基準點配合五大編輯指令循環功能編輯物件**

指令:　　 ← 由左至右窗選物件，即出現掣點

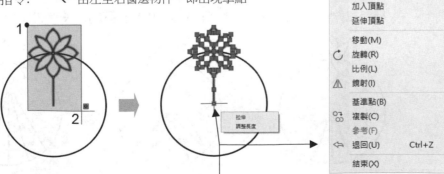

選取移動游標碰選掣點後，按選滑鼠右鍵出現選單

✪ 除了上述模式，也可配合多指令方式來完成工作

❖ 五大循環指令也可利用 [空白鍵] 或 [Enter] 鍵切換。

** 拉伸 **

指定拉伸點或 [基準點(B)/複製(C)/退回(U)/結束(X)]:

** MOVE **

指定移動點或 [基準點(B)/複製(C)/退回(U)/結束(X)]:

** 旋轉 **

指定旋轉角度或 [基準點(B)/複製(C)/退回(U)/參考(R)/結束(X)]:

** 比例 **

指定比例係數或 [基準點(B)/複製(C)/退回(U)/參考(R)/結束(X)]:

** 鏡射 **

指定第二點或 [基準點(B)/複製(C)/退回(U)/結束(X)]:

❖ 配合鍵盤輸入 ST(拉伸)、SC(比例)、RO(旋轉)、MI(鏡射)、MO(移動)切換功能。

❖ 配合副選項『複製(C)』，可產生多重複製的功能，原形可保留。

❖ 配合副選項『基準點(B)』，可讓您重新定義基準點。

| 使用範例說明 |

✪ **拉伸 (STRETCH)**：改變二條線端點位置至同一個圓心上。

指令: ← 由右至左 1-2 框選物件，即出現掣點，碰選掣點 3

** 拉伸 **   ← 出現拉伸，不需作改變

指定拉伸點或 [基準點(B)/複製(C)/退回(U)/結束(X)]: ← 選取掣點 4 位置

選取掣點 4 按選 [Esc] 離開

✪ **旋轉** (ROTATE)：將物件作多重旋轉。

指令：　　　　　　　　　　← 由左至右 1-2 窗選物件，即出現掣點，碰選端點掣點 3
** 拉伸 **
指定拉伸點或 [基準點(B)/複製(C)/退回(U)/結束(X)]: ← 按選滑鼠右鍵選取旋轉
** 旋轉 **
指定旋轉角度或 [基準點(B)/複製(C)/退回(U)/參考(R)/結束(X)]: C
** 旋轉 (多重) **
指定旋轉角度或 [基準點(B)/複製(C)/退回(U)/參考(R)/結束(X)]: 60
** 旋轉 (多重) **
指定旋轉角度或 [基準點(B)/複製(C)/退回(U)/參考(R)/結束(X)]: 135
** 旋轉 (多重) **
指定旋轉角度或 [基準點(B)/複製(C)/退回(U)/參考(R)/結束(X)]: 225
** 旋轉 (多重) **
指定旋轉角度或 [基準點(B)/複製(C)/退回(U)/參考(R)/結束(X)]: ← [Esc] 離開

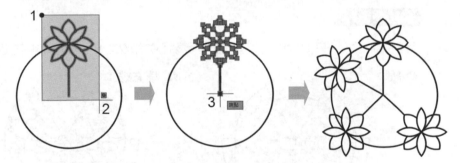

✪ **比例** (SCALE)：將物件作多重比例放大或縮小。

指令：　　　　　　　　　　← 選取物件出現掣點，碰選掣點
** 拉伸 **
指定拉伸點或 [基準點(B)/複製(C)/退回(U)/結束(X)]: ← 按選滑鼠右鍵選取比例
** 比例 **
指定比例係數或 [基準點(B)/複製(C)/退回(U)/參考(R)/結束(X)]: C
** 比例 (多重) **
指定比例係數或 [基準點(B)/複製(C)/退回(U)/參考(R)/結束(X)]: 0.8
** 比例 (多重) **

指定比例係數或 [基準點(B)/複製(C)/退回(U)/參考(R)/結束(X)]: 0.6
** 比例 (多重) **
指定比例係數或 [基準點(B)/複製(C)/退回(U)/參考(R)/結束(X)]: 0.4
** 比例 (多重) **
指定比例係數或 [基準點(B)/複製(C)/退回(U)/參考(R)/結束(X)]: 0.2
** 比例 (多重) **
指定比例係數或 [基準點(B)/複製(C)/退回(U)/參考(R)/結束(X)]: ← [Esc] 離開

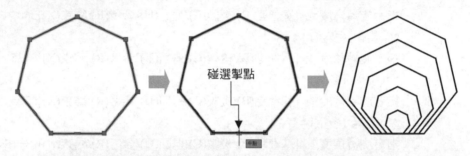

多功能掣點

針對不同物件，只要懸停於掣點上，更多貼心的掣點功能，讓編修調整更有效率。

✪ 線：

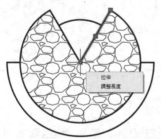

✪ 弧：

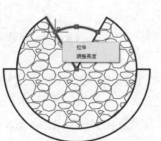

✪ 填充線：

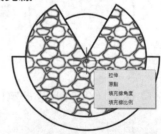

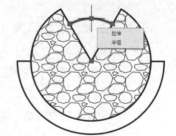

✪ 雲形線：

拉伸
加入頂點

拉伸頂點
加入頂點
移除頂點

✪ 聚合線：

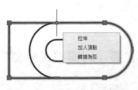

拉伸
加入頂點
轉換為弧

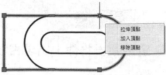

拉伸頂點
加入頂點
移除頂點

✪ 標註：

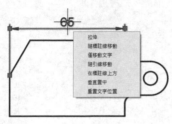

拉伸
隨標註線移動
僅移動文字
隨引線移動
在標註線上方
垂直置中
重置文字位置

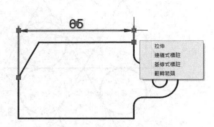

拉伸
連續式標註
基線式標註
翻轉箭頭

精選教學範例

❶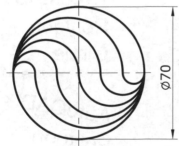

Ø70

❷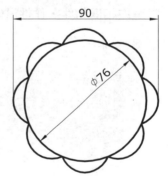

90

Ø76

❸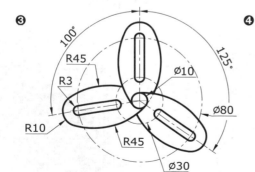

❹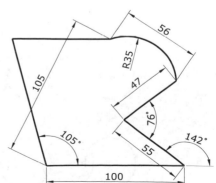

第一篇 第五章 ▼ 編輯指令

30　快速性質

指令	由狀態列開關快速性質或按選 [Ctrl]+[Shift]+[P]	

功能指令敘述

✪ 選取單一物件，出現相關的物件性質，可直接於相關欄位作修改

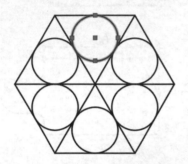

圓	
顏色	ByLayer
圖層	0
線型	ByLayer
中心點 X	2139.7242
中心點 Y	2481.7516
半徑	8.7306
直徑	17.4612
圓周	54.856
面積	239.4626

✪ 選取相同物件，作性質修改

❖ 文字

文字 (3)	
圖層	0
內容	*各種*
型式	Standard
可註解	否
對正	左
高度	*各種*
旋轉	0

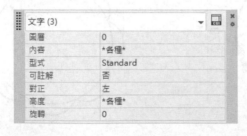

旋轉=10　高度=6

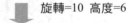

❖ Circle 圓

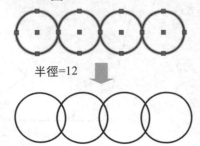

半徑=12

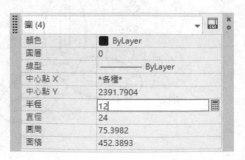

圓 (4)	
顏色	ByLayer
圖層	0
線型	ByLayer
中心點 X	*各種*
中心點 Y	2391.7904
半徑	12
直徑	24
圓周	75.3982
面積	452.3893

✪ 不同物件，作性質修改

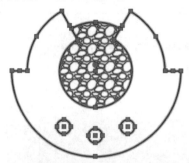

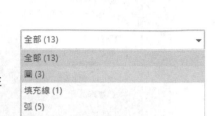

❖ 拉下選取物件清單可切換修改同性
質物件選項：

全部 (13)	▼
全部 (13)	
圓 (3)	
填充線 (1)	
弧 (5)	
線 (4)	

線－性質修改項目

圓－性質修改項目

弧－性質修改項目

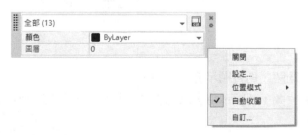

✪ 按選滑鼠右鍵，出現設定清單

也可以於螢幕下方狀態列 🔳 開關快速性質的功能。

❖ 設定：可定義快速性質的顯示狀態。

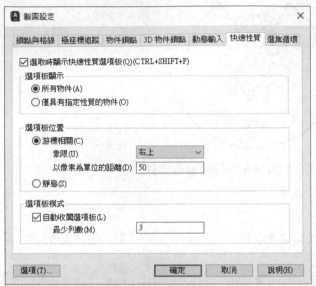

修改物件定義，請參
考下頁『自訂』

❖ 選項板位置：

游標相關：對話框顯示隨著游標移動。

靜態：對話框顯示固定於相同的位置。

❖ 自動收闔選項板：

若設定為關閉，則會顯示完全展開模式。

打開自動收闔，則顯示時會以定義的行數顯示，滑鼠移動對話框內便自動
展開。

❖ 自訂：定義各物件顯示於快速修改的選項中。

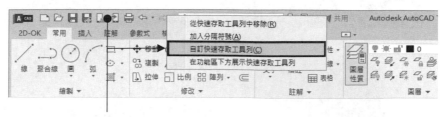

於快速存取工具列中，按滑鼠右鍵，出現功能表選取『自訂快速存取工具列』

快速性質選單

先選取物件的性質，再由右側的選單中勾選可
供修改的項目，完成後選取『確定』即可

隨手札記

關聯式陣列與特殊編修指令

單元		工具列	中文指令	說　　明	頁碼
1	ARRAYRECT	⊞	矩形陣列	建立矩形陣列	6-2
2	ARRAYPOLAR	⊙	環形陣列	建立環形陣列	6-6
3	ARRAYPATH	⊙	路徑陣列	建立路徑陣列	6-11
4	ARRAYEDIT	⊞	編輯關聯式陣列	快速機動的編輯關聯式陣列	6-15
5	PEDIT	⤺	聚合線編輯	編輯聚合線	6-21
6	SPLINEDIT	⤻	雲形線編輯	編輯雲形線	6-26
7	MLEDIT		複線編輯	編輯複線	6-29
8	XPLODE		進階分解	進階物件分解	6-32
9	REGION	◎	面域	2D 面域建立	6-34
10	UNION	◢	聯集	2D 面域或 3D 實體聯集	6-36
11	SUBTRACT	◱	差集	2D 面域或 3D 實體差集	6-37
12	INTERSECT	◲	交集	2D 面域或 3D 實體交集	6-38
13	REVERSE	⇄	反轉	反轉線、聚合線、雲形線、螺旋線方向	6-39
14	多功能掣點修改聚合線、雲形線				6-40
15	SELECTSIMILAR	⬚	選取類似物件	以目前所選取物件為參考尋找圖面上所有類似的物件	6-42
16	ADDSELECTED	⬚	加入所選物件	選取物件執行相同指令繪製	6-44

第一篇 第六章 ▼ 關聯式陣列與特殊編修指令

1   ARRAYRECT－矩形陣列

指令	ARRAYRECT
說明	建立矩形陣列
選項功能	關聯式(AS)：設定陣列後物件是否為單一關聯陣列物件 基準點(B)：指定陣列的基準點 計數(COU)：設定列數與行數 間距(S)：設定列距與行距 角度(A)：指定列軸的旋轉角度 行數(COL)：指定行數 列數(R)：指定列數 層數(L)：指定 3D 層的數量和層距

功能指令敘述

指令: ARRAYRECT (請開啟隨書光碟 ARRAYRECT.DWG)

✪ **基本的矩形陣列(2 列 3 行)：**

選取物件: ← 框選物件 1-2

     :　:

選取物件: ← [Enter] 結束選取

類型 = 矩形　關聯式 = 是

選取掣點以編輯陣列或 [關聯式(AS)/基準點(B)/計數(COU)/間距(S)/行數
(COL)/列數(R)/層數(L)/結束(X)] <結束>:　← 碰選掣點 3，任意拖曳效果

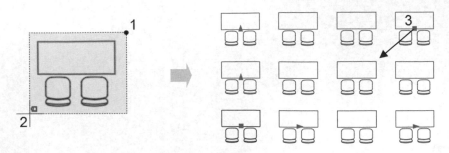

拉動右上對角點試試看效果，很棒的動態
即時調整列數、行數，請拖曳滑鼠右上角
點確認是 2 列 3 行後，直接先點選！

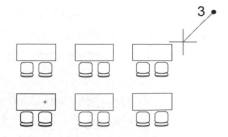

選取掣點以編輯陣列或 [關聯式(AS)/基準點(B)/計數(COU)/間距(S)/行數
(COL)/列數(R)/層數(L)/結束(X)] <結束>：　← 輸入選項 S 間距
指定行之間的距離或 [單位格(U)] <189>：　← 輸入 180
指定列之間的距離 <159.7051>：　← 輸入 160
選取掣點以編輯陣列或 [關聯式(AS)/基準點(B)/計數(COU)/間距(S)/行數
(COL)/列數(R)/層數(L)/結束(X)] <結束>：　← [Enter]

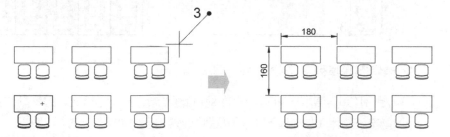

✪ 變更基準點的矩形陣列(停車場)：

選取物件：　　　　　　　　　　　← 窗選車子與停車格矩形
　　：　　　：
選取物件：　　　　　　　　　　　← [Enter] 結束選取
類型 = 矩形　關聯式 = 是
選取掣點以編輯陣列或 [關聯式(AS)/基準點(B)/計數(COU)/間距(S)/行數
(COL)/列數(R)/層數(L)/結束(X)] <結束>：　← 輸入選項 B 基準點
指定基準點或 [關鍵點(K)]：　　　← 選取點 1
選取掣點以編輯陣列或 [關聯式(AS)/基準點(B)/計數(COU)/間距(S)/行數
(COL)/列數(R)/圖層(L)/結束(X)] <結束>：　← 輸入選項 COU 計數
輸入行的數目或 [表示式(E)] <4>：　← 輸入 6
輸入列的數目或 [表示式(E)] <3>：　← 輸入 2

選取掣點以編輯陣列或 [關聯式(AS)/基準點(B)/計數(COU)/間距(S)/行數
(COL)/列數(R)/層數(L)/結束(X)] <結束>:　　←輸入選項 S 間距
指定行之間的距離或 [單位格(U)] <157.5>:　　←選取點 1
指定第二點:　　　　　　　　　　　　　　　←選取點 3
指定列之間的距離 <300>:　　　　　　　　　←選取點 1
指定第二點:　　　　　　　　　　　　　　　←選取點 2
選取掣點以編輯陣列或 [關聯式(AS)/基準點(B)/計數(COU)/間距(S)/行數
(COL)/列數(R)/層數(L)/結束(X)] <結束>:　　←[Enter]

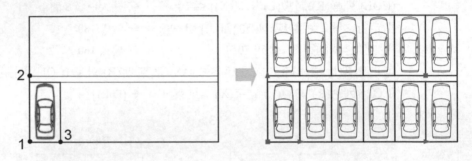

❂ **編修關聯陣列之子物件：**

(配合[Ctrl]+選取，可對子物件進行刪除、比例、旋轉…等編修動作)
旋轉子物件 (在性質選項板中調整旋轉角度=180)

刪除子物件

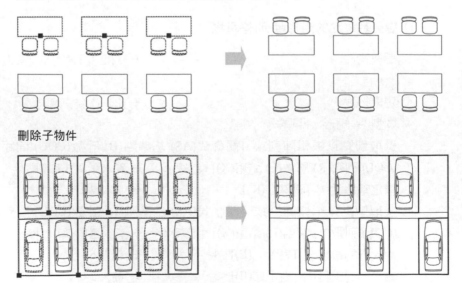

軸角度

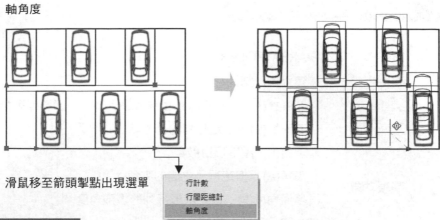

滑鼠移至箭頭掣點出現選單

| 行計數 |
| 行間距總計 |
| 軸角度 |

精選教學範例

❶ 空隙皆等於5

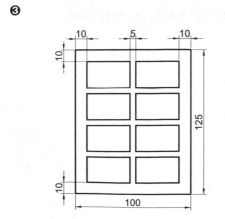

❷

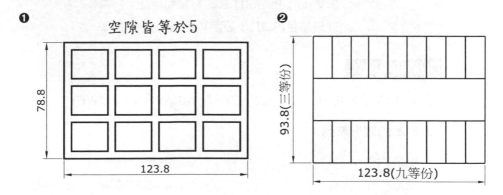

❸

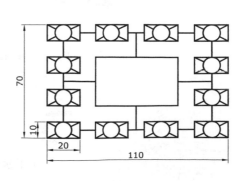

❹

2　ARRAYPOLAR－環形陣列

指令	ARRAYPOLAR
說明	建立環形陣列
選項功能	關聯式(AS)：設定陣列後物件是否為單一關聯陣列物件 基準點(B)：指定陣列的基準點 項目(I)：設定項目數量 夾角(A)：指定項目之間的夾角 填滿角度(F)：指定環形陣列的填滿角度 列數(ROW)：指定列數與列距 層數(L)：指定 3D 層的數量和層距 旋轉項目(ROT)：設定項目是否跟著旋轉

功能指令敘述

指令: ARRAYPOLAR　(請開啟隨書光碟 ARRAYPOLAR.DWG)

✪ **基本的環形陣列：**

選取物件:　　　　　　　　　　　　　　 ← 選取物件 1 (椅子)

選取物件:　　　　　　　　　　　　　　 ← [Enter]結束選取

類型 ＝ 環形　關聯式 ＝ 是

指定陣列的中心點或 [基準點(B)/旋轉軸(A)]: ← 選取大圓圓心 2

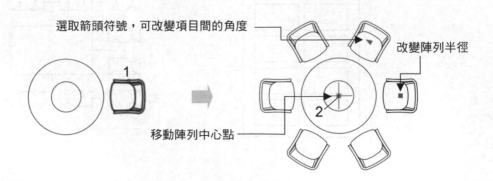

選取箭頭符號，可改變項目間的角度

改變陣列半徑

移動陣列中心點

選取掣點以編輯陣列或 [關聯式(AS)/基準點(B)/項目(I)/夾角(A)/填滿角度(F)/
列數(ROW)/層數(L)/旋轉項目(ROT)/結束(X)] <結束>:　← 輸入選項 I

設定項目=8、填滿=360、打開『旋轉項目』

旋轉項目→是

旋轉項目→否

✿ 多列數的環形陣列(1)：

選取物件:　　　　　←選取物件 1 (椅子)

選取物件:　　　　　← [Enter]

類型 = 環形　關聯式 = 是

指定陣列的中心點或 [基準點(B)/旋轉軸(A)]:　　　← 選取圓心 2

選取掣點以編輯陣列或 [關聯式(AS)/基準點(B)/項目(I)/夾角(A)/填滿角度(F)/
列數(ROW)/層數(L)/旋轉項目(ROT)/結束(X)] <結束>:　← 輸入選項 ROW

設定項目=8、填滿=360、列=2、間距=70、打開『旋轉項目』

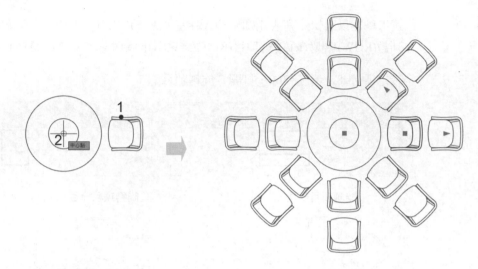

✪ **多列數的環形陣列(2)：**

選取物件：   ← 選取物件 1(椅子)

選取物件：   ← [Enter]

類型 = 環形　關聯式 = 是

指定陣列的中心點或 [基準點(B)/旋轉軸(A)]：   ← 選取點 2 (弧心)

選取掣點以編輯陣列或 [關聯式(AS)/基準點(B)/項目(I)/夾角(A)/填滿角度(F)/
列數(ROW)/層數(L)/旋轉項目(ROT)/結束(X)] <結束>：   ← 輸入選項 I

輸入陣列中的項目數目或 [表示式(E)] <6>：   ← 輸入 8

選取掣點以編輯陣列或 [關聯式(AS)/基準點(B)/項目(I)/夾角(A)/填滿角度(F)/
列數(ROW)/層數(L)/旋轉項目(ROT)/結束(X)] <結束>： ← 輸入選項 F

指定要佈滿的角度 (+ = 逆時針，- = 順時針) 或 [表示式(EX)] <360>：

                                                  ← 輸入 62

選取掣點以編輯陣列或 [關聯式(AS)/基準點(B)/項目(I)/夾角(A)/填滿角度(F)/
列數(ROW)/層數(L)/旋轉項目(ROT)/結束(X)] <結束>：← 輸入選項 ROW

輸入列的數目或 [表示式(E)] <1>：   ← 輸入 3

指定列之間的距離或 [總計(T)/表示式(E)] <60.7902>：   ← 選取點 3

指定第二點：   ← 選取點 4

指定列之間的增量高程或 [表示式(E)] <0>：   ← 輸入 0

選取掣點以編輯陣列或 [關聯式(AS)/基準點(B)/項目(I)/夾角(A)/填滿角度(F)/
列數(ROW)/層數(L)/旋轉項目(ROT)/結束(X)] <結束>：← [Enter] 結束

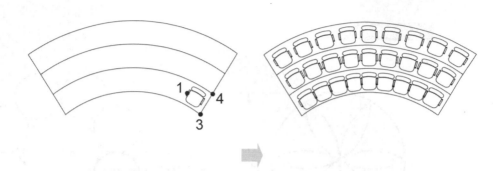

✪ **已知項目夾角的環形陣列：**

選取物件: ← 選取物件 1 (椅子)

選取物件: ← [Enter]結束選取

類型 = 環形　關聯式 = 是

指定陣列的中心點或 [基準點(B)/旋轉軸(A)]:   ← 選取大圓圓心 2

選取掣點以編輯陣列或 [關聯式(AS)/基準點(B)/項目(I)/夾角(A)/填滿角度(F)/
列數(ROW)/層數(L)/旋轉項目(ROT)/結束(X)] <結束>:

設定項目=6、夾角=40、打開『旋轉項目』

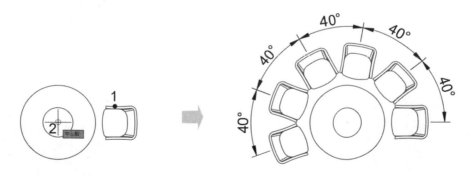

精選教學範例

❶

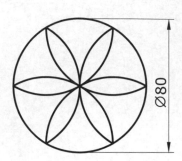

❷

❸

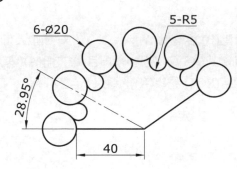

3　ARRAYPATH－路徑陣列

指令	ARRAYPATH
說明	建立路徑陣列
選項功能	關聯式(AS)：設定陣列後物件是否為單一關聯陣列物件 基準點(B)：指定陣列的基準點 項目(I)：設定項目數量 等分(D)：沿路徑等分項目 列數(R)：指定列數 層數(L)：指定 3D 層的數量和層距 對齊項目(A)：設定項目是否跟著對齊路徑 Z 方向(Z)：控制是否保留項目原始 3D 的 Z 方向

功能指令敘述

指令: ARRAYPATH　(請開啟隨書光碟 ARRAYPATH.DWG)

✪ 基本的路徑陣列(等分)：

選取物件:　　　　　　　　　　　← 選取 1 個物件(植栽)

選取物件:　　　　　　　　　　　← [Enter] 結束選取

類型 = 路徑　關聯式 = 是

選取路徑曲線:　　　　　　　　　←選取路徑 2

選取掣點以編輯陣列或 [關聯式(AS)/方法(M)/基準點(B)/切線方向(T)/項目(I)/列數(R)/層數(L)/對齊項目(A)/z 方向(Z)/結束(X)] <結束>:

設定項目=8、模式為『等分』

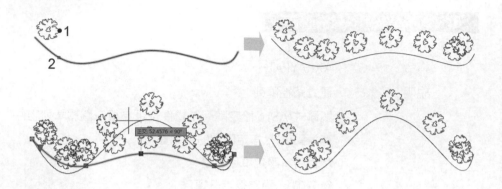

✿ **基本的路徑陣列(等距)：**

選取物件: ← 選取 1 個物件(植栽)

選取物件: ← [Enter]結束選取

類型 = 路徑   關聯式 = 是

選取路徑曲線: ← 選取路徑 2

選取掣點以編輯陣列或 [關聯式(AS)/方法(M)/基準點(B)/切線方向(T)/項目(I)/列數(R)/層數(L)/對齊項目(A)/z 方向(Z)/結束(X)] <結束>:

設定模式為『等距』、間距=45

間距=45

間距=30

間距=65

✪ 對齊+改變基準點的路徑陣列：

選取物件:　　　　　　　　　　　← 選取物件 1

選取物件:　　　　　　　　　　　← [Enter] 結束選取

類型 = 路徑　關聯式 = 是

選取路徑曲線:　　　　　　　　　← 選取下方的路徑 2

選取掣點以編輯陣列或 [關聯式(AS)/方法(M)/基準點(B)/切線方向(T)/項目(I)/列數(R)/層數(L)/對齊項目(A)/z 方向(Z)/結束(X)] <結束>:

設定項目=30、模式為『等分』、打開『對齊項目』

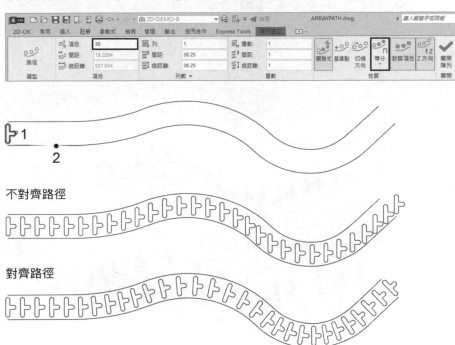

選取『基準點』，重新設定基準點位置

改變基準點到中點 1

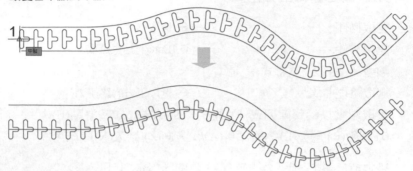

✪ **多列數的路徑陣列：**(請自行試試看)

原始圖

項目 25+等分+不對齊

項目 20+等分+不對齊+2 列+列距 45

項目 50+等分+不對齊+2 列+列距-45

4　ARRAYEDIT－編輯關聯式陣列

指令	ARRAYEDIT
說明	快速機動的編輯關聯式陣列
選項功能	來源(S)：現地編輯狀態下，編輯來源物件 取代(REP)：選取新的來源物件取代原有的物件 基準點(B)：指定陣列的基準點 重置(RES)：還原刪除的項目，並復原所有的項目取代 層數(L)：指定 3D 層的數量和間距

功能指令敘述

指令: ARRAYEDIT　(請開啟隨書光碟 ARRAYEDIT.DWG)

✪ **選取矩形陣列：**(注意不同關聯式陣列之副選項的差異)

選取陣列:　　　　　　　　　　　← 選取矩形陣列

輸入選項 [來源(S)/取代(REP)/基準點(B)/列數(R)/行數(C)/層數(L)/重置(RES)/結束(X)] <結束>:

✪ **選取環形陣列：**

選取陣列:　　　　　　　　　　　← 選取環形陣列

輸入選項 [來源(S)/取代(REP)/基準點(B)/項目(I)/夾角(A)/佈滿角度(F)/列數(R)/層數(L)/旋轉項目(ROT)/重置(RES)/結束(X)] <結束>:

✪ **選取路徑陣列：**

選取陣列:　　　　　　　　　　　← 選取路徑陣列

輸入選項 [來源(S)/取代(REP)/方式(M)/基準點(B)/項目(I)/列數(R)/層數(L)/對齊項目(A)/z 方向(Z)/重置(RES)/結束(X)] <結束>:

快速貼心的功能區面板編輯關聯式陣列

直接碰選關聯式陣列，上方會出現對應的『陣列』頁籤與功能區面板。

✪ **編輯矩形陣列：**

❖ **輕鬆修改行數、行距、列數、列距：**如下圖 (行數：6→4)

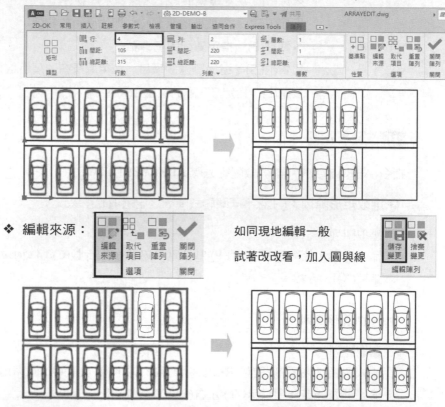

❖ **編輯來源：** 如同現地編輯一般

試著改改看，加入圓與線

❖ **變更基準點：**選取新的基準點為左下角車頂中央圓心。

再以[Ctrl]+選取子物件(左上三輛車)+性質選項板→比例=0.6

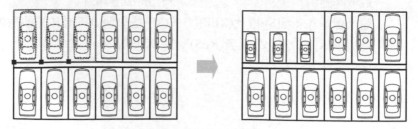

❖ **重置陣列**：還原刪除的項目，並復原所有的項目取代。

再以[Ctrl]+選取子物件(右上三輛車)+[DEL]刪除

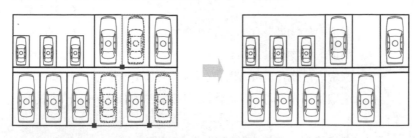

點選『重置陣列』，陣列恢復正常 (注意：基準點與編輯來源不會恢復)

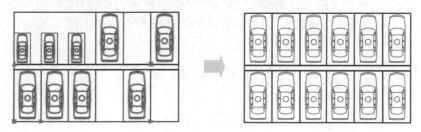

⭐ **編輯環形陣列**：

❖ 輕鬆修改項目數、項目夾角、列數、列距：

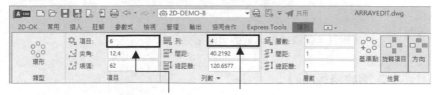

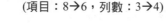

(項目：8→6，列數：3→4)

❖ **取代項目**：選取新的項目取代原有的項目

指令: ARRAYEDIT　← 自動出現指令與對應副選項

選取陣列：　　　← 選取陣列

第
一
篇

第
六
章

▼

關
聯
式
陣
列
與
特
殊
編
修
指
令

輸入選項　[來源(S)/取代(REP)/基準點(B)/項目(I)/夾角(A)/佈滿角度(F)/列
數(R)/層數(L)/旋轉項目(ROT)/重置(RES)/結束(X)] <結束>:

　　　　　　　　　　　　　　　　　　　　← 輸入選項 REP

選取取代物件:　　　　　　　　　　　　　← 選取右側的職員椅 1
選取取代物件:　　　　　　　　　　　　　← [Enter] 結束選取
選取取代物件的基準點或 [關鍵點(K)] <形心>: ← [Enter]
選取陣列中要取代的項目或 [來源物件(S)]:　← 選取 2-5 張椅子
　　　　　:　　　　　　　:
選取陣列中要取代的項目或 [來源物件(S)]:　← [Enter]
輸入選項　[來源(S)/取代(REP)/基準點(B)/項目(I)/夾角(A)/佈滿角度(F)/列
數(R)/層數(L)/旋轉項目(ROT)/重置(RES)/結束(X)] <結束>: ← [Enter]

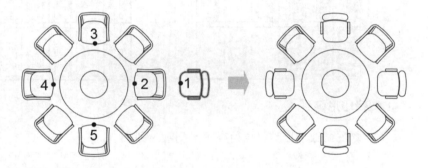

附註：選取重置陣列即可恢復原狀。

⭐ **編輯路徑陣列：**

❖ **輕鬆修改項目數、列數、列距：**

(項目：20→12，基準點點選樹底)

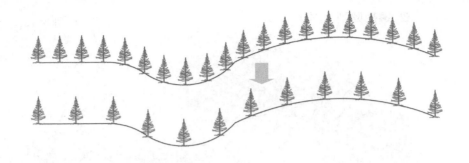

❖ 等分改等距+調整項目=20，間距=30

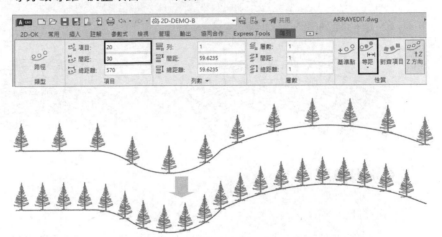

精選教學範例 (請開啟隨書光碟 ARRAYEDIT.DWG 進行練習)

❶ **矩形陣列**

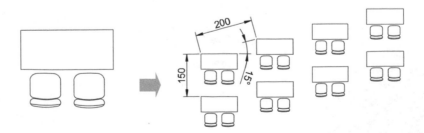

❷ 環形陣列(基本)

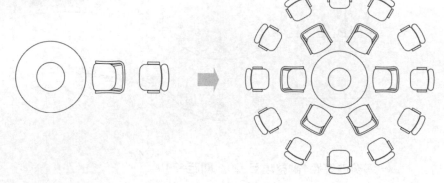

❸ 環形陣列(進階)

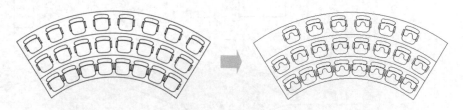

❹ 路徑陣列

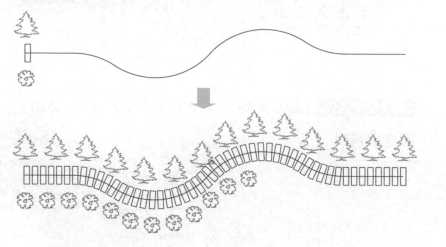

指令	PEDIT	快捷鍵	PE
說明	編輯聚合線		

選項功能	多重(M)：選取多個物件做編輯
	封閉(C)：封閉聚合線
	開放(O)：打開聚合線
	接合(J)：結合多個物件成一條聚合線
	寬度(W)：修改聚合線寬度
	編輯頂點(E)：聚合線各頂點編輯，進入後選項如下
	❖ 下一點(N)：至下一個頂點座標
	❖ 上一點(P)：至上一個頂點座標
	❖ 切斷(B)：切斷聚合線
	❖ 插入(I)：插入新端點
	❖ 移動(M)：移動頂點
	❖ 重生(R)：重繪圖形
	❖ 拉直(S)：拉直兩頂點
	❖ 相切(T)：頂點切線方向
	擬合(F)：平滑曲線
	雲形線(S)：更平滑雲形曲線
	直線化(D)：還原曲線為直線
	線型生成(L)：線型尺寸調整
	反轉(R)：反轉聚合線的方向
	退回(U)：回至上一個編輯選項
相關變數說明	SPLFRAME=1(ON) → 打開雲形線骨架
	SPLFRAME=0(OFF) → 關閉雲形線骨架
	PLINEGEN=1(ON) → 打開線型尺寸的調整
	PLINEGEN=0(OFF) → 關閉線型尺寸的調整

功能指令敘述

指令: PEDIT

選取聚合線或 [多重(M)]:　　← 選取物件 1 (如 LINE、弧 ARC、聚合線 PLINE)

❖ **當物件不是聚合線時會出現下列詢問訊息：**

　　選取的物件不是一條聚合線

　　您要將它轉成一條聚合線嗎? <Y>　　← 如果要編輯，請直接輸入[Enter]

輸入選項 [封閉(C)/接合(J)/寬度(W)/編輯頂點(E)/擬合(F)/雲形線(S)/直線化(D)/
線型生成(L)/反轉(R)/退回(U)]:　　　← 輸入選項，或按滑鼠右鍵由功能表單選取

✪ **輸入選項 O，開放聚合線**

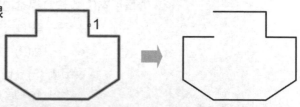

✪ **輸入選項 C，封閉聚合線**

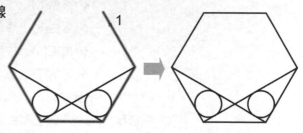

✪ **輸入選項 J，接合聚合線**

選取物件:　　　　　　　　　　← 框選要結合線段 (2-3)

選取物件:　　　　　　　　　　← [Enter] 離開

已將 5 條線段加入聚合線　　　　← 回應幾條線段被結合

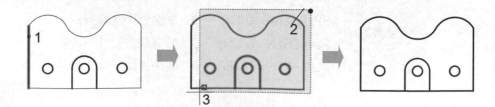

✪ **輸入選項 W，修改寬度**

指定所有段的新寬度:

← 輸入新寬度

新寬度=3

✪ **輸入選項 F，聚合線圓弧化：曲線將通過各端點。**

✪ **輸入選項 S，聚合線雲形化：曲線以切線方式產生各平滑曲線。**

✪ **輸入選項 D，還原圓弧或雲形化為直線**

✪ **輸入選項 L，線型尺寸重新調整**

指定聚合線線型生成選項 [打開(ON)/關閉(OFF)] <打開>: ← 輸入 ON 或 OFF

OFF　　　　　ON

✪ **輸入選項 M，選取多個物件編輯聚合線**

指令: PEDIT

選取聚合線或 [多重(M)]:　　　　　← 輸入選項 M

選取物件:　　　　　　　　　　　← 選取多個物件

選取物件:　　　　　　　　　　　　　　← 選完 [Enter] 離開

輸入選項 [封閉(C)/接合(J)/寬度(W)/編輯頂點(E)/擬合(F)/雲形線(S)/直線化(D)/線型生成(L)/反轉(R)/退回(U)]:　← 輸入修改選項 (例如打開聚合線 O)

輸入選項 [開放(O)/接合(J)/寬度(W)/編輯頂點(E)/擬合(F)/雲形線(S)/直線化(D)/線型生成(L)/反轉(R)/退回(U)]:　← 輸入修改選項 (例如寬度 W)

指定所有區段的新寬度:　　　　　　　　← 輸入新寬度 (例如 2)

輸入選項 [開放(O)/接合(J)/寬度(W)/編輯頂點(E)/擬合(F)/雲形線(S)/直線化(D)/線型生成(L)/反轉(R)/退回(U)]:　← 編輯結束 [Enter] 離開

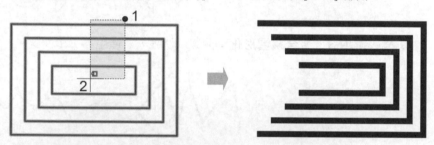

✪ **輸入選項 M，結合多個線與弧為聚合線**

指令: PEDIT

選取聚合線或 [多重(M)]:　　　　　　　← 輸入選項 M

選取物件:　　　　　　　　　　　　　　← 選取多個物件

選取物件:　　　　　　　　　　　　　　← 選完 [Enter] 離開

將線、弧和雲形線轉換為聚合線 [是(Y)/否(N)]? <Y>　← 輸入[Enter]

輸入選項 [封閉(C)/開放(O)/接合(J)/寬度(W)/擬合(F)/雲形線(S)/直線化(D)/線型生成(L)/反轉(R)/退回(U)]:　← 輸入選項 J

接合類型 = 延伸

請輸入連綴距離或 [接合類型(J)] <10.0000>:← 輸入接合類型選項 J

請輸入接合類型 [延伸(E)/加入(A)/二者(B)] <二者>:← 輸入接合類型

請輸入連綴距離或 [接合類型(J)] <0.0000>:← 輸入距離

已將 9 條線段加入聚合線

輸入選項 [封閉(C)/開放(O)/接合(J)/寬度(W)/擬合(F)/雲形線(S)/直線化(D)/線型生成(L)/反轉(R)/退回(U)]:　← 輸入[Enter]

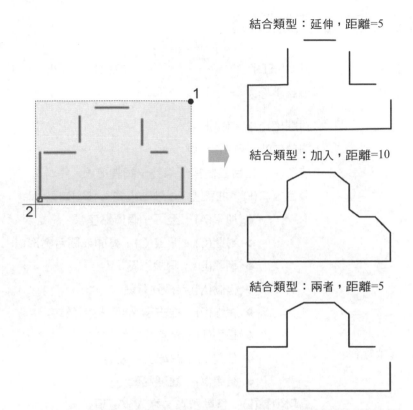

結合類型：延伸，距離=5

結合類型：加入，距離=10

結合類型：兩者，距離=5

❖ **延伸**：會依據輸入的距離延伸連結，如果距離超過，則不做延伸。

❖ **加入**：於缺口處加入新線段連結，不受距離限制。

❖ **兩者**：合乎連綴距離的以延伸連結，超過距離的部分則以加入連結。

✪ **輸入選項 R，反轉聚合線的方向** (相同 REVERSE 指令)

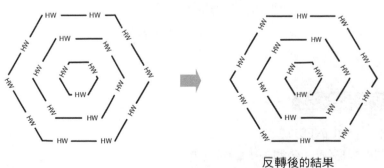

反轉後的結果

6　SPLINEDIT—雲形線編輯

指令	SPLINEDIT	快捷鍵	SPE
說明	編輯雲形線		

選項功能	封閉(C)：封閉雲形線
	開放(O)：開放雲形線
	接合(J)：接合數個雲形線為一個雲形線
	擬合資料(F)：曲線上 Fit 掣點模式，移動掣點
	❖ 加入(A)：至下一個頂點座標
	❖ 封閉(C)、開啟(O)：打開或閉合雲形線
	❖ 刪除(D)：刪除掣點
	❖ 移動(M)：移動掣點
	❖ 清除(P)：捨去掣點 Fit 控制模式
	❖ 相切(T)：重新設定切線方向
	❖ 公差(L)：曲線公差設定
	❖ 結束(X)：離開編輯
	編輯頂點(E)：移動掣點，進入後選項如下
	❖ 下一點(N)：至下一個頂點座標
	❖ 前一點(P)：至上一個頂點座標
	❖ 選取點(S)：任意選取一掣點
	❖ 結束(X)：離開編輯
	轉換為聚合線(P)：將雲形轉換為聚合線
	反轉(R)：掣點位置頭尾顛倒
	退回(U)：回至上一個編輯選項
	結束(X)：結束編輯

功能指令敘述

指令: SPLINEDIT

選取雲形線:　← 選取要編輯的雲形線

輸入選項 [封閉(C)/接合(J)/擬合資料(F)/編輯頂點(E)/轉換為聚合線(P)/反轉(R)/
退回(U)/結束(X)] <結束>:　　　← 輸入選項，或按選滑鼠右鍵出現彈跳式功能表選取

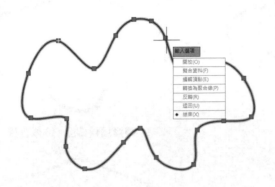

✪ 編輯雲形線頂點

選取雲形線:　　　　　　　　　　　← 選取要編輯的雲形線
輸入選項 [封閉(C)/接合(J)/擬合資料(F)/編輯頂點(E)/轉換為聚合線(P)/反轉
(R)/退回(U)/結束(X)] <結束>:　　　← 輸入 C 封閉雲形線、
輸入選項 [開放(O)/擬合資料(F)/編輯頂點(E)/轉換為聚合線(P)/反轉(R)/退回
(U)/結束(X)] <結束>:　　　　　　　← 輸入 E 編輯頂點
輸入頂點編輯選項 [加入(A)/刪除(D)/提升階數(E)/加入扭折(K)/移動(M)/權值
(W)/結束(X)] <結束>:　　　　　　　← 輸入選項

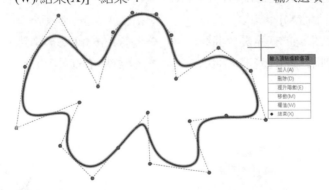

✪ 雲形線轉換為聚合線

選取雲形線:　　　　　　　　　　　← 選取要編輯的雲形線
輸入選項 [開放(O)/擬合資料(F)/編輯頂點(E)/轉換為聚合線(P)/反轉(R)/退回
(U)/結束(X)] <結束>:　　　　　　　← 輸入選項 P

指定精確度 <10>:　　　　　　　　　　　　← 輸入精確度

轉換為精確度=10 聚合線

轉換為精確度=5 聚合線

✪ 接合雲形線

選取雲形線:　　　　　　　　　　　　　　← 選取要編輯的雲形線

輸入選項 [封閉(C)/接合(J)/擬合資料(F)/編輯頂點(E)/轉換為聚合線(P)/反轉

(R)/退回(U)/結束(X)] <結束>:　　　　　　← 輸入 J 接合雲形線

選取要接合到來源的任意開放曲線:　　　　← 選取欲接合的雲形線

選取要接合到來源的任意開放曲線:　　　　← 結束選取[Enter]

1 個物件已接合到來源

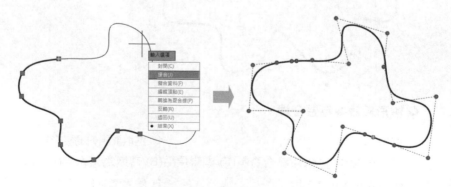

7　MLEDIT－複線編輯

指令	MLEDIT
說明	編輯複線

功能指令敘述

指令: MLEDIT

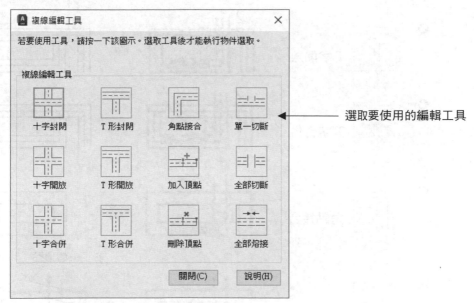

選取要使用的編輯工具

選取第一條複線:　　　　　　　　← 選取第一條
選取第二條複線:　　　　　　　　← 選取第二條
選取第一條複線 或 [退回(U)]:　← [Enter] 離開

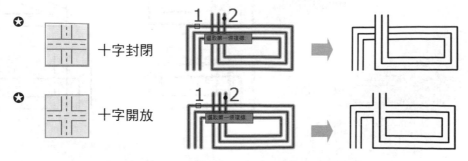

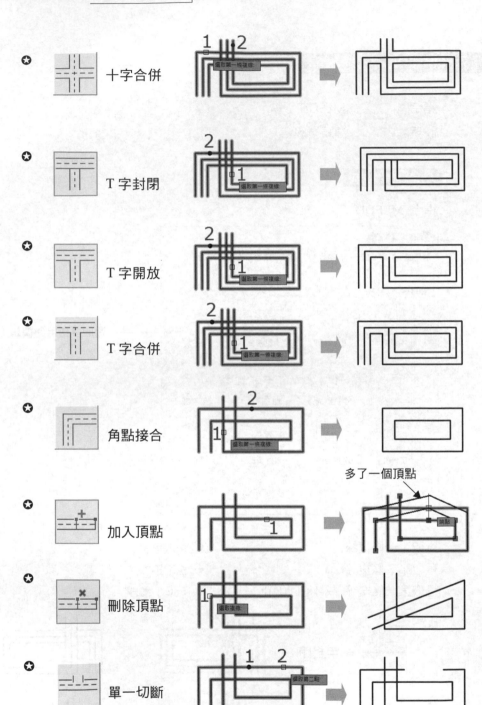

✪ 　十字合併

✪ 　T 字封閉

✪ 　T 字開放

✪ 　T 字合併

✪ 　角點接合

✪ 　加入頂點

多了一個頂點

✪ 　刪除頂點

✪ 　單一切斷

 全部切斷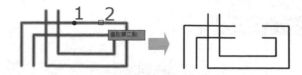

  全部熔接

精選教學範例

❶
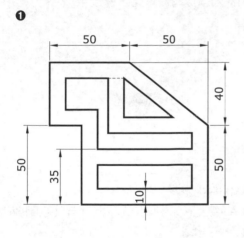

❷
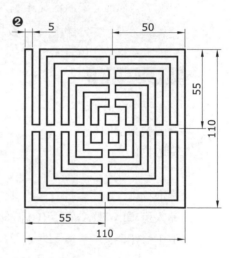

8　XPLODE－進階分解

指令	XPLODE	快捷鍵	XP
說明	進階物件分解		
選項功能	全部(A)：分解後的物件可作各種物件性質選項修改		
	顏色(C)：分解後物件更改成指定的顏色		
	圖層(LA)：分解後物件更改成指定的圖層		
	線型(LT)：分解後物件更改成指定的線型		
	線粗(LW)：分解後物件更改成指定的線寬粗細		
	繼承自父系圖塊(I)：繼承原有圖塊之各種設定		
	分解(E)：一般炸開		

功能指令敘述

指令: XPLODE
選取要分解的物件.
選取物件: ← 選取物件
　 : :
選取物件: ← [Enter] 離開
輸入選項[全部(A)/顏色(C)/圖層(LA)/線型(LT)/線粗(LW)/繼承自父系圖塊(I)/分解
(E)] <分解>:   ← 輸入選項

輸入選項
全部(A)
顏色(C)
圖層(LA)
線型(LT)
線粗(LW)
繼承自父系圖塊(I)
● 分解(E)

✪ **輸入選項 A，將分解的物件，更改為指定的顏色、線型、線粗、圖層**

新建顏色 [全彩(T)/顏色表(CO)] <BYLAYER>:   ← 輸入顏色
輸入分解物件的新線型名稱 <ByLayer>:   ← 輸入線型
輸入新線粗 <ByLayer>:   ← 輸入線寬
輸入分解物件 <0> 的新圖層名稱: ← 輸入圖層名稱

✪ **輸入選項 C，將分解的物件，更改為指定的顏色**

新顏色 [全彩(T)/顏色表(CO)] < BYLAYER >:   ← 輸入顏色

❖ 輸入 T 將全彩應用到選取的物件，輸入三個 0 到 255 之間的整數（用逗號隔開）來指定全彩。

❖ 輸入 CO 載入的顏色表中的顏色應用到選取的物件。

✪ **輸入選項 LA，將炸開的物件，更改為指定的圖層**

輸入分解物件 <0> 的新圖層名稱:　　　　　← 輸入圖層名稱

✪ **輸入選項 LT，將分解的物件，更改為指定的線型**

輸入分解物件的新線型名稱 ＜ ByLayer ＞:　　← 輸入線型
物件 分解後的線型為 FENCELINE1。　　　← 完成圖形

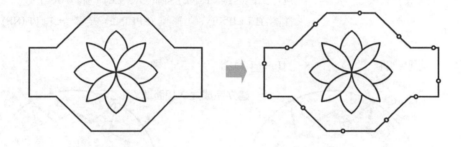

✪ **輸入選項 LW，將分解的物件，更改為指定的線粗**

輸入新線粗 ＜＞:　　　　　　　　　　　← 輸入線粗值

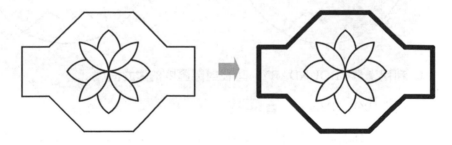

第一篇 第六章 ▼ 關聯式陣列與特殊編修指令

9　REGION－面域

指令	REGION	快捷鍵	REG
說明	2D 面域建立 (如薄板片，可貼材質及作布林運算)		

功能指令敘述

指令: REGION

選取物件:　　　　　　　← 選取封閉的線 (LINE)、圓(CIRCLE)、弧 (ARC)、
　　　　　　　　　　　　　橢圓 (ELLIPSE)、雲形線 (SPLINE) 及聚合線 (PLINE)

　　　: 　:

選取物件:　　　　　　　← [Enter] 離開

建立完成之 3 個面域

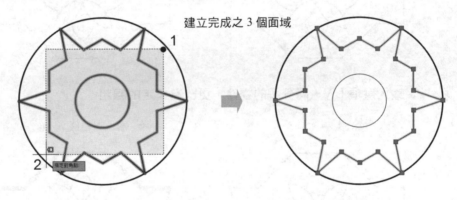

❂ 利用邊界 (BOUNDARY) 尋找封閉區間的建立面域

指令: BOUNDARY

(出現對話框)

切換至『面域』，按選『點選點』

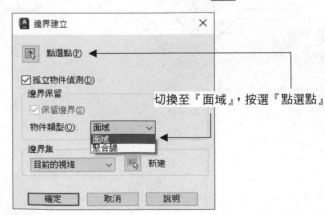

點選內部點：　　　　　　　　　　← 選取內部點 1-6

點選內部點：　　　　　　　　　　← [Enter] 離開選取

移除原有圖形，可看見完成建立的 6 個面域

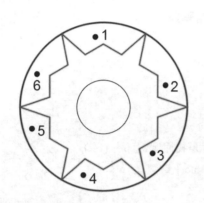

精選教學範例

❶

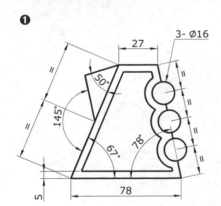

❷

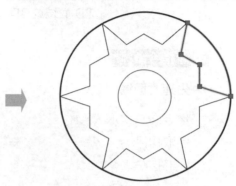

❸

外側為四個半圓

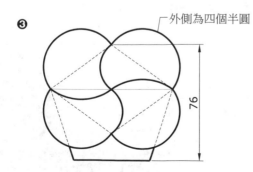

❹

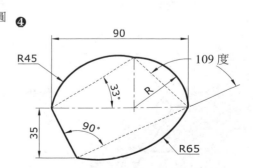

10 **UNION－聯集**

指令	UNION	快捷鍵	UNI
說明	2D 面域或 3D 實體聯集		

功能指令敘述

✪ 先建立面域

指令: REGION

選取物件: ← 框選物件建立面域 (1-2)

選取物件: ← [Enter] 離開

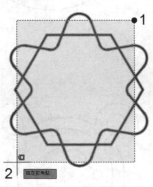 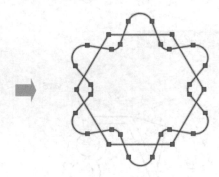

✪ 面域聯集

指令: UNION

選取物件: ← 選取面域 1 與 2

選取物件: ← [Enter] 離開

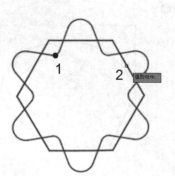 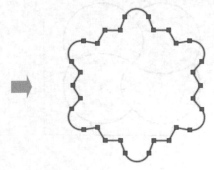

11 SUBTRACT-差集

指令	SUBTRACT	快捷鍵	SU
說明	2D 面域或 3D 實體差集		

功能指令敘述

✪ 先建立面域

指令: REGION

選取物件:　　　　　　　　　← 框選物件 1-2 建立面域

選取物件:　　　　　　　　　← [Enter] 離開

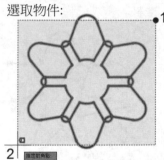

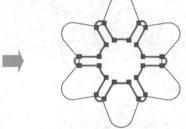

✪ 面域差集

指令: SUBTRACT

選取要從中減去的實體、曲面或面域 ..

選取物件:　　　　　　　　　← 選取面域 1

選取物件:　　　　　　　　　← [Enter] 離開

選取要減去的實體、曲面和面域 ..

選取物件:　　　　　　　　　← 選取面域 2

選取物件:　　　　　　　　　← [Enter] 離開

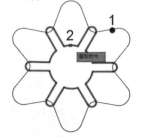

12 INTERSECT－交集

指令	INTERSECT	快捷鍵	IN
說明	2D 面域或 3D 實體交集		

功能指令敘述

✪ 先建立面域

指令: REGION

選取物件:　　　　　　　　　← 框選物件 1-2 建立面域

選取物件:　　　　　　　　　← [Enter] 離開

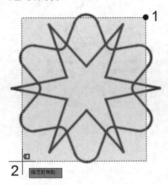
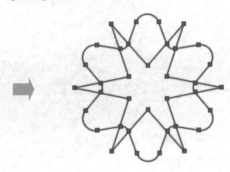

✪ 面域交集

指令: INTERSECT

選取物件:　　　　　　　　　← 選取面域 1-2

　　　：　　：

選取物件:　　　　　　　　　← [Enter] 離開

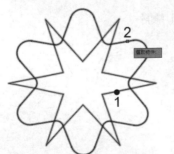

13 REVERSE－反轉

指令	REVERSE
說明	反轉線、聚合線、雲形線、螺旋線方向

功能指令敘述

指令: REVERSE

選取要反轉方向的直線、聚合線、雲形線或螺旋線:

選取物件: ← 選取物件 1

選取物件: ← [Enter] 離開選取

已反轉物件方向。

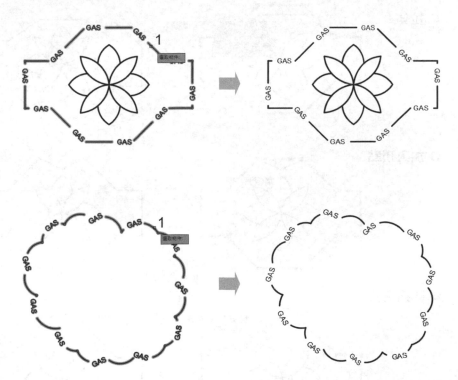

14 多功能掣點修改聚合線、雲形線

聚合線掣點編輯 不下指令碰選聚合線，出現掣點後以下列兩種方式切換編輯模式。

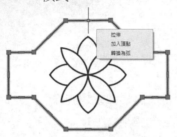 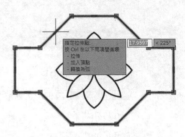

將滑鼠懸停於掣點上方，出現編輯選項　　　點選掣點後，以[Ctrl]鍵切換編輯循環

✪ 拉伸

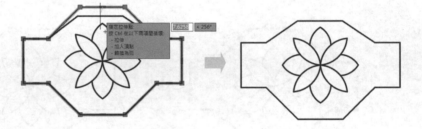

✪ 加入頂點

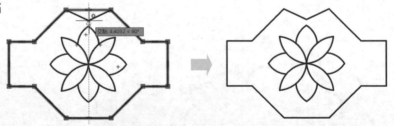

✪ 轉換為弧

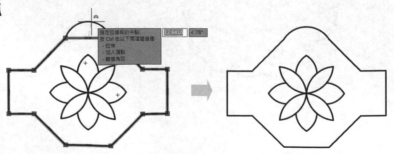

✪ 移除頂點

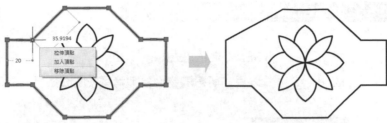

雲形線掣點編輯

✪ 拉伸擬合點

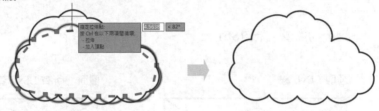

✪ 加入擬合點

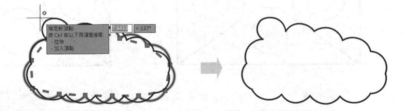

✪ 移除擬合點

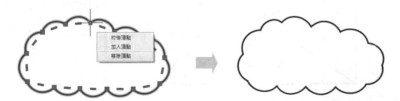

第
一
篇

第
六
章
▼
關
聯
式
陣
列
與
特
殊
編
修
指
令

15 SELECTSIMILAR－選取類似物件

指令	SELECTSIMILAR
說明	以目前所選取物件為參考尋找圖面上所有類似的物件

功能指令敘述

指令: SELECTSIMILAR
選取物件或 [設定(SE)]:   ← 選取物件
　：　：
選取物件或 [設定(SE)]:   ← [Enter] 結束選取

選取 LINE 線

圖面上所有 LINE 皆被選取

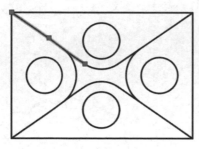
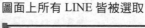
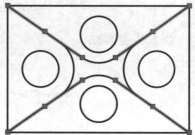

選取圓與弧

圖面上所有圓與弧皆被選取

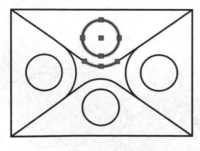
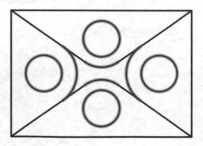

選取完成後，再依需求執行各種指令作編修：

選取物件或 [設定(SE)]:   ← [Enter] 結束選取
指令: E   ← 刪除選取物件

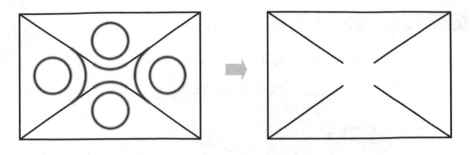

☢ **選取物件設定：** 指定類似物件依據性質條件。

指令: SELECTSIMILAR
選取物件或 [設定(SE)]:

   ← 輸入選項 SE，出現對話框

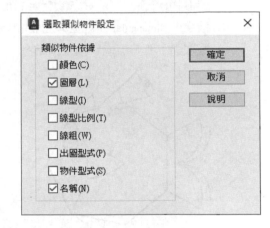

☢ **快速執行 Selectsimilar 指令技巧：**

先碰選物件→右鍵→貼心的快顯功能表

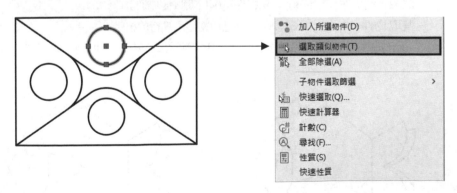

16 ADDSELECTED－加入所選物件

指令	ADDSELECTED
說明	選取物件執行相同指令繪製

功能指令敘述

指令: ADDSELECTED

選取物件:　　　　　← 選取物件 1 (如下圖角度標註物件)

指令: _.dimangular　← 出現建立選取物件所執行的指令

選取弧，圓，線或 <指定頂點>:　　← 選取要標註線段、圓或弧

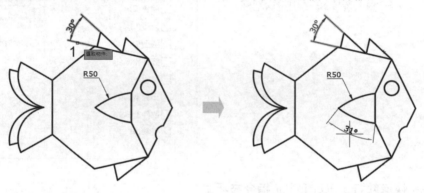

指令: ADDSELECTED

選取物件:　　　　　← 選取物件 1 (如下圖上圓物件)

選取物件:　　　　　← 出現建立選取物件所執行的指令

_.circle 指定圓的中心點或 [三點(3P)/兩點(2P)/相切、相切、半徑(T)]: ← 繪製圓

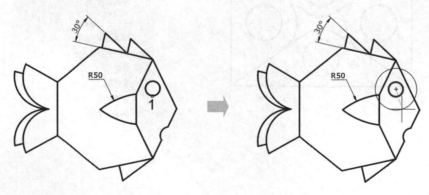

❖ ADDSELECTED 建立的物件會同時參考原物件的一般性質,例如圖層、顏色、線型…等。

☯ 下列物件,除了其接受一般性質支援外,它的一些特殊性質也接受支援:

物件類型	ADDSELECTED 支援的特殊性質
漸層	漸層名稱、顏色 1、顏色 2、漸層角度、置中
文字、多行文字、屬性定義	文字型式、高度
標註 (線性、對齊式、半徑、直徑、角度、弧長和座標式)	標註型式、標註比例
公差	標註型式
引線	標註型式、標註比例
多重引線	多重引線型式、整體比例
表格	表格型式
填充線	樣式、比例、旋轉
圖塊參考、外部參考	名稱
參考底圖 (DWF、DGN、影像和 PDF)	名稱

☯ 快速執行 AddSelected 指令技巧:

先碰選 (如文字) 物件→右鍵→貼心的快顯功能表

指令行將自動出現執行過程:

指令: _addselected _text
目前的文字型式:「Standard」文字高度: 17.1617 可註解: 否 對正: 左
指定文字的起點或 [對正(J)/型式(S)]:

隨手札記

第一篇 第七章

顯示控制指令

單元		工具列	中文指令	說　　明	頁碼
1	ZOOMFACTOR		縮放係數	滑鼠滾動量設定	7-2
2	VTENABLE		平滑縮放控制	控制平滑視圖轉移特效	7-2
3	REGEN		重生	檢視重生螢幕上圖形	7-3
4	REGENALL		全部重生	全部視埠圖形重生	7-4
5	ZOOM		縮放	縮放畫面	7-5
6	PAN	平移	平移	平移畫面	7-9
7	VPORTS		視埠	視埠分割與管理	7-10
8	VIEW	視圖管理員	視圖管理員	視圖存取管理	7-15
9	VIEWRES		快速縮放	快速縮放比例設定	7-20
10	CLEANSCREENON		清爽螢幕	清爽螢幕	7-21
11	DRAWORDER		顯示順序	顯示順序上下排列調整	7-22
12	TEXTTOFRONT	ABC	將文字與標註置於前方	將圖面上所有文字與標註位置調整於前方	7-23
13	HATCHTOBACK		將填充線置於最下方	將圖面上所有的填充線位置調整於最下方	7-25
14	NAVSMOTION		顯示 Show Motion	顯示 Show Motion 介面選取具名 View 視圖	7-26
15	HIDEOBJECTS		隱藏物件	暫時隱藏選取物件	7-29
16	ISOLATEOBJECTS		隔離物件	顯示所選物件其它隱藏	7-30
17	UNISOLATEOBJECTS		結束隔離物件	暫時隱藏物件恢復正常	7-31

1 ZOOMFACTOR－縮放係數

系統變數	ZOOMFACTOR
說明	滑鼠滾動量設定 (控制滑鼠滾輪前後滾動時的變動量)
預設值	60
有效範圍	3~60 (該數值越大,滾動量變化越大)

功能指令敘述

指令: ZOOMFACTOR

輸入 ZOOMFACTOR 的新值 <60>:   ← 建議值 20

❖ 預設值 60 太大了,圖面縮放變動激烈很難微調,此問題持續求救聲不斷。

❖ 此值調整儲存於該紀要,調整後,後續圖面縮放就不用再調整了。

2 VTENABLE－平滑縮放控制

系統變數	VTENABLE
說明	控制平滑視圖轉移特效
預設值	3
有效範圍	0~7

功能指令敘述

指令: VTENABLE

輸入 VTENABLE 的新值 <3>:   ← 建議值 0

❖ 當圖面縮的小小的,滾輪連續快按二下縮放實際範圍時,雖然原本的動感不見了,但是取而代之的是圖面縮放瞬間到位,效率滿分。

❖ 此值調整儲存於該紀要,調整後,後續圖面縮放就不用再調整了。

3 REGEN－重生

指令	REGEN	快捷鍵	RE
說明	檢視重生螢幕上圖形		

功能指令敘述

當圖面變數變更如下：

指令: FILLMODE (填滿模式)

輸入 FILLMODE 的新值 <1>:　　　　　← 輸入 0 關閉填滿模式

指令: QTEXT (文字快速顯示)

輸入模式 [打開(ON)/關閉(OFF)] <關閉>:　← 輸入 1 打開快速文字顯示

指令: REGEN　　　　　　　　　　← 重生目前所在視埠

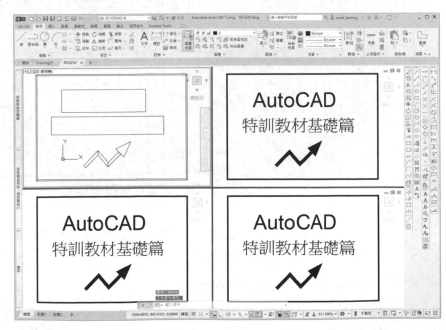

❖ REGEN 與 REGENALL 在視埠只有一個時，功能相同。

❖ 當發生 ZOOM 或 PAN 動不了時，執行 REGEN 或 RE 重生即可。

4　REGENALL－全部重生

指令	REGENALL	快捷鍵	REA
說明	全部視埠圖形重生		

功能指令敘述

指令: REGENALL　　　　　　　← 重生所有的視埠

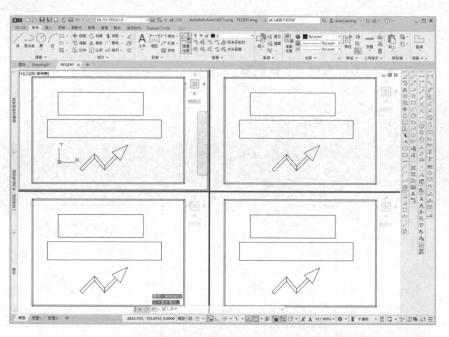

❖ REGEN 與 REGENALL 會檢查圖檔內部變數設定是否有任何異動，再重新產生圖形，所以執行速度比較慢。

❖ REGENAUTO 可設定是否自動重生：

指令: REGENAUTO

輸入模式 [打開(ON)/關閉(OFF)] <ON>:　← 輸入 on 或 off

5　ZOOM－縮放

指令	ZOOM	快捷鍵	Z
說明	縮放畫面		
選項功能	視窗(W)：局部視窗放大		
	動態(D)：動態縮放		
	比例(S)：依所設定的比例值縮放視窗		
	中心點(C)：顯示設定的中心點及高度		
	物件(O)：以選取物件作最大範圍縮放		
	全部(A)：顯示全部繪圖區域包含圖紙範圍設定		
	前次(P)：回到上一個視窗畫面		
	實際範圍(E)：顯示所有的繪圖範圍		

功能指令敘述

指令: ZOOM

指定視窗角點，輸入比例係數 (nX 或 nXP)，或 [全部(A)/中心點(C)/動態(D)/實際範圍(E)/前次(P)/比例(S)/視窗(W)/物件(O)] <即時>:

✪ 輸入[Enter]作即時縮放

❶ 點選螢幕中央，按選滑鼠
　左鍵不放。

❷ 將放大鏡往上拖動為放大
　畫面。Q⁺

❸ 放大鏡往下拖動為縮小畫
　面。Q⁻

❹ 按選右鍵出現選單，可切
　換其它功能或結束選取。

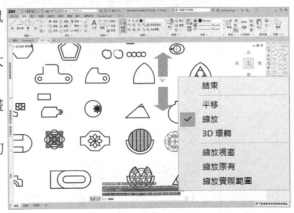

✪ **輸入比例作縮放**

輸入比例係數 (nX 或 nXP): ← 輸入比例值，若數值後面多加 X 即表示以目前的

視窗為標準作縮放，否則以圖紙範圍大小作縮放

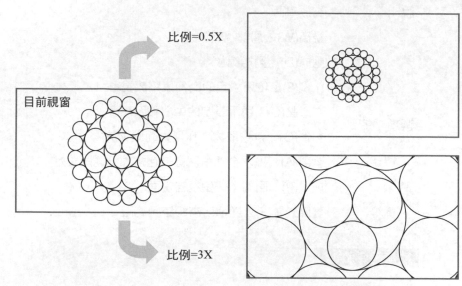

✪ **輸入 W 視窗**

指定第一角點:　　　　　　　　← 選取第一點

指定對角點:　　　　　　　　　← 指定對角點

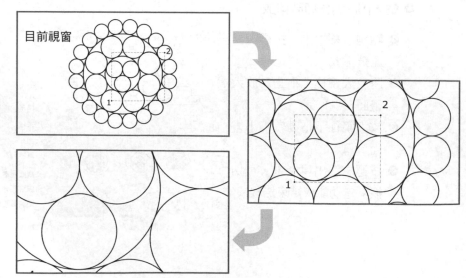

✪ 輸入 E 實際範圍 (功能等同滑鼠滾輪快按二下)

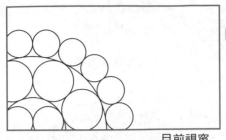

目前視窗

縮圖實際範圍

畫一個圓

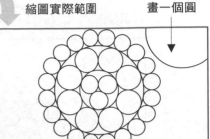

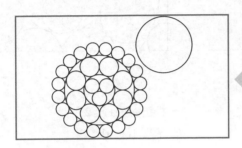

再執行一次縮圖實際範圍

✪ 輸入 P 前次

局部放大視窗

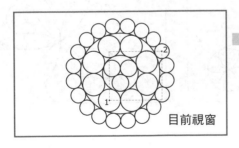

目前視窗

放大視窗的效果

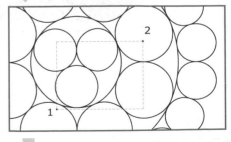

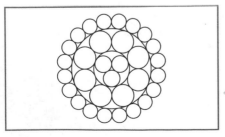

回到上一個視窗

第一篇

第七章 ▼ 顯示控制指令

✪ 輸入 C 中心點

指定中心點: ← 選取視窗中心參考點位置

輸入倍率或高度 <236.3956>:   ← 輸入視窗高度值

目前視窗   中心點視窗效果

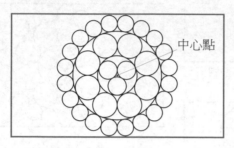
中心點

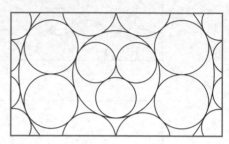

✪ 輸入 O 物件

選取物件: ← 框選物件 1 至 2

選取物件: ← 輸入 [Enter] 結束

目前視窗   顯示選取物件視窗效果

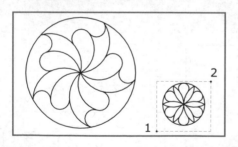

6　PAN—平移

指令	PAN	快捷鍵	P
說明	平移畫面		

功能指令敘述

指令: PAN

按下 Esc 或 Enter 結束，或按一下滑鼠右鍵以顯示快顯功能表。

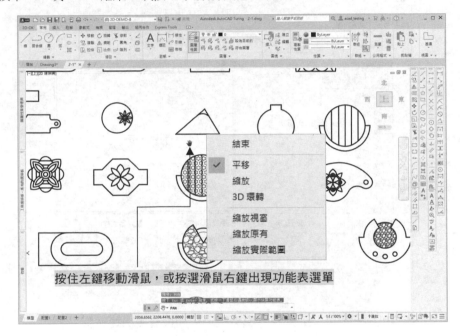

按住左鍵移動滑鼠，或按選滑鼠右鍵出現功能表選單

- ✪ **結束：**結束平移 PAN 指令。

- ✪ **縮放：**切換至即時縮放模式。

- ✪ **縮放視窗：**切換至視窗縮放模式。

- ✪ **縮放原有：**切換至前次視窗。

- ✪ **縮放實際範圍：**切換至實際圖形範圍視窗。

- ✪ **實務上操作 PAN 的動作：**請直接壓著滾輪與拖曳。

第一篇　第七章　▼　顯示控制指令

7　VPORTS－視埠

指令	VPORTS
說明	視埠分割與管理

功能指令敘述

指令: VPORTS

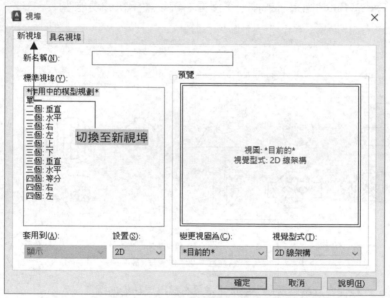

也可以由『檢視』頁籤→『模型視埠』面板直接快速點選

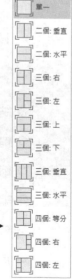

✪ 視埠切換效果如下：

單一

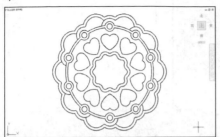

兩個：垂直

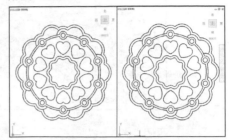

兩個：水平

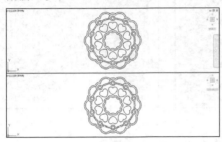

三個：右

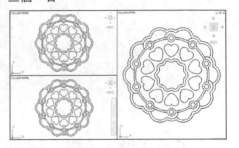

三個：左

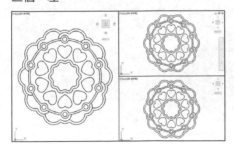

三個：上

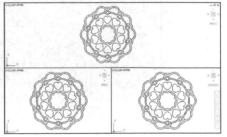

三個：下

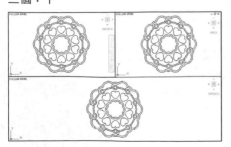

三個：水平

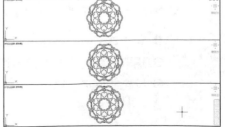

三個：垂直

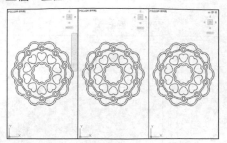

四個：等分

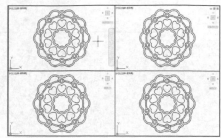

四個：右

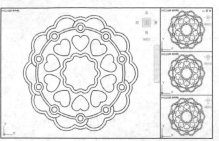

四個：左

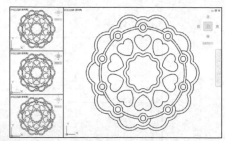

✪ **接合視埠**：分割的二個視埠接合為一。 　🔲 接合

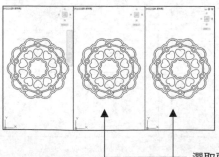

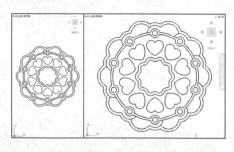

選取要接合的二個視埠

✪ **建立一個新視埠** 　🔲 具名

❶ 於『新名稱』處輸入視埠名稱，例如 AA。

❷ 選取欲建立的標準視埠類型。

❸ 按選『確定』鍵。

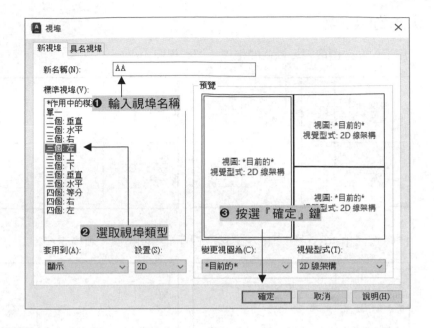

✪ 切換具名的視埠 　📇 具名

將頁面切換至『具名視埠』，選取視埠名稱，再按選『確定』即可。

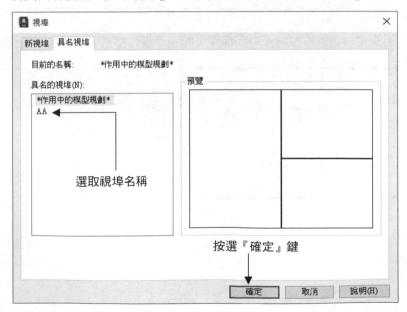

❂ **視埠彈性調整**

用滑鼠左鍵選取視埠框中間拖曳，調整視埠大小。

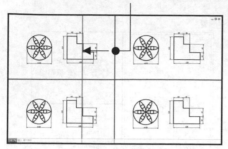 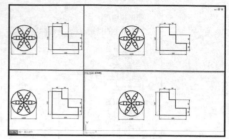

同時按住 [Ctrl] 鍵與滑鼠左鍵選取視埠框中間拖曳，新增視埠。

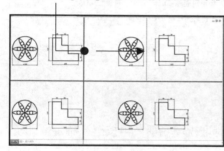 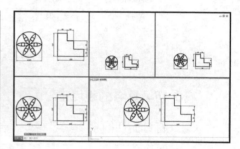

用滑鼠左鍵選取視埠框中間拖曳，將視埠邊緣移至另一邊緣，結合視埠。

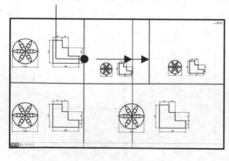 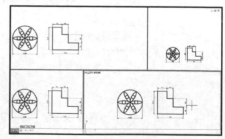

8　VIEW－視圖管理員

指令	VIEW	快捷鍵	V	 視圖管理員
說明	視圖存取管理			

功能指令敘述

指令: VIEW

✪ 建立一個新視圖

❶ 按選『新建』，出現對話框。

❷ 於視圖名稱處輸入名稱。

❸ 於視圖品類輸入該視圖所歸類的名稱。

❹ 選取『目前的顯示』，則會以目前視窗儲存。

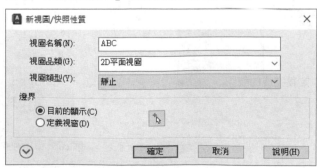

❺ 如果選取『定義視窗』，再按選 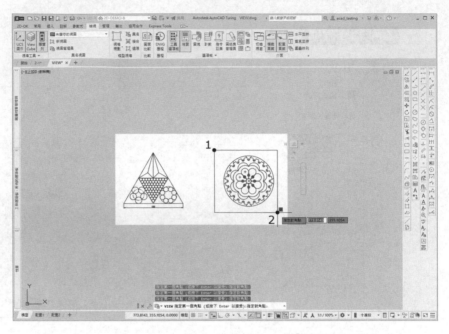 鍵，進入圖形畫面：

指定第一角點:　　　← 選取視窗第一框角點 1

指定對角點:　　　← 選取視窗第二框角點 2

指定第一角點 (或按下 Enter 以接受):　← [Enter] 接受

❻ 完成定義後，按選『確定』鍵，回到主對話框畫面。

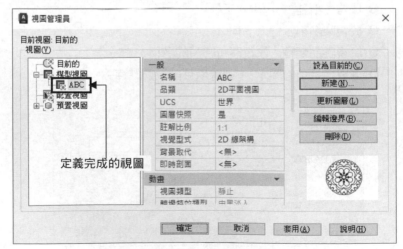

定義完成的視圖

✪ 呼叫建立完成的視埠

❖ 選取要切換的視圖，按選『設為目前的』(可按選滑鼠右鍵)，或直接於視埠名稱上用滑鼠左鍵快點二下，再選取『確定』鍵即可。

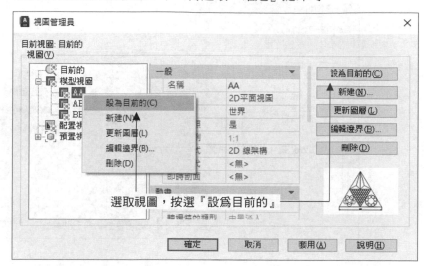

✪ 刪除或更名具名視圖、更新種類名稱

❖ 刪除視圖：選取視圖名稱，按選滑鼠右鍵出現清單選取『刪除』或直接選取對話框右邊『刪除』鍵即可。

❖ 更名視圖：於視圖名稱處，輸入新名稱。

✪ **更新品類名稱、圖層**

❖ **更新品類：**直接於一般清單上修改即可。

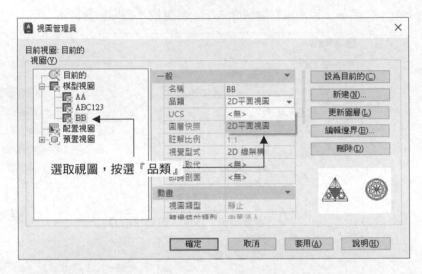

選取視圖，按選『品類』

❖ **更新圖層：**若是希望改變搭配視圖的圖層開關狀態，則只要到視圖主畫面
選取該視圖後再按選『更新圖層』即可。

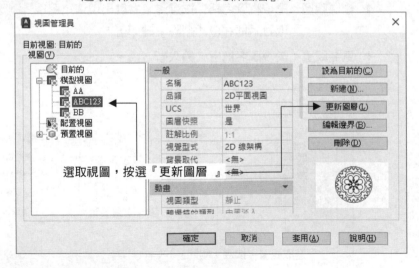

選取視圖，按選『更新圖層』

✪ **重新編輯視圖邊界：**選取視圖名稱，按選滑鼠右鍵出現清單選取『編輯邊界』。

指定第一角點:　　　　　　　　　　← 選取視窗第一框角點

指定對角點:　　　　　　　　　　　← 選取視窗第二框角點

指定第一角點(或按下 Enter 接受):　← [Enter]結束選取或重新點選框角

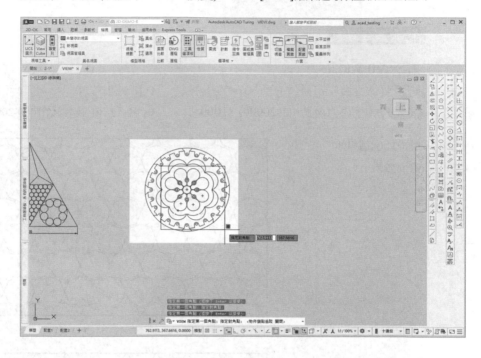

9　VIEWRES－快速縮放

指令	VIEWRES
說明	快速縮放比例設定

功能指令敘述

指令: VIEWRES

是否要快速縮放? [是(Y)/否(N)] <Y>:　　　　← [Enter] 確定

輸入圓的縮放百分比 (1-20000) <1000>:　　← 輸入新值 (建議值 1000-2000)

縮放比例值=100

畫面效果

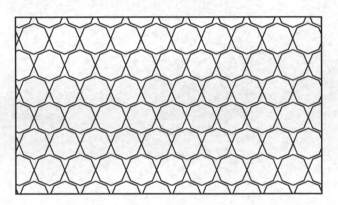

縮放比例值=2000

畫面效果

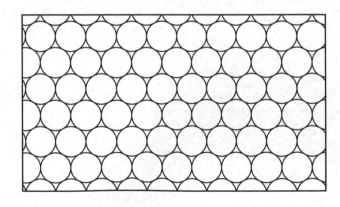

✪ **重點叮嚀：**

　　如果圓或弧放大後，看起來像多邊形，除了修改 VIEWRES 值外，執行 RE
(REGEN) 也可以。

10 CLEANSCREENON－清爽螢幕

指令	CLEANSCREENON	快捷鍵	[Ctrl]+0	
說明	清爽螢幕			

功能指令敘述

指令: CLEANSCREENON

<當打開清爽螢幕，繪圖區會擴大到螢幕最大範圍>

開關清爽螢幕

✪ [Ctrl]+0 可切換 Cleanscreenon 與 Cleanscreenoff 二指令。

✪ **重點叮嚀：**不可選取鍵盤右邊的數字盤 0。

11 DRAWORDER－顯示順序

指令	DRAWORDER		快捷鍵	DR	
說明	顯示順序上下排列調整				
選項功能		物件上方(A)：調整於指定物件上方			
		物件下方(U)：調整於指定物件下方			
		最上方(F)：調整至所有物件最上方			
		最下方(B)：調整至所有物件最下方			

功能指令敘述

指令: DRAWORDER

選取物件: ← 選取物件

    : :

選取物件: ← [Enter] 離開

[物件上方(A)/物件下方(U)/最上方(F)/最下方(B)]<最下方>:   ← 輸入選項

或預選物件後，再按滑鼠右鍵，出現
快顯功能表，由繪製順序中拉出選
單，快速選取繪製順序

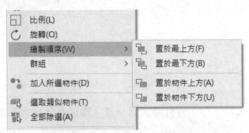

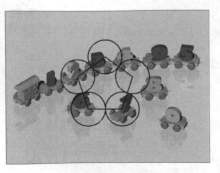

影像插入請參考第十二章

12　TEXTTOFRONT－將文字與標註置於前方

指令	TEXTTOFRONT
說明	將圖面上所有文字與標註位置調整於前方
選項功能	文字(T)：將文字置於最上方 標註(D)：將標註置於最上方 引線(L)：將引線標註置於最上方 全部(A)：將文字、標註與引線置於最上方

功能指令敘述

指令: TEXTTOFRONT

置於最上方 [文字(T)/標註(D)/引線(L)/全部(A)] <全部>:　← 輸入選項

✪ 輸入 T 文字置於上方

原文字於影像下方　　　　　　　　執行後文字顯現於最上方

✪ 輸入 D 標註置於上方

原標註於影像下方　　　　　　　　執行後標註顯現於最上方

○ 輸入 L 引線置於上方

原引線於影像下方　　　　　　　執行後引線顯現於最上方

○ 輸入 A 文字、標註與引線置於上方

原文字、標註與引線於影像下方　　執行後文字、標註與引線顯現於最上方

13　HATCHTOBACK－將填充線置於最下方

指令	HATCHTOBACK
說明	將圖面上所有的填充線位置調整於最下方

功能指令敘述

指令: HATCHTOBACK

填充線於上方

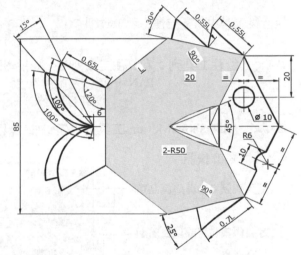

執行完後所有填充線置於最下方

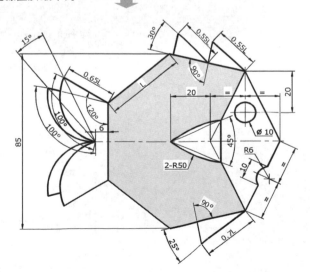

14 NAVSMOTION－顯示 Show Motion

指令	NAVSMOTION
說明	顯示 Show Motion 介面選取具名 View 視圖

功能指令敘述

指令: NAVSMOTION

執行後螢幕中間下方會出現工具列：

☻ **釘住工具列：** 當釘住工具列時，於繪圖區執行其它指令，如 ZOOM、PAN，工具列不會自動消失，會持續存在，若取消釘住，則自動消失。

☻ ✕ **關閉 Show Motion 工具列：** 當釘住工具列時，可選取此鍵手動關閉。

☻ **建立快照：**

輸入視圖名稱與視圖品類

定義視窗位置或以目前顯示爲邊界

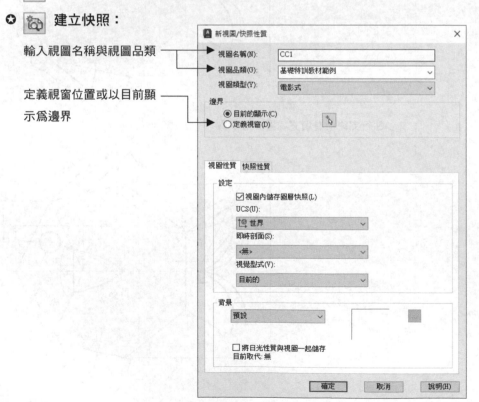

第一篇 第七章 ▼ 顯示控制指令

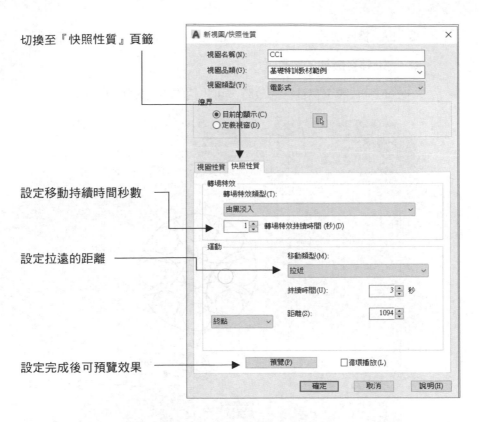

切換至『快照性質』頁籤

設定移動持續時間秒數

設定拉遠的距離

設定完成後可預覽效果

選取『確定』鍵，工具列上即出現完成的縮圖，若再建立一組同樣視圖品類 (基礎特訓教材範例) 不同名稱，則縮圖會自動分類於品類上方。

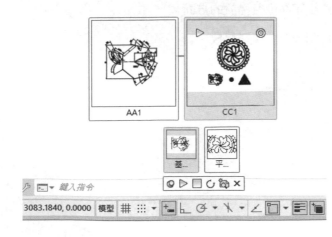

當滑鼠移動到的縮圖會即刻呈現所屬的名稱，並放大縮圖，非常方便

✪ ▷ **播放快照**：或直接選取縮圖上的播放鍵也可以執行播放。

✪ ◎ **移至最初的畫面**：

　　播放完成或正在進行播放時，可迅速的移至最初的畫面。

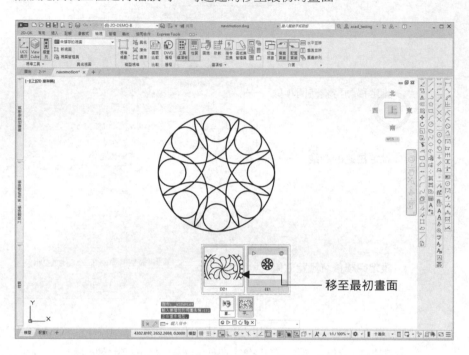

移至最初畫面

✪ ☐ **停止**：停止正在進行播放的畫面。

✪ ↻ **循環**：打開或關閉循環播放。

15 HIDEOBJECTS－隱藏物件

指令	HIDEOBJECTS
說明	暫時隱藏選取物件

功能指令敘述

指令: HIDEOBJECTS

選取物件: ← 選取要隱藏物件

   : :

選取物件: ← [Enter] 結束選取

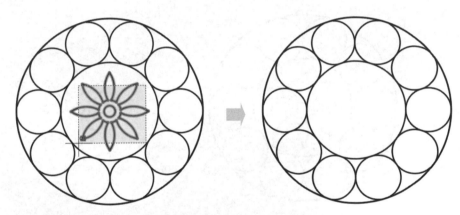

✪ 或先預選物件，再按選滑鼠右鍵→隔離→隱藏物件：

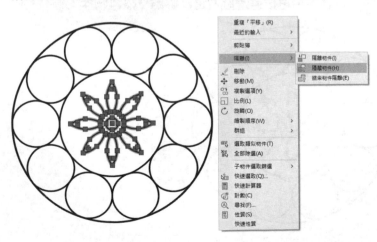

16　ISOLATEOBJECTS－隔離物件

指令	ISOLATEOBJECTS
說明	顯示所選物件其它隱藏

功能指令敘述

指令: ISOLATEOBJECTS

選取物件:　　　　　　　　← 選取要顯示物件

　　：　：

選取物件:　　　　　　　　← [Enter] 結束選取

❂　或先預選物件，再按選滑鼠右鍵→隔離→隔離物件：

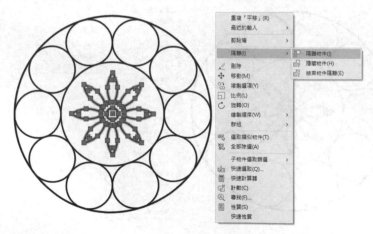

17 UNISOLATEOBJECTS－結束隔離物件

指令	UNISOLATEOBJECTS
說明	暫時隱藏物件恢復正常

功能指令敘述

指令:UNISOLATEOBJECTS

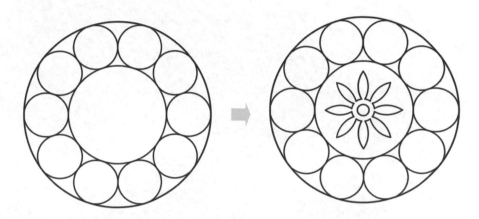

✪ 或按選滑鼠右鍵→隔離→結束物件隔離：

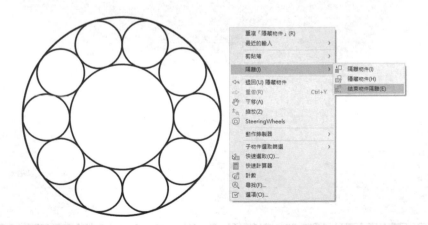

隨手札記

第一篇 第八章

文字與表格指令

單元	工具列	中文指令	說　明	頁碼
1　STYLE	A	文字型式管理員	設定或修改文字型式	8-2
2　TEXT	A	單行文字	單行文字書寫	8-6
3　MTEXT	A	多行文字	多行文字書寫	8-11
4　FIND	尋找及取代	尋找及取代	尋找圖面上的文字及更換文字內容	8-27
5　DDEDIT		文字編輯	文字內容編輯	8-30
6　SCALETEXT	文字比例	調整文字比例	調整所選取文字物件的比例	8-32
7　JUSTIFYTEXT	A	文字對正方式	修改所選取文字的對正方式	8-34
8　SPACETRANS		在空間之間轉換距離	將距離和高度在模型空間與圖紙空間之間轉換	8-35
9　PROPERTIES	性質	性質	修改物件性質	8-36
10　TEXTALIGN	A B	對齊文字	對齊並分隔選取文字	8-37
11　TABLESTYLE		表格型式管理員	新建或修改表格型式	8-40
12　TABLE		表格	快速的在圖面上建立資料(文字或圖塊) 表格	8-43
13　TABLEDIT		表格編輯	表格內容編輯	8-56
14　TABLEEXPORT		表格匯出	表格匯出	8-59
15　FIELD	功能變數	功能變數	在圖面中插入可自動更新的欄位功能變數資料	8-60
16　DATALINK	資料連結	資料連結管理員	與 Excel 資料連結	8-64

1　STYLE－文字型式管理員

指令	STYLE	快捷鍵	ST
說明	設定或修改文字型式		

功能指令敘述

指令: STYLE (出現對話框)

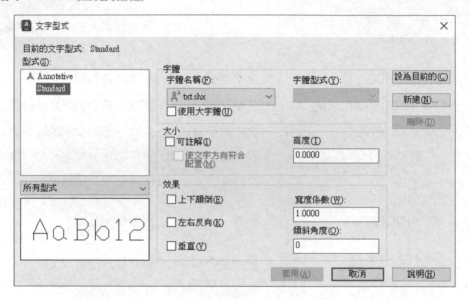

✪ 新增一組字型

❖ 選取『新建』鍵，出現對話框，輸入新字型名稱。

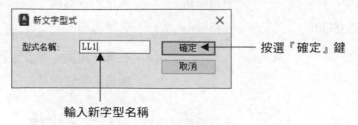

按選『確定』鍵

輸入新字型名稱

❖ 於『字體名稱』處，選取新字體。

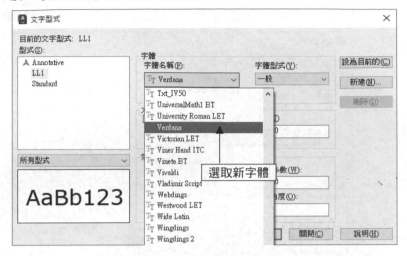

❖ 設定效果，選取後按選『套用』鍵。

上下顛倒

左右反向

AaBb123

寬度係數

aBb12

傾斜角度

AaBb123

✪ **刪除、修改或更名**

❖ 字型更名

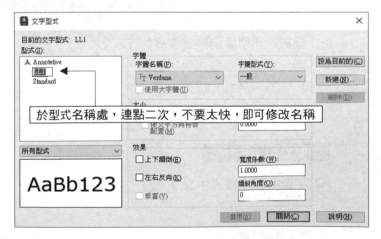

於型式名稱處，連點二次，不要太快，即可修改名稱

❖ 刪除字型：選取字型（必須為非目前使用字型），按滑鼠右鍵，出現選單，選取『刪除』，或至對話框右方選取『刪除』。

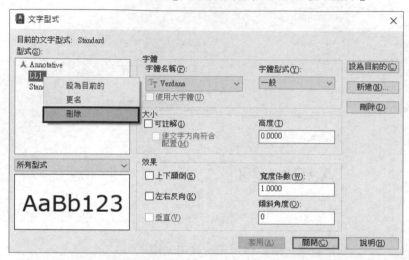

選取後會出現提示訊息，按選『確定』後刪除。

❖ 修改已存在之字型內容：選取要修改字型設定效果，再點選『套用』鍵。

✪ 切換目前書寫文字指定之字型

於『註解』頁籤下的『文字』面板，可切換已設定完成的字型，或於文字型式對話框內，於字型名稱處，快按滑鼠左鍵二次，亦可切換。

字型設定注意事項

✪ 字型名稱可輸入中文字。

✪ AutoCAD 可接受的字體檔有下列幾種

字型種類	延伸副檔名
AutoCAD 標準字型檔	.shx
True Type	.ttf
Type 1 (PostScript)	.pfa (ASCII) 或.pfb (binary)

精華教學範例 設定下列字型 (新建完成後，請記得按『套用』)

字型名稱	Standard	NN	KK	SS	CC
字體名稱	TXT.shx	細明體	標楷體	SCRIPTC.shx	SIMPLEX.shx
大字體				CHINESET.shx	CHINESET.shx
高度	0	0	0	0	0
寬度係數	1	0.7	1.25	1	1
傾斜角度	0	0	0	0	0
左右反向	N	N	N	N	N
上下顛倒	N	N	N	N	N
垂直	N	無	無	N	N

✪ 文字書寫與字型設定的關係說明

❖ 執行動態單行文字 (TEXT) 指令

❖ 輸入文字選項 S，輸入要用的字型 (如 STANDARD、NN、KK、SS、CC)

❖ 輸入文字對齊方式、字高、旋轉角度及文字內容，寫出效果如圖：

STANDARD ➔ ??AutoCAD????

NN ➔ 翔虹AutoCAD技術中心

KK ➔ 翔虹AutoCAD技術中心

SS ➔ 翔虹AutoCAD技術中心

CC ➔ 翔虹AutoCAD技術中心

文字內容出現？表示該字型為純英文字體，看不懂中文字只要將大字體設為 chineset.shx 即可出現中文。

2 TEXT－單行文字

指令	TEXT	快捷鍵	DT
說明	單行文字書寫		
選項功能	型式(S)：選取目前欲使用的字型 (字型必須已設定完成) 對正(J)：各種文字對正方式 左(L)：文字向左對齊(預設) 右(R)：文字向右對齊 中心(C)：文字向底線中心點對齊 中央(M)：文字向中線中央點對齊 對齊(A)：文字寫於二點之間比例維持不變 佈滿(F)：文字寫於二點之間高度維持不變		
重點叮嚀	TEXT 保留前一次的文字對正方式，為新的預設對正方式		

A

功能指令敘述

指令: TEXT

目前的文字型式:「Standard」文字高度: 2.5000　可註解: 否　對正: 左

指定文字的起點 或 [對正(J)/型式(S)]:　　　← 輸入對齊方式或其他選項

☆ **直接選取文字起始點，文字向左對齊**

　　指定文字的起點 或 [對正(J)/型式(S)]:　　　← 選取文字插入點

　　指定高度 <2.5000>:　　　　　　　　　　← 輸入文字高度

　　指定文字的旋轉角度 <0>:　　　　　　　　← 輸入文字旋轉角度

　　出現文字輸入狀態，輸入文字內容

插入點

翔虹AutoCAD技術中心
文字輸入練習

✪ **輸入選項 R，文字向右對齊**

指定文字的起點 或 [對正(J)/型式(S)]:　　　　← 輸入選項 R
指定文字基準線的右端點:　　　　　　　　　← 選取文字插入點
指定高度 <20.0000>:　　　　　　　　　　　← 輸入文字高度
指定文字的旋轉角度 <0>:　　　　　　　　　← 輸入文字旋轉角度

出現文字輸入狀態，輸入文字內容

> 插入點
> 翔虹AutoCAD技術中心.
> 文字輸入練習.

✪ **輸入選項 C，文字向中心對齊**

指定文字的起點 或 [左右對齊(J)/型式(S)]:　← 輸入選項 C
指定文字的中心點:　　　　　　　　　　　　← 選取文字插入點
指定高度 <20.0000>:　　　　　　　　　　　← 輸入文字高度
指定文字的旋轉角度 <0>:　　　　　　　　　← 輸入文字旋轉角度

出現文字輸入狀態，輸入文字內容

> 插入點
> 翔虹AutoCAD技術中心
> 文字輸入練習

✪ **輸入選項 M，文字向中央對齊**

指定文字的起點 或 [對正(J)/型式(S)]:　　　　← 輸入選項 M
指定文字的中央點:　　　　　　　　　　　　← 選取文字插入點
指定高度 <20.0000>:　　　　　　　　　　　← 輸入文字高度
指定文字的旋轉角度 <0>:　　　　　　　　　← 輸入文字旋轉角度

出現文字輸入狀態，輸入文字內容

> 插入點
> 翔虹AutoCAD技術中心
> 文字輸入練習

✪ **輸入選項 A，對齊方式**

指定文字的起點 或 [對正(J)/型式(S)]:　　　　← 輸入選項 A
指定文字基準線的第一個端點:　　　　　　　← 輸入文字對齊第一個端點
指定文字基準線的第二個端點:　　　　　　　← 輸入文字對齊第二個端點

出現文字輸入狀態，輸入文字內容

✪ **輸入選項 F，佈滿方式**

指定文字的起點 或 [對正(J)/型式(S)]:	← 輸入選項 F
指定文字基準線的第一個端點:	← 輸入文字對齊第一個端點
指定文字基準線的第二個端點:	← 輸入文字對齊第二個端點
指定高度 <20.0000>:	← 輸入文字高度

出現文字輸入狀態，輸入文字內容

✪ **輸入選項 J，其它對齊方式**

指定文字的起點 或 [對正(J)/型式(S)]:　← 輸入選項 J
請輸入選項 [左(L)/中心(C)/右(R)/對齊(A)/中央(M)/佈滿(F)/左
上(TL)/中上(TC)/右上(TR)/左中(ML)/正中(MC)/右中(MR)/左
下(BL)/中下(BC)/右下(BR)]:　　← 輸入選項，對齊方式

對齊方式代號說明

請輸入選項

左(L)
中心(C)
右(R)
對齊(A)
中央(M)
佈滿(F)
左上(TL)
中上(TC)
右上(TR)
左中(ML)
正中(MC)
右中(MR)
左下(BL)
中下(BC)
右下(BR)

✪ **輸入選項 S，選取經由 STYLE 指令定義完成之字型**

指定文字的起點 或 [對正(J)/型式(S)]:　← 輸入選項 S
輸入型式名稱或 [?] <Standard>:　　← 輸入字型名稱 (例如 LL)
目前的文字型式:「Standard」文字高度: 20.000　可註解: 否　對正: 左

　　　　　　　← 提示已更換的目前使用字型名稱

指定文字的起點 或 [對正(J)/型式(S)]:　　　← 輸入文字對正方式

❖ **注意**：字型定義請參考上一單元 STYLE 介紹，可註解方式請參考第十六章介紹。

文字寫入技巧說明

❖ 輸入文字時，當您按選第一個 [Enter] 時可移動到下一行繼續輸入文字內容。

ABCDEFGHIJKLMN

　← 移至下一行

❖ 輸入完成後，請輸入一次 [Enter] 移動到下一行，再按選一次 [Enter] 結束輸入。

❖ 上述的輸入方式，不可用滑鼠的右鍵來代替 [Enter]，必須為鍵盤的 [Enter] 結束文字指令，滑鼠的右鍵可用來點選下一個書寫文字的起點位置。

❖ 剛結束的文字書寫，如果希望再執行 TEXT 指令繼續延續下一行寫入：

指令: TEXT
目前的文字型式:「Standard」文字高度: 20.000　可註解: 否　對正: 左
指定文字的起點 或 [對正(J)/型式(S)]:　← 輸入 [Enter]

出現文字輸入狀態，輸入文字內容

ABCDEFGHIJKLMN　➡　ABCDEFGHIJKLMN

前一組文字亮顯 ——↗　　　　　← 繼續下一行書寫

控制碼的介紹

字　元	說　　明	字　元	說　　明
%%o	『頂線』模式開關	%%p	『正負』公差符號
%%u	『底線』模式開關	%%c	圓直徑標註符號
%%d	角度符號	%%%	百分比符號
%%nnn	字元號碼『nnn』，之特殊符號		

第一篇

第八章 ▼ 文字與表格指令

✪ 控制碼的使用範例

指令: TEXT

目前的文字型式:「Standard」文字高度: 20.000　可註解: 否　對正: 左

指定文字的起點　或 [對正(J)/型式(S)]:　　　　← 選取文字起點

指定高度 <20.0000>:　　　　　　　　　　← 輸入文字高度

指定文字的旋轉角度 <0>:　　　　　　　　← 輸入旋轉角度

輸入文字➔　　%%oAutoCAD%%o 文字練習　← 文字加頂線，[Enter]移到下一行

輸入文字➔　　%%uAutoCAD%%u 文字練習　← 文字加底線，[Enter]移到下一行

輸入文字➔　　124%%dF　　　　　　　← 文字加角度符號，[Enter]移到下一行

輸入文字➔　　125.45%%p0.01　　　　← 文字加正負符號，[Enter]移到下一行

輸入文字➔　　%%c34.56　　　　　　← 文字加直徑符號，[Enter]移到下一行

輸入文字➔　　24.56%%%　　　　　　← 文字加百分比符號，[Enter]移到下一行

輸入文字　　　　　　　　　　　　　← 輸入 [Enter] 結束文字

圖示：

AutoCAD文字練習
AutoCAD文字練習
124°F
125. 45±0. 01
∅34. 56
24. 56%

3　MTEXT－多行文字

指令	MTEXT	快捷鍵	T 或 MT
說明	多行文字書寫		
功能選項	高度(H)：指定文字高度 對正(J)：指定文字對正方式，請參考 TEXT 對正方式模式 行距(L)：指定文字間的行間距 旋轉(R)：指定文字寫入旋轉角度 文字型式(S)：指定文字字型 寬度(W)：文字框的指定寬度 欄(C)：定義文字欄位		

功能指令敘述

指令: MTEXT

MTEXT 目前的文字型式: "Standard"　文字高度:　10　可註解:　否

指定第一角點:　　　　　　　　　← 選取一個框角

請指定對角點或 [高度(H)/對正(J)/行距(L)/旋轉(R)/文字型式(S)/寬度(W)/欄(C)]:

　　　　　　　　　　　　← 選取第二框角點，或輸入選項

點選框角

可先調整字高

文字輸入與編輯

✪ 編修文字內容大小

按選滑鼠左鍵將要修改的文字選取，設定字高。

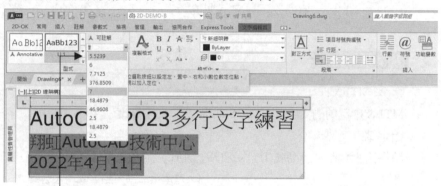

寫完文字後要調整字高，先選取文字，可選取清單上的字高，或直接輸入

✪ 編修文字顏色

按選滑鼠左鍵將要修改的文字選取，文字出現選取狀態，選取清單上的顏色。

按選『更多顏色』出現顏色對話框，選取更多的顏色

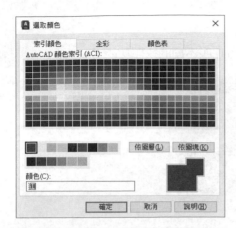

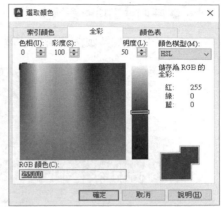

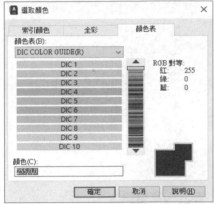

✪ 編修文字字型

按選滑鼠左鍵將要修改的文字選取，文字出現選取狀態，選取字體。

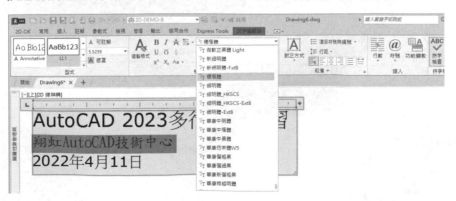

✪ 呼叫快顯功能表編修文字

於指定的區域按選滑鼠右鍵可呼叫不同的快顯功能表。

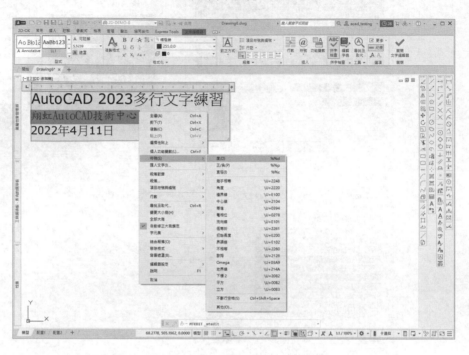

✪ 尺規與縮排、頁籤、第一排、寬度與高度設定

❖ 按選 尺規 開關尺規。

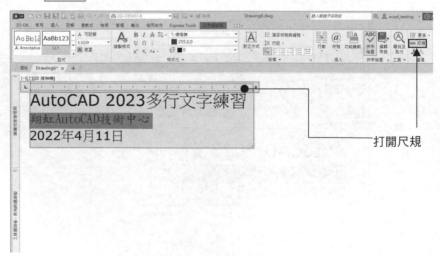

打開尺規

❖ 於尺規處，按滑鼠右鍵，可重新定義多行文字段落、寬度與高度。

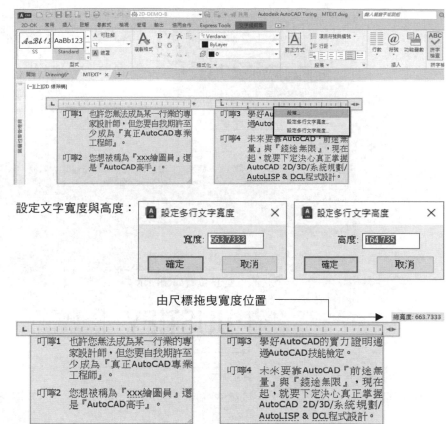

設定文字寬度與高度：

設定多行文字寬度

寬度：563.7333

確定　取消

設定多行文字高度

高度：164.735

確定　取消

由尺標拖曳寬度位置 ─────────────┐

總寬度: 663.7333

❖ 定義縮排、定位點、段落：執行段落對話框修改，也可以直接於尺標上拖曳縮排、段落與新增。

段落

定位點
◉ L ○ ⊥ ○ ⌐ ○ ⊥
12　　　　　加入(A)
L 12　　　　修改(M)
　　　　　　移除(O)

指定小數型式(M):
「.」小數點

左縮排
第一行(F):　12
懸掛(H):　72

右縮排
右(I):　0

☑ 段落對齊(P)
○ 靠左對齊(L)　○ 置中(C)　○ 靠右對齊(R)　◉ 左右對齊(J)　○ 分散對齊(D)

☑ 段落間距(N)　　　　　　　　　　☐ 段落行距(G)
與前段距離(B):　與後段距離(E):　行距(S):　位於(T):
0　　　　　　　12　　　　　　多重 ∨　1.0000x

確定　取消　說明

第一行　定位點

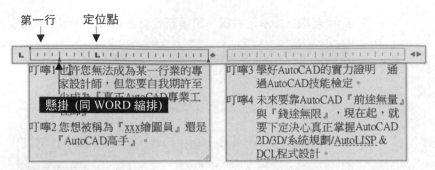

懸掛 (同 WORD 縮排)

❖ 對正方式：

對正位置如圖所示：

JUSTIFY

❖ 遮罩： A 遮罩

框線偏移係數=2　　　　　　框線偏移係數=1

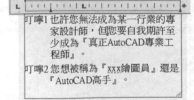

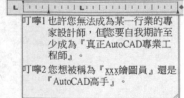

✪ 更多

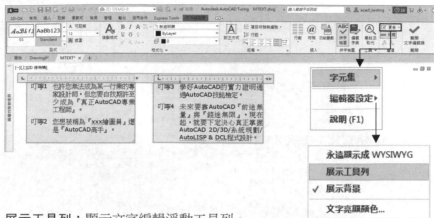

❖ 展示工具列：顯示文字編輯浮動工具列。

❖ 展示背景：文字編輯透明背景設定。(執行要關閉遮罩 🅰 遮置)

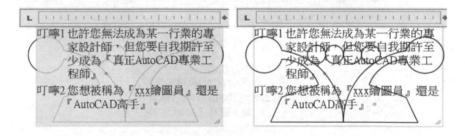

❖ 文字亮顯顏色：選取文字範圍亮顯顏色設定。

紅：241 綠：247 藍：145　　　　　紅：108 綠：143 藍：218

✪ **格式化**：

❖ **傾斜角度**：定義文字傾斜角度。

角度=10

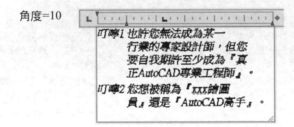

❖ **定義文字字元間距**：

字距=1.5

字距=1

❖ 寬度係數：定義文字寬度比例係數。

寬度係數=1.5

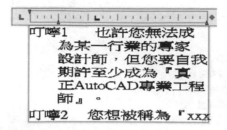

❖ 尋找與取代：

尋找：輸入要尋找文字，再按選『尋找下一個』鍵，逐次找出每一個符合
的文字。

尋找及取代	? ✕
尋找內容(N): AutoCAD	尋找下一個(F)
取代為(P):	取代(R)
□ 大小寫符合(M)	全部取代(A)
□ 僅尋找全字符合(O)	關閉
□ 使用萬用字元(U)	
☑ 區分變音符號(C)	
□ 區分半/全形 (東亞語言)(S)	

叮嚀1 也許您無法成為某一行業的專
家設計師，但您要自我期許至
少成為『真正AutoCAD專業工
程師』。
叮嚀2 您想被稱為『xxx繪圖員』還是
『AutoCAD高手』。

取代：輸入要尋找文字，再於『取代為』內輸入新內容，按選『取代』鍵，
逐次取代每一個符合的文字或按選『全部取代』一次完成。

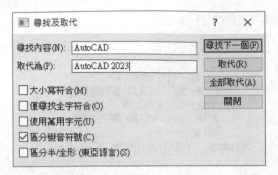

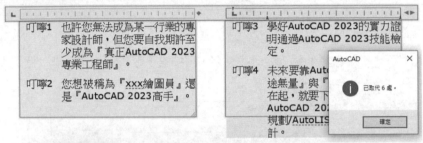

❖ 變更大寫 大寫：變更選取文字大寫。

❖ 變更小寫 小寫：變更選取文字小寫。

❖ 符號 @ 符號 ：將滑鼠移到要標註符號的內文處，按選『符號』鍵即可。

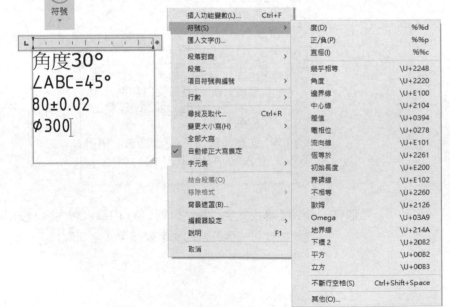

特別注意： 以下符號只能用在 TrueType 與 SHX 檔案，如 Simplex、Romans、Isocp、Isocp2、Isocp3、Isoct、Isoct2、Isoct3、Isocpeur、Isocpeur italic、Isocteur、Isocteur italic。

幾乎相等	\U+2248	≈	界碑線	\U+E102	ℳ
角度	\U+2220	∠	不相同	\U+2260	≠
邊界線	\U+E100	℞	歐姆	\U+2126	Ω
中心線	\U+2104	℄	Omega	\U+03A9	Ω
差值	\U+0394	Δ	地界線	\U+214A	℞
電相	\U+0278	φ	下標 2	\U+2082	$_2$
流向線	\U+E101	℉	平方	\U+00B2	^{2}
識別	\U+2261	≡	立方	\U+00B3	^{3}
初始長度	\U+E200	⟲			

選取『其它』可獲得更多符號！

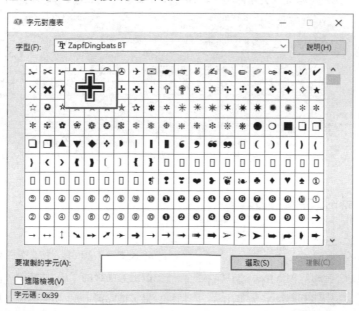

❖ 匯入文字：寫入一個外部的 ASCII 檔案至圖面上 (執行時請由記事本編寫一個*.txt 檔案)。

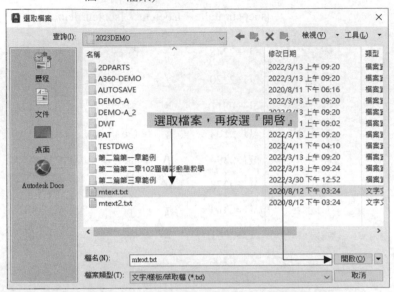

出現該檔案的文字內容，再進行段落編修，完成後按選確認即可。

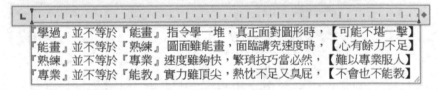

⭐ 上下標　　　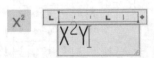

⭐ 特殊的文字堆疊方式

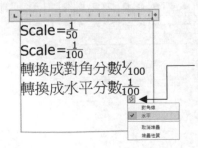

輸入文字 1/100 後，按『空白鍵』或選取 1/100 按上方面板的 ⬚ 功能鍵，即可產生堆疊效果，或點選 ⚡ 功能鍵後，可從選單中選取堆疊方式。

取消堆疊：選取堆疊文字，出現 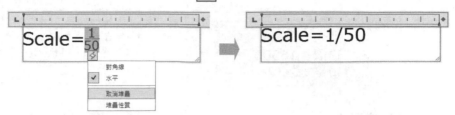 符號，選取『取消堆疊』。

『堆疊性質』設定：修改堆疊文字性質。

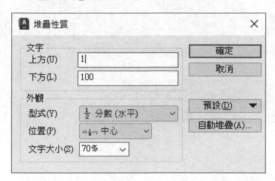

✪ 項目符號與編號

原始的文字內容：

將要作項目編號用滑鼠標示起來，選取
編號 ☰ 項目符號與編號 ▾ 圖示，出現功能表：

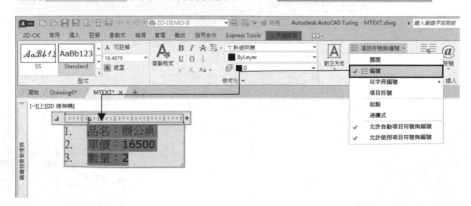

以字母編號：

項目符號：

A. 品名：辦公桌
B. 單價：16500
C. 數量：2

• 品名：辦公桌
• 單價：16500
• 數量：2

✪ 設定欄位

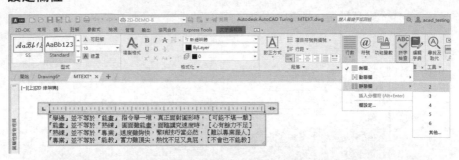

❖ **動態欄：**

❶ **自動高度：** 當文字行數超過多行文字高度，自動增加欄位。

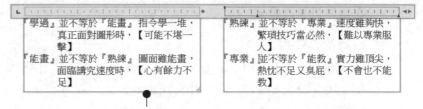

滑鼠左鍵按住欄線可拉動欄位高度，自動調整左右所需的欄高

❷ **手動高度：** 手動決定欄高。

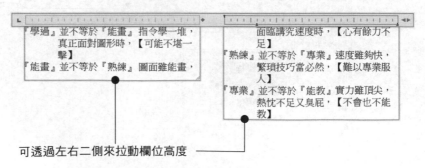

可透過左右二側來拉動欄位高度

第一篇 第八章 ▼ 文字與表格指令

❖ **靜態欄**：依指定的寬、高與欄數，調整文字編排。

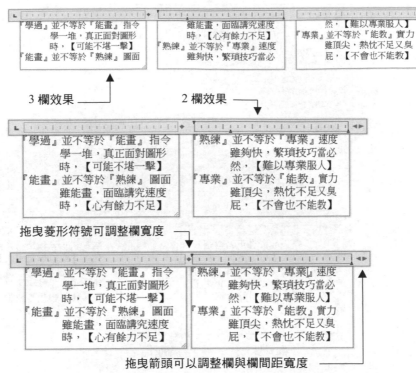

3 欄效果

2 欄效果

拖曳菱形符號可調整欄寬度

拖曳箭頭可以調整欄與欄間距寬度

❖ **插入分欄符號**：依指定的位置作分欄。

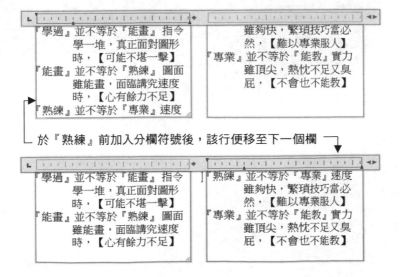

於『熟練』前加入分欄符號後，該行便移至下一個欄

❖ 欄設定：設定欄位型態，與欄寬、高、間距。

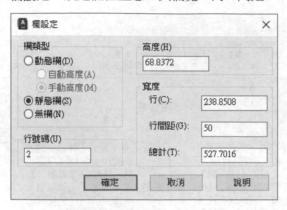

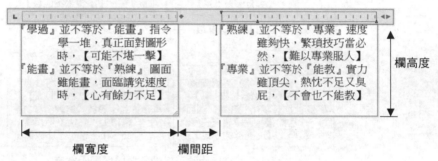

❖ 欄編號：是指欄數。

欄數=3

4　FIND－尋找及取代

指令	FIND	
說明	尋找圖面上的文字及更換文字內容	尋找及取代

功能指令敘述

指令: FIND (出現對話框)

也可以於註解頁籤文字面板，輸入尋找文
字內容

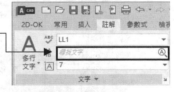

✪ 設定尋找範圍

❖ **整個圖面**：對圖面所有的物件作搜尋更新。

❖ **目前的空間/配置**：只對目前配置或空間物件作搜尋更新。

❖ **選取的物件**：按選 可回到繪圖區選取搜尋範圍。

✪ 尋找圖面上符合條件的文字

❖ 於『尋找內容』內輸入要尋找的文字內容。

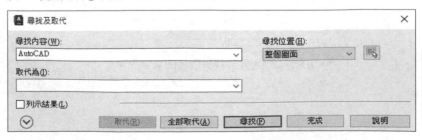

❖ 按選『尋找』鍵，
完成尋找後出現
訊息，如果有符
合的文字內容會
出現於『尋找結
果』清單中。

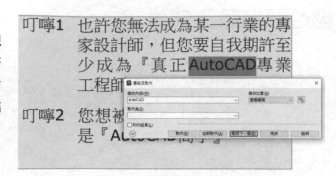

叮嚀1　也許您無法成為某一行業的專
家設計師，但您要自我期許至
少成為『真正 AutoCAD 專業
工程師

叮嚀2　您想視
是『AutoCAD

❖ 打開『列示結果』出現符合字串的位置與類型。

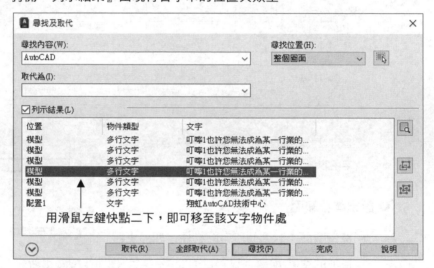

⊘ **尋找並取代圖面上符合條件的文字**

❖ 於『尋找內容』與『取代為』內輸入要尋找與修改的文字內容。

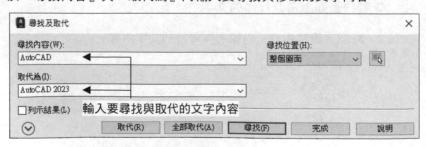

❖ 按選『取代』可逐一取代文字內容，或透過『列示結果』，按住 [Ctrl] 鍵，
選取多個文字作部分的取代。

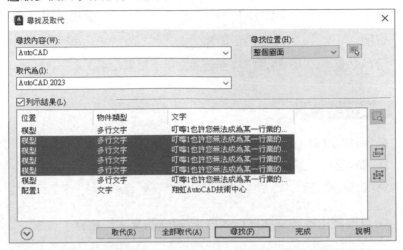

❖ 按選『全部取代』一次完成全部的取代文字內容。

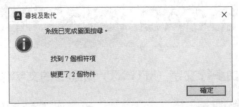

按選 ⊙ 可展開
更多的搜尋選項

展開圖示 ▶

❖ 如果在多行文字編輯狀況下，執行尋找與取代則只對該文字內容執行尋
找與取代。

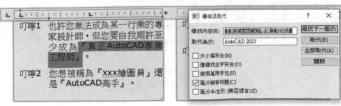

5　DDEDIT－文字編輯

指令	DDEDIT	快捷鍵	ED
說明	文字內容編輯		
滑鼠功能	將滑鼠移到圖面文字上雙擊左鍵		

功能指令敘述

指令: DDEDIT (或對文字雙擊滑鼠左鍵，即可輕鬆進行編輯)
目前的設定: 編輯模式 ＝ Multiple
選取註解物件或 [退回(U)/模式(M)]:　　　← 選取多行文字進行修改

✪ **選取經由單行文字 (TEXT) 所建立的文字作編修**

選取註解物件:　　　　　　　　　← 選取文字，該行文字出現可編輯狀態

AutoCAD 2023 單行文字

✪ **選取經由多行文字 (MTEXT) 所建立的文字作編修**

選取註解物件:　　　　　　　　　← 選取文字，出現多行文字編輯模式

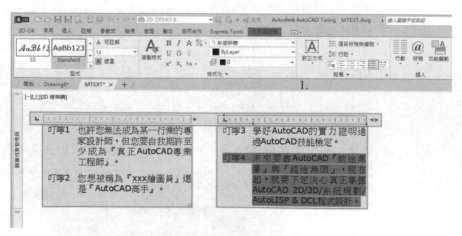

編修方式請參考本章多行文字 MTEXT

✪ 文字刪除線

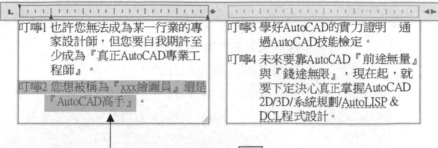

標記文字後，再選『刪除線』鍵

完成刪除線

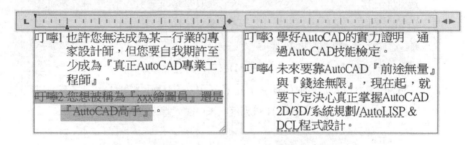

6 **SCALETEXT－調整文字比例**

指令	SCALETEXT	
說明	調整所選取文字物件的比例	
選項功能	物件相符(M)：選取圖面上的文字為高度參考	
	比例係數(S)：以選取修改的文字原有字高作比例調整	
	圖紙高度(P)：根據可註解性質調整文字高度比例	

文字比例

功能指令敘述

指令: SCALETEXT

選取物件: ← 選取要修改文字

選取物件: ← 選完，輸入 [Enter]

輸入調整比例的基準點選項

[既有(E)/左(L)/中心(C)/中央(M)/右(R)/左上(TL)/中上

(TC)/右上(TR)/左中(ML)/正中(MC)/右中(MR)/左下

(BL)/中下(BC)/右下(BR)] <既有>: ← 輸入基準點選項

輸入調整比例的基準點選項

● 既有(E)
左(L)
中心(C)
中央(M)
右(R)
左上(TL)
中上(TC)
右上(TR)
左中(ML)
正中(MC)
右中(MR)
左下(BL)
中下(BC)
右下(BR)

指定新的模型高度或 [圖紙高度(P)/物件相符(M)/比例係數(S)] <9.1637>:

                       ← 輸入新字高，或其他選項

✪ **直接輸入文字高度值** (下列圖例基準點選項為→左 L)

選取要修改的文字

AutoCAD多行文字練習 ➡ AutoCAD多行文字練習
ABCDEFGHIKKL   ABCDEFGHIKKL

✪ **輸入選項『既有』E**

指定新的模型高度或 [圖紙高度(P)/物件相符(M)/比例係數(S)] <247.5759>:

❖ **輸入物件相符選項 M，參考其他文字高度** (下列圖例基準點選項為➔左 L)

選取具有所需高度的文字物件:　　　← 選取參考文字

高度=5　　　　　　　　　　　　　← 顯示更新後的字高

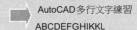

❖ **輸入比例係數選項 S，以原有字高調整字高比例** (下列圖例基準點選項為
➔左 L)

指定比例係數或 [參考(R)] <0.5>:　← 輸入比例值 (例如 2)

高度=5　　　　　　　　　　　　　← 顯示更新後的字高

❖ **輸入比例係數選項 P，根據可註解性質調整文字高度**

此部分關係到可註解與圖紙模型配置，請參考第十五章介紹。

第一篇 第八章 ▼ 文字與表格指令

7　JUSTIFYTEXT－文字對正方式

指令	JUSTIFYTEXT
說明	修改所選取文字的對正方式
選項功能	左(L)：文字向左對齊(內定) 右(R)：文字向右對齊 中心(C)：文字向底線中心點對齊 中央(M)：文字向中線中央點對齊 對齊(A)：文字寫於二點之間比例維持不變 佈滿(F)：文字寫於二點之間高度維持不變

其他對正方式：

功能指令敘述

指令: JUSTIFYTEXT
選取物件:　　　　　　　　　　　　← 選取要修改對正方式文字
選取物件:　　　　　　　　　　　　← 選完，輸入 [Enter]
輸入對正方式選項
[左(L)/對齊(A)/佈滿(F)/中心(C)/中央(M)/右(R)/左上(TL)/中上(TC)/右上(TR)/左中(ML)/正中(MC)/右中(MR)/左下(BL)/中下(BC)/右下(BR)] <中央>: ← 輸入選項

文字向左對齊卻超出表格　　　　　　文字對正先改成佈滿後，輕鬆拉進表格內

文字向左對齊放在表格中央　　　　　文字對正先改成中央後，再改內容

指令	SPACETRANS
說明	將距離和高度在模型空間與圖紙空間之間轉換

功能指令敘述

指令: TEXT　　　　　　　　　　　　　　　← 準備開始寫單行文字

目前的文字型式:「Standard」文字高度:　20.0000　可註解:　否

指定文字的起點或 [對正(J)/型式(S)]:　　← 選取文字起點，或輸入其他對正方式

指定高度 <20.0000>: 'SPACETRANS　　← 輸入 SPACETRANS 透通指令

>>選擇視埠:　　　　　　　　　　　　　← 選取參考視埠框 (例如左下圖)

>>指定模型空間距離 <10>:　　　　　　　← 輸入空間距離值

繼續執行 TEXT 指令。

指定高度 <20.0000>: 7.5　　　　　　　← 計算出高度

指定文字的旋轉角度 <0>:　　　　　　　← 輸入文字旋轉角度

✪ 開始寫入文字

不同縮放比例視埠內寫入文字，若希望在圖紙空間觀看一樣字高的話，可說是相當困擾，SPACETRANS 功能的出現真是貼心又令人滿意。

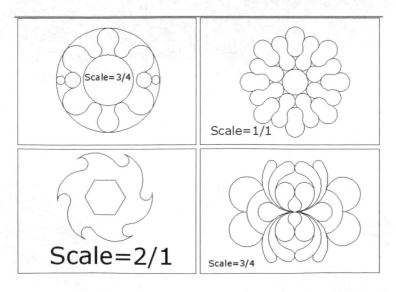

第一篇 第八章 ▼ 文字與表格指令

9　PROPERTIES－性質

指令	PROPERTIES	快捷鍵	[Ctrl]+1	
說明	修改物件性質			性質

功能指令敘述

指令: PROPERTIES　(或以掣點方式預選多個文字，快按滑鼠左鍵二下，出現對話框)

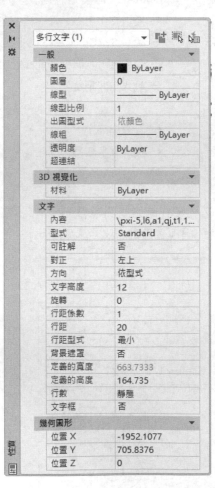

1. 如果選取包含其他物件或多行文字，請將游標移到繪圖區框選文字。

2. 性質選項板中貼心的『物件分類選單』。

出現您所選取的物件類別與數量

3. 修改顏色或變更圖層時，可即時預覽圖面中物件顏色的變化。

10　TEXTALIGN－對齊文字

指令	TEXTALIGN
說明	對齊並分隔選取文字
	對齊(I)：指定文字對正方式，請參考 TEXT 對正方式模式
	點(P)：指定一點為文字對齊點
	選項(O)：
選項功能	❖ 分散間距(D)：依指定第二點平均分散文字位置
	❖ 設定間距(S)：指定文字對齊間距
	❖ 目前垂直(V)：依文字原始位置垂直移動對齊
	❖ 目前水平(H)：依文字原始位置水平移動對齊

功能指令敘述

指令: TEXTALIGN
目前的設定：對齊 = 左，間距模式 = 設定間距 (10.000000)
選取文字物件以對齊 [對齊(I)/選項(O)]：　　← 選取單行或多行文字，或輸入選項
　　：　　　　：
選取文字物件以對齊 [對齊(I)/選項(O)]：　　← [Enter] 結束選取
選取文字物件以對齊至 [點 (P)]：　　　　← 選取要對齊的文字 (如 "辦公設備")

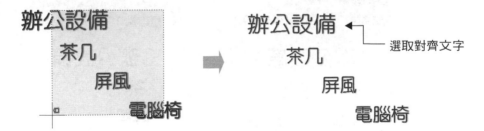
選取對齊文字

✪ **輸入選項**(O)：

選擇第二個點或 [選項(O)]：　O
輸入一個選項 [分散(D)/設定間距(S)/目前垂直(V)/目前水平(H)]<目前水平>：

第
一
篇

第
八
章

▼

文
字
與
表
格
指
令

❖ 分散間距(D)：

選擇第二個點或 [選項(O)]：　　　　　← 選取點 2

辦公設備
茶几　茶几
屏風　　屏風
電腦椅
2　　　　　電腦椅

辦公設備
茶几
屏風
電腦椅

文字會隨著第二點距離平均分散對齊

❖ 設定間距(S)：

設定間距<0.000000>：　　　　　← 輸入間距

間距模式：設定間距 (6.000000)

選擇第二個點或 [選項(O)]：　　　　← 選取點 2

辦公設備
茶几 茶几
屏風　　屏風
電腦椅　　電腦椅
2

辦公設備
茶几
屏風
電腦椅

文字間距爲指定距離，不受第二點位置影響

❖ 目前垂直(V)：

選擇第二個點或 [選項(O)]：　　　← 選取點 2

辦公設備
茶几　茶几
屏風　　屏風
2 電腦椅　　電腦椅

辦公設備
茶几
屏風
電腦椅

文字位置 Y 軸間距不受影響

❖ 目前水平(H)：

選擇第二個點或 [選項(O)]：　　　← 選取點 2

辦公設備

2 **茶几**

屏風

屏風

電腦椅

電腦椅

辦公設備

茶几

屏風

電腦椅

文字位置 X 軸間距不受影響

✪ 指定對齊點(P)：

選取文字物件以對齊至 [點 (P)]：　　← 輸入選項 P

點選第一點　　　　　　　　　　　　← 選取對齊點 1

間距模式：目前水平

選擇第二個點或 [選項(O)]：　　　　← 輸入選項 O

輸入一個選項[分散(D)/設定間距(S)/目前垂直(V)/目前水平(H)]<目前水平>：

　　　　　　　　　　　　　　　　　← 輸入間距模式 D

間距模式：平均分散

選擇第二個點或 [選項(O)]：　　　　← 選取點 2

辦公設備

中心點

茶几

1 **屏風**

電腦椅

辦公設備

辦公設備

茶几

茶几

屏風

屏風

電腦椅

2 **電腦椅**

11 TABLESTYLE－表格型式管理員

指令	TABLESTYLE	快捷鍵	TS
說明	新建或修改表格型式		

功能指令敘述

請先開啓 C:\2023DEMO\TESTDWG\TABLE-DEMO.DWG

指令: TABLESTYLE　(出現對話框)

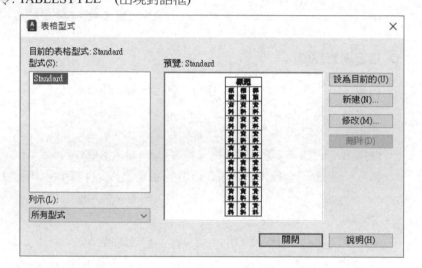

✪ **新建一組表格型式：**

❖ 選取『新建』出現對話框，請輸入名稱 TS-KK1 後，再按繼續做相關的設定。

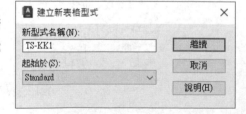

❖ 儲存格型式設爲『資料』，於該『文字』標籤中設定字型爲 CC 。(字體爲 Simplex 與 Chineset)

注意： 此處字型下拉選單必須事先建立好字型 (詳見第八章 STYLE 指令)，當然亦可在此處即時連結建立：

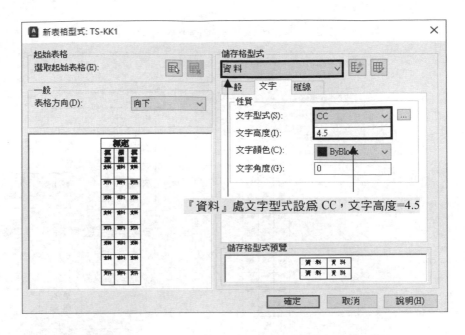

『資料』處文字型式設爲 CC，文字高度=4.5

❖ 儲存格型式設爲『標頭』，設定字型爲 KK。(字體為標楷體)

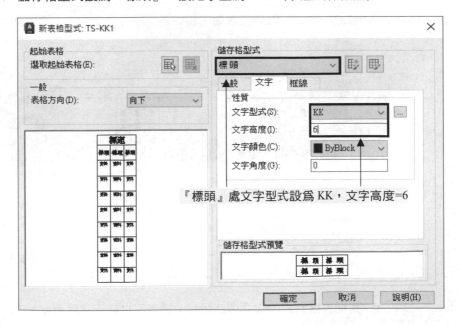

『標頭』處文字型式設爲 KK，文字高度=6

❖ 於『標題』標籤中設定字型為 KK。(字體為標楷體)

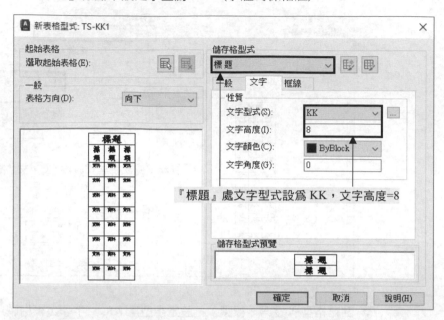

❖ 選取『確定』回到主畫面，並按選『設為目前的』，關閉即大功告成。

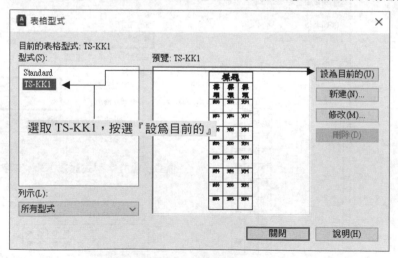

❖ 其他表格型式的建立依此類推，讀者可以自行嘗試看看。

12　TABLE－表格

指令	TABLE	快捷鍵	TB
說明	快速的在圖面上建立資料 (文字或圖塊) 表格		

功能指令敘述

指令: TABLE (出現對話框)，請改成 3 欄與 5 列

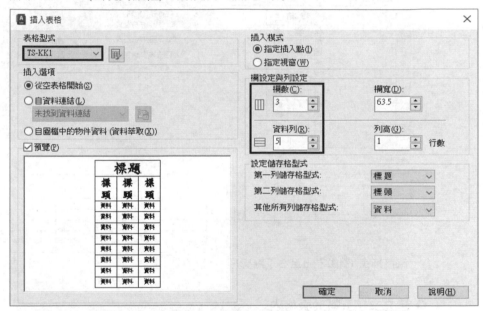

選取『確定』後，點選表格左上角位置即完成表格：

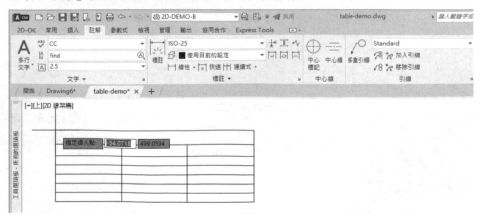

第一篇

第八章

▼

文字與表格指令

✪ 指定視窗→建立表格於圖面中

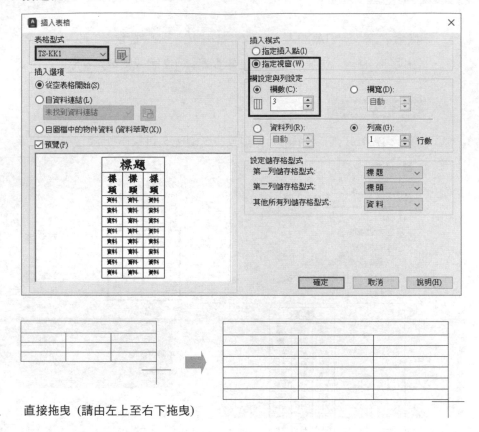

直接拖曳（請由左上至右下拖曳）

✪ 建立文字資料於表格內

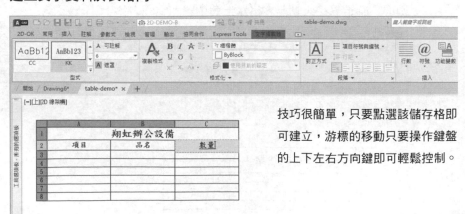

技巧很簡單，只要點選該儲存格即可建立，游標的移動只要操作鍵盤的上下左右方向鍵即可輕鬆控制。

翔虹辦公設備		
項目	品名	數量
1	電腦	30
2	冰箱	2
3	辦公桌	30
4	會議桌	2
5	辦公椅	40

✪ 建立圖塊資料於表格內

❖ **步驟一：**請先開啟 C:\2023DEMO\TESTDWG\BLKTEST.DWG。

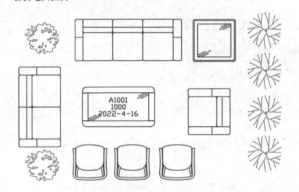

❖ **步驟二：**執行 TABLESTYLE 選用 TS-KK 表格型式。

❖ **步驟三：**執行 TABLE 建立表格 4 欄 5 列、欄寬 35 指定插入點，如下圖。

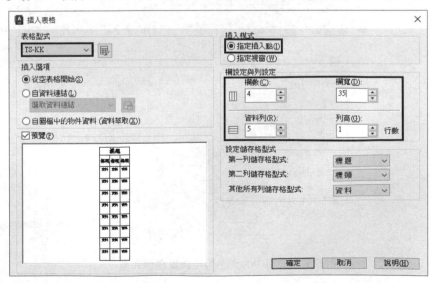

❖ **步驟四**：陸續填入數量資料。

	A	B	C	D
1	數量統計表			
2	圖示	名稱	品名	數量
3		CC	休閒椅	
4		DESK	玻璃茶几	
5		DESK3	玻璃小茶几	
6		GRASS1	桌上小盆栽	
7		GRASS2	小松柏盆栽	

❖ **步驟五**：準備處理圖示欄位，選取上方工具列中 圖塊 鍵。

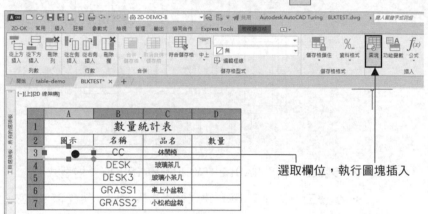

選取欄位，執行圖塊插入

❖ **步驟六**：選擇 cc2，儲存格對齊請選擇➔正中，務必勾選『自動填入』。

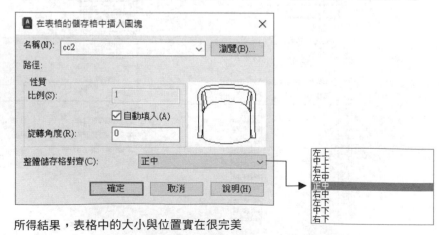

所得結果，表格中的大小與位置實在很完美

❖ 步驟七：全部完成後的成果。

	A	B	C	D
1	數量統計表			
2	圖示	名稱	品名	數量
3		CC	休閒椅	
4		DESK	玻璃茶几	
5		DESK3	玻璃小茶几	
6		GRASS1	桌上小盆栽	
7		GRASS2	小松柏盆栽	

✪ 修改表格

❖ 步驟一： 修改欄寬→碰選表格的框線，再拖曳拉伸欄寬即可輕鬆調整如 Excel 一般。

	A	B	C	D
1	數量統計表			
2	圖示	名稱	品名	數量
3		CC	休閒椅	
4		DESK	玻璃茶几	
5		DESK3	玻璃小茶几	
6		GRASS1	桌上小盆栽	
7		GRASS2	小松柏盆栽	

刷式拉伸表格寬度

所得結果：(加入統計數量)

	A	B	C	D
1	數量統計表			
2	圖示	名稱	品名	數量
3		CC	休閒椅	6
4		DESK	玻璃茶几	1
5		DESK3	玻璃小茶几	1
6		GRASS1	桌上小盆栽	3
7		GRASS2	小松柏盆栽	4

❖ **步驟二：** 編輯儲存格文字➔直接快按表格內文字左鍵二下。

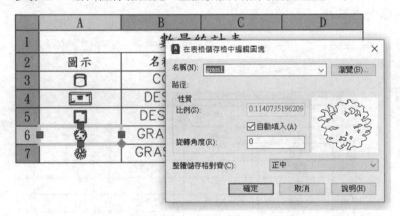

❖ **步驟三：** 編輯儲存格圖塊➔直接快按表格內圖塊左鍵二下。

❖ **步驟四：** 調整多個儲存格對齊方式➔先碰選一儲存格後+[Shift]鍵選取其他儲存格，或直接框選數個儲存格亦可，再選取對齊方式。

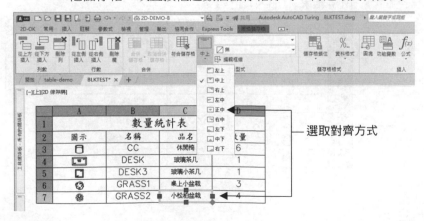

❖ **步驟五**：選取欄位，再按工具 或 鍵，插入欄位。

選取插入欄

插入結果：

如果要刪除欄
請選取 鍵
刪除
欄

	A	B	C	D	E
1			數量統計表		
2	圖示	名稱	品名		數量
3		CC	休閒椅		6
4		DESK	玻璃茶几		1
5		DESK3	玻璃小茶几		1
6		GRASS1	桌上小盆栽		3
7		GRASS2	小松柏盆栽		4

按選 從上方 或 從下方 插入列：
插入 插入

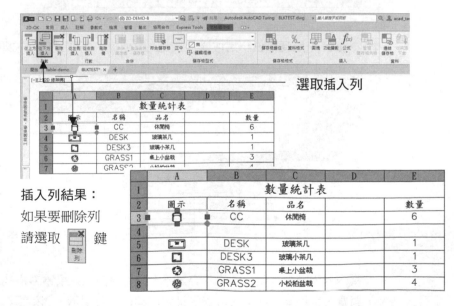

選取插入列

插入列結果：

如果要刪除列
請選取 鍵
刪除
列

	A	B	C	D	E
1			數量統計表		
2	圖示	名稱	品名		數量
3		CC	休閒椅		6
4					
5		DESK	玻璃茶几		1
6		DESK3	玻璃小茶几		1
7		GRASS1	桌上小盆栽		3
8		GRASS2	小松柏盆栽		4

❖ 步驟六： 合併儲存格➔選取要合併的儲存格後選取工具列 ⊞ ，再選取
『全部合併』，出現合併對話框，如無問題『確定』即可。

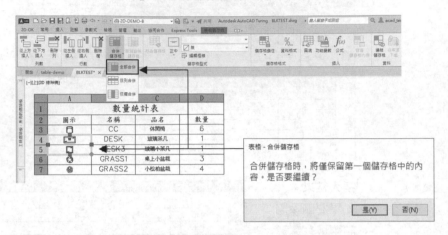

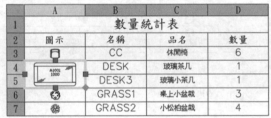

🔲 鍵：取消合併。
取消合併
儲存格

❖ 步驟七： 鎖護欄位➔選取欄位按選 [儲存格鎖護] 鍵，選取鎖護模式即可。

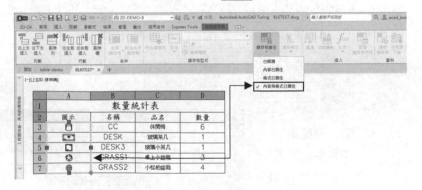

當內容鎖護時，欄位內的內容是不允許作修改，如果鎖護格式，則欄位的
對齊、合併等功能則被取消，被鎖護欄位，會顯示一個鎖護符號。

	A	B	C	D
1	數量統計表			
2	圖示	名稱	品名	數量
3		CC	休閒椅	6
4		DESK	玻璃茶几	1
5		DESK3	玻璃小茶几	1
6		GRASS1	桌上小盆栽	3
7		GRASS2	小松柏盆栽	4

❖ **步驟八：** 表格插入公式→將滑鼠移至第 7 列，由下方插入一列。

	A	B	C	D
1	數量統計表			
2	圖示	名稱	品名	數量
3		CC	休閒椅	6
4		DESK	玻璃茶几	1
5		DESK3	玻璃小茶几	1
6		GRASS1	桌上小盆栽	3
7		GRASS2	小松柏盆栽	
8				

滑鼠移至此欄，按選　　從下方插入

新增第 8 列加入『合計』，選取 A、B、C 三欄，做全部欄位合併

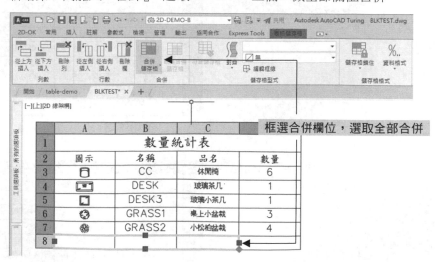

框選合併欄位，選取全部合併

完成合併後，將滑鼠移到第 8 列 D 欄位置，選取插入公式→總和。

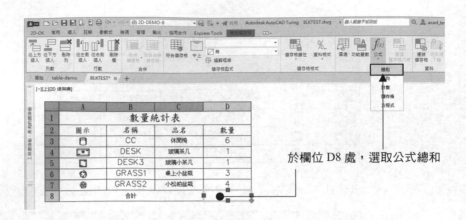

於欄位 D8 處，選取公式總和

框選欄位 3 列 D 欄，至 7 列 D 欄範圍

	A	B	C	D
1	數量統計表			
2	圖示	名稱	品名	數量
3		CC	休閒椅	6
4		DESK	玻璃茶几	1
5		DESK3	玻璃小茶几	1
6		GRASS1	桌上小盆栽	3
7		GRASS2	小松柏盆栽	4
8	合計			

回應計算公式於 8 列 D 欄位置

	A	B	C	D
1	數量統計表			
2	圖示	名稱	品名	數量
3		CC	休閒椅	6
4		DESK	玻璃茶几	1
5		DESK3	玻璃小茶几	1
6		GRASS1	桌上小盆栽	3
7		GRASS2	小松柏盆栽	4
8	合計			=Sum(D3:D7)]

輸入 [Enter] 完成總數計算

	A	B	C	D
1	數量統計表			
2	圖示	名稱	品名	數量
3		CC	休閒椅	6
4		DESK	玻璃茶几	1
5		DESK3	玻璃小茶几	1
6		GRASS1	桌上小盆栽	3
7		GRASS2	小松柏盆栽	4
8	合計			15

❖ **步驟九：** 匯出表格資料→碰選表格的框線按滑鼠右鍵→快顯功能表→匯出。

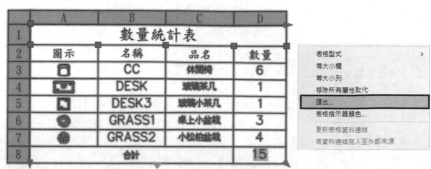

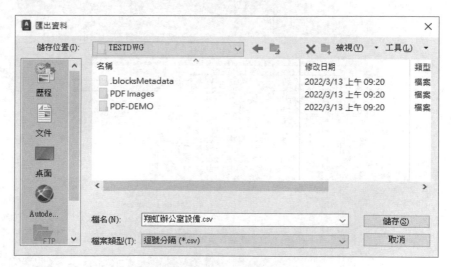

Excel 打開後結果：

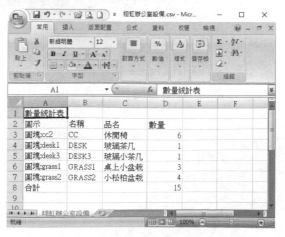

NOTEPAD 打開後結果：

(資料皆以逗號隔開)

❖ **步驟十**： 匯入 Excel 表格資料→AutoCAD TABLE 表格物件，請先開啟 TABLE-DEMO.XLS 檔案，選取範圍後按滑鼠右鍵複製下來。

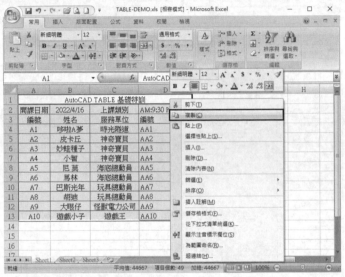

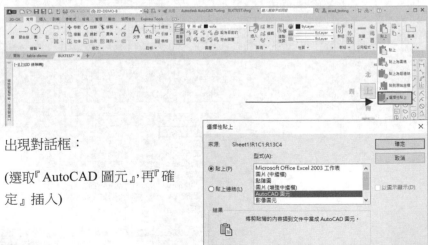

出現對話框：

(選取『AutoCAD 圖元』，再『確定』插入)

指令: _pastespec

指定插入點或 [作為文字貼上(T)]:

轉換為表格物件更方便編輯與修改：

	A	B	C	D	
1	AutoCAD TABLE 基礎特訓				
2	開課日期	2022/4/16	上課類別	AM:9:30 PM 5:30	
3	編號	姓名	服務單位	編號	
4	A1	哆啦A夢	時光隧道	AA1	
5	A2	皮卡丘	神奇寶貝	AA2	
6	A3	妙蛙種子	神奇寶貝	AA3	
7	A4	小智	神奇寶貝	AA4	
8	A5	尼莫	海底總動員	AA5	
9	A6	馬林	海底總動員	AA6	
10	A7	巴斯光年	玩具總動員	AA7	
11	A8	胡迪	玩具總動員	AA8	
12	A9	大眼仔	怪獸電力公司	AA9	
13	A10	遊戲小子	遊戲王	AA10	

刷式拉伸表格高度

編修後效果：

	A	B	C	D
1	AutoCAD TABLE 基礎特訓			
2	開課日期	2022/4/16	上課類別	AM:9:30 PM 5:30
3	編號	姓名	服務單位	編號
4	A1	哆啦A夢	時光隧道	AA1
5	A2	皮卡丘	神奇寶貝	AA2
6	A3	妙蛙種子	神奇寶貝	AA3
7	A4	小智	神奇寶貝	AA4
8	A5	尼莫	海底總動員	AA5
9	A6	馬林	海底總動員	AA6
10	A7	巴斯光年	玩具總動員	AA7
11	A8	胡迪	玩具總動員	AA8
12	A9	大眼仔	怪獸電力公司	AA9
13	A10	遊戲小子	遊戲王	AA10

13　TABLEDIT－表格編輯

指令	TABLEDIT
說明	表格內容編輯
滑鼠功能	直接滑鼠左鍵快按二次該儲存格內即可 (詳見上一單元)

功能指令敘述

指令: TABLEDIT

✪ **點選表格儲存格** (文字資料)

	A	B	C	D
1	\multicolumn{4}{數量統計表}			
2	圖示	名稱	品名	數量
3	⬜	CC	休閒椅	1
4	▭	DESK	玻璃茶几	1
5	⬜	DESK3	玻璃小茶几	1
6	✺	GRASS1	桌上小盆栽	3
7	✳	GRASS2	小松柏盆栽	4
8		合計		15

直接於欄位處編
輯文字資料

✪ **點選表格儲存格** (圖塊資料)

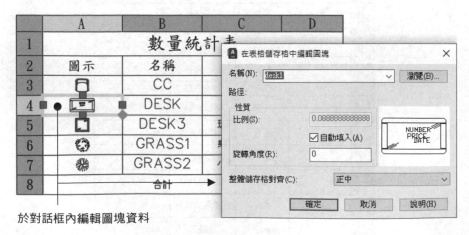

於對話框內編輯圖塊資料

插入公式 想將原有表格增加二個欄位並做小計加總。

✪ **步驟一：** 點選『數量』欄後→按工具列從右側插入欄共 2 欄。

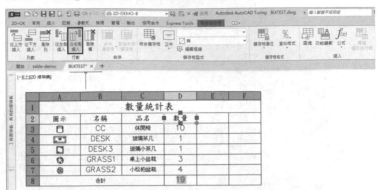

✪ **步驟二：** 填入單價與小計後，再將單價欄位填入適當價格。

✪ **步驟三：** 到 F3 格子內→選取工具列 *fx* 公式 拉下選單選取『方程式』→輸入 =D3*E3→[Enter]。

	A	B	C	D	E	F
1			數量統計表			
2	圖示	名稱	品名	數量	單價	小計
3		CC	休閒椅	10	2100	=D3*E3
4		DESK	玻璃茶几	1	12000	
5		DESK3	玻璃小茶几	1	5000	
6		GRASS1	桌上小盆栽	3	350	
7		GRASS2	小松柏盆栽	4	1800	
8		合計		19		

✪ **步驟四：** 複製 F3 儲存格，再一起貼上 F4、F5、F6、F7，一次解決。

	A	B	C	D	E	F
1			數量統計表			
2	圖示	名稱	品名	數量	單價	小計
3		CC	休閒椅	10	2100	21000
4		DESK	玻璃茶几	1	12000	12000
5		DESK3	玻璃小茶几	1	5000	5000
6		GRASS1	桌上小盆栽	3	350	1050
7		GRASS2	小松柏盆栽	4	1800	7200
8		合計		19		

(PS：FieldDisplay 控制欄位功能變數資料是否出現淺灰背景)

✪ **步驟五：**移到 F8，工具列選取 $\boxed{fx}$ 插入『總和』。

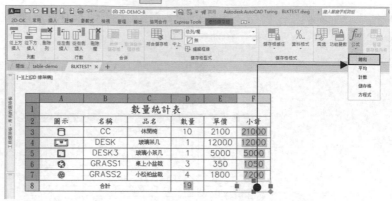

框選 F3 至 F7 範圍計算總和，F8 出現公式後輸入 [Enter] 即可。

	A	B	C	D	E	F
1			數量統計表			
2	圖示	名稱	品名	數量	單價	小計
3		CC	休閒椅	10	2100	21000
4		DESK	玻璃茶几	1	12000	12000
5		DESK3	玻璃小茶几	1	5000	5000
6		GRASS1	桌上小盆栽	3	350	1050
7		GRASS2	小松柏盆栽	4	1800	7200
8		合計		19		

✪ **步驟六：**完成後結果如下。

	A	B	C	D	E	F
1			數量統計表			
2	圖示	名稱	品名	數量	單價	小計
3		CC	休閒椅	10	2100	21000
4		DESK	玻璃茶几	1	12000	12000
5		DESK3	玻璃小茶几	1	5000	5000
6		GRASS1	桌上小盆栽	3	350	1050
7		GRASS2	小松柏盆栽	4	1800	7200
8		合計		19		46250

✪ **總結：**真的威力不同凡響，具備 Excel 的基本巨集威力，實用又簡單操作。

14　TABLEEXPORT－表格匯出

指令	TABLEEXPORT
說明	表格匯出
快顯功能表	碰選表格的框線按滑鼠右鍵→快顯功能表→匯出

功能指令敘述

指令: TABLEEXPORT

選取表格:　　← 選取圖面上表格

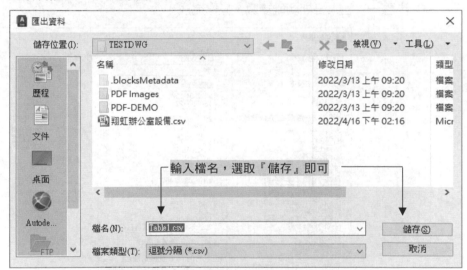

轉出的格式內容，詳見本章第 12 單元 TABLE 內容介紹。

15　FIELD－功能變數

指令	FIELD
說明	在圖面中插入可自動更新的欄位功能變數資料
相關系統變數	FieldDisplay 控制欄位功能變數資料是否出現淺灰背景

功能指令敘述

指令:FIELD

☆ **步驟一：** 插入日期功能變數，輕鬆完成。

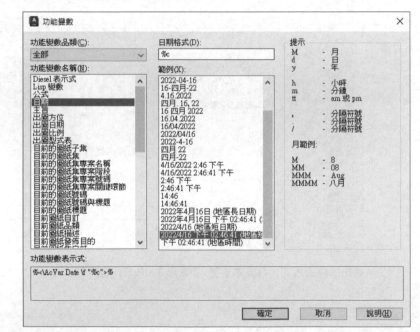

插入效果：

2022/4/16 下午 02:47:24

✪ **步驟二：** 插入檔名 (含路徑、檔名)，輕鬆完成。

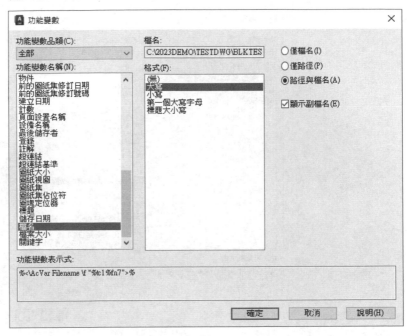

插入效果： C:\2023DEMO\TESTDWG\BLKTEST1.DWG

✪ **步驟三：** 編輯與更新日期功能變數。

功能變數是文字的一部分，所以無法直接選取，必須在文字處於編輯狀態時才能進行。

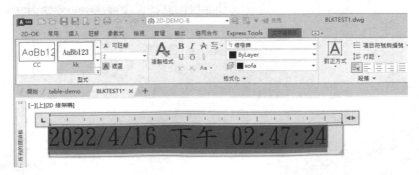

再用滑鼠點選二次日期，出現欄位編輯對話框

編輯功能變數，還可以輕鬆修改為不同的功能變數名稱與格式。

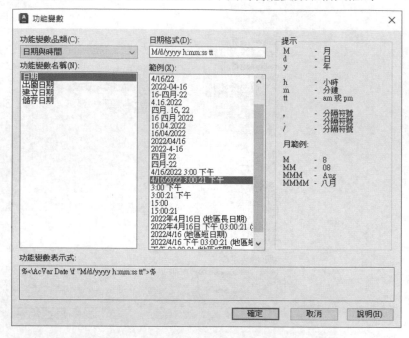

更新功能變數，日期自動更新完成

4/16/2022 3:00:58 下午

❖ 進入編輯模式，按選滑鼠右鍵，選取功能表中『將功能變數轉換成文字』，文字失去功能變數特性，變成單純的文字內容。

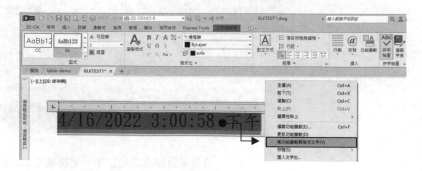

✪步驟四：於多行文字執行中即時插入下一行。

如果需再次插入功能變數，只要再按選滑鼠右鍵，即可即時插入。

先將游標移到下一行，再按選滑鼠右鍵，出現快顯功能
表，再選取『插入功能變數』

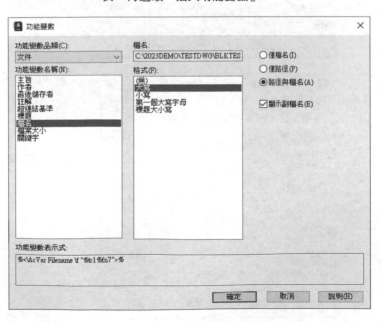

16　DATALINK－資料連結管理員

指令	DATALINK	
說明	與 Excel 資料連結	資料連結

功能指令敘述

❂ **建立連結 Excel 資料檔案：**

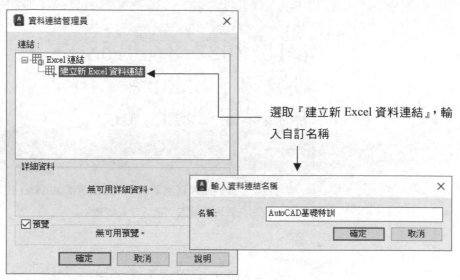

選取『建立新 Excel 資料連結』，輸入自訂名稱

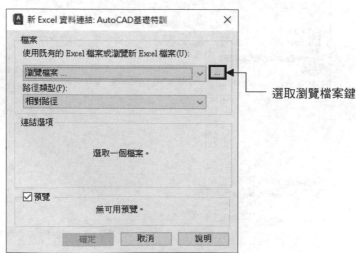

選取瀏覽檔案鍵

第一篇　第八章　▼　文字與表格指令

❖ 選取 Excel 檔：（請選取隨書光碟 TABLE-DEMO.xls 檔）

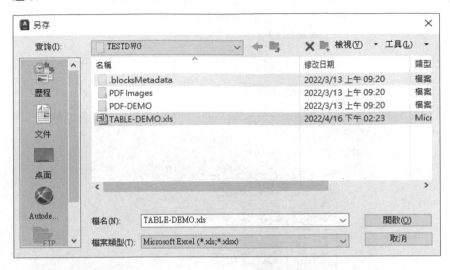

❖ 載入後可預覽效果：

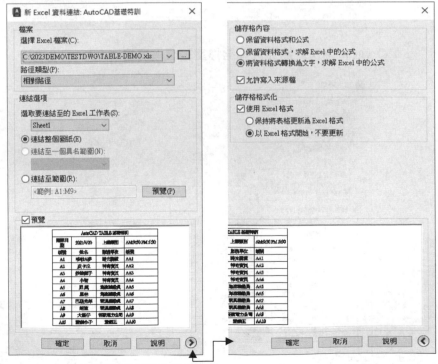

對話框展開可作更多設定

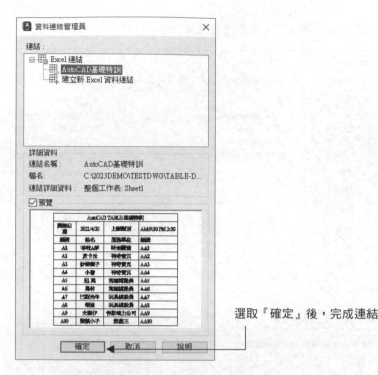

選取『確定』後，完成連結

❂ **執行 TABLE 將完成連結檔案繪製成表格：**

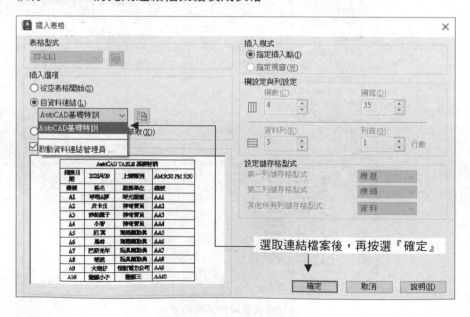

選取連結檔案後，再按選『確定』

選取表格右上角插入點

指定插入點: 557.584 608.3021

❖ 不下指令以滑鼠右鍵碰選表格，可任意調整表格框線：

	A	B	C	D
1	AutoCAD TABLE 基礎特訓			
2	開課日期	2022/4/16	上課類別	AM:9:30 PM 5:30
3	編號	姓名	服務單位	編號
4	A1	哆啦A夢	時光隧道	AA1
5	A2	皮卡丘	神奇寶貝	AA2
6	A3	妙蛙種子	神奇寶貝	AA3
7	A4	小智	神奇寶貝	AA4
8	A5	尼 莫	海底總動員	AA5
9	A6	馬林	海底總動員	AA6
10	A7	巴斯光年	玩具總動員	AA7
11	A8	胡迪	玩具總動員	AA8
12	A9	大眼仔	怪獸電力公司	AA9
13	A10	遊戲小子	遊戲王	AA10

✪ 到 Excel 修改 TABLE-DEMO.xls 檔案：

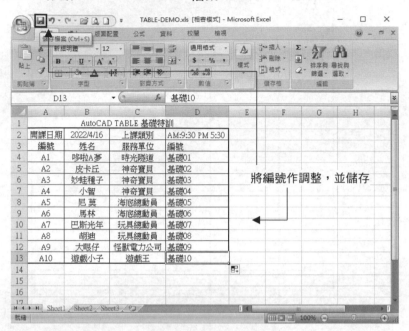

將編號作調整，並儲存

❖ 回到 AutoCAD 後，於螢幕右下角出現更新提示：

按選後更新表格

❖ 表格馬上隨著 Excel 資料內容作更新：

	A	B	C	D
1		AutoCAD TABLE 基礎特訓		
2	開課日期	2022/4/16	上課類別	AM:9:30 PM 5:30
3	編號	姓名	服務單位	編號
4	A1	哆啦A夢	時光隧道	基礎01
5	A2	皮卡丘	神奇寶貝	基礎02
6	A3	妙蛙種子	神奇寶貝	基礎03
7	A4	小智	神奇寶貝	基礎04
8	A5	尼 莫	海底總動員	基礎05
9	A6	馬林	海底總動員	基礎06
10	A7	巴斯光年	玩具總動員	基礎07
11	A8	胡迪	玩具總動員	基礎08
12	A9	大眼仔	怪獸電力公司	基礎09
13	A10	遊戲小子	遊戲王	基礎10

新編號已被更新

❖ 也可以透過指令來作資料更新： 從來源下載

指令:DATALINKUPDATE

選取選項 [更新資料連結(U)/寫入資料連結(W)] <更新資料連結>: U

選取物件或 [資料連結(D)/所有資料連結(K)]:　　　← 選取表格

選取物件或 [資料連結(D)/所有資料連結(K)]:　　　← [Enter] 更新資料

❖ 將表格解鎖後作內容編輯，也可以透過 上傳至來源 傳至來源 EXCEL 資料檔：

選取選項 [更新資料連結(U)/寫入資料連結(W)] <寫入資料連結>: W

選取物件:　　　← 選取表格

選取物件:　　　← [Enter] 結束選取

找到 1 個物件。

成功繕寫 1 個資料連結。

隨手札記

第一篇　第八章 ▼ 文字與表格指令

第一篇 第九章

填充指令

1 HATCH－建立填充線

指令	HATCH	快捷鍵	H
說明	建立填充線與填實		

功能指令敘述

指令: HATCH (上方出現填充線建立頁籤)

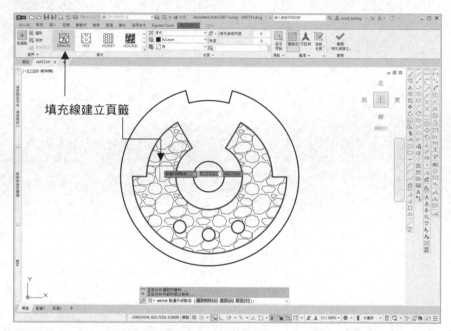

填充線建立頁籤

✪ **填充線類型：**

❖ 選用 ACADISO.PAT 切換至『樣式』。

切換至樣式

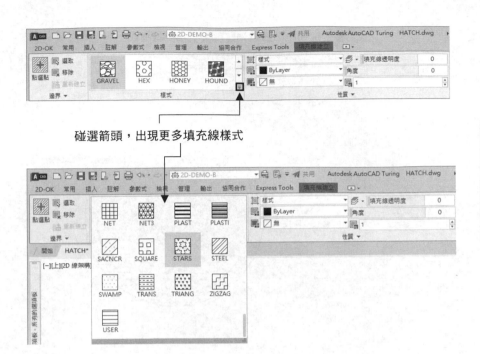

碰選箭頭，出現更多填充線樣式

將游標移至要填充的區域，點選左鍵完成填充線建立

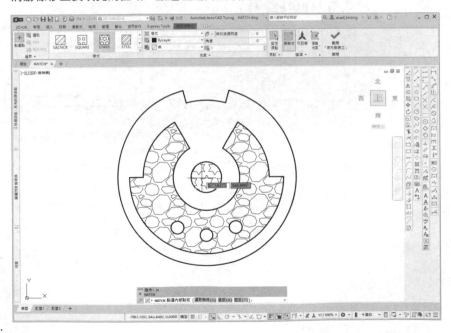

第一篇

第九章

▼

填充指令

也可移至樣式中，即時預覽與變更填充線樣式

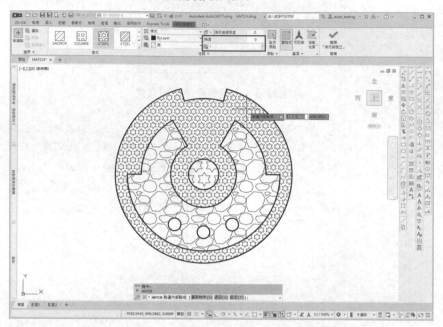

❖ 選用『使用者定義』：

切換至『使用者定義』

樣式圖示只出現一個 USER 圖示，填充前先修改角度與距離

設定角度 45 度距離 2

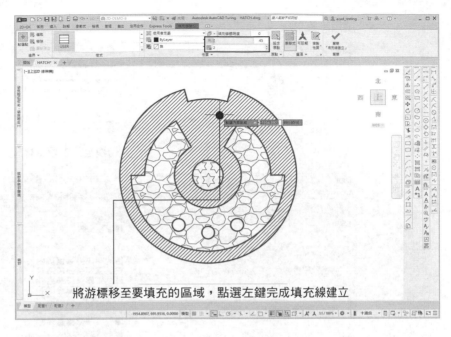

將游標移至要填充的區域，點選左鍵完成填充線建立

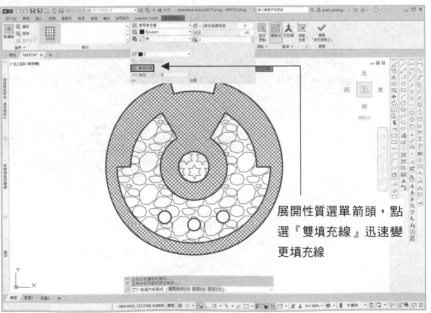

展開性質選單箭頭，點選『雙填充線』迅速變更填充線

❖ 選用『實體』：

切換至『實體』樣式

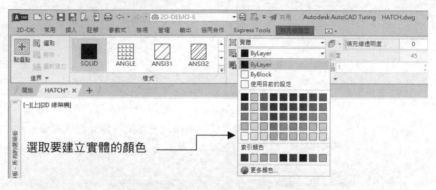

選取要建立實體的顏色

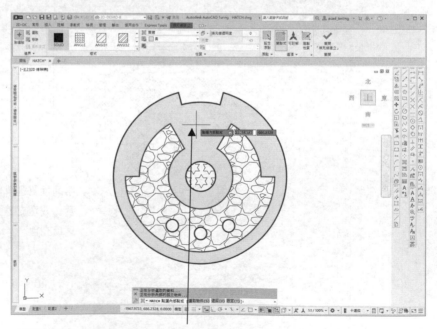

將游標移至要填充的區域，點選左鍵完成填充線建立

❖ 選用『漸層』：

定義漸層外圍顏色

定義漸層內側顏色

定義漸層的樣式後，再將游標移至要填充的區域，點選左鍵完成填充線建立

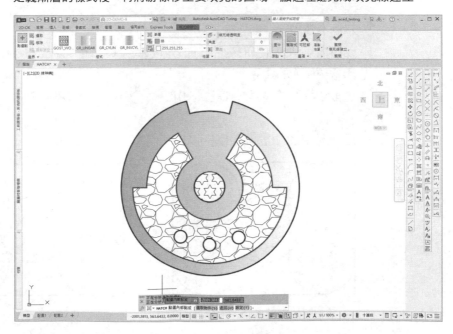

✪ **邊界定義：**

❖ 『點選點』選取內部點，進入繪圖區，選取要填充的內部點

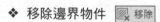

❖ 移除邊界物件

點選內部點或 [選取物件(S)/設定(T)]:   ← 碰選內部點，或選取物件

選取要移除的邊界:

選取要移除的邊界或 [退回(U)]:   ← 碰選邊界邊緣

     :   :

選取要移除的邊界或 [退回(U)]:   ← [Enter] 離開

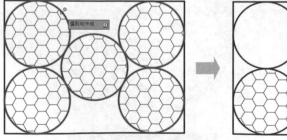 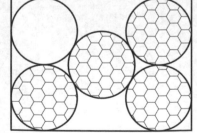

五個圓的剖面為同一個物件

❖ 選取物件 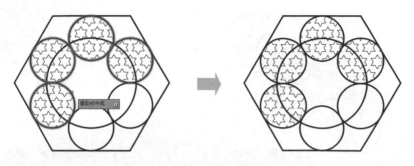 **選取**：直接選取或框選欲填充物件。

框選多個物件時，會由外至內奇數面填充偶數面不填充。

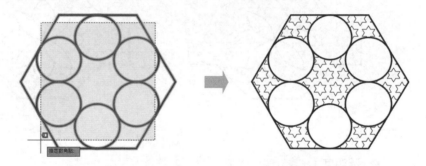

❖ 保留邊界：

不保留邊界：建立填充線時不建立邊界範圍。

保留邊界－聚合線：建立填充線時同時也建立聚合線邊界物件。

保留邊界－面域：建立填充線時同時也建立面域邊界物件。

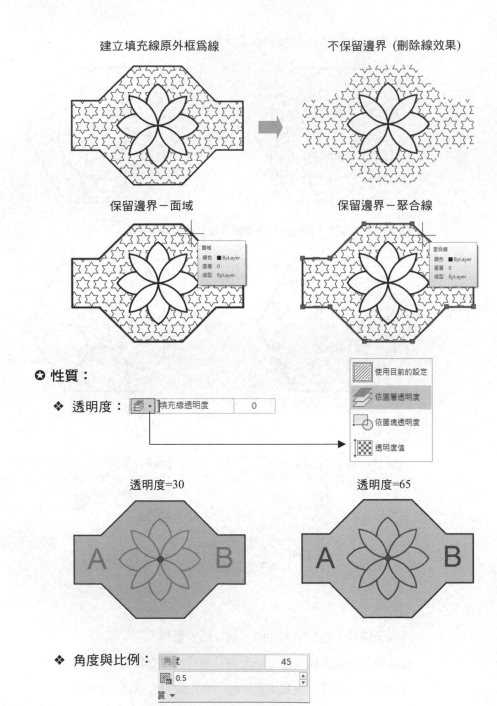

建立填充線原外框為線

不保留邊界 (刪除線效果)

保留邊界－面域

保留邊界－聚合線

✪ **性質：**

❖ 透明度： 填充線透明度 0

使用目前的設定

依圖層透明度

依圖塊透明度

透明度值

透明度=30

透明度=65

❖ 角度與比例： 角度 45

0.5

角度＝0，比例＝1　　　　　　　　　　角度＝45，比例＝1.5

☯ 原點：

❖ 設定原點：設定填充線繪製起始原點。

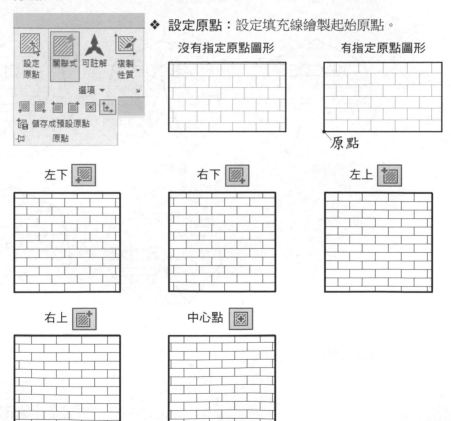

沒有指定原點圖形　　　　　　有指定原點圖形

原點

左下　　　　　　右下　　　　　　左上

右上　　　　　　中心點

❖ 儲存成預設原點：將目前指定的原點儲存為後續填充線的預設原點。

❖ 使用目前的原點 ：使用目前預設填充線的原點。

第一篇 第九章 ▼ 填充指令

✪ 選項：

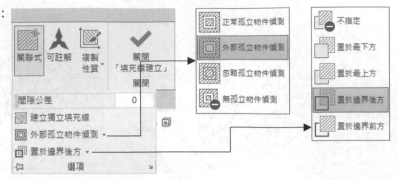

❖ 關聯式：物件與填充線關聯定義。

打開關聯式

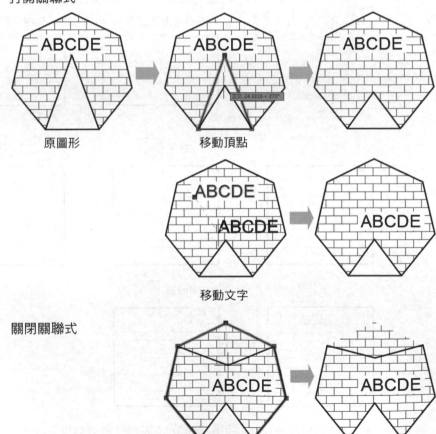

原圖形　　　　　移動頂點

移動文字

關閉關聯式

移動頂點

❖ 可註解 ：指定填充樣式比例會依據視埠比例做調整，請參考第十六章介紹。

❖ 複製性質：複製圖面上已存在的填充線之性質為目前的性質。

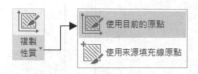

使用目前的原點：填充線以目前的原點為預設值。

使用來源填充線原點：以來源填充線原點為預設值。

❖ 間隙公差：延伸後可封閉邊界的幾何物件之間可彌合的最大間隙大小。

❖ 建立獨立填充線： 在同時定義填充線建立時，新建為同一物件或個別獨立物件。

非獨立物件時，會整組填
充都刪除

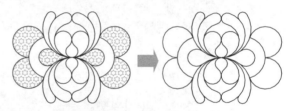

是獨立物件時，會只刪除
該組獨立物件

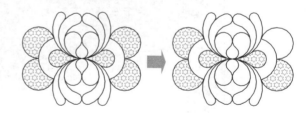

❖ 外部孤立物件偵測：

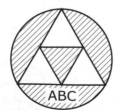
正常孤立物件偵測

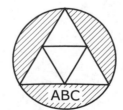
外部孤立物件偵測

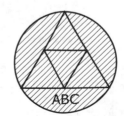
忽略孤立物件偵測

❖ 繪圖順序設定：定義填充線建立繪圖順序。

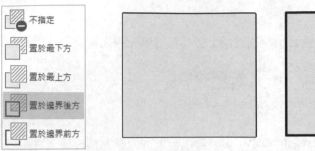

置於邊界前方　　　　　　　　　置於邊界後方

✪ **開啟舊式的填充線對話框：**

打開舊有的填充線對
話框，同 HATCHEDIT
指令

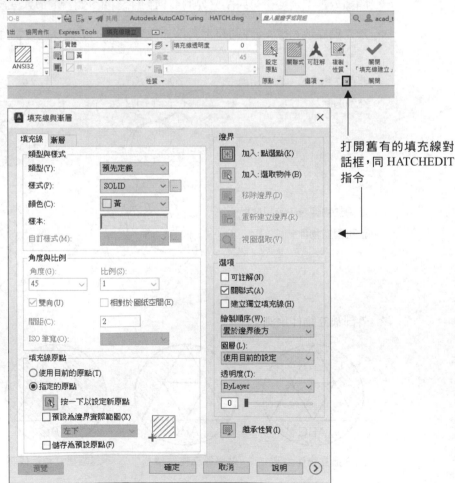

2 HATCHEDIT－填充線編輯

指令	HATCHEDIT	快捷鍵	HE
說明	修改填充線性質		
滑鼠功能	以滑鼠左鍵碰選填充線物件，可複選進行編輯		

功能指令敘述

指令: HATCHEDIT

選取填充線物件:

　　← 選取填充圖形 (出現對話框)

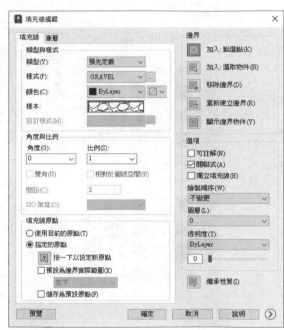

❤ **直接碰選填充物件，進入編輯狀態：**相關功能設定請參考 HATCH 指令。

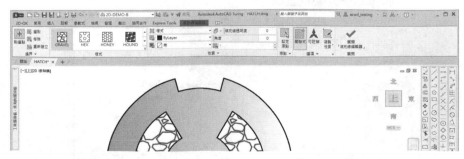

第一篇 第九章 ▼ 填充指令

3 TOOLPALETTES－工具選項板

指令	TOOLPALETTES	快捷鍵	[Ctrl]+3	
說明	快速拖曳建立填充線與圖塊			工具選項板

功能指令敘述 (詳細介紹請見第十四章第 8~10 單元)

指令: TOOLPALETTES

ISO 與英制填充線　　　　建築範例　　　　指令工具範例

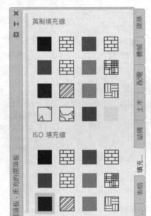　　　　

✪ **定義填充性質：**

將滑鼠移到要定義填充
的位置上，按選滑鼠右
鍵，出現選單，選取『性
質』。

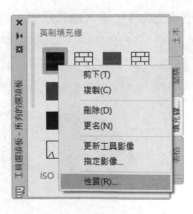

一般填充線 實體填充

 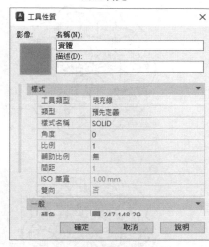

圖塊插入 漸層填滿

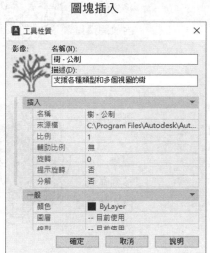 

✪ **建立填充：**用滑鼠左鍵選取填充線直接拖曳至指定圖形中，快速又方便！

❶

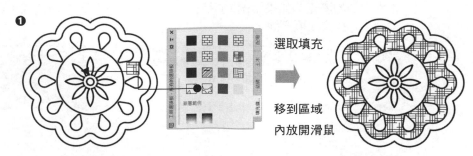

選取填充

移到區域
內放開滑鼠

第一篇　第九章 ▼ 填充指令

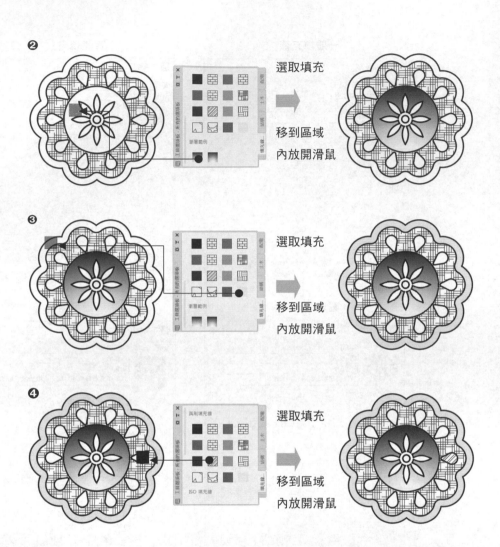

❷ 選取填充 ➡ 移到區域內放開滑鼠

❸ 選取填充 ➡ 移到區域內放開滑鼠

❹ 選取填充 ➡ 移到區域內放開滑鼠

✿ 調整填充線：

建立完成的填充，如果比例或顏色、尺寸不符合，可於該填充線上碰選滑鼠左鍵，迅速修改填充線。

4 各種標準填充圖案介紹

✪ 其他預先定義的圖樣

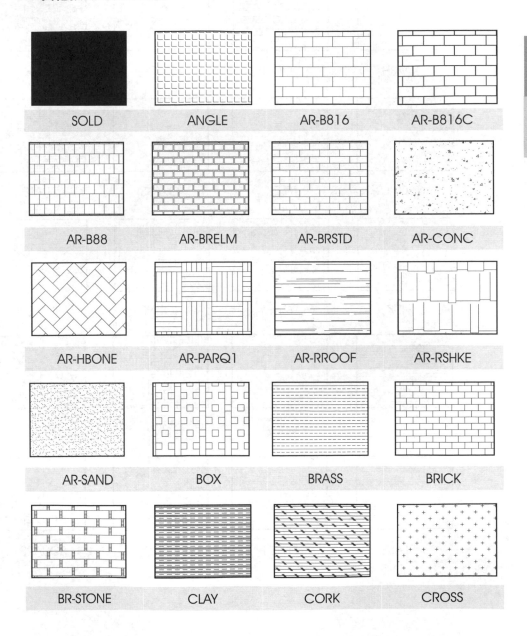

SOLD	ANGLE	AR-B816	AR-B816C
AR-B88	AR-BRELM	AR-BRSTD	AR-CONC
AR-HBONE	AR-PARQ1	AR-RROOF	AR-RSHKE
AR-SAND	BOX	BRASS	BRICK
BR-STONE	CLAY	CORK	CROSS

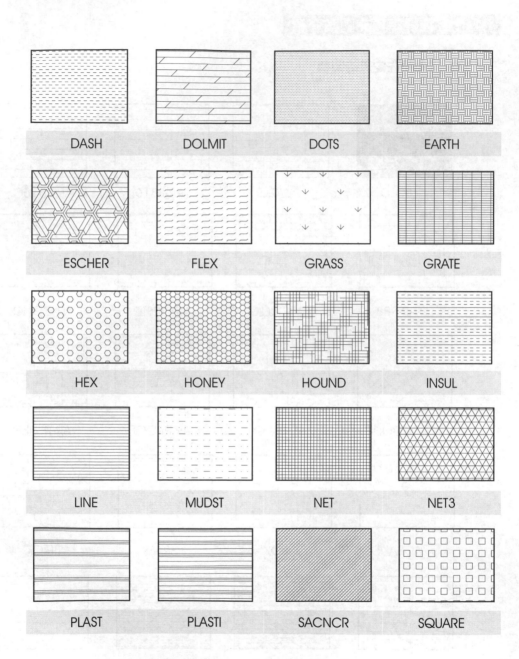

DASH　DOLMIT　DOTS　EARTH

ESCHER　FLEX　GRASS　GRATE

HEX　HONEY　HOUND　INSUL

LINE　MUDST　NET　NET3

PLAST　PLASTI　SACNCR　SQUARE

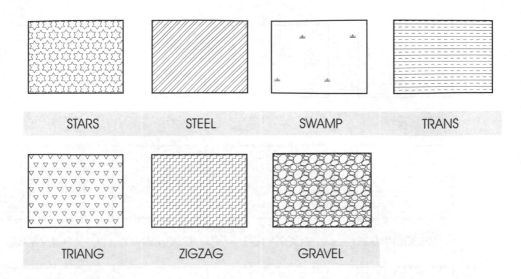

| STARS | STEEL | SWAMP | TRANS |
| TRIANG | ZIGZAG | GRAVEL | |

✪ ANSI 定義的圖樣

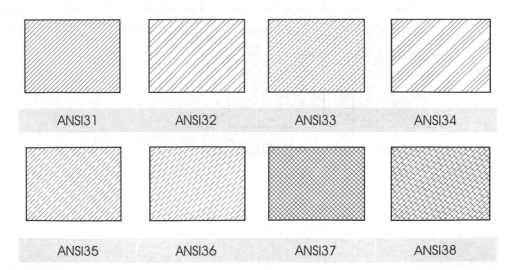

| ANSI31 | ANSI32 | ANSI33 | ANSI34 |
| ANSI35 | ANSI36 | ANSI37 | ANSI38 |

第一篇

第九章

▼

填充指令

✪ ISO 定義的圖樣

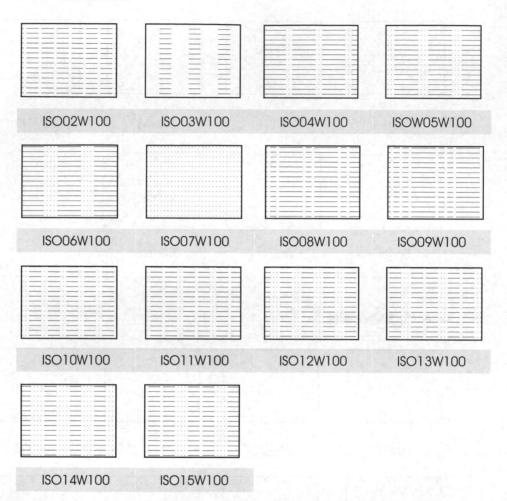

ISO02W100

ISO03W100

ISO04W100

ISOW05W100

ISO06W100

ISO07W100

ISO08W100

ISO09W100

ISO10W100

ISO11W100

ISO12W100

ISO13W100

ISO14W100

ISO15W100

第一篇 第十章

查詢指令

單元		工具列	中文指令	說　　明	頁碼
1	MEASUREGEOM		測量	測量距離、半徑、角度、面積、體積數值	10-2
2	LIST	清單	清單	查詢物件資料	10-10
3	ID	點位置	點位置	查詢點座標位置	10-10
4	DIST		距離	查詢兩點間距離值	10-11
5	AREA		面積	查詢面積	10-11
6	MASSPROP		質量性質	查詢 2D 面域或 3D 實體的相關物件資料	10-12
7	SETVAR		設定變數	查詢變數設定狀態	10-13
8	TIME		時間	查詢、設定目前時間	10-14
9	STATUS		狀態	目前繪圖狀態顯示	10-15
10	HELP	?	說明	Autodesk 線上輔助說明	10-16

1 MEASUREGEOM－測量

指令	MEASUREGEOM	快捷鍵	MEA
說明	測量距離、半徑、角度、面積、體積數值		
重點叮嚀	查詢相關指令的精確度由 UNITS 設定控制		

功能指令敘述

指令: MEASUREGEOM
輸入選項 [距離(D)/半徑(R)/角度(A)/面積(AR)/體積(V)/快速(Q)/模式(M)/結束(X)]
<距離>:   ← 輸入選項

✪ 輸入選項 D 或選取 距離 鍵，測量二點間距離值

❖ 求兩點間距離：

指定第一點: ← 選取點 1
指定第二個點或 [多個點(M)]:   ← 選取點 2
距離 = 45.9996，XY 平面內角度 = 349.11，與 XY 平面的夾角 = 0.00
X 差值 = 45.1707，Y 差值 = -8.6931，Z 差值 = 0.0000
輸入選項 [距離(D)/半徑(R)/角度(A)/面積(AR)/體積(V)/快速(Q)/模式(M)/
結束(X)] <距離>:   ← 輸入 X 結束

求得距離= 45.9996

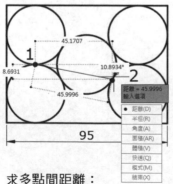

❖ 求多點間距離：

指定第一點: ← 選取點 1
指定第二個點或 [多個點(M)]:   ← 輸入選項 M
指定下一個點或 [弧(A)/長度(L)/退回(U)/全部(T)] <全部>: ← 選取點 2

距離 = 30.1138

指定下一個點或 [弧(A)/封閉(C)/長度(L)/退回(U)/全部(T)] <全部>:
　　　　　　　　　　　　　← 選取點 3

距離 = 64.8862

指定下一個點或 [弧(A)/封閉(C)/長度(L)/退回(U)/全部(T)] <全部>:
　　　　　　　　　　　　　← 輸入 [Enter]

<u>距離 = 64.8862</u>　　　← 求得最後距離

輸入選項 [距離(D)/半徑(R)/角度(A)/面積(AR)/體積(V)/快速(Q)/模式(M)/
結束(X)] <距離>:　　　　　← 輸入 X 結束

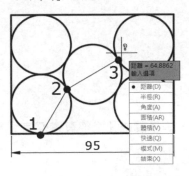

求得距離=64.8862

❖ **求多點間與弧長度距離：**

指定第一點:　　　　　　　　　← 選取點 1

指定第二個點或 [多個點(M)]:　　← 輸入選項 M

指定下一個點或 [弧(A)/長度(L)/退回(U)/全部(T)] <全部>:　← 選取點 2

距離 = 60.2276

指定下一個點或 [弧(A)/封閉(C)/長度(L)/退回(U)/全部(T)] <全部>:
　　　　　　　　　　　　　← 輸入 A

指定弧的端點或[角度(A)/中心點(CE)/封閉(CL)/方向(D)/線(L)/半徑(R)/第
二點(S)/退回(U)]:　　　　　← 選取點 3 (半圓弧長度)

距離 = 114.8480

指定弧的端點或[角度(A)/中心點(CE)/封閉(CL)/方向(D)/線(L)/半徑(R)/第
二點(S)/退回(U)]:　　　　　← 輸入 L (回到線模式)

指定下一個點或 [弧(A)/封閉(C)/長度(L)/退回(U)/全部(T)] <全部>:
　　　　　　　　　　　　　← 選取點 4

距離 = 175.0756

指定下一個點或 [弧(A)/封閉(C)/長度(L)/退回(U)/全部(T)] <全部>:

                          ← 輸入選項 C 封閉

距離 = 209.8480   ← 求得最後距離

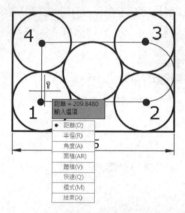

求得距離=209.8480

○ **輸入選項 R 或選取** **鍵，測量圓或弧半徑與直徑值**

選取一個弧或圓: ← 選取圓

半徑 = 17.3862   ← 求得半徑與直徑值

直徑 = 34.7724

○ **輸入選項 A 或選取** **鍵，測量圓或弧半徑與直徑值**

❖ 測量角度前，可先執行 UNITS 指令，調整小數點精確度:

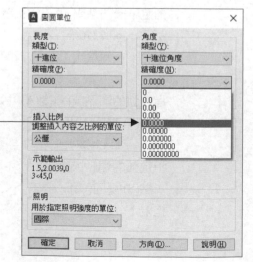

設定至小數點第四位

❖ **測量兩線夾角：**

選取弧、圓、線或 <指定頂點>:　　　← 選取線 1

選取第二條線:　　　　　　　　　　← 選取線 2

角度 ＝128.5714°　　　　　　　　　← 求得夾角值

輸入選項 [距離(D)/半徑(R)/角度(A)/面積(AR)/體積(V)/快速(Q)/模式(M)/
結束(X)] <距離>:　　　　　　　　　← 輸入 X 結束

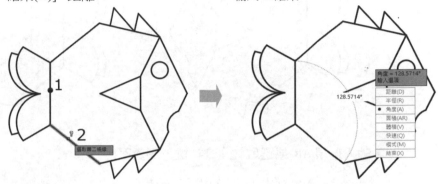

❖ **測量弧包含角：**

選取弧、圓、線或 <指定頂點>:　　　← 選取圖示中的弧

角度 ＝120°　　　　　　　　　　　← 求得包含角值

輸入選項 [距離(D)/半徑(R)/角度(A)/面積(AR)/體積(V)/快速(Q)/模式(M)/
結束(X)] <距離>:　　　　　　　　　← 輸入 X 結束

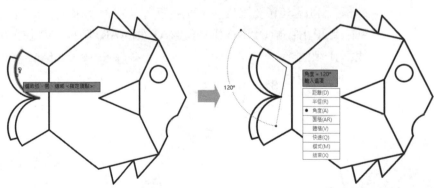

❖ **指定頂點測量夾角：**

選取弧、圓、線或 <指定頂點>:　　　← 輸入 [Enter]

指定角度頂點:　　　　　　　　　　← 選取點 1

指定角度的第一個端點： 　　　← 選取點 2

指定角度的第二個端點： 　　　← 選取點 3

<u>角度 = 60.5482°</u> 　　　← 求得夾角值

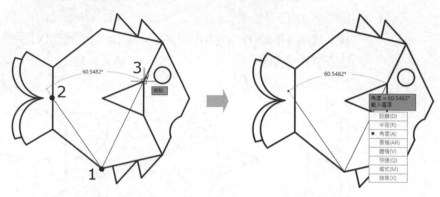

✪ **輸入選項 AR 或選取**　　**鍵，測量面積**

指定第一個角點或 [物件(O)/加上面積(A)/減去面積(S)/結束(X)] <物件(O)>:

　　　　　　　　　　　　　　　　　　　　　　← 選取點 1

指定下一個點或 [弧(A)/長度(L)/退回(U)]： 　　← 選取點 2

指定下一個點或 [弧(A)/長度(L)/退回(U)]： 　　← 選取點 3

指定下一個點或 [弧(A)/長度(L)/退回(U)/全部(T)] <全部>: ← 選取點 4

指定下一個點或 [弧(A)/長度(L)/退回(U)/全部(T)] <全部>: ← 輸入 [Enter]

<u>面積 = 1816.3616，周長 = 198.4857</u> 　　← 求得面積與周長值

輸入選項 [距離(D)/半徑(R)/角度(A)/面積(AR)/體積 (V)/快速(Q)/模式(M)/結束(X)] <距離>: 　　　　　　　　　← 輸入 X 結束

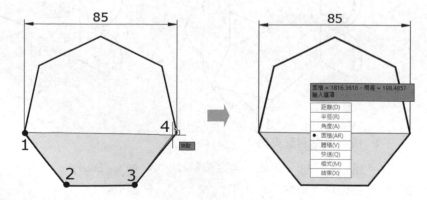

❖ 選取封閉物件計算面積：

指定第一個角點或 [物件(O)/加上面積(A)/減去面積(S)/結束(X)] <物件(O)>:　　　　　　　　　← 輸入選項 O

選取物件:　　　　　　　　　← 選取封閉物件

面積 = 5200.1282，周長 = 264.7999　← 求得面積與周長值

輸入選項 [距離(D)/半徑(R)/角度(A)/面積(AR)/體積(V)/快速(Q)/模式(M)/結束(X)] <距離>:　　　　　　　　　← 輸入 X 結束

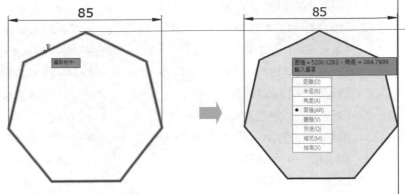

❖ 物件面積加減模式計算：

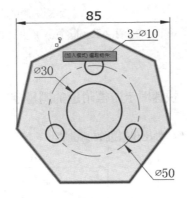
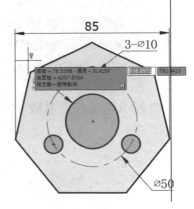

指定第一個角點或 [物件(O)/加上面積(A)/減去面積(S)/結束(X)] <物件(O)>:　　　　　　　　　← 輸入選項 A

指定第一個角點或 [物件(O)/減去面積(S)/結束(X)]:　← 輸入選項 O

(加入模式) 選取物件:　　　　　　　　　← 選取七邊形

面積 = 5200.1282，周長 = 264.7999　← 七邊形面積與周長

總面積 = 5200.1282　　　　　　　　← 目前的總面積

(加入模式) 選取物件:　　　　　　　　　　　← 輸入 [Enter]

指定第一個角點或 [物件(O)/減去面積(S)/結束(X)]:　← 輸入選項 S

指定第一個角點或 [物件(O)/加上面積(A)/結束(X)]:　← 輸入選項 O

(減去模式) 選取物件:　　　　　　　　　　　← 選取直徑 30 圓

面積 = 706.8583，圓周 = 94.2478　　　　　← 大圓面積與周長

總面積 = 4493.2698　　　　　　　　　　　← 目前的總面積

(減去模式) 選取物件:　　　　　　　　　　　← 選取直徑 10 小圓 1

面積 = 78.5398，圓周 = 31.4159　　　　　← 小圓 1 面積與周長

總面積 = 4414.7300　　　　　　　　　　　← 目前的總面積

(減去模式) 選取物件:　　　　　　　　　　　← 選取直徑 10 小圓 2

面積 = 78.5398，圓周 = 31.4159　　　　　← 小圓 2 面積與周長

總面積 = 4336.1902　　　　　　　　　　　← 目前的總面積

(減去模式) 選取物件:　　　　　　　　　　　← 選取直徑 10 小圓 3

面積 = 78.5398，圓周 = 31.4159　　　　　← 小圓 3 面積與周長

總面積 = 4257.6504　　　　　　　　　　　← 目前的總面積

(減去模式) 選取物件:　　　　　　　　　　　← 輸入 [Enter]

指定第一個角點或 [物件(O)/加上面積(A)/結束(X)]:　← 輸入 X 結束

總面積 = 4257.6504　　　　　　　　　　　← 最後求得總面積

輸入選項 [距離(D)/半徑(R)/角度(A)/面積(AR)/體積(V)/快速(Q)/模式(M)/
結束(X)] <距離>:　　　　　　　　　　　　← 輸入 X 結束

✪ **輸入選項 Q 或選取** 　快速　**鍵，快速顯示游標附近的測量值**

隨著游標移動出現附近的測量值

✪ 輸入選項 M，開關快速顯示游標附近的測量值

指令:MEASUREGEOM

移動游標或 [距離(D)/半徑(R)/角度(A)/面積(AR)/體積(V)/快速(Q)/模式(M)/結束(X)] <結束>:　　　　　　　　　　　　　　 ← 輸入選項 M

永遠預設為快速測量行為？[是(Y)/否(N)] <否>:　← 輸入選項 Y

移動游標或 [距離(D)/半徑(R)/角度(A)/面積(AR)/體積(V)/快速(Q)/模式(M)/結束(X)] <結束>:　　　　　　　　　　 ← 移動游標測量或輸入選項

✪ 輸入選項 A 或選取 **鍵，測量圓或弧半徑與直徑值**

指定第一個角點或 [物件(O)/加上體積(A)/減去體積(S)/結束(X)] <物件(O)>:
　　　　　　　　　　 ← 輸入選項 O

選取物件:　　　 ← 選取 3D 物件

體積 = 51001.0613　 ← 求得體積

❶ 面積變數查詢

指令: SETVAR

輸入變數名稱或 [列示(?)] <DIMSCALE>:　　← 輸入 AREA

AREA = 2749.2037 (唯讀)

❷ 周長變數查詢

指令: SETVAR

輸入變數名稱或 [列示(?)] <AREA>:　　　　← 輸入 PERIMETER

PERIMETER = 62.8319 (唯讀)

2　LIST－清單

指令	LIST	快捷鍵	LI	清單
說明	查詢物件資料			

功能指令敘述

指令: LIST

選取物件:　　　　　← 選取物件

選取物件:　　　　　← [Enter] 離開，出現文字螢幕畫面，觀看完後可用功能鍵 F2 關閉

✪ 下列為選取圓 CIRCLE 的資料顯示

圓　　　　圖層:「0」　　　　　　　　　← 物件類型與所在的圖層

空間: 模型空間　　　　　　　　　　　← 空間設定狀態

處理碼 = a56　　　　　　　　　　　　← 物件處理代碼

中心點　X= 869.3640　Y= 874.7161　Z= 0.0000 ← 圓中心座標點

半徑　　17.3862　　　　　　　　　　← 圓半徑值

圓周　　109.2408　　　　　　　　　　← 圓周長

面積　　949.6412　　　　　　　　　　← 圓面積值

3　ID－點位置

指令	ID	點位置
說明	查詢點座標位置	

功能指令敘述

指令: ID

指定點:　　　　　　← 選取點位置 1

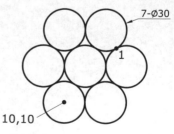

✪ 查詢的距離結果：

指定點:　X = 47.5000　　　Y = 48.9711　　　Z = 0.0000

4　DIST－距離

指令	DIST	快捷鍵	DI
說明	查詢兩點間距離值		

功能指令敘述

指令: DIST
指定第一點:　　　　　　　　　←　選取點 1
指定第二個點或 [多個點(M)]:　←　選取點 2

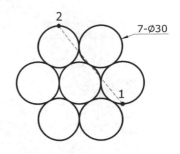

❂ 查詢的距離結果：

　距離 = 71.8251,　XY 平面內角度 = 129,　與 XY 平面的夾角 = 0
　X 差值 = -45.0000,　Y 差值 = 55.9808,　Z 差值 = 0.0000

5　AREA－面積

指令	AREA	快捷鍵	AA
說明	查詢面積		

功能指令敘述

指令: AREA
指定第一個角點或 [物件(O)/加上面積(A)/減去面積(S)] <物件(O)>:←　輸入選項

(面積測量請參考本章第一單元，MEASUREGEOM 指令 AREA 功能選項說明)

6 MASSPROP－質量性質

指令	MASSPROP
說明	查詢 2D 面域或 3D 實體的相關物件資料

功能指令敘述

```
指令: MASSPROP
選取物件:                          ←  選取面域
   :    :
選取物件:                          ←  輸入[Enter]，出現選取面域相關資料

-----------------     面域     ------------------


面積:              7853.9816
周長:              314.1593
邊界框:            X: 1400.5184    --    1500.5184
                  Y: 1567.2545    --    1667.2545
形心:              X: 1450.5184
                  Y: 1617.2545
慣性矩:            X: 20547092346.7594
                  Y: 16529714690.4664
慣性積:            XY: 18424320827.5194
旋轉半徑:          X: 1617.4477
                  Y: 1450.7338
主力矩與形心的 X-Y 方向:
                  I: 4908738.5212  沿著  [1.0000 0.0000]
                  J: 4908738.5212  沿著  [0.0000 1.0000]

將分析寫入檔案? [是(Y)/否(N)] <否>:   ←  是否將結果寫出檔案
```

指令	SETVAR	快捷鍵	SET
說明	查詢變數設定狀態		

功能指令敘述

指令: SETVAR

輸入變數名稱或 [列示(?)] <PERIMETER>:　　　← 輸入 ? 或直接輸入變數名稱

輸入要列示的變數 <*>:　　　　　　　　　　← 輸入變數名稱或 * 可查詢全部

✪ 查詢所有的變數資料顯示如下

3DSELECTIONMODE	1
ACADLSPASDOC	0
ACADPREFIX	"C:\Users\SakuraCar\AppData\Roaming\Autodesk\AutoCAD Turing\R..." (唯讀)
ACADVER	"24.2s (LMS Tech)"　　　(唯讀)
ACTPATH	""　　　　　　　　　(唯讀)
ACTUI	6
AFLAGS	16
ANGBASE	0.0000
ANGDIR	0

按下 Enter 繼續:

　　: :

XCLIPFRAME	0
XDWGFADECTL	50
XEDIT	1
XFADECTL	70

　　: :

8 TIME－時間

指令	TIME
說明	查詢、設定目前時間
選項功能	顯示(D)：顯示時間狀態 打開(ON)：打開繪圖計時器 關閉(OFF)：關閉繪圖計時器 重置(R)：計時器重設

功能指令敘述

指令: TIME

目前的時間: 2022 年 4 月 18 日   下午 06:50:45:000
本圖面所花費時間:
   建立日期: 2009 年 2 月 16 日   下午 01:57:14:000
   最後一次更新: 2022 年 4 月 18 日   下午 06:19:52:000
   總編輯時間: 3 日 14:15:49:238
   經過時間 (打開):   3 日 14:15:49:238
   下次自動儲存時間: <尚未修改>
輸入選項 [顯示(D)/打開(ON)/關閉(OFF)/重置(R)]:   ← 輸入選項或 [Enter] 離開

9　STATUS－狀態

指令	STATUS
說明	目前繪圖狀態顯示

功能指令敘述

指令: STATUS

✪ 查詢狀態資料顯示如下

335 個物件於 C:\2023DEMO\TESTDWG\MEASUREGEOM.dwg 內

退回檔案大小:　　　　118 KB

模型空間 圖面範圍是　X:　　0.0000　Y:　　0.0000　(關閉)

　　　　　　　　　　X:　420.0000　Y:　297.0000

模型空間 使用　　　　X:　791.7502　Y:　719.1641

　　　　　　　　　　X: 1035.0824　Y:　939.7572 **超出範圍

展示範圍　　　　　　X:　712.5684　Y:　677.5635

　　　　　　　　　　X: 1138.7302　Y:　963.2129

插入基準點是　　　　X:　　0.0000　Y:　　0.0000　Z:　　0.0000

鎖點解析度是　　　　X:　10.0000　Y:　10.0000

格線間距是　　　　　X:　10.0000　Y:　10.0000

目前的空間:　　　　　模型空間

目前的配置:　　　　　Model

目前的圖層:　　　　　「0」

目前的顏色:　　　　　BYLAYER -- 7 (白)

目前的線型:　　　　　BYLAYER -- "Continuous"

目前的材料:　　　　　BYLAYER -- "Global"

目前的線粗:　　　　　BYLAYER

目前的高程:　　　　　0.0000　　　厚度:　　　0.0000

填實 打開　格線 關閉　正交 關閉　快速文字 關閉　鎖點 打開　數位板 關閉

按 Enter 繼續:

物件鎖點模式:　　中心點, 端點, 交點, 四分點, 延伸

可用的圖檔磁碟 (C:) 空間: 7183.1 MB

可用的暫存磁碟 (C:) 空間: 7183.1 MB

可用的實體記憶體: 1740.9 MB (全部　8128.9M)。

可用的置換檔空間: 7401.6 MB (全部　17856.9MB)。

10　HELP－說明

指令	HELP	快捷鍵	？ 或 F1
說明	Autodesk 線上輔助說明		

功能指令敘述

指令: HELP

（出現畫面）

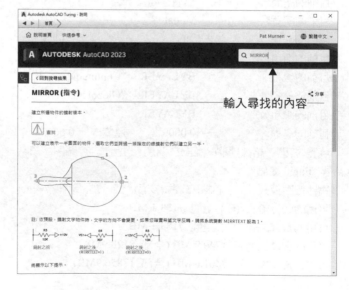

輸入尋找的內容

✪ 將滑鼠工具列圖示上等待 2 秒即可看見，延伸工具提示說明

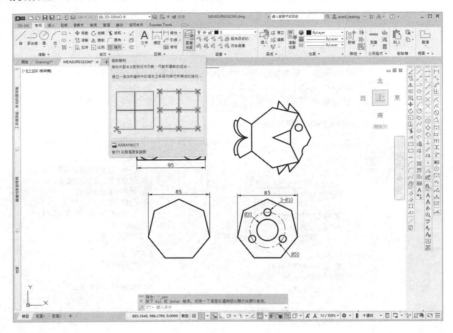

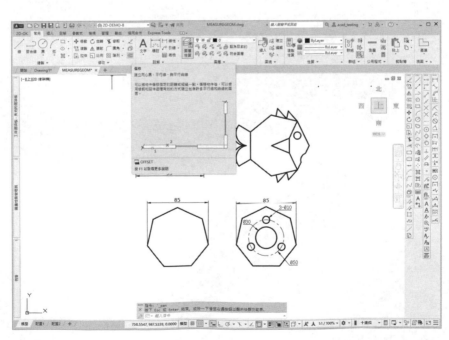

❖ 『展示延伸工具』提示的延遲秒數可由『選項』OPTIONS 指令→『顯示』
頁籤修改預設值=2 秒。

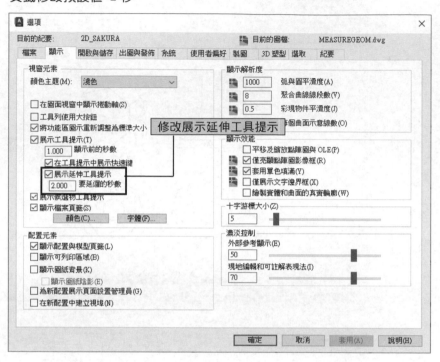

第一篇 第十一章

物件相關資料設定

1　LAYER－圖層性質管理員

指令	LAYER	快捷鍵	LA
說明	圖層性質管理設定		
重點說明	圖層是輔助繪圖的最重要幫手		

圖層
性質

功能指令敘述

指令: LAYER

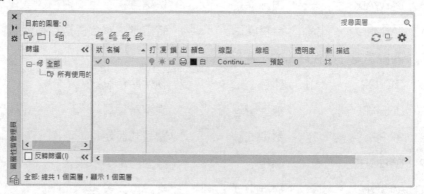

☯ **符號說明：**

💡 💡	開與關	🔒 🔓	解鎖與鎖住
☀ ❄	凍結與解凍	🖶 🖷	出圖與不出圖

☯ **建立新圖層：** 🗇

選取 🗇 鍵，清單上多出一個『圖層 1』，直接輸入新圖層名稱即可。

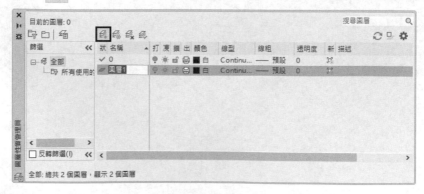

✪ 設定圖層顏色：

選取欲修改的圖層名稱的顏色符號 ■ 鍵，出現顏色設定對話框。

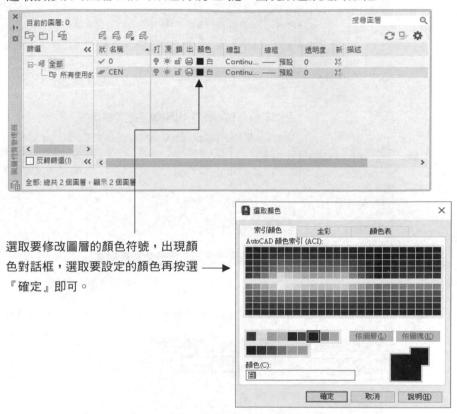

選取要修改圖層的顏色符號，出現顏色對話框，選取要設定的顏色再按選『確定』即可。

除了索引顏色表(AutoCAD 傳統 256 色)，還可以有更多顏色的選擇：

全彩色表　　　　　　　　　　　　　　　RGB 顏色表

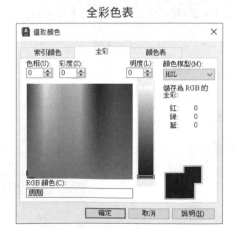

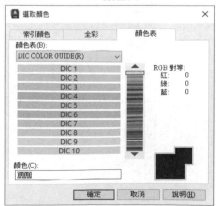

✪ **設定線型：**選取欲修改的圖層名稱的 Continuous (連續線) 線型名稱。

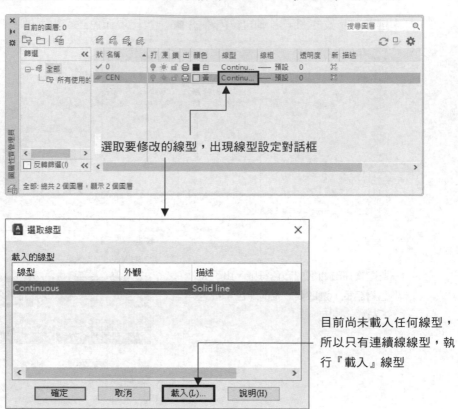

選取要修改的線型，出現線型設定對話框

目前尚未載入任何線型，所以只有連續線線型，執行『載入』線型

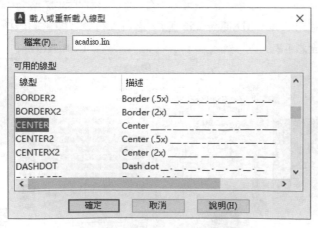

選取的方式：

1. 按住[Shift]鍵，選取起始與結束位置，可一次連續選取。
2. 按住[Ctrl]鍵，可跳著選取多個線型。
3. 按選滑鼠右鍵出現選項。

| 全選(S) |
| 全部清除(C) |

選完線型後，按選『確定』鍵，線型清單上會出現所選到的線型，選取圖層所要設定的線型名稱後，按選『確定』鍵即可。

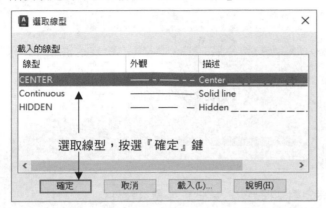

選取線型，按選『確定』鍵

❂ **設定線粗：**選取欲修改的圖層名稱的『 —— 預設值』線粗名稱。

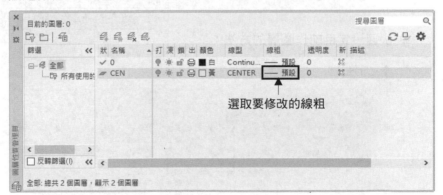

選取要修改的線粗

出現線粗設定對話框，選取要設定的線粗，再按選『確定』鍵即可。

☼ **設定透明度：**

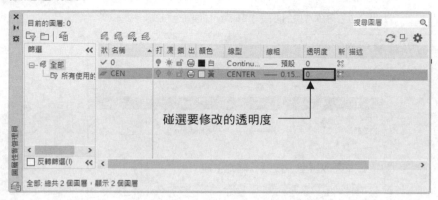

碰選要修改的透明度

出現透明度設定對話框，輸入要設定
的透明度值，再按選『確定』鍵即可

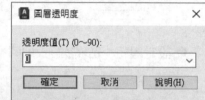

☼ **快速設定目前作圖層的方法：**

❖ **方法 1：**

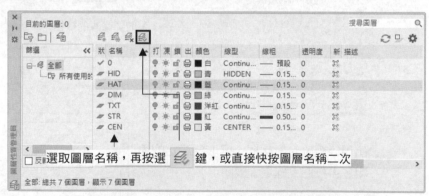

選取圖層名稱，再按選 鍵，或直接快按圖層名稱二次

❖ **方法 2：**

拉下圖層清單，選取要切換的圖層名稱

❖ **方法 3**：選取圖層工具列功能鍵 ，或執行下列指令。

指令: LAYMCUR

選取其圖層將成為目前圖層的物件:　　← 碰選要更換圖層的參考物件

HAT 現在為目前的圖層。

✪ 將圖層作各種設定如開/關、凍結/解凍、鎖住/解鎖：

　　　　直接碰選各符號，即可開關各設定效果

✪ 快速的變更圖層顏色：

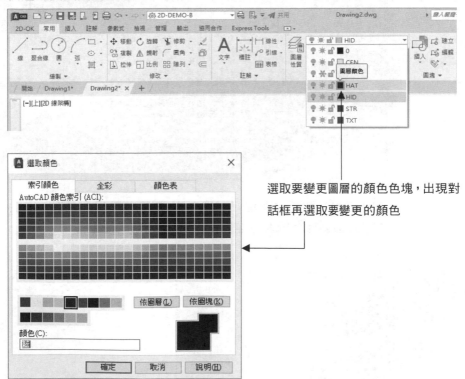

選取要變更圖層的顏色色塊，出現對話框再選取要變更的顏色

✪ **修改已存圖層各項性質**：執行 LAYER 或選取 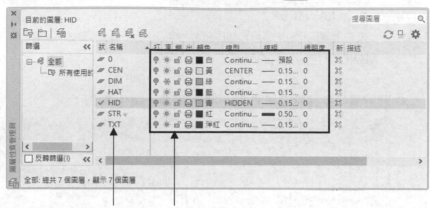，呼叫圖層管理員。

可隨時修改顏色、線型、線粗與開關、鎖住解鎖、凍結與解凍圖層，更可以直接點選名稱位置變更圖層名稱

✪ **刪除圖層**：

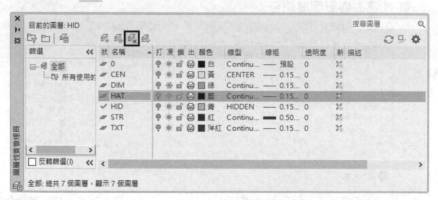

選取要刪除的圖層，再按選 即可，要刪除的圖層必須是不能含有任何物件，且不是目前的圖層才可刪除，否則會出現警告的訊息。

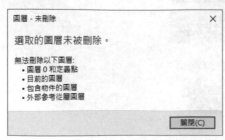

圖層 - 未刪除　　　　　　　　　　　　　×

選取的圖層未被刪除。

無法刪除以下圖層：
- 圖層 0 和定義點
- 目前的圖層
- 包含物件的圖層
- 外部參考從屬圖層

關閉(C)

✪ 使用『圖層狀態管理員』將圖層設定狀態儲存與取回：請參考下一單元。

✪ 圖層設定的注意事項：

❖ 如果您使用某一個圖層時，發現該線型或顏色並非由目前圖層所控制，
請選取於物件後將線型 LINETYPE 或顏色 COLOR 設定為 ByLayer。

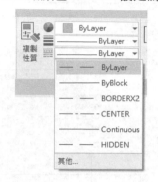

❖ 關閉/凍結/鎖住/不出圖之間差異對照表：

圖層管理項目	螢幕視覺上	編輯處理結果	目前層
關閉	看不到	吃得到	可
凍結	看不到	吃不到	不可
鎖住	看得到	吃不到	可
不出圖	看得到	不出圖	可

✪ **新建性質篩選器：**先建立下列圖層 (或開啟隨書光碟檔案 LAYER.dwg)。

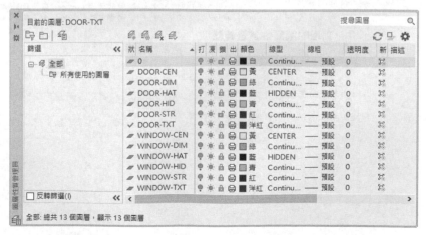

❖ 選取 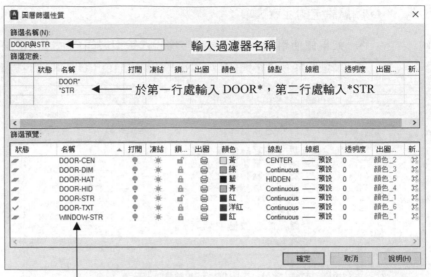 建立一組開頭為 DOOR 與後段為 STR 圖層過濾器。

輸入過濾器名稱

於第一行處輸入 DOOR*，第二行處輸入 *STR

輸入完成後，馬上可看見過濾出來的圖層

❖ 完成後選取『確定』，回到圖層對話框，可看見新增的一組性質過濾器。

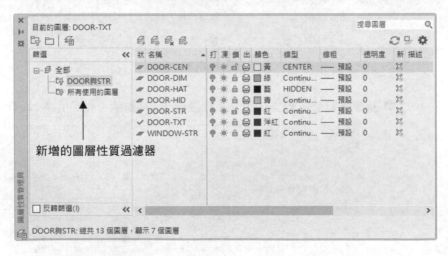

新增的圖層性質過濾器

❖ 按選滑鼠右鍵，整個過濾圖層還可以一起控制『可見性』、『鎖住』，實在很貼心，若有必要還可以將性質過濾器轉換至群組過濾器。

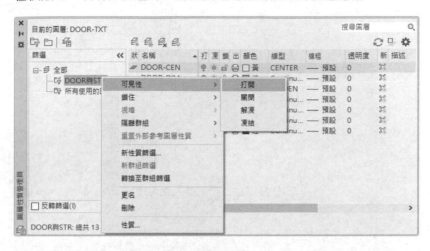

❖ 外部參考的性質過濾器→自動貼心的產生。

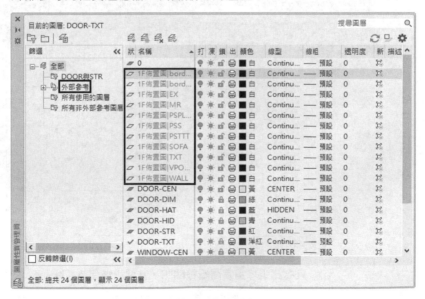

◎ **圖層於各視埠可自訂線型、線粗、顏色、鎖住與凍結等：**

請呼叫隨書光碟 LAYERSTATE.dwg，切換至『配置一』

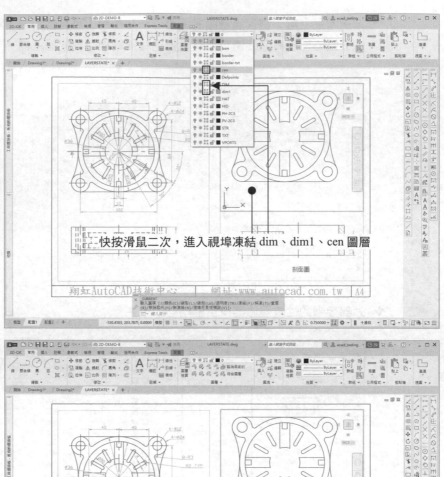

快按滑鼠二次，進入視埠凍結 dim、dim1、cen 圖層

只有此視埠指定圖層被關閉，其餘視埠保持原狀

❖ 如果要修改圖層顏色、線型與線粗，請先進入要修改視埠，再呼叫圖層
　性質管理員作修改，這樣就能夠有不同的視埠、不同的圖層顯示效果。

✪ 合併所選圖層至指定圖層：

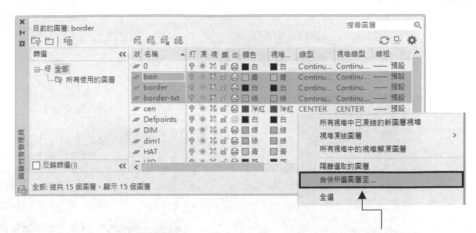

選取圖層後，按滑鼠右鍵出現選單，選取『合併所選圖層至…』

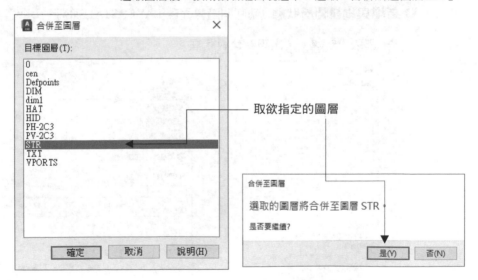

取欲指定的圖層

✪ 圖層性質管理員功能說明：

❖ 切換『模型』或『配置』空間後，圖層性質管理員將自動顯示目前空間中
 圖層性質和篩選選取的目前狀態。

❖ 開啟多張圖檔且切換後，圖層性質管理員也將自動更新。

❖ 可錨定左側或右側。

2　LAYERSTATE －圖層狀態管理員

指令	LAYERSTATE	快捷鍵	LAS
說明	儲存、還原以及管理具名的圖層狀態		

功能指令敘述

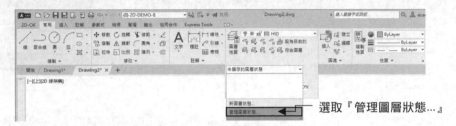

選取『管理圖層狀態...』

✪ **新增與編輯圖層狀態** (請呼叫隨書光碟 LAYERSTATE.dwg，切換至配置一)

❖ 選取『新建』，出現新建對話框。

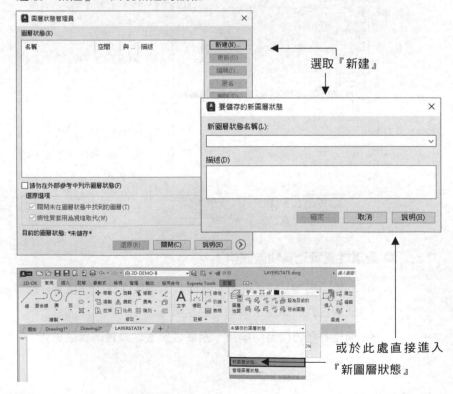

選取『新建』

或於此處直接進入
『新圖層狀態』

❖ 請建立三組圖層狀態名稱與說明：

❶ 主要尺寸：
僅顯示圖形輪廓尺寸

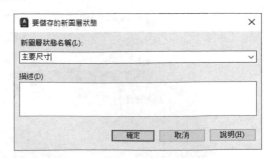

❷ 全部詳圖：
顯示所有的圖層內容

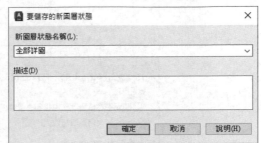

❸ 結構圖：
僅顯示結構、關閉尺寸、
中心線、隱藏線、剖面線

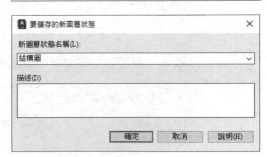

❖ 建立完成後，圖層功能表面板選單，即顯示新增三組：

❖ 執行『管理圖層狀態』，選取要編輯的狀態名稱，再按選『編輯』：

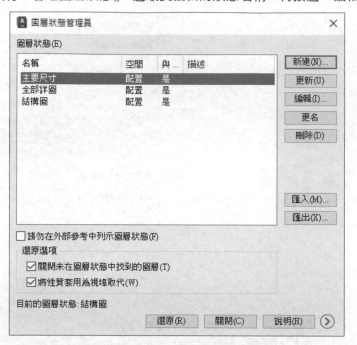

❶ 『主要尺寸』請凍結 DIM 圖層，再把 STR 圖層改為藍色。

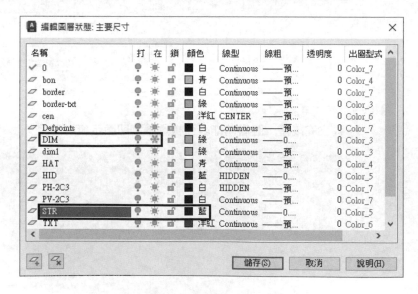

❷ 『結構圖』請留下 STR 與 0 層，其餘全部凍結。

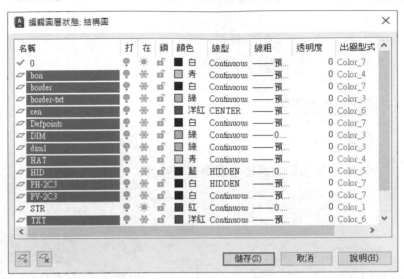

❸ 『全部詳圖』則保持原狀不修改。

✪ **完成編輯：** 於配置頁面處，可切換各視埠，輕易變更設定好的圖層狀態，再
配合出圖，相當方便！

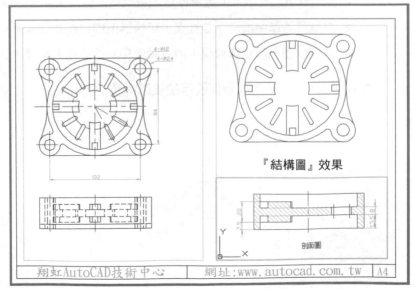

『主要尺寸』效果 『全部詳圖』效果

3 LAYWALK－圖層漫遊

指令	LAYWALK
說明	快速檢視圖層物件

功能指令敘述

指令: LAYWALK

✪ **依圖層名稱快速檢視圖面圖層物件**

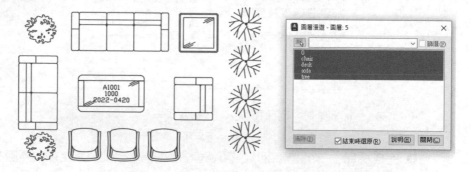

❖ 用 [Shift] 或 [Ctrl] 鍵協助選取欲檢視的圖層，非常方便！

❖ 在圖層清單中按一下並拖曳，可快速選取檢視多個圖層。

❖ 若要一層一層快速檢視，則只需使用鍵盤的往上鍵或往下鍵即可完成。

✪ **按 鍵，依選取物件快速檢視圖面圖層物件**

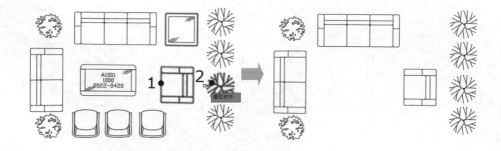

對話框出現目前所顯示圖層名稱：

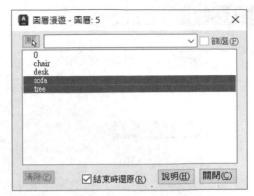

- ✪ **篩選圖層清單：**輸入萬用字元 (如圖：S*,*D*) 並按 [Enter]。

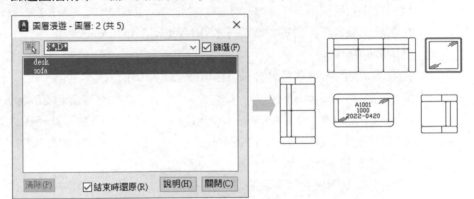

- ✪ **結束時還原：**開關可控制是否回復使用 LAYWALK 前的圖層開關狀態。

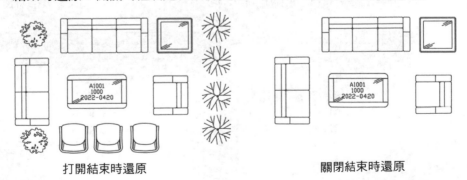

打開結束時還原　　　　　　　　　　　關閉結束時還原

- ✪ **清除：** 若選取圖層，沒有物件存在，則『清除』鍵會亮顯，如果不想保留該圖層，可點選『清除』鍵即可快速移除該圖層，同執行 PURGE 清除指令功能。

4 LAYMRG － 合併圖層

指令	LAYMRG	
說明	將指定圖層合併至目標圖層	

功能指令敘述

指令: LAYMRG

在圖層上選取要合併的物件或 [名稱(N)]:　　　　　　← 選取物件

　　　　　　　　　　　　　　　　　　　　　　　　(或以選項 N，輸入名稱)

無法合併目前圖層。　　　← 若選取的物件為目前圖層物件，會出現無法合併的警告

在圖層上選取要合併的物件或 [名稱(N)/退回(U)]:　← 選取物件

選取的圖層: sofa。　　　　　　　　　　　　　　← 顯示已選取圖層

在圖層上選取要合併的物件或 [名稱(N)/退回(U)]:

選取的圖層: sofa,chair。　　　　　　　　　　　← 顯示已選取圖層

在圖層上選取要合併的物件或 [名稱(N)/退回(U)]:　← 輸入 [Enter] 結束選取

在目標圖層上選取物件或 [名稱(N)]:　　　　　　← 選取目標圖層物件

********* 警告 *********

您要將 2 個圖層合併至圖層 "desk"。　　　　　← 合併前警告訊息

是否要繼續? [是(Y)/否(N)] <否(N)>:　　　　　← 輸入 Y 合併或 N 不合併

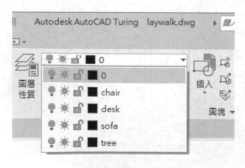

合併前圖層狀態

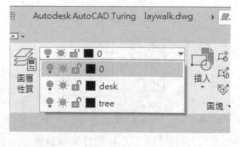

合併後，被合併的二個圖層也同時刪除

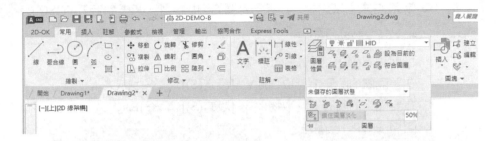

圖示	指令名稱	中文名稱	功能說明
	LAYISO	圖層隔離	除了所選取物件的圖層外，其餘鎖護
	LAYUNISO	圖層取消隔離	還原透過 LAYISO 指令鎖護的圖層
	LAYFRZ	圖層凍結	凍結所選取物件的圖層
	LAYOFF	圖層關閉	關閉所選取物件的圖層
	LAYMCUR	變更目前圖層	使物件圖層成為目前圖層
	LAYMCH	圖層相符	將物件圖層變更為選取物件的圖層
	LAYERP	前次圖層	回到前一次圖層
	LAYON	打開全部圖層	打開所有被關閉的圖層
	LAYTHW	解凍全部圖層	解凍所有被凍結的圖層
	LAYLCK	圖層鎖住	鎖護所選取物件的圖層
	LAYULK	圖層解鎖	解鎖所選取物件的圖層
	LAYCUR	變更為目前圖層	將物件的圖層變更為目前圖層
	COPYTOLAYER	將物件複製到新圖層	將物件複製到不同的圖層
	LAYVPI	將圖層隔離至目前視埠	凍結除目前視埠之外所有配置視埠中選取的圖層
	LAYDEL	刪除圖層	刪除選取圖層與所屬的物件

請叫出『客廳.dwg』

✪ **常用需求：**只想看到跟桌子有關的圖層物件，只要執行 LAYISO。

指令: LAYISO

目前設定: 鎖住圖層, 濃淡=70

在要隔離的圖層上選取物件或 [設定(S)]:   ← 選取茶几

在要隔離的圖層上選取物件或 [設定(S)]:   ← [Enter] 結束選取，或繼續選取

圖層 DESK 已隔離。

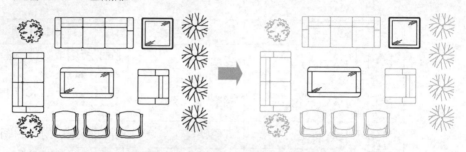

❖ 輸入選項 S 可設定被鎖住物件的濃淡度 (或由變數 LAYLOCKFADECTL 來設定)。

指令: LAYISO

目前設定: 隱藏圖層, 視埠=關閉

在要隔離的圖層上選取物件或 [設定(S)]:   ← 輸入選項 S

輸入未隔離的圖層的設定 [關閉(O)/鎖住和濃淡(L)] <關閉(O)>: ← 輸入 L

輸入濃淡值 (0-90) <60>:   ← 輸入濃淡值

在要隔離的圖層上選取物件或 [設定(S)]:   ← 選取物件

LAYLOCKFADECTL=85   LAYLOCKFADECTL=50

或直接由圖層面板上，拉
動改變濃淡數值

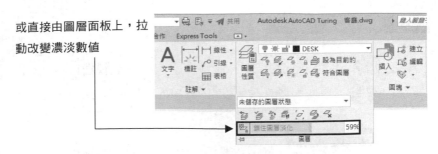

LAYUNISO 還原透過 LAYISO 指令隔離的圖層

✪ **常用需求：**茶几也不想看到，只要執行 LAYOFF 或 LAYFRZ 碰選茶几的物件即可。

指令: LAYOFF 💡
目前設定: 視埠=視埠凍結, 方塊選取巢狀層次=圖塊
在要關閉的圖層上選取物件或 [設定(S)/退回(U)]:　　　　← 點選茶几
圖層 "desk" 已關閉。
在要關閉的圖層上選取物件或 [設定(S)/退回(U)]:

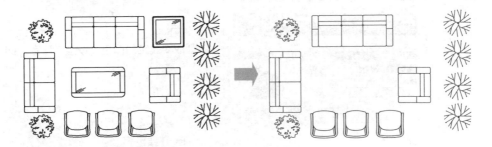

✪ **常用需求：**希望牆的物件不要被編修指令選取，只要執行 LAYLCK 或 LAYULK 碰選牆的物件即可鎖護該圖層或解鎖該圖層。

6 COLOR－顏色

指令	COLOR	快捷鍵	COL
說明	物件顏色設定 (一般內定值為 ByLayer)		

第一篇 第十一章 ▼ 物件相關資料設定

功能指令敘述

指令: COLOR

或選取物件性質工具列顏色

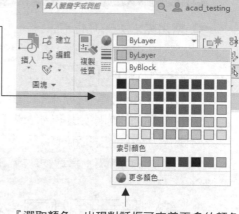

AutoCAD 傳統 (256 色)

『選取顏色』出現對話框可定義更多的顏色
選取要設定的顏色，按選『確定』即可

全彩色表

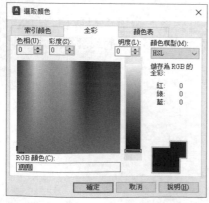

RGB 顏色表

7　LINETYPE－線型管理員

指令	LINETYPE	快捷鍵	LT
說明	線型管理員		

功能指令敘述

指令: LINETYPE　或選取物件性質工具列線型

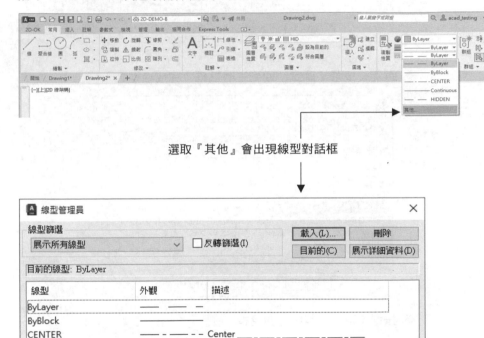

選取『其他』會出現線型對話框

✪ **載入線型**：選取『載入』鍵，出現 acadiso.lin 所定義的線型檔。

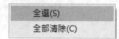

選取的方式：

1. 按住[Shift]鍵，選取起始與結束位置，可次連續選取
2. 按住[Ctrl]鍵，可跳著選取多個線型
3. 按選滑鼠右鍵出現選項清單

全選(S)
全部清除(C)

❖ 選完後按選『確定』回到主對話框，完成線型載入。

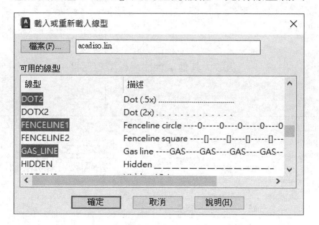

❖ 按選『確定』離開主對話框。

✪ **選用線型：** 拉下線型選單，選取線型即可。

✪ 圖層、顏色與線型使用技巧：

1. 不要下任何指令先框選物件。

2. 於性質面板或選項板選單中切換變更圖層、顏色或線型即可。

3. 離開掣點模式，請按選 [Esc] 鍵。

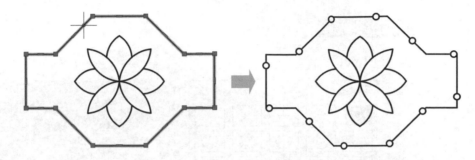

4. 線型與顏色如非需要盡量不要強迫更改，以 ByLayer 方式由圖層來控制。

✪ 複合線型預覽功能：

1. 選取 GAS_LINE。

2. 繪製 LINE，貼心的預覽，所見即所得。

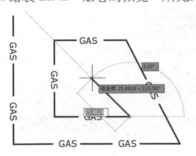
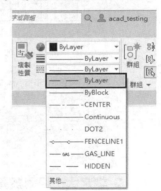

3. 掣點編輯物件，貼心的預覽。

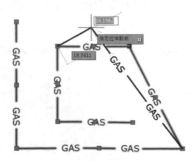
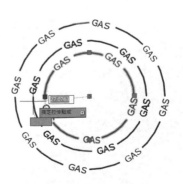

8　PTYPE－點型式

指令	PTYPE
說明	點型式設定 (影響 DIVIDE 等分、MEASURE 等距、POINT 點)

功能指令敘述

指令: PTYPE

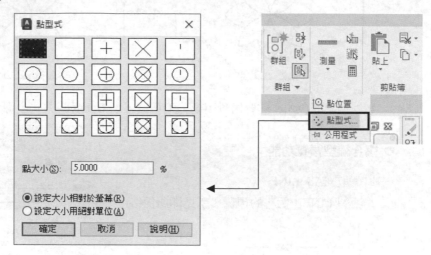

☼ **設定大小相對於螢幕：**點大小是跟隨視窗大小而改變。

☼ **設定大小用絕對單位：**點大小為絕對尺寸不受視窗大小而改變。

☼ **附註：**

❖ 很多初學者在執行 DIVIDE 與 MEASURE 指令後，看不到點的原因就是忘了修改點型式。

❖ 點型式每次開新圖進來都要記得修改，只要設定在 DWT 樣板檔內，即可一勞永逸。

9　LWEIGHT－線粗

指令	LWEIGHT	快捷鍵	LW
說明	線型粗細顯示設定		

功能指令敘述

指令: LWEIGHT

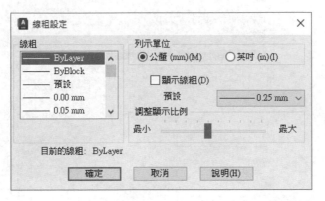

⚙ **列示單位：** 切換線寬設定單位。

⚙ **顯示線粗：** 切換螢幕上是否顯示線粗的效果，或由螢幕右下方狀態列按選『線粗』即可開與關。

開關線粗顯示

⚙ **預設：** 設定目前所使用線粗與整體線粗的預設值。

⚙ **調整顯示比例：** 螢幕上顯示比例精確度的效果設定。

10　MLSTYLE－複線型式

指令	MLSTYLE
說明	複線型式設定

功能指令敘述

指令: MLSTYLE

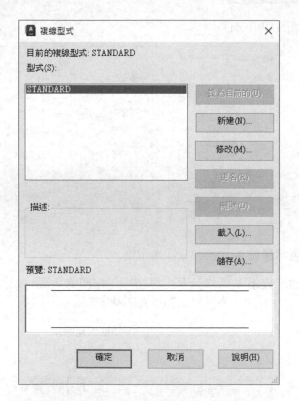

☻ **建立一組新複線型式：**

❖ 選取『新建』出現對話框。

❖ 輸入新型式名稱，例如 "AA"。

❖ 輸入完成後，按選『繼續』，繼續設定下列各項性質。

✪ 設定新複線性質：

新複線型式: AA　　　　　　　　　　　　　　　　　✕

描述(P)：　道路雙澄線

收頭

	起點	終點
直線(L)：	☐	☐
外側弧(O)：	☐	☐
內側弧(R)：	☐	☐
角度(N)：	90.00	90.00

填滿

填滿顏色(F)：　☐ 無　　　　　　⌄

顯示接合(J)：　☐

元素(E)

偏移	顏色	線型
0.5	BYLAY...	ByLayer
-0.5	BYLAY...	ByLayer

[加入(A)]　[刪除(D)]

偏移(S)：　0.000

顏色(C)：　■ ByLayer　　⌄

線型：　　[線型(Y)...]

[確定]　[取消]　[說明(H)]

❖ **加入**：可加入一組新的偏移線段。

❖ **刪除**：可刪除一組存在的偏移線段。

❖ **偏移**：選取一組偏移線段，於偏移量處輸入新的數值即可更新偏移量。

❖ **顏色**：選取一組偏移線段，按選『顏色』鍵即可更新顏色。

❖ **線型**：選取一組偏移線段，按選『線型』鍵即可更新線型。

❖ **直線**：用線段封閉複線起始與結束兩端。

❖ **外側弧**：用外側弧封閉複線起始與結束兩端。

❖ **角度：**偏移線上下角度值。

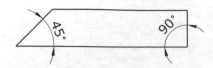

❖ **填滿顏色：**上下偏移線段中間填實，並可同時設定顏色。

✪ **修改：**修改已存在的複線性質。

✪ **儲存：**儲存目前的複線型式為*.mln 檔。

✪ **載入：**載入外部的複線型式*.mln 檔。

指令	RENAME	快捷鍵	REN
說明	變更各種型式設定的名稱		

功能指令敘述

指令: RENAME

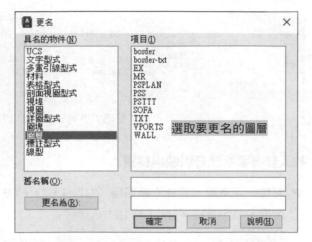

☉ **更新具名物件名稱：**

❖ 選取具名的物件，例如『圖層』。

❖ 於項目中選取一欲變更名稱的項目，例如『SOFA』。

❖ 選完後舊名稱處會出現該項目名稱。

❖ 於『更名為』處輸入新的名稱，例如『沙發』。

❖ 按選『更名為』鍵。

❖ 完成後『確定』離開。

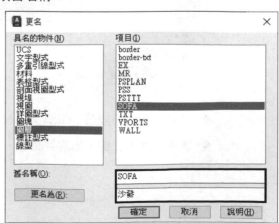

12　LAYTRANS－圖層轉換器

指令	LAYTRANS	快捷鍵	無
說明	將目前圖層與參考圖的圖層作圖層對映轉換		

功能指令敘述

於『管理』頁籤→『CAD 標準』→選取『圖層轉換器』

✪ **載入參考圖檔執行對映與轉換：**

❖ 開啓一張草圖，並建立新圖層 CC1、CC2、CC3、CC4、CC5、CC6 六個圖層。(或打開隨書檔案 LAYTRANS.DWG)

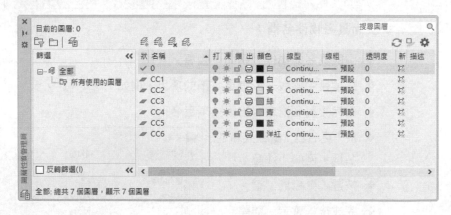

❖ 執行『圖層轉換器』(LAYTRANS)。

❖ 選取『載入』鍵，出現對話框，選取 A3BASE.dwg。(請參考隨書光碟內容)

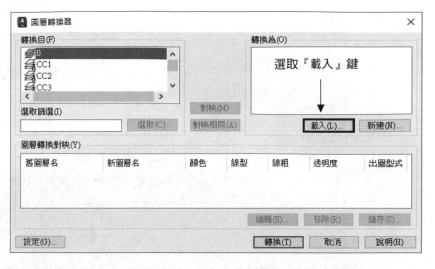

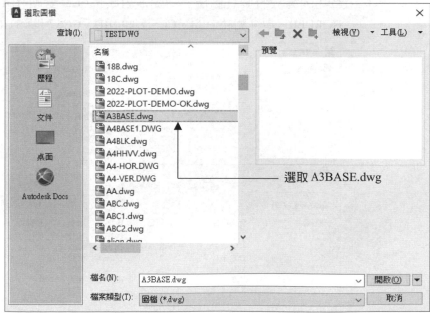

❖ 選取目前圖檔圖層項目後，再選取要對映至 A3BASE.dwg 圖層項目。

先選取左邊 CC1 圖層，再選取右邊 CEN 圖層，按選『對映』，完成後圖層
轉換對映清單上即出現該筆對映資料。

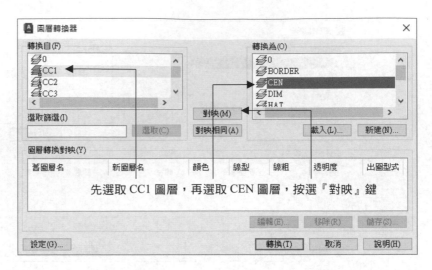

先選取 CC1 圖層，再選取 CEN 圖層，按選『對映』鍵

依上列方式將其它圖層一一完成對映：CC2 對映 HAT、CC3 對映 BORDER、CC4 對映 DIM、CC5 對映 HID、CC6 對映 STR。

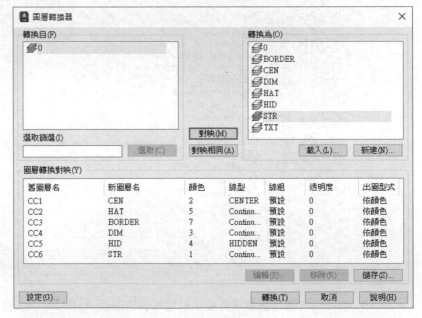

舊圖層名	新圖層名	顏色	線型	線粗	透明度	出圖型式
CC1	CEN	2	CENTER	預設	0	依顏色
CC2	HAT	5	Continu...	預設	0	依顏色
CC3	BORDER	7	Continu...	預設	0	依顏色
CC4	DIM	3	Continu...	預設	0	依顏色
CC5	HID	4	HIDDEN	預設	0	依顏色
CC6	STR	1	Continu...	預設	0	依顏色

對映完成選取『轉換』鍵，出現對話框後，按選『僅轉換』鍵不儲存。

❖ 如果是一批圖都要作同樣的轉換，就需要將轉換的對映儲存成 dws 檔，以便下一次直接載入。

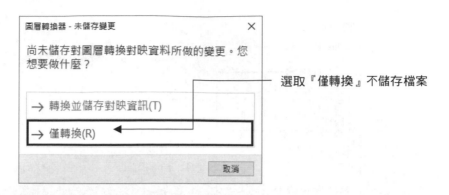

選取『僅轉換』不儲存檔案

完成圖層轉換

✪ **新建圖層執行對映與轉換：**

❖ 執行『圖層轉換器』(LAYTRANS)，進入對話框後按選『新建』。

❖ 出現對話框，輸入所要建立的圖層名稱、線型、顏色、線粗等資料，再按選『確定』即可。

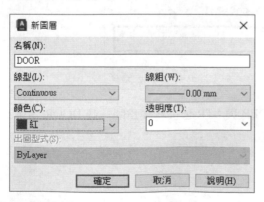

❖ 按住 [Ctrl] 鍵選取 BORDER 與 STR，放開 [Ctrl] 選取剛新建完成的 DOOR 圖層，再選取『對映』。

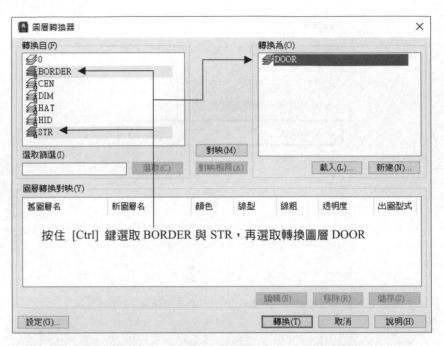

按住 [Ctrl] 鍵選取 BORDER 與 STR，再選取轉換圖層 DOOR

❖ 對映完成選取『轉換』鍵，出現對話框後，按選『僅轉換』鍵不儲存。

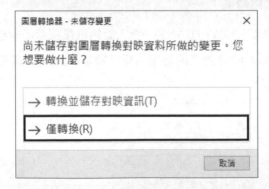

❖ 完成後，BORDER 與 STR 皆被轉換為同一個 DOOR 圖層。

✪ 其它功能說明

❖ **選取**：輸入圖層名稱過濾選取。

❖ **編輯**：編輯對映的圖層資料。

❖ **移除**：將對映的資料移除。

❖ **儲存**：將目前對映清單圖層儲存為一個 dws 標準圖形檔。

❖ **設定**：轉換圖層的各項設定。

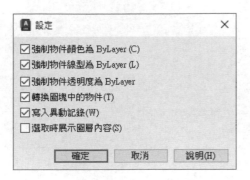

隨手札記

第一篇

第十一章

▼

物件相關資料設定

第一篇 第十二章

相關插入指令

單元	工具列	中文指令	說　　明	頁碼
1 BLOCK		建立圖塊	建立內部圖塊	12-3
2 WBLOCK		寫出圖塊	寫出圖塊成檔案	12-6
3 INSERT	插入	插入圖塊	插入圖塊於圖上	12-9
4 MINSERT		圖塊陣列	插入圖塊成矩形陣列	12-16
5 ATTACH	貼附	貼附	於目前圖面中貼附外部參考、影像、DWF、DWFx、PDF、DGN 檔	12-17
6 XREF		外部參考	外部參考管理員	12-21
7 XBIND		外部併入	併入外部參考圖檔	12-31
8 CLIP	截取	外部截取	截取局部外部參考、影像、視埠、參考底圖	12-33
9 FRAME		外部參考框	顯示外部參考、影像、DWF、DWFx、PDF 和 DGN 參考底圖之範圍框	12-38
10 REFEDIT	編輯參考	編輯外部參考	現地編輯外部參考或圖塊	12-39
11 UOSNAP		停用鎖點	關閉圖面上所有 DWF、DWFx、PDF、DGN 參考底圖物件鎖點	12-43
12 影像編輯				12-44
13 SAVEIMG		儲存影像	儲存圖面為影像檔案	12-47
14 『動態圖塊』百變靈活新出擊				12-48

第一篇 第十二章 ▼ 相關插入指令

單元	工具列	中文指令	說　明	頁碼
15			『動態圖塊』基礎快速入門	12-53
16			『動態圖塊』基礎實力挑戰	12-65
17	EXPORTPDF		匯出 PDF	將圖檔內容匯出為 PDF 檔	12-66
18	PDFIMPORT		PDF 匯入	從 PDF 檔匯入幾何圖形、填滿、點陣式影像和 TrueType 文字物件	12-69
19	PDFSHXTEXT		辨識 SHX 文字	將從 PDF 檔匯入的 SHX 幾何圖形轉換為個別的多行文字物件	12-73
20	COUNT		計數	計算圖面中所選的圖塊或物件數並加以亮顯	12-75
21	COUNTLIST		計數選項板	顯示和管理目前圖面中已計算的圖塊	12-78

1 BLOCK-建立圖塊

指令	BLOCK	快捷鍵	B
說明	建立內部圖塊		

功能指令敘述

指令: BLOCK

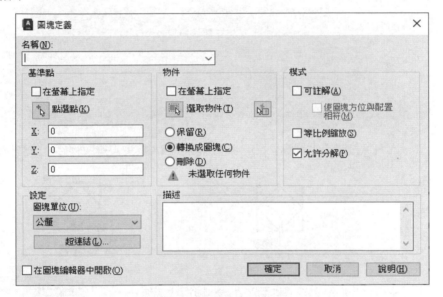

✪ 建立新圖塊前準備動作

❖ 建立圖塊前請先繪製圖形,並決定圖塊的名稱與插入點,如下圖所示。

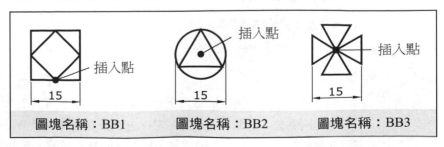

✪ **開始建立新圖塊**

❖ 執行 BLOCK 指令，出現對話框，於名稱處輸入 BB1。

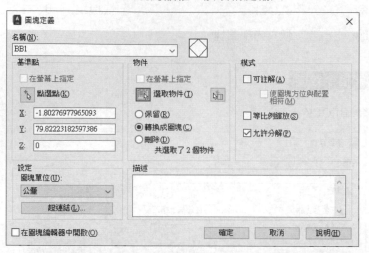

1. 按選『點選點』 選取插入 點位置。

2. 按選『選取物件』 選取 物件。

❖ **物件選項設定** (建議選項 → 轉換成圖塊)

1. 保留：原圖形保留，不要轉換為圖塊或刪除。

2. 轉換成圖塊：將原圖形同步轉換為圖塊。

3. 刪除：原圖形要刪除。

❖ **圖塊單位**：插入該圖塊時的單位設定。

❖ **描述**：建立圖塊說明。(可省略)

❖ **模式**：

1. 可註解：配合配置空間圖塊方位是否調整，請參考第十六章介紹。

2. 等比例縮放：打開等比例縮放時，插入該圖塊時 X 與 Y 為同比例。

3. 允許分解：打開時該圖塊可被 EXPLODE 指令分解，反之則無法分解。

✪ 完成建立後，選取『確定』鍵離開對話框

再執行 BLOCK 時，拉下名稱列的 $\boxed{\lor}$ 符號，可看見剛才建立的圖塊。

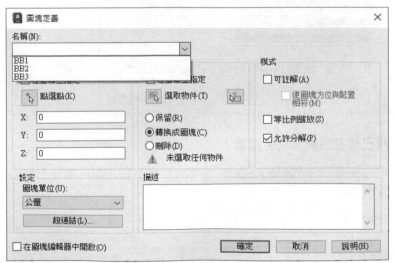

BB2 與 BB3 建立圖塊請執行相同步驟完成建立

✪ 三個圖塊建立完成，可於名稱處瀏覽或呼叫出來修改

✪ 左下角的『在圖塊編輯器中開啟』

建議先熟練一般的 BLOCK 相關指令應用，行有餘力再進一步挑戰學習動態圖塊，詳見本章第 14~16 單元。

2　WBLOCK－寫出圖塊

指令	WBLOCK	快捷鍵	W
說明	寫出圖塊成檔案		

功能指令敘述

指令: WBLOCK

❂ 將已存在的圖塊寫至檔案：

選取來源中的『圖塊』選項，拉下 ∨ 符號即可看見選單上有已建立完成的圖塊名稱。

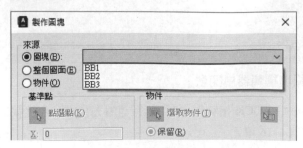

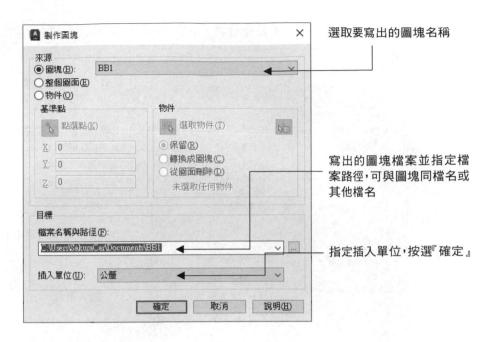

選取要寫出的圖塊名稱

寫出的圖塊檔案並指定檔案路徑，可與圖塊同檔名或其他檔名

指定插入單位，按選『確定』

✪ **寫出整個圖面至外部檔案**：選取來源中的『整個圖面』選項。

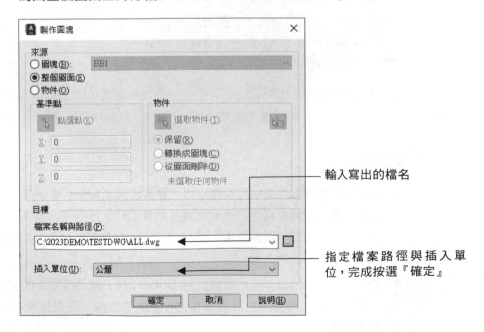

輸入寫出的檔名

指定檔案路徑與插入單位，完成按選『確定』

第
一
篇

第
十
二
章
▼
相
關
插
入
指
令

✪ 寫出一個尚未經 BLOCK 指令建立的圖塊至檔案：選取來源中的物件選項。

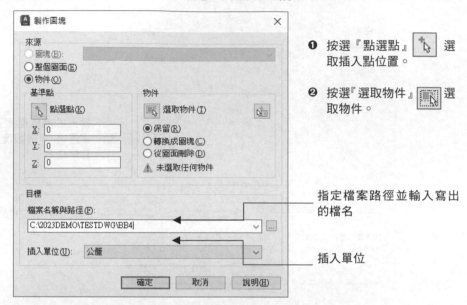

❶ 按選『點選點』 選取插入點位置。

❷ 按選『選取物件』 選取物件。

指定檔案路徑並輸入寫出的檔名

插入單位

❖ 物件選項設定 (建議選項→轉換成圖塊)

1. 保留：原圖形保留，不要轉換為圖塊或刪除。
2. 轉換成圖塊：將原圖形同步轉換為圖塊。
3. 從圖面刪除：原圖形要刪除。

❖ 設定完成後：按選『確定』即可寫出完成的圖塊，您可用 INSERT 指令插入該圖塊檔案查看成果，也可以 OPEN 直接開啟該圖塊檔案。

✪ 重點說明：

❖ 當圖面上的圖塊以 BLOCK 建立時，該圖塊只能在該張圖使用不能與其他圖檔共用，如果圖檔也需用到所建立的圖塊時，便必須以 WBLOCK 寫出圖塊，才可與其他圖檔共用，除非用『AutoCAD 設計中心』或工具選項板快速從其它圖面載入。

❖ 當公司有統一的零件圖必須建立成 BLOCK 時，建議改以 BLOCK 方式建立零件總圖，再利用工具選項板拖曳到其它圖面，不但效率高、管理也容易多了。

❖ 『工具選項板』的管理與整合應用，詳見第十四章。

3　INSERT－插入圖塊

指令	INSERT	快捷鍵	I	
說明	插入圖塊於圖上			插入

功能指令敘述

指令: INSERT　(請開啟 INSERT-DEMO.DWG 來練習)

目前的圖面：

最近使用：

資源庫：

：選取存於外部的 *.dwg 圖塊。

目前圖面的圖塊：選取圖面上已存在的圖塊。

插入點：指定由螢幕或由對話框輸入插入點座標位置。

比例：指定由螢幕或由對話框輸入 X、Y 比例值、等比例值。

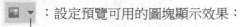

旋轉：指定由螢幕或由對話框輸入圖塊旋轉角度。

重複放置：插入多個指定的圖塊。

分解：圖塊於插入完畢時，會分解還原為最原始的物件，而非圖塊物件。

：設定預覽可用的圖塊顯示效果：

特大圖示

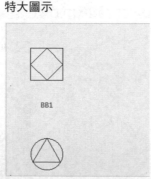

大圖示

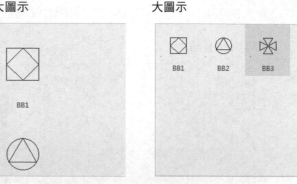

中型圖示

小圖示

詳細資料

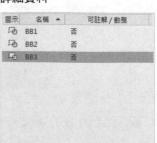

清單

✪ 插入圖面上已存在的圖塊：

由『目前圖面的圖塊』清單上，指定條件如下，再選取圖塊，進入圖面選取『插入點』。

指定插入點或 [基準點(B)/比例(S)/X/Y/Z/旋轉(R)]:　　← 選取圖形插入點

插入圖形效果：

比例：X=1　Y=2

旋轉：45

插入圖形效果：

比例：等比例=1

旋轉：0

打開『重複放置』，結束插入按 [Esc] 即可

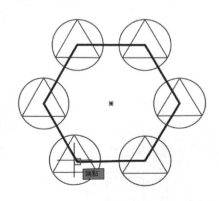

第一篇 第十二章 相關插入指令

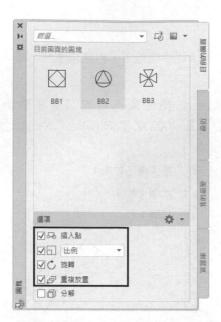

進入圖面後，可依需求輸入比例與旋轉值：

插入圖形效果：

比例：X=1，Y=1

旋轉=90

比例：X=1.5，Y=1

旋轉=0

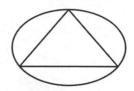

指定插入點或 [基準點(B)/比例(S)/X/Y/Z/旋轉(R)]:　　← 選取插入點

輸入 X 比例係數，指定對角點，或 [角點(C)/XYZ(XYZ)] <1>:

　　　　　　　　　　　　　　　　　　　　← 輸入 X 比例

輸入 Y 比例係數 <使用 X 比例係數>:　　← 輸入 Y 比例

指定旋轉角度 <0>:　　　　　　　　　　← 輸入旋轉角度

插入圖形效果：

比例：等比例=1

旋轉：0

打開『重複放置』、『分解』

完成的圖形，在插入同時已經被分解，不再是圖塊

☼ 插入外部圖檔：選取 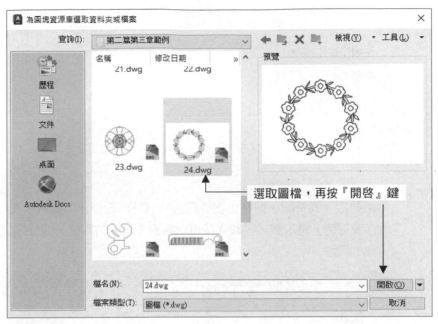 鍵出現對話框，選取要插入的檔案。

選取圖檔，再按『開啟』鍵

外部圖檔一載入，『資源庫』就存有該圖塊，直接於『資源庫』選取插入

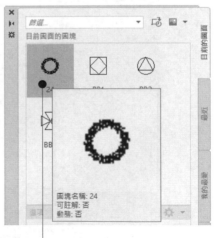

插入完成後，『目前的圖面』即出現該圖塊

設定相關條件值，按選『確定』鍵

指定插入點或 [基準點(B)/比例(S)/X/Y/Z/旋轉(R)]:　　← 選取插入點

指定旋轉角度 <0>:　　← 輸入旋轉角度

比例：等比例=1

旋轉：0

如果開啟一張新圖，剛好也需要載入這個外部圖檔作為圖塊，就可以快速的從『資源庫』選取載入，載入後再切換到『目前的圖檔』，就可以看到已建立完成的圖塊

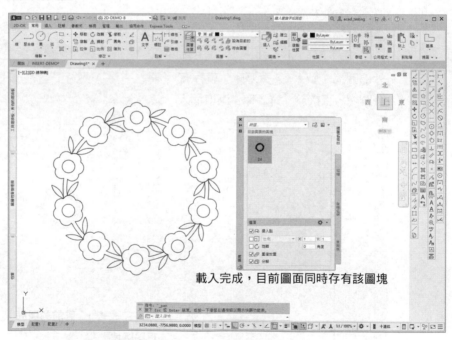

載入完成，目前圖面同時存有該圖塊

如果於『資源庫』重複載入，則會出現下列警告對話框

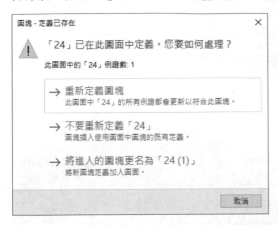

❂ **功能面板貼心的插入與預覽選單**：按選 插入 鍵，出現目前圖面圖塊選單。

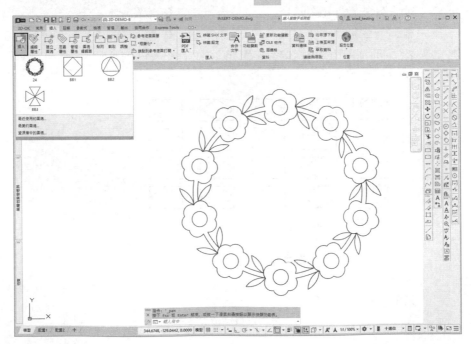

4　MINSERT－圖塊陣列

指令	MINSERT
說明	插入圖塊成矩形陣列

功能指令敘述

指令: MINSERT

輸入圖塊名稱或 [?] <20-09>:　　　　　　　　　← 輸入圖塊名稱 (如 BB1)

單位: 公釐　　轉換:　　1.0000

指定插入點或 [基準點(B)/比例(S)/X/Y/Z/旋轉(R)]:　← 選取圖塊插入點

輸入 X 比例係數，指定對角點，或 [角點(C)/XYZ(XYZ)] <1>:← 輸入 X 比例

輸入 Y 比例係數 <使用 X 比例係數>:　← 輸入 Y 比例

指定旋轉角度 <0>:　　　　　　　　　← 輸入旋轉角度

輸入列的數目 (---) <1>:　　　　　　　← 輸入列數

輸入行的數目 (|||) <1>:　　　　　　　← 輸入行數

輸入列的間距或指定儲存格單元 (---):　← 輸入列間距

指定行間距 (|||):　　　　　　　　　　← 輸入行間距

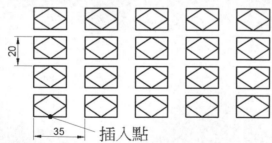

35　插入點

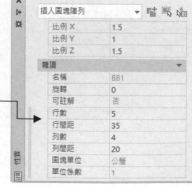

比例：X=1.5 , Y=1　旋轉=0

列=4　　　行=5

列距=20　　行距=35

可以性質修改多重插入

❖ 使用 MINSERT 插入的圖塊陣列無法分解。

5　ATTACH－貼附

指令	ATTACH
說明	於目前圖面中貼附外部參考、影像、DWF、DWFx、PDF、DGN 檔

貼附

功能指令敘述

指令: ATTACH

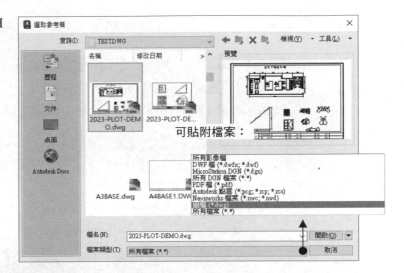

可貼附檔案：

```
所有影像檔
DWF 檔 (*.dwfx; *.dwf)
MicroStation DGN (*.dgn)
所有 DGN 檔案 (*.*)
PDF 檔 (*.pdf)
Autodesk 點雲 (*.pcg; *.rcp; *.rcs)
Navisworks 檔案 (*.nwc; *.nwd)
圖檔 (*.dwg)
所有檔案 (*.*)
```

⚙ 插入外部影像檔：

選取影像檔案，再按選開啟

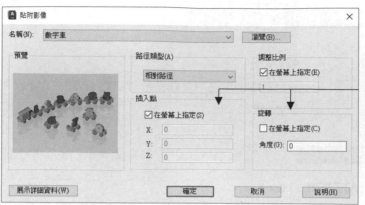

可直接輸入插入點、旋轉角度、比例或於螢幕上指定

指定插入點 <0,0>:　　　　　　← 選取左下角插入點

基準影像大小: 寬度: 1, 高度: 0.75, Millimeters

指定比例係數或 [單位(U)] <1>:　← 輸入或點選比例大小

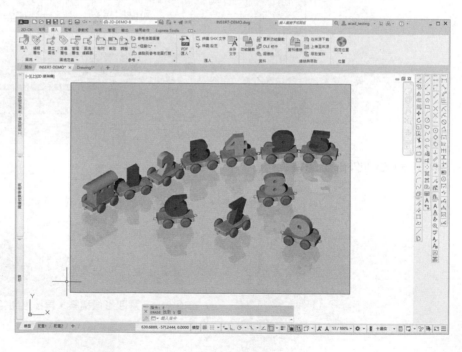

✪ 插入外部參考圖檔：

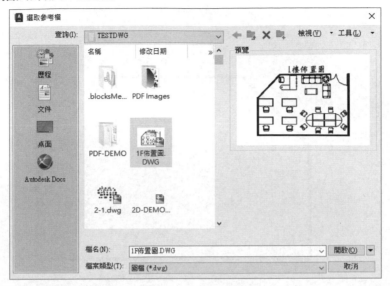

選取檔案，再按選『開啟』出現對話框：

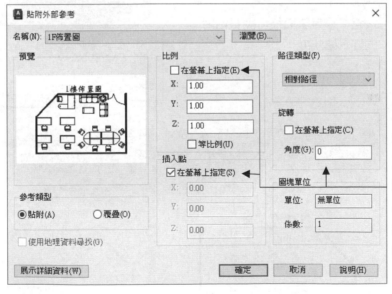

可直接輸入插入點、旋轉角度、比例或於螢幕上指定

貼附外部參考 "1F 佈置圖": C:\2023DEMO\TESTDWG\1F 佈置圖.DWG
「1F 佈置圖」已載入。
指定插入點或 [比例(S)/X/Y/Z/旋轉(R)/預覽比例(PS)/PX(PX)/PY(PY)/PZ
(PZ)/預覽旋轉(PR)]:　　　　← 選取插入點

第一篇 第十二章 ▼ 相關插入指令

按選『參考』面板可調整貼附
的圖形濃淡度：

❖ 更多外部參考功能，請參考下一個單元介紹。

6　XREF－外部參考

指令	XREF	快捷鍵	XR
說明	外部參考管理員		

功能指令敘述

指令: XREF

選取此鍵

可貼附的外部參考檔案有七種類型：

✪ 用途說明

- ❖ 外部參考並非永久性的將外部圖檔載入到目前圖形中，當外部圖檔內容有更新或修改變動時，外部參考會立即更新目前圖檔中的外部參考，而 INSERT 插入的外部圖檔則不會有任何改變。

- ❖ 外部參考在組合圖非常好用，您可妥善的運用外部參考來協助多人工作上的配合，您只需將別人的圖檔 XREF 到您的主圖上，即可確實掌握所有圖面最新的配合完成狀況。

- ❖ 主圖中的外部參考數量沒有限制。

- ❖ 外部參考可有效幫您完成一張大而複雜的組合圖，但卻又幫您將圖檔在硬碟所佔空間，大大的減少。

❖ INSERT 永久載入外部圖檔於主圖資料庫中，融成一體，而外部參考可在 OPEN 及 PLOT 重新載入更新回應最後完成的狀態。

✪ 貼附影像檔案

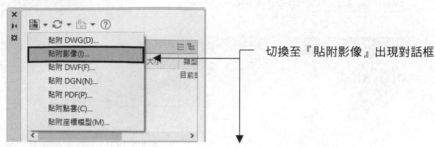

切換至『貼附影像』出現對話框

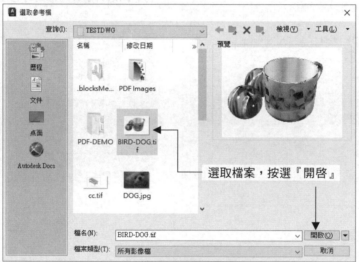

選取檔案，按選『開啟』

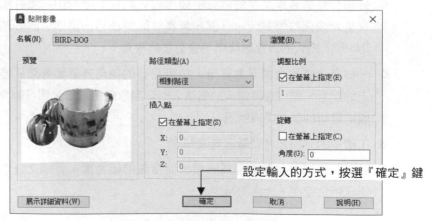

設定輸入的方式，按選『確定』鍵

於螢幕指定好框點範圍，完成插入影像，外部參考清單上即出現剛插入的影像檔案資料，游標停留於影像名稱位置，可看見影像資料：

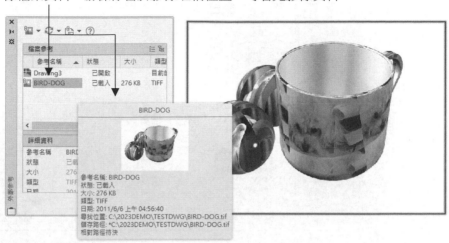

❂ 貼附外部參考

❖ 請先建立下列四張圖：

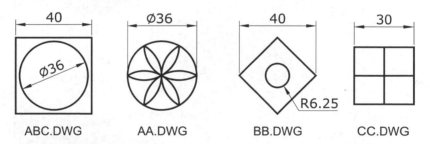

40	Ø36	40	30
Ø36		R6.25	
ABC.DWG	AA.DWG	BB.DWG	CC.DWG

❖ 執行 XREF 工具選項板：

選取『貼附 DWG』鍵，再選取要貼附的檔案

第一篇　第十二章　相關插入指令

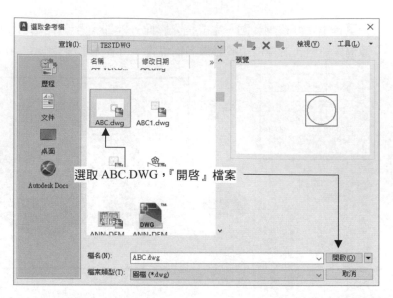

❖ 請選取一張外部參考圖檔，例如 ABC.dwg，選完後出現選項對話框。

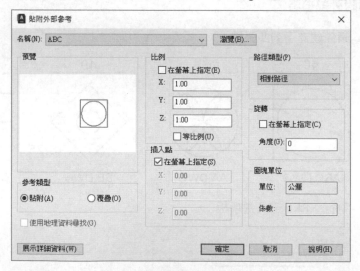

◉ **瀏覽**：由此處輸入圖檔名稱或點選按鍵呼叫選取圖檔對話框來搜尋。

◉ **參考類型**：選取貼附或覆疊。

◉ **路徑類型**：

　完整路徑：指外部參考載入時完整的路徑(例如 C:\2023DWG\ABC.dwg)

　相對路徑：對映目前圖檔相對路徑(例如..\...\..\2023DWG\ABC.dwg)

◉ **插入點**：指定由螢幕或由對話框輸入插入點座標位置。

- 比例：指定由螢幕或由對話框輸入 X、Y、Z 比例值。
- 旋轉：指定由螢幕或由對話框輸入圖塊旋轉角度。

❖ 完成各項資料輸入後，按選『確定』鍵即完成外部參考動作。

✪ 於 ABC 圖檔插入外部參考或修改圖檔

❖ XREF 工具選項板已出現，剛才完成的外部插入已出現於對話框上。

❖ 請開啟『ABC.dwg』圖檔，於圖檔加入四個弧，再以 XREF 插入 AA.dwg 外部參考。

修改完成後記得儲存 ABC.dwg 圖檔

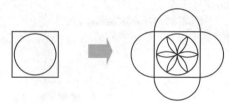

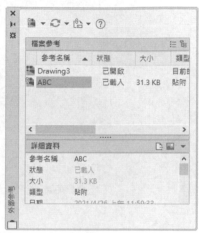

❖ 回到前一張圖面，螢幕左下角即出現外部參考已更新的訊息，選取『重新載入』，就可以馬上看到更新的效果。

提示重新載入，並執行比較變更

按選 🔲 右鍵，出現選項

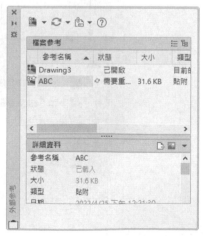

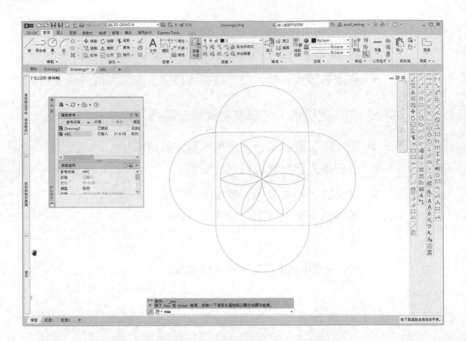

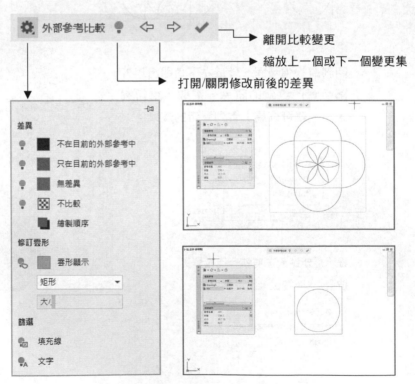

離開比較變更

縮放上一個或下一個變更集

打開/關閉修改前後的差異

差異

不在目前的外部參考中

只在目前的外部參考中

無差異

不比較

繪製順序

修訂雲形

雲形顯示

矩形

大/

篩選

填充線

文字

❂ 貼附 DWF

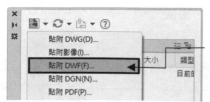

選取『貼附 DWF』鍵，再選取要
貼附的檔案

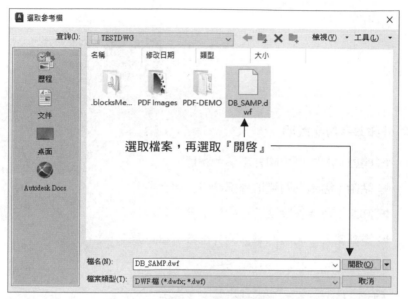

選取檔案，再選取『開啟』

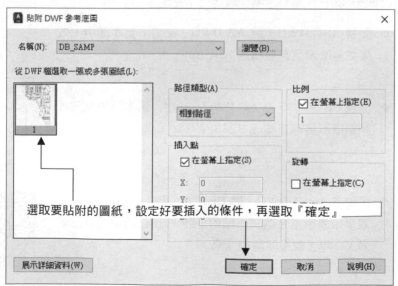

選取要貼附的圖紙，設定好要插入的條件，再選取『確定』

✪ **移除外部參考圖檔、影像**

於外部參考名稱處，按滑鼠右鍵，出現
選單選取『分離』

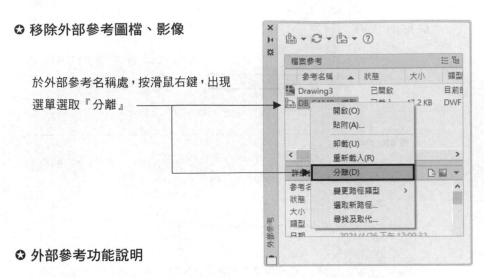

✪ **外部參考功能說明**

❖ 開啟：開啟選取的外部參考圖檔。

❖ 貼附：繼續貼附選取外部參考於圖面上。

❖ 卸載：暫時移除圖面上的外部參考顯示。

❖ 重新載入：將『卸載』的外部參考重新顯示。

❖ 分離：完全移除外部參考。

✪ **狀況一：**(下列為參考類型設定為『貼附』的狀態)

❖ 開啟 ABC.DWG，將 AA.DWG『貼附』到本圖中，效
果如圖所示另存新檔成 ABC1.dwg。

❖ 開啟 BB.DWG，將 CC.DWG『貼附』到本圖中，效果
如圖所示另存新檔成 BB1.DWG。

❖ 再開啟 ABC1.DWG，將 BB1.DWG『貼附』到本圖中，
效果如圖所示，選擇『貼附』時，BB1 圖中的外部參
考 CC.dwg 會被同時帶進來。

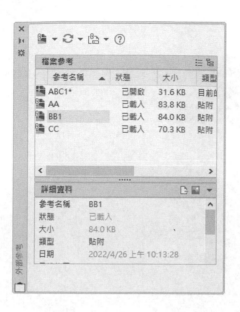

✪ **狀況二：**(下列為參考類型設定為『覆疊』的狀態)

❖ 開啟 ABC.DWG，將 AA.DWG『覆疊』到本圖中，效
　果如圖所示另存新檔成 ABC2.DWG。

❖ 開啟 BB.DWG，將 CC.DWG『覆疊』到本圖中，效果
　如圖所示另存新檔成 BB2.DWG。

❖ 再開啟 ABC2.DWG，將 BB2.DWG『覆疊』到本圖中，
　效果如圖所示。選擇『覆疊』時，BB2 圖中的外部參
　考 CC.dwg 則不會帶進來。

第一篇　第十二章 ▼ 相關插入指令

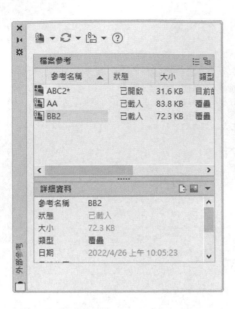

✪ **狀況三：**

若 AA 圖中有圖層 TXT，BB 圖中有圖層 STR3，則在 ABC1 或 ABC2 圖中，除了本圖圖層外還會出現兩個 AA|STR3、BB2|STR3。

✪ **外部參考的濃淡度調整：**

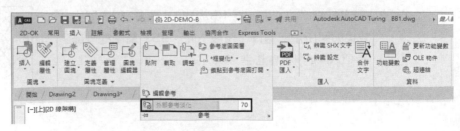

7　XBIND－外部併入

指令	XBIND	快捷鍵	XB
說明	併入外部參考圖檔		

功能指令敘述

指令: XBIND

✪ 加入：

『外部參考』各種符號，如選取外部參考的圖層 **AA|STR3** 後按選『加入』鍵，該項即移至『要併入的定義』清單中。

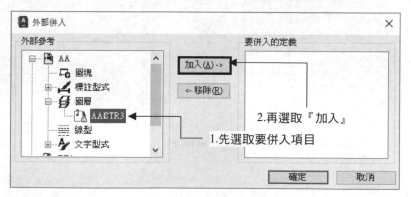

✪ 移除：

由『要併入的定義』清單中選取已加入進來的符號定義後，按選『移除』鍵，清單中的選項即被移回『外部參考』清單中。

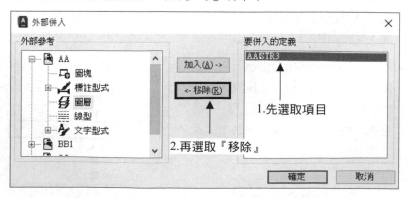

❏ **快速全部併入：**

於 XREF 工具選項板中，於外部參考名稱處 (例如 AA.dwg) 按選滑鼠右鍵，
出現選單，選取『併入』。

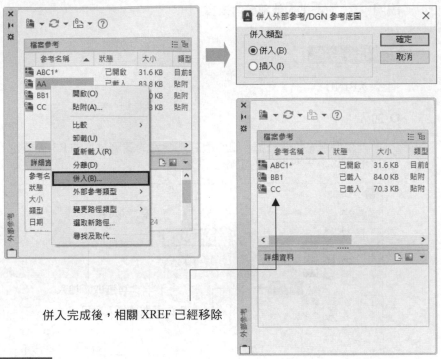

併入完成後，相關 XREF 已經移除

使用時機

❏ 您可能需要『外部參考』內的一個從屬符號，可能是一個圖塊 (Block)、標註
型式 (Dimstyle)、圖層 (Layer)、線型 (Ltype) 或字型 (Style)，變成本圖中永
久的一份子，而不受原屬外部參考的移出或變更而消失。

❏ 若要將外部參考的所有從屬符號併入，建議使用 XREF 指令選項中的併入處
理，快速而俐落。

❏ XREF 指令介紹所提供狀況三的圖
層若以 XBIND 併入，則圖層名稱
將改變，也就是將原來的『|』改成
二個『$$』中間加入一個數值。

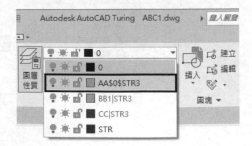

指令	CLIP	
說明	截取局部外部參考、影像、視埠、參考底圖	截取
選項功能	新邊界(N)：定義新的截取範圍邊界	
	❖ 聚合線(S)：選取一條已存在的聚合線為邊界範圍	
	❖ 多邊形(P)：由螢幕上直接點選多邊形範圍邊界	
	❖ 矩形(R)：由螢幕上直接點選矩形範圍邊界	
	打開(ON)：打開截取範圍效果	
	關閉(OFF)：關閉截取顯示外部參考的全圖	
	截取深度(C)：設定截取平面或後截取平面，由邊界與指定深度所定義的體積外面物件，則不顯示	
	刪除(D)：刪除截取範圍定義	
	產生聚合線(P)：將截取範圍產生一條聚合線	
注意	CLIP 新指令已經完全取代 XCLIP 指令了	

第一篇 第十二章 ▼ 相關插入指令

功能指令敘述

指令: CLIP

✪ 新建範圍邊界

❖ 請先執行 XREF 指令，選取隨書附贈檔案 Blocks and Tables - Imperial.dwg，
X 與 Y 比例為 1、插入點為 0,0、旋轉角 0 度貼附圖形。

❖ 截取影像範圍：

指令:CLIP
選取要截取的物件:　　　　　　← 選取影像物件

選取影像顯示訊息：

請輸入影像截取選項 [打開(ON)/關閉(OFF)/刪除(D)/新邊界(N)] <新邊界>:
　　　　　　　　　　← 輸入 [Enter]或 N 定義新邊界

選取外部參考圖檔顯示訊息：

輸入截取選項[打開(ON)/關閉(OFF)/截取深度(C)/刪除(D)/產生聚合線(P)/
新邊界(N)] <新邊界>：　←輸入 [Enter]或 N 定義新邊界

❶ 輸入 R 定義矩形框邊界

[選取聚合線(S)/多邊形(P)/矩形(R) /反轉截取(I)] <矩形>：←輸入 [Enter]

指定第一角點：　　　← 選取框角點 1

指定對角點：　　　　← 選取框角點 2

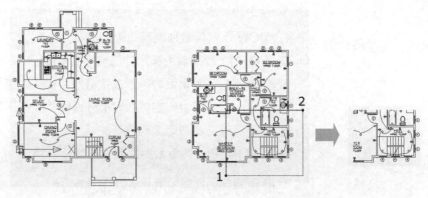

[選取聚合線(S)/多邊形(P)/矩形(R) /反轉截取(I)] <矩形>：←選取框角點 1

請指定對角點：　　　← 選取框角點 2

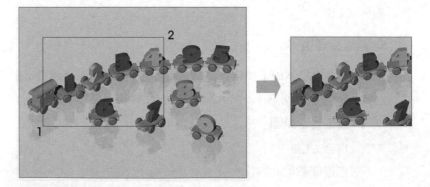

❷ 輸入 S 選取聚合線定義邊界

[選取聚合線(S)/多邊形(P)/矩形(R) /反轉截取(I)] <矩形>：← 輸入選項 S

選取聚合線：　　　　← 選取聚合線

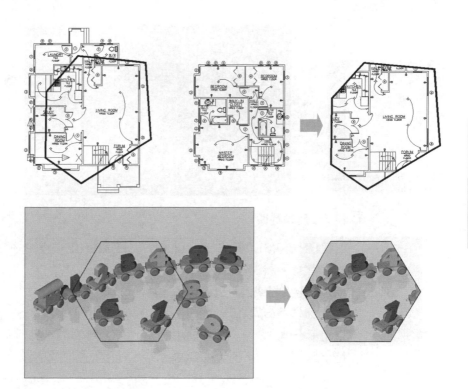

❸ 輸入 P 定義多邊形邊界

[選取聚合線(S)/多邊形(P)/矩形(R) /反轉截取(I)] <矩形>:　　← 輸入選項 P

指定第一點:　　　　　　　　　← 選取第一點

指定下一點或 [退回(U)]:　← 選取第二點

　　　:　　:

指定下一點或 [退回(U)]:　← [Enter] 結束選點

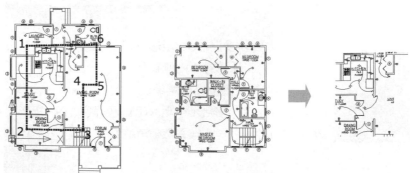

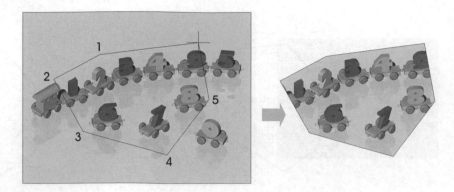

❹ 輸入 I 反轉截取

[選取聚合線(S)/多邊形(P)/矩形(R)/反轉截取(I)] <矩形>: ← 輸入選項 I

內部模式 － 將隱藏邊界內側物件.

指定截取邊界或選取反轉選項:

[選取聚合線(S)/多邊形(P)/矩形(R)/反轉截取(I)] <矩形>: ← 輸入選項 R

指定第一角點: ← 選取框角點 1

指定對角點: ← 選取框角點 2

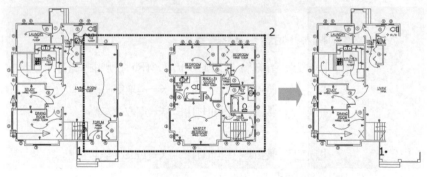

[選取聚合線(S)/多邊形(P)/矩形(R)/反轉截取(I)] <矩形>: ← 輸入選項 I

內部模式 － 將隱藏邊界內側物件.

指定截取邊界或選取反轉選項:

[選取聚合線(S)/多邊形(P)/矩形(R)/反轉截取(I)] <矩形>: ← 選取框角點 1

請指定對角點: ← 選取框角點 2

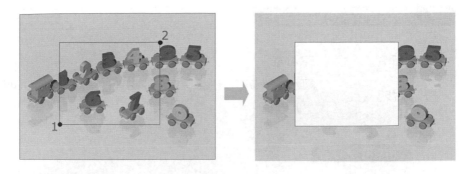

✪ 輸入選項 ON(打開)或 OFF(關閉)邊界範圍

輸入截取選項 [打開(ON)/關閉(OFF)/截取深度(C)/刪除(D)/產生聚合線(P)/新建邊界(N)] <新建>:　　　　　　　　　　← 輸入選項 ON 或 OFF

輸入 OFF 關閉截取

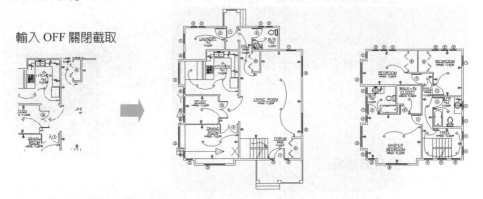

✪ 輸入選項 P 產生範圍聚合線 (影像截取無此選項)

輸入截取選項 [打開(ON)/關閉(OFF)/截取深度(C)/刪除(D)/產生聚合線(P)/新建邊界(N)] <新建>:　　　　　　　　　　←輸入選項 P

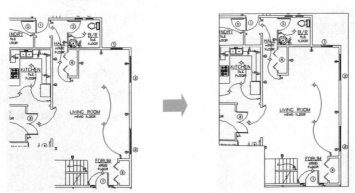

9　FRAME－外部參考框

指令	FRAME
說明	顯示外部參考、影像、DWF、DWFx、PDF 和 DGN 參考底圖之範圍框

功能指令敘述

指令: FRAME

✪ **隱藏範圍框**

　　輸入 FRAME 的新值 <1>:　← 輸入 0

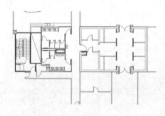 

✪ **顯示範圍框**

　　輸入 FRAME 的新值 <0>:　← 輸入 1，顯示並輸出圖框

　　輸入 FRAME 的新值 <0>:　← 輸入 2，顯示並不輸出圖框

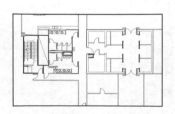 

影像框要打開才可以被編輯

10 REFEDIT—編輯外部參考

指令	REFEDIT	
說明	現地編輯外部參考或圖塊	編輯參考

功能指令敘述

⊙ 選取圖塊 (BLOCK) 作修改 (呼叫隨書附贈檔案 REFEDIT.DWG)

❖ 將圖塊以不同效果插入圖面上,並將第一個圖形增加兩條線與一個圓。

❖ 執行編輯參考指令 REFEDIT:

指令: REFEDIT

選取參考: ← 選取圖塊 1,出現對話框

1

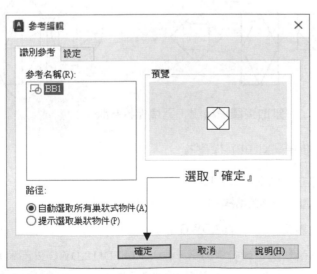

選取『確定』

巢狀物件是指其他圖塊中包含了目前要編輯的圖塊 (例如 AA1 圖塊中的
物件包含了目前要編輯的 BB1)

❶ 自動選取所有巢狀式物件：控制巢狀物件自動包含在參考編輯階段作業中。

❷ 提示選取巢狀物件：控制個別選取參考編輯階段作業中的巢狀物件。

❖ 選完後出現『參考編輯』對話框，選取 鍵加入物件至圖塊。

選取物件： ← 選取物件 1-3
選取物件： ← [Enter] 離開

❖ 選取 鍵至圖塊移除物件。

選取物件： ← 選取物件 1-2
選取物件： ← [Enter] 離開

❖ 按選 鍵完成圖塊編輯，出現對話框選取『確定』，圖面上所有屬於該圖塊的圖形全部迅速編修完成。

  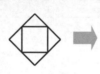 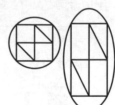

❖ 按選 鍵取消圖塊編輯，圖塊保持原狀。

○ **選取外部參考 (XREF) 作修改**

❖ 請先建立一張 REFEDIT2.DWG 圖。
(或呼叫隨書光碟的檔案 REFEDIT2.DWG)

❖ 儲存並關閉 REFEDIT2.DWG。

❖ 開啓一張新圖，執行 XREF，載入 REFEDIT2.DWG 外部參考 X 與 Y 比例為 1、插入點為 0,0、旋轉角 0 度將圖形載入。

建立完成的 REFEDIT2.dwg
(尺寸不用繪製)

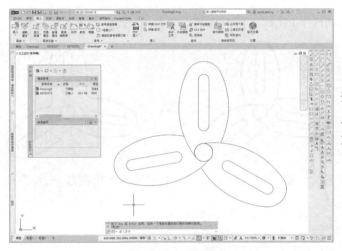

建立一張新圖,插
入外部參考檔案
REFEDIT2.dwg

執行編輯外部參考指令 REFEDIT,或於圖形上以滑鼠左鍵點選物件二次

指令: REFEDIT

選取參考:

← 選取圖面上外部參
考 REFEDIT2,出現
對話框

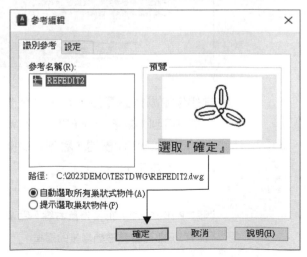

出現編輯面板

❖ 將圖形作 FILLET 圓角編修，半徑 5，效果如下：

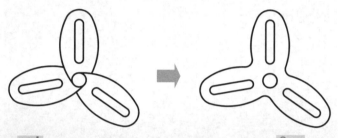

❖ 按選 鍵，進入圖面框選所有的物件，再選取 完成外部參考編修
編輯：

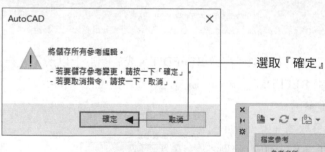

選取『確定』

❖ 當編修完成後該圖面與其它圖面上
只要有用到外部參考 REFEDIT2 與
REFEDIT2.DWG 圖檔，看到圖檔也
同步被更新了！

選取 REFEDIT2，再按滑鼠右鍵，點選
『開啟』，即可看見被編修後的圖檔

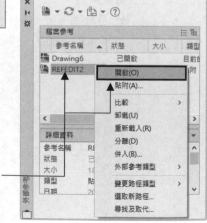

指令	UOSNAP
說明	關閉圖面上所有 DWF、DWFx、PDF、DGN 參考底圖物件鎖點

功能指令敘述

指令: UOSNAP

輸入 UOSNAP 的新值 <1>:　← 輸入 1 或 0

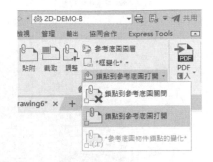

✪ **輸入 0，或選取『鎖點到參考底圖關閉』**

將滑鼠移到參考底圖，不會出現鎖點功能

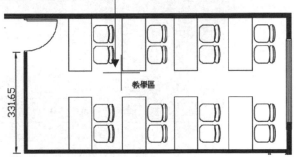

✪ **輸入 1，或選取『鎖點到參考底圖打開』**

將滑鼠移到參考底圖，出現鎖點功能

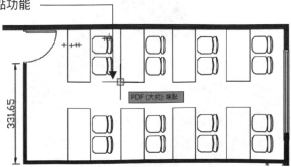

12 影像編輯

編輯前先插入影像物件

☆ 選取貼附隨書光碟檔案杯架.tif

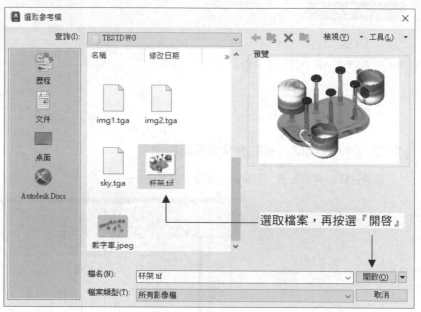

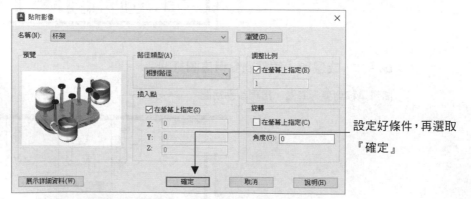

指定插入點 <0,0>: ← 於圖面上選取插入點

基準影像大小: 寬度: 108.373337, 高度: 81.279999, Millimeters

指定比例係數或 [單位(U)] <1>: ← 輸入比例係數單位，完成貼附

碰選影像物件編輯影像

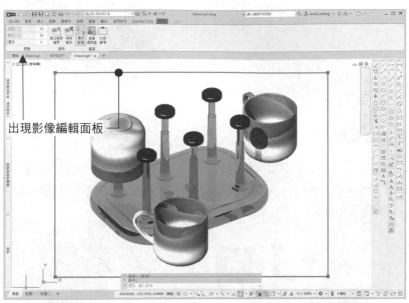

出現影像編輯面板

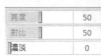

✪ **定義亮度、對比、濃淡：** 拖曳滑桿，即可定義相關數值。

亮度=90

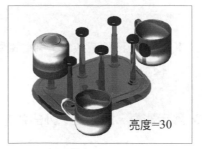

亮度=30

對比=80

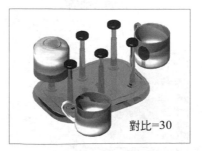

對比=30

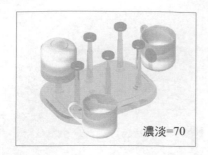
濃淡=70

濃淡=30

☺ **建立截取邊界：**

指定截取邊界或選取反轉選項:[選取聚合線(S)/多邊形(P)/矩形(R)/反轉截取(I)]

<矩形>:　　　　　　　← 選取框角點 1 (或輸入其它選項，請參考 CLIP 指令)

請指定對角點:　　　　← 選取框角點 2

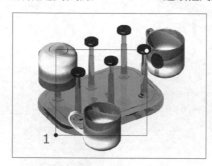

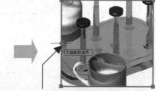

切換『反轉截取邊界』

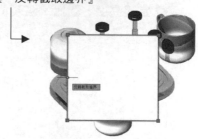

❖ 選取『移除截取』，則會還原為未
　　被截取狀態。

☺ **展示影像、透明度、外部參考：**『展示影像』打開會顯示影像，反之則為不
　　　　　　　　　　　　　　　　　　顯示。

透明度關閉　　　　　　　　　　　　透明度打開

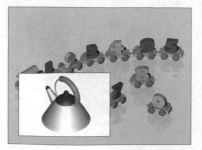

13　SAVEIMG－儲存影像

指令	SAVEIMG
說明	儲存圖面為影像檔案（bmp、pcx、tif、tga、jpg、png）

功能指令敘述

指令: SAVEIMG

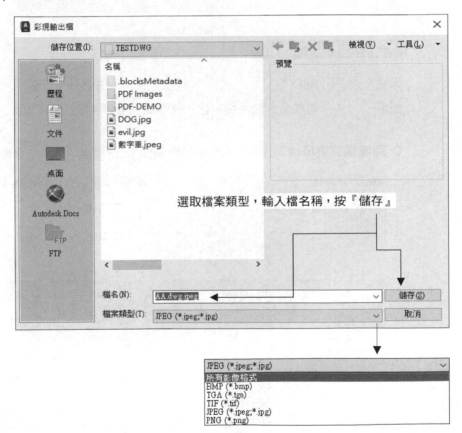

選取檔案類型，輸入檔名稱，按『儲存』

14 『動態圖塊』百變靈活新出擊

學習動態圖塊前的叮嚀

動態圖塊賦與圖塊新生命，威力無比千變萬化，在基礎特訓中讀者務必先把基本的圖塊建構與應用學好，若行有餘力，再學習下一單元的三個基礎精選範例即可，輕鬆掌握超級變變變、對齊、翻轉、移動、拉伸…的樂趣，驗收標準就以最後單元動態圖塊基礎實力挑戰為目標，至於完整的進階與專業技巧，請參考本中心另一本特訓教材-『AutoCAD 魔法秘笈－進階系統規劃與巨集篇』。

創造動態圖塊的魔術師

指令	BEDIT	快捷鍵	BE
說明	專業級的圖塊編輯器，賦予圖塊更彈性靈活的魔術師		

✪ **圖塊編寫選項板**：共四組圖塊編寫選項板，包括參數、動作、參數組、約束。

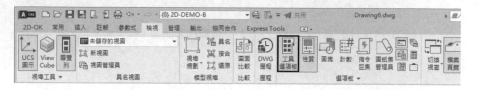

✪ 可見性控制

這就是讓圖塊能超級變身的重要功能。

工具選項板中的動態圖塊

✪ 建築

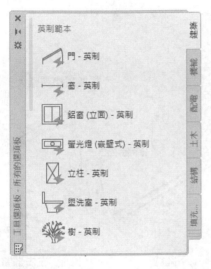

✪ 機械

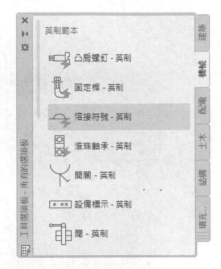

✪ 配電

✪ 土木

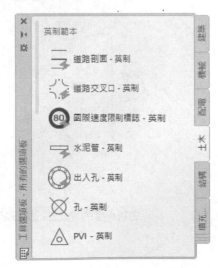

享受動態圖塊的百變靈活

✪ 動態的門

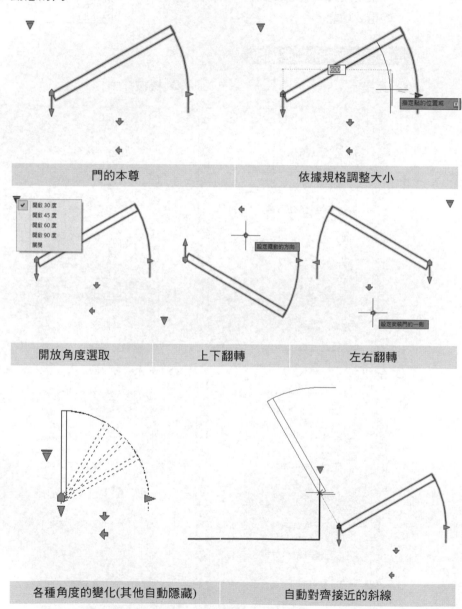

門的本尊	依據規格調整大小

開放角度選取	上下翻轉	左右翻轉

各種角度的變化(其他自動隱藏)	自動對齊接近的斜線

✪ 動態的樹

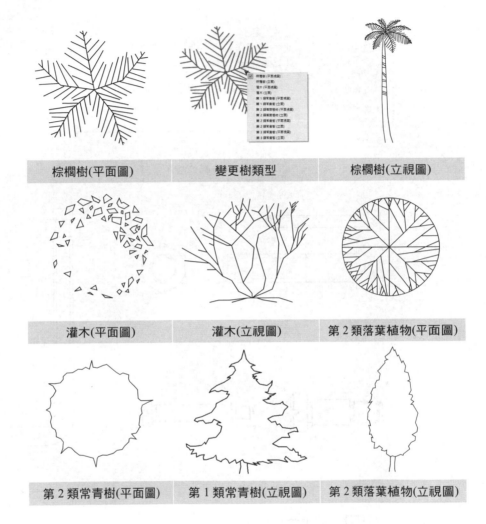

| 棕櫚樹(平面圖) | 變更樹類型 | 棕櫚樹(立視圖) |

| 灌木(平面圖) | 灌木(立視圖) | 第 2 類落葉植物(平面圖) |

| 第 2 類常青樹(平面圖) | 第 1 類常青樹(立視圖) | 第 2 類落葉植物(立視圖) |

✪ 動態土木、結構零件

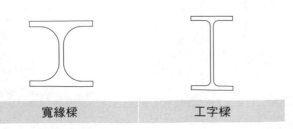

| 寬緣樑 | 工字樑 |

✪ 動態的機械零件

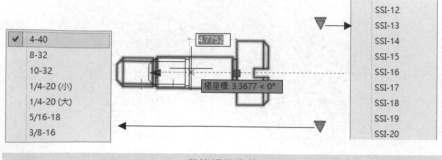

動態螺栓定義

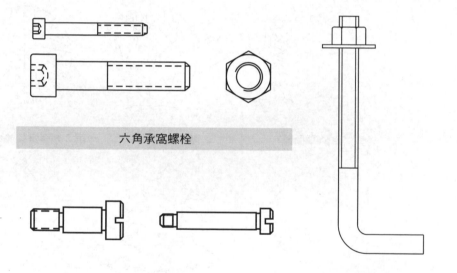

六角承窩螺栓

帶肩螺釘　　　　　　　固定桿

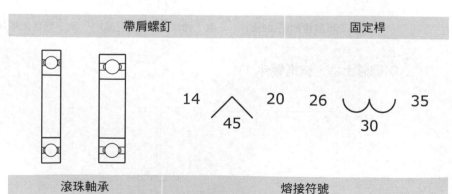

滾珠軸承　　　　　　　熔接符號

15 『動態圖塊』基礎快速入門

範例一：沙發組三合一超級變、變、變

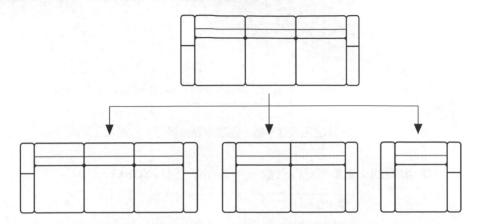

○ **步驟一：**請開啟 C:\2023DEMO\TESTDWG\BEDIT-BLOCK.DWG 練習。

○ **步驟二：**以 BLOCK 指令建立 SOFA123 選取點 1 為基準點與選取所有沙發組與勾選下方『在圖塊編輯器中開啟』。

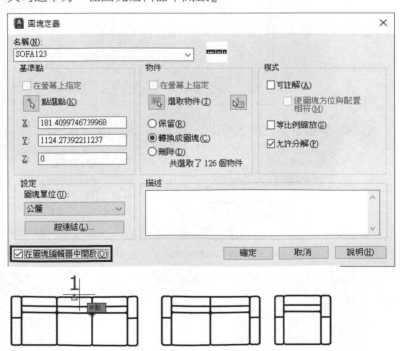

✪ **步驟三：** 於圖塊上，快點滑鼠二下，進入圖塊編輯器後，先建立可見性參數。

(UCS 圖示若造成干擾，可用 UCSICON → Off 關閉之)

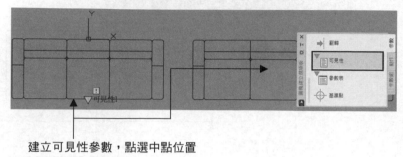

建立可見性參數，點選中點位置

✪ **步驟四：** 雙擊可見性參數，並更名第一組為 SOFA3。

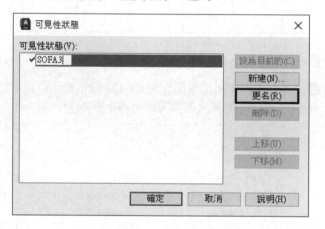

✪ **步驟五：** 選取『新建』，再建立二組可見性狀態，分別是 SOFA2 與 SOFA1。

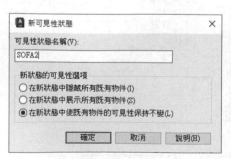

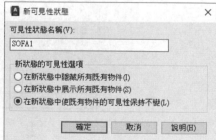

✪ **步驟六：** 可見性狀態選單下拉，將 SOFA3 設為目前的，框選二人與一人沙發設為不可見，只剩下三人沙發。

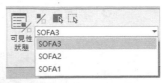

選取 SOFA3

再選取 ⬚ 框選不可見範圍 1-2

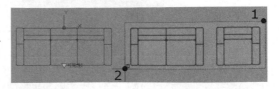

✪ **步驟七：** 可見性狀態選單下拉，將 SOFA2 設為目前的，將三人與一人沙發設為不可見，只剩下二人沙發。

選取 SOFA2

再選取 ⬚ 框選三人及一人沙發

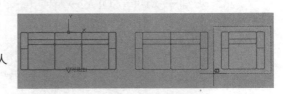

再將二人沙發 MOVE 到 0,0 絕對座標

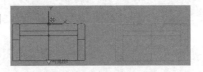

✪ **步驟八：** 可見性狀態選單下拉，將 SOFA1 設為目前的，將三人與二人沙發設為不可見，只剩下一人沙發。注意！此時三人與二人沙發已經疊在一起了。

選取SOFA1

再選取 ⬚ 框選三人及二人沙發

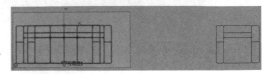

再將一人沙發 MOVE 到 0,0 絕對座標

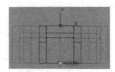

✪ **步驟九：**切回 SOFA3 加入對齊參數，讓沙發未來有自動對齊牆線的能力，選取第一點與第二點。

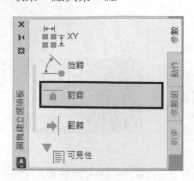
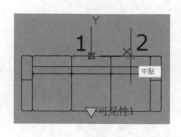

✪ **步驟十：**切回 SOFA2→選取 📱『使可見』，將對齊參數標籤與對齊線加進來。

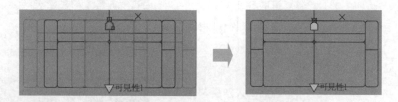

✪ **步驟十一：**切回 SOFA1→選取 📱『使可見』，將對齊參數標籤與對齊線加進來。

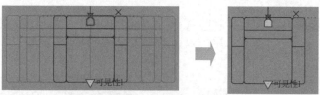

✪ **步驟十二：**關閉圖塊編輯器→並將變更儲存至 SOFA123。

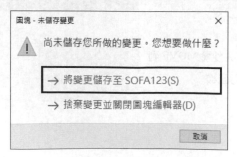

✪ **步驟十三：** 大功告成→SOFA123 超級變、變、變成果驗收，再多變都不怕！

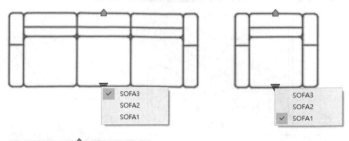

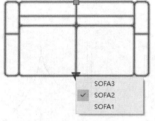

✪ **步驟十四：** 大功告成→執行 INSERT 插入 SOFA123 自動對齊牆線成果豐碩。

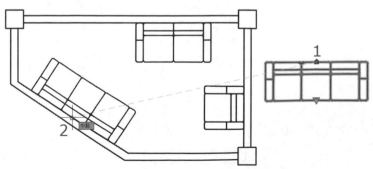

範例二：母子門翻轉超級變、變、變

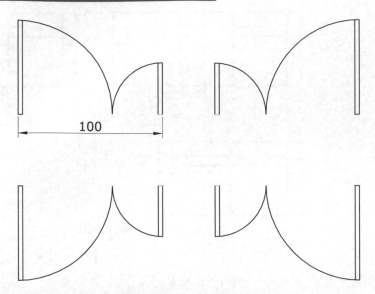

100

✪ **步驟一：**請開啟 BEDIT-TEST.DWG 練習圖檔。

✪ **步驟二：**以 BLOCK 指令建立 DOOR-AB 選取中點 1 為
基準點，再勾選下方『在圖塊編輯器中開啟』。

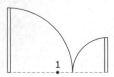

✪ **步驟三：**進入圖塊編輯器後，先建立第一組翻轉參數，如圖。

指令: _BPARAMETER 翻轉
指定反射線的基準點或 [名稱(N)/標示(L)/描述(D)/選項板(P)]:
　　　　　　　　　　　← 輸入基準點 0,0
指定反射線的端點:　　← 選取端點 2
指定標示位置:　　　　← 選取文字位置處

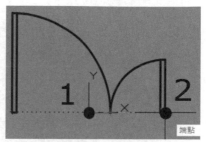

✪ **步驟四：**再建立第二組翻轉參數。

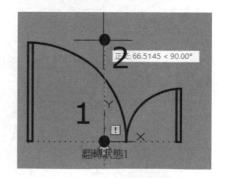

✪ **步驟五：**設定第一組翻轉動作，如圖。

指令: _BACTIONTOOL 翻轉
選取參數:　　← 選取翻轉狀態 1 圖記
指定動作的選集
選取物件:　　← 框選所有物件
選取物件:　　← [Enter] 結束選取

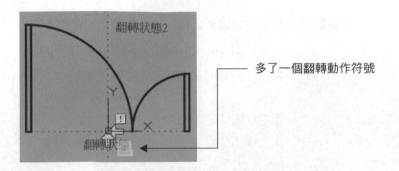

多了一個翻轉動作符號

✪ **步驟六：** 再設定第二組翻轉動作，完成如圖。

指令：_BACTIONTOOL 翻轉
選取參數：← 選取翻轉狀態 2 圖記
指定動作的選集
選取物件：　　← 框選所有物件
選取物件：　　← [Enter] 結束選取

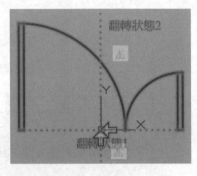

✪ **步驟七：** 再加一個對齊參數與點參數。

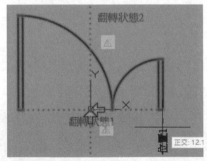

指令：_BParameter 點
指定參數位置或 [名稱(N)/標示(L)/鏈(C)/描述(D)/選項板(P)]:
　　　　　　　　← 選取點位置
指定標示位置：　　← 選取標示位置

指令: _BParameter 對齊

指定對齊基準點或 [名稱(N)]:　　　　　　　← 選取左下角點 1

對齊類型 = 互垂

指定對齊方向或對齊類型 [類型(T)] <類型>:　← 選取右下角點 2

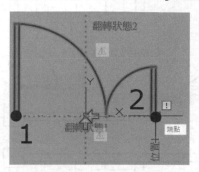

✪ **步驟八：**設定移動動作→點位置。

輸入動指令: _BACTIONTOOL 移動

選取參數:　　　　　　　← 選取位置 1 的圖記

指定動作的選集:

選取物件:　　　　　　　← 框選所有物件

選取物件:　　　　　　　← [Enter] 結束選取

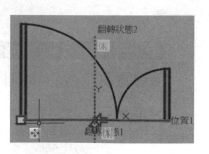

✪ **步驟九：**關閉圖塊編輯器→並將變更儲存至 DOOR-AB。

✪ **步驟十：**大功告成→母子門 DOOR-AB 挑戰翻轉變、變、變成果驗收！

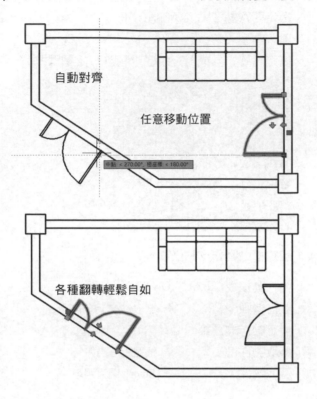

　　　　　　　　　　　　　　　　　範例三：立面雙開門規格大小超級變、變、變

✪ **步驟一：**請開啟 BEDIT-TEST.DWG 練習圖檔。

✪ **步驟二：**以 BLOCK 指令建立 DOOR-F 選取左下角
　　　　　　點為基準點，並勾選左下角『在圖塊編輯
　　　　　　器中開啟』。

　　　　　　寬度 120　高度 180

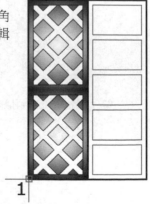

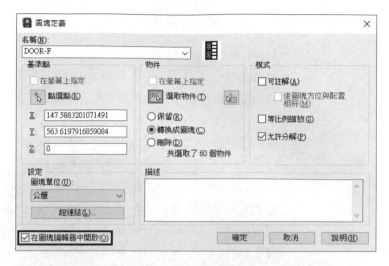

步驟三： 先建立線性參數直接選取門的左下角與右下角。

距離1

步驟四： 設定線性距離參數→
性質→數值組（增量
20，最小值 120，最大
值 200）。

✪ **步驟五：**設定動作➔拉伸➔線性距離參數。

指令: _BActionTool 拉伸
選取參數:　　　　　　　← 選取線性距離參數
指定要關聯於動作的參數點或輸入 [起點(T)/第二點(S)] <第二點>:　　　　　　　← 選取門右下角點
指定拉伸框架的第一個角點或 [多邊形框選(CP)]:
　　　　　　　　　　　← 選取右上角點 1
指定對角點:　　　　　← 選取左下角點 2
指定要拉伸的物件:　　← 因為要拉伸的物件很多，用框的比較快
選取物件:　　　　　　← 選取右上角點 3
選取物件:　　　　　　← 選取左下角點 4

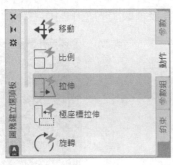 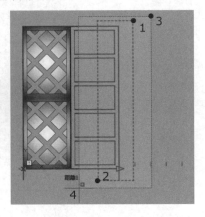

✪ **步驟六：**關閉圖塊編輯器➔並將變更儲存至 DOOR-F。

✪ **步驟七：**大功告成➔雙開門 DOOR-F 挑戰拉伸規格變、變、變成果驗收！

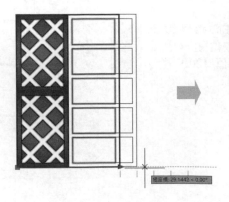 

(圖形範例都放置在光碟檔案 BEDIT-TEST.DWG)

❶ **挑戰目標：**三種盆栽平面造型三合一超級變、變、變。

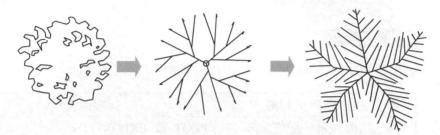

❷ **挑戰目標：**廚房流理台自動對齊與翻轉超級變、變、變。

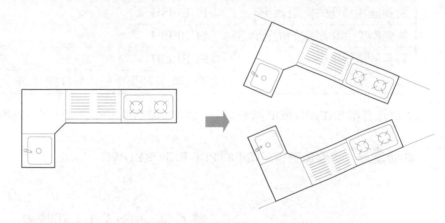

❸ **挑戰目標：**六角螺栓五種長度規格超級變、變、變。

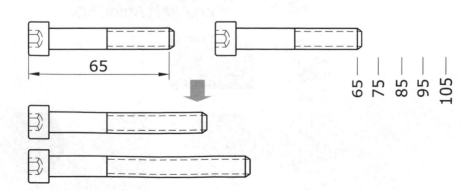

17 EXPORTPDF－匯出 PDF

指令	EXPORTPDF	快捷鍵	EPDF
說明	將圖檔內容匯出為 PDF 檔		

功能指令敘述

匯出至 PDF 的時機與方法有很多種，建議如下：

匯出至 PDF 時機	建議的指令
將模型空間或單一配置匯出	PLOT 或 EXPORTPDF
將圖面的所有配置匯出	EXPORTPDF
將圖面中所選的配置匯出	PUBLISH
將模型空間和選取的配置匯出	PUBLISH
將多個圖檔匯出	PUBLISH
將圖紙集匯出	圖紙集管理員中的「發佈成 PDF」選項

本單元介紹 EXPORTPDF 指令為主，請大家跟著以下步驟操作即可熟悉與掌握。

✪ **步驟一：** 請開啟隨書光碟中的 PDF-EXPORT.DWG。

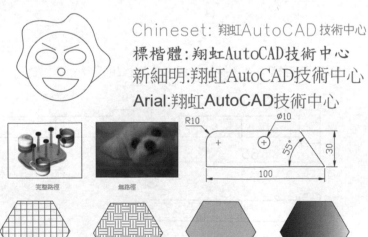

Chineset: 翔虹AutoCAD技術中心
標楷體:翔虹AutoCAD技術中心
新細明:翔虹AutoCAD技術中心
Arial:翔虹AutoCAD技術中心

完整路徑　　無路徑

使用者定義　　樣式：EARTH　　SOLID填滿　　漸層

包含的物件如下：

圖元	線、圓、弧、橢圓、聚合線、雲形線
字體	Chineset.shx、標楷體、新細明體、Arial
填充線	使用者定義、EARTH、SOLID、漸層
標註	線性、角度、半徑、直徑
圖層	STR、DIM、TXT、HAT

✪ **步驟二：** 執行 EXPORTPDF 或 EPDF 轉出為 PDF-EXPORT.PDF 檔案。

預設的匯出至 PDF 選項設定如下

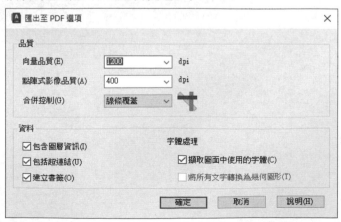

第一篇 第十二章 ▼ 相關插入指令

✪ **步驟三：** 檢視 PDF-EXPORT.PDF 轉出後的結果。

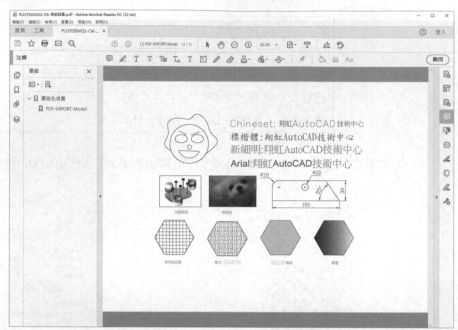

18 PDFIMPORT－PDF 匯入

指令	PDFIMPORT
說明	從 PDF 檔匯入幾何圖形、填滿、點陣式影像和 TrueType 文字物件

功能指令敘述

指令: PDFIMPORT

選取 PDF 參考底圖或 [檔案(F)] <檔案>:　　　← 輸入 F 或按[Enter]鍵

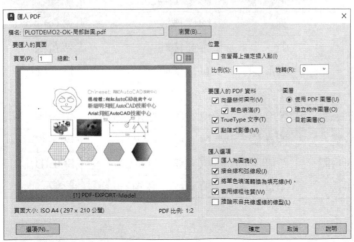

匯入後的成果，整體感覺還不錯，請另存成 PDF-IMPORT.DWG。

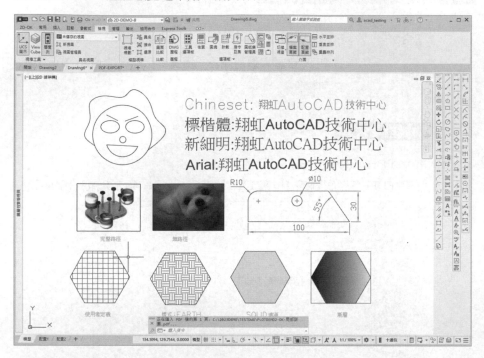

比對與原始圖面 PDF-EXPORT.DWG 發現：

原始	轉換後	原始	轉換後
線	聚合線	影像杯架	影像
聚合線	聚合線	影像 13-42-1	影像
圓	圓	線性標註	聚合線
弧	弧	半徑標註	聚合線
橢圓	雲形線	直徑標註	聚合線
雲形線	聚合線	角度標註	聚合線
文字：Chineset	聚合線	填充線：使用者定義	聚合線
文字：標楷體	標楷體	填充線：EARTH	聚合線
文字：新細明體	新細明體	填充線：SOLID	SOLID
文字：Arial	Arial	填充線：漸層	影像

✪ **文字型式：**另行命名的 PDF 型式，但是對應的 Truetype 字體不變。

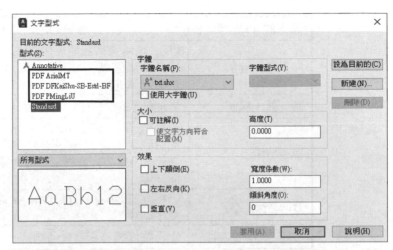

❖ **圖層：**另行命名的 PDF_圖層，特殊顏色也會改成 RGB 對應色表示。

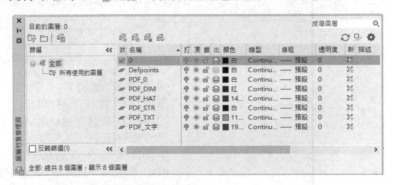

❖ **影像：**會放到 pdfimportimagepath 預設的 PDF Images 資料夾。

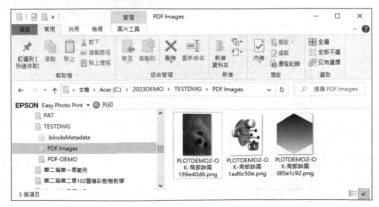

❖ 匯入的 PDF 資料轉換的原則與方法：

匯入的 PDF 資料	轉換的原則與方法
向量幾何圖形	PDF 幾何資料類型包括線性路徑、Bezier 曲線和單色填滿區域，將匯入為聚合線和 2D 實體或單色填滿填充線。
圓、弧、橢圓	實測結果匯入為圓、弧、雲形線。
單色填滿	單色填滿填充線指定 50% 透明度，以便可以輕鬆地看到上方或下方的物件。單色區域會包括單色填滿填充線、2D 實體、遮蔽物件、寬聚合線和三角形箭頭。
TrueType 文字	以字元 PDF_和 TrueType 字體名稱為 AutoCAD 文字型式。
SHX 字體的文字	使用物件將被視為幾何物件。
點陣式影像	點陣式影像將儲存成 PNG 檔案，路徑是由 pdfimportimagepath 系統變數控制或 OPtions 的「檔案」頁籤。 ⊟ 📁 PDF 匯入影像位置 └─▶ PDF Images
圖層	有三種方法： 1.使用 PDF 圖層： 圖層名稱會有一個 PDF 字首+從儲存於 PDF 檔中的圖層建立 AutoCAD 圖層。 2.建立物件圖層： 依物件類型建立 AutoCAD 圖層。 PDF_Geometry、PDF_Solid Fills、PDF_Images 和 PDF_Text。 3.目前圖層： 將所有指定的 PDF 物件匯入目前圖層。
匯入為圖塊	將 PDF 檔匯入為圖塊，而不是個別獨立物件。
加入線和弧線段	在可能的位置將相鄰線段接合成聚合線。
將單色填滿轉換為填充線	將 2D 實體物件轉換為單色填滿填充線，排除可推論為箭頭的 2D 實體。
套用線粗性質	保留或忽略已匯入之物件的線粗性質。
推論來自共線虛線的線型	將多組短共線線段組合為單一聚合線線段。為這些聚合線指定名為 PDF_Import 的虛線線型，並指定線型比例。

19 PDFSHXTEXT－辨識 SHX 文字

指令	PDFSHXTEXT
說明	將從 PDF 檔匯入的 SHX 幾何圖形轉換為個別的多行文字物件

功能指令敘述

指令: PDFSHXTEXT　　　　　　　　　　(請開啟 PDFSHXTEXT.DWG)

選取要轉換為文字的幾何圖形...

選取物件或 [設定(SE)]:　　　　　← 輸入 SE

選取物件或 [設定(SE)]:　← 選取文字物件

選取物件或 [設定(SE)]:

正在將幾何圖形轉換為文字...

群組 1: 未達成功門檻 - simplex 24%

0 個群組 (共 1 個群組) 已轉換為文字

已建立 0 個文字物件

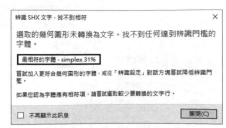

✪ 要比較的 SHX 字體順序很重要，選取的字體會從清單頂端開始與選取的 SHX 幾何圖形進行比對，直到達到或超出指定的辨識門檻為止。

✪ 設定高的值時，可確保盡可能使用最相符的所選字體。

✪ 設定低的辨識門檻時，即使沒有辨識出某些字元，也會建立文字。

✪ 降低辨識門檻到 20%，就可以順利轉換囉。(選取右上角那四排文字就好)

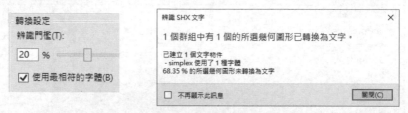

✪ **請注意：** 目前版本不支援亞洲語言大字體，所以英文大字體轉換後 OK，中文大字體文字轉換後還是零散的線條。

✪ **重要叮嚀：** 轉換門檻設定太低，如果選取範圍太大，會慘不忍睹。

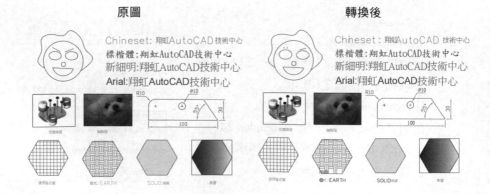

20　COUNT—計數

指令	COUNT
說明	計算圖面中所選的圖塊或物件數並加以亮顯
叮嚀	AutoCAD 2022↑開始的新功能，數量統計如虎添翼

功能指令敘述 (請開啟 COUNT-DEMO1.DWG)

指令: COUNT
指定計數區域的第一個角點或 [目前區域(C)/整個模型空間(E)/物件(O)/多邊形
(P)] <目前區域>:　　　　　　　　　　　　　　　　← 框選點 1
指定對角點:　　　　　　　　　　　　　　　　　　← 框選點 2
選取目標物件或 [列示所有圖塊(L)] <列示所有圖塊>:　← 選取教學區一張椅子
選取目標物件或 [列示所有圖塊(L)] <列示所有圖塊>:　← 輸入[Enter]
CC_SS0 ...... 16　　　　　　← 自動顯示圖塊名稱與數量

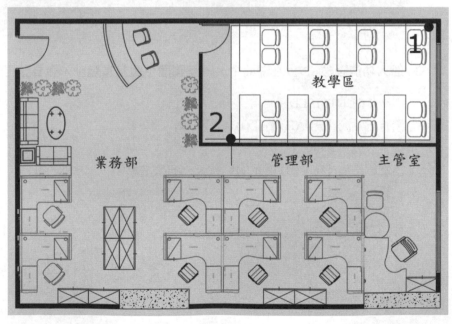

叮嚀：　目標物件也可以選取線、圓、弧...等物件，但是實用性不高，建議還是
　　　　以圖塊的計數為主。

✪ 計數與亮顯圖面中所有的圖塊，還可以逐一放大檢視。

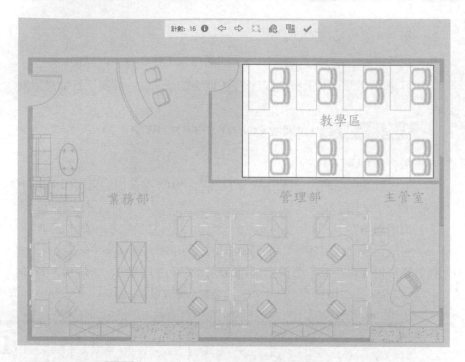

✪ 插入功能變數 在圖面中，一旦圖面中數量有變動，會自動更新。

指令:COUNTFIELD

指定起點或 [高度(H)/對正(J)]:　　←　輸入選項 H

指定高度 <2.5000>:　　　　　　←　設定文字高度

指定起點或 [高度(H)/對正(J)]:　　←　選取位置點：

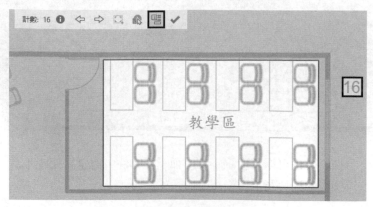

✪ **計數：**列示所有圖塊。

指令: COUNT
指定計數區域的第一個角點或 [目前區域(C)/整個模型空間(E)/物件(O)/多邊
形(P)] <目前區域>:　　　　　　　　　　　　　　　　　←[ENTER]
選取目標物件或 [列示所有圖塊(L)] <列示所有圖塊>:　←[ENTER]

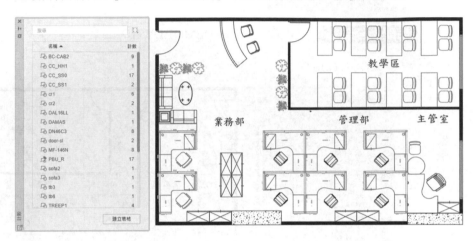

點選圖塊，圖面中會亮顯

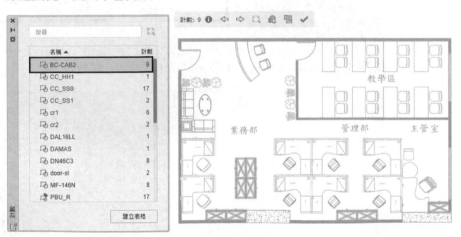

更棒的圖塊數量統計，詳見下一個單元 COUNTLIST 解析。

第
一
篇

第
十
二
章

▼

相
關
插
入
指
令

21　COUNTLIST－計數選項板

指令	COUNTLIST	
說明	顯示和管理目前圖面中已計算的圖塊	
叮嚀	圖塊數量統計如虎添翼	

功能指令敘述　(請開啟 COUNT-DEMO1.DWG)

指令: COUNTLIST

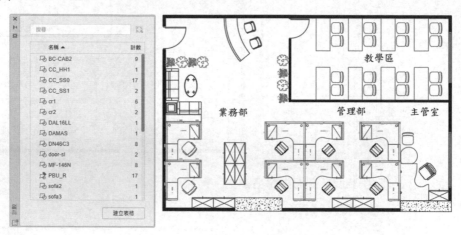

✪ **排序：** 預設值依「名稱」排序，也可依「計數」值排序。

✪ **點選計數選項板中的某一個圖塊：**圖面中會出現計數工具列與亮顯圖塊，還可以逐一放大檢視。

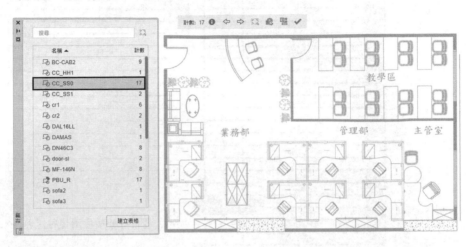

✪ **最夢幻的功能：**插入圖塊數量統計表。

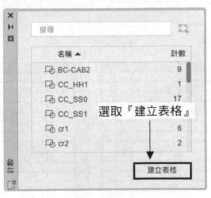

選取『建立表格』

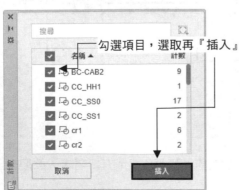

勾選項目，選取再『插入』

項目	計數
BC-CAB2	9
CC_HH1	1
CC_SS0	17
CC_SS1	2
cr1	6
cr2	2
DAL16LL	1
DAMAS	1
DN46C3	8
door-sl	2
MF-146N	8
PBU_R	17
sofa2	1
sofa3	1
tb3	1
tb6	1
TREEP1	4
TREEP3	4
UP070	4
UP072	18
UP073	12
UP074	6
window-f	2
xtd14Cr	2
xtd16Sl	6
xthd2	8

✪ **調整表格長度：** 以底部中間掣點往上拉調整成多排式。

選取符號按住滑鼠往上拖曳

✪ 用「**性質**」選項板：重複上部標示。

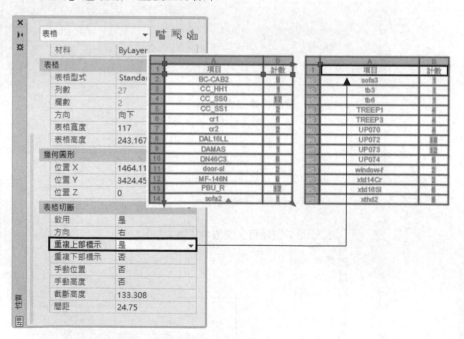

✪ **叮嚀：** 讀者們對於新的計數功能若覺得不足或有新需求，歡迎來函告知。

第一篇 第十三章

尺寸標註與多重引線指令

單元		工具列	中文指令	說　　明	頁碼
1	尺寸標註概述			尺寸功能指令概述	13-3
2	DIM	標註	標註	智慧型標註	13-5
3	DIMLINEAR		線性標註	水平垂直尺寸標註	13-8
4	DIMALIGNED		對齊式標註	對齊尺寸標註	13-11
5	DIMDIAMETER		直徑標註	圓或弧直徑標註	13-13
6	DIMRADIUS		半徑標註	圓或弧半徑標註	13-14
7	CENTERMARK	中心標記	中心標記	圓或弧中心記號標註	13-15
8	CENTERLINE	中心線	中心線	線與聚合線中心幾何線	13-16
9	DIMANGULAR		角度標註	角度尺寸標註	13-17
10	DIMJOGGED		轉折	標註轉折半徑	13-19
11	DIMARC		弧長標註	弧的長度標註	13-20
12	DIMORDINATE		座標式標註	座標式尺寸標註	13-22
13	DIMBASELINE		基線式標註	基線對齊式標註	13-24
14	DIMCONTINUE		連續式標註	連續式尺寸標註	13-26
15	DIMSPACE		調整間距	調整線性標註之間的空間	13-28
16	DIMBREAK		標註切斷	標註或延伸線與其他線重疊處，切斷延伸或標註線	13-29
17	TOLERANCE		公差標註	公差尺寸標註	13-31
18	QDIM	快速	快速標註	尺寸快速標註	13-33
19	DIMSTYLE	標註型式管理員		尺寸標註型式管理員	13-35

第一篇　第十三章　▼　尺寸標註與多重引線指令

單元		工具列	中文指令	說　　明	頁碼
20	DIMEDIT		標註編輯	編輯尺寸標註	13-47
21	DIMTEDIT		標註文字編輯	編輯尺寸標註文字	13-49
22	DIMOVERRIDE		取代	暫時性更新尺寸變數	13-50
23	DIMINSPECT		檢驗	標註關聯的檢驗資訊	13-51
24	DIMJOGLINE		標註轉折線	加入轉折符號於線性標註內	13-52
25	多功能掣點之標註編輯				13-53
26	關聯式標註				13-55
27	MLEADER	多重引線	多重引線	多重引線式標註	13-59
28	AIMLEADEREDITADD		加入引線	加入引線於多重引線中	13-62
29	AIMLEADEREDITREMOVE		移除引線	移除選取的引線	13-63
30	MLEADERALIGN		對齊引線	對齊選取多重引線	13-64
31	MLEADERCOLLECT		收集引線	收集選取多重引線	13-65
32	MLEADERSTYLE		多重引線型式管理員	設定與編輯多重引線型式	13-67

1 尺寸標註概述

尺寸的各種標註方式

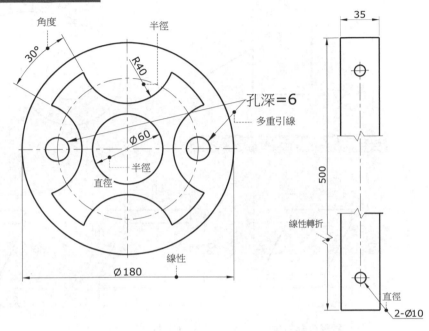

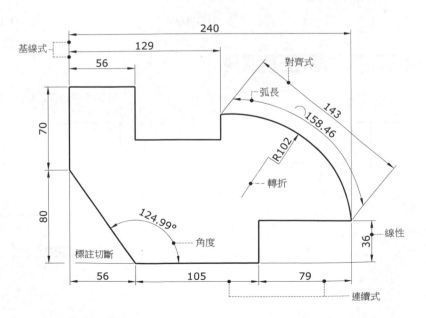

第一篇　第十三章 ▼ 尺寸標註與多重引線指令

尺寸標註的各部位名稱介紹

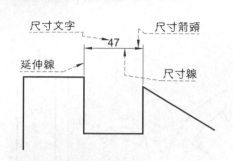
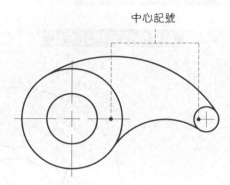

尺寸標註變數對尺寸標註影響

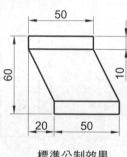

標準公制效果

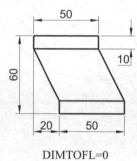

DIMTOFL=0

DIMTOH=1

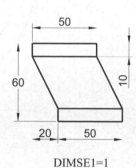

DIMSE1=1

DIMTIH=1

尺寸標註型式對尺寸標註影響

型式=DSTY1

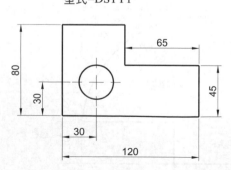

型式=DSTY2 (加入公差)

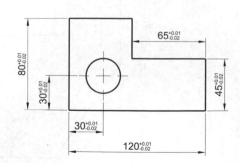

2　DIM－標註

指令	DIM	
說明	智慧型標註	
重點叮嚀	※使用前建議使用『F3』關閉物件鎖點(OS)模式	標註

功能指令敘述

指令: DIM

選取物件或指定第一個延伸線原點或 [角度(A)/基線式(B)/連續式(C)/座標(O)/對齊(G)/分散(D)/圖層(L)/退回(U)]:　← 選取物件或輸入選項

✪ 線性、對齊標註模式：

❖ 靠近碰選線段：　　　　　　　　游標向上下移動，標註水平尺寸

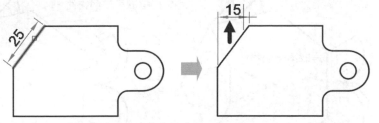

往對齊方向移動，標註對齊式尺寸　　游標向左右移動，標註垂直尺寸

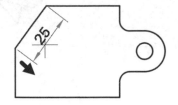
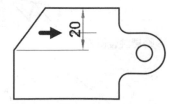

❖ 選取兩點：靠近端點，點選兩點，再將游標往要標註的方向移動即可。

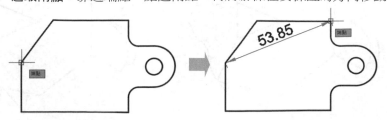

✪ **半徑、直徑標註模式：**(弧預設為半徑標註，圓預設為直徑標註)

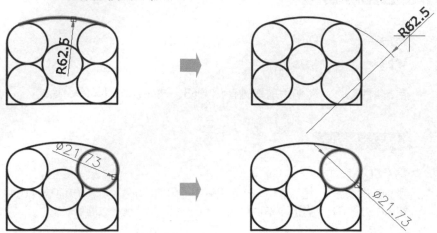

✪ **角度標註模式：**

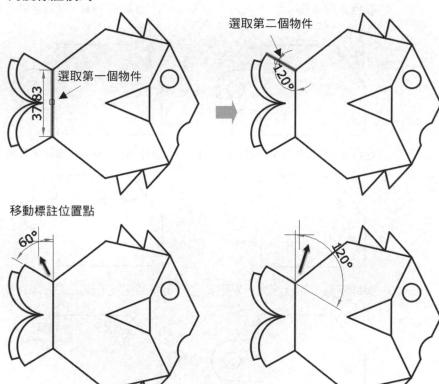

選取第一個物件

選取第二個物件

移動標註位置點

✪ 連續式尺寸標註：

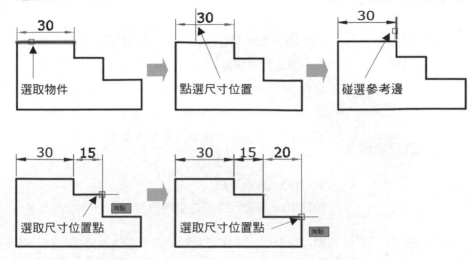

✪ 基線式尺寸標註：

選取物件或指定第一個延伸線原點或 [角度(A)/基線式(B)/連續式(C)/座標(O)/對齊(G)/分散(D)/圖層(L)/退回(U)]:　　← 輸入選項B

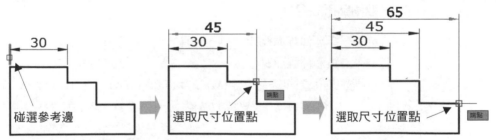

✪ 標註圖層設定：

可單獨決定尺寸標註物件的圖層，圖層定義請參考第十一章，第一單元。

如果設定為『使用目前的設定』，則標註物件會相同於目前的圖層，若有指定圖層則標註物件就會不同於目前的圖層，相當方便。

3 DIMLINEAR－線性標註

指令	DIMLINEAR	快捷鍵	DLI
說明	水平垂直尺寸標註		
選項功能	多行文字(M)：切至 MTEXT 多行文字模式編寫文字內容 文字(T)：切至 DTEXT 單行文字模式編寫文字內容 角度(A)：設定尺寸標註文字寫入角度 水平(H)：水平標註 垂直(V)：垂直標註 旋轉(R)：設定尺寸標註旋轉角度		
重點叮嚀	標註鎖點時，會自動避開其它標註的延伸線端點，以避免錯誤		

功能指令敘述

指令: DIMLINEAR

✪ **選取兩點標註尺寸**

指定第一條延伸線原點或 <選取物件>:   ← 選取標註點 1

指定第二條延伸線原點: ← 選取標註點 2

指定標註線位置或[多行文字(M)/文字(T)/角度(A)/水平(H)/垂直(V)/旋轉(R)]:

    ← 選取尺寸位置點 3 (游標往上下移動為水平標註，左右移動為垂直標註)

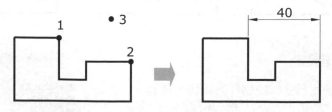

✪ **選取物件標註尺寸**

指定第一條延伸線原點或 <選取物件>:   ← 輸入 [Enter]

選取要標註的物件: ← 碰選線段 1

指定標註線位置或[多行文字(M)/文字(T)/角度(A)/水平(H)/垂直(V)/旋轉(R)]:

　　　　　　　　　　　　　　　← 選取尺寸位置 2

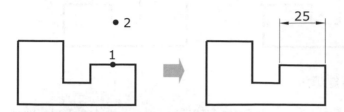

✪ 改變文字的內容

指定第一條延伸線原點或 <選取物件>:　　　　← 輸入 [Enter]

選取要標註的物件:　　　　　　　　　　　　← 碰選圓 1

指定標註線位置或[多行文字(M)/文字(T)/角度(A)/水平(H)/垂直(V)/旋轉(R)]:

　　　　　　　　　　　　　　　← 選取選項 T

輸入標註文字 <30>:　　　　　　　　　　　← 輸入%%c<>

指定標註線位置或[多行文字(M)/文字(T)/角度(A)/水平(H)/垂直(V)/旋轉(R)]:

　　　　　　　　　　　　　　　← 選取尺寸位置 2

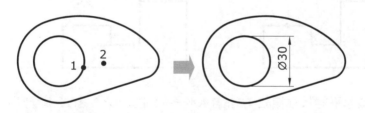

✪ 改變文字角度

指定第一條延伸線原點或 <選取物件>:　　　　← 選取標註點 1

指定第二條延伸線原點:　　　　　　　　　　← 選取標註點 2

指定標註線位置或[多行文字(M)/文字(T)/角度(A)/水平(H)/垂直(V)/旋轉(R)]:

　　　　　　　　　　　　　　　← 輸入選項 A

指定標註文字的角度:　　　　　　　　　　　← 輸入角度 45

指定標註線位置或[多行文字(M)/文字(T)/角度(A)/水平(H)/垂直(V)/旋轉(R)]:

　　　　　　　　　　　　　　　← 選取尺寸位置 3

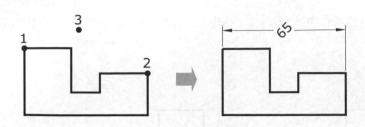

✪ **改變尺寸旋轉角**

指定第一條延伸線原點或 <選取物件>:　　　　　　　　← 輸入 [Enter]

選取要標註的物件:　　　　　　　　　　　　　　　　← 碰選線段 1

指定標註線位置或[多行文字(M)/文字(T)/角度(A)/水平(H)/垂直(V)/旋轉(R)]:

　　　　　　　　　　　　　　　　　　　　　　　　　← 選取選項 R

指定標註線的角度 <0>:　　　　　　　　　　　　　　← 輸入角度 45

指定標註線位置或[多行文字(M)/文字(T)/角度(A)/水平(H)/垂直(V)/旋轉(R)]:

　　　　　　　　　　　　　　　　　　　　　　　　　← 選取尺寸位置 2

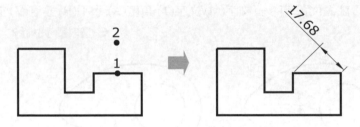

✪ **垂直或水平線尺寸標註** (當垂直水平一被指定就不會再有自動判斷型式的功能)

指定第一條延伸線原點或 <選取物件>:　　　　　　　　← 輸入 [Enter]

選取要標註的物件:　　　　　　　　　　　　　　　　← 碰選線段 1

指定標註線位置或 [多行文字(M)/文字(T)/角度(A)/水平(H)/垂直(V)/旋轉(R)]:

　　　　　　　　　　　　　　　　　　　　　　　　　← 選取選項 H 或 V

指定標註線位置或 [多行文字(M)/文字(T)/角度(A)]:　← 選取尺寸位置 2

✪ **垂直或水平建議您不須鍵入，由 AutoCAD 來幫您作智慧判斷**

❖ 上下移動游標即產生水平效果。

❖ 左右移動即產生垂直效果。

4　DIMALIGNED－對齊式標註

指令	DIMALIGNED	快捷鍵	DAL
說明	對齊尺寸標註		
選項功能	多行文字(M)：切至 MTEXT 多行文字模式編寫文字內容 文字(T)：切至 DTEXT 單行文字模式編寫文字內容 角度(A)：設定尺寸標註文字寫入角度		
重點叮嚀	標註鎖點時，會自動忽略其它標註的延伸線端點，以避免錯誤		

功能指令敘述

指令: DIMALIGNED

✪ 選取兩點標註尺寸

指定第一條延伸線原點或 <選取物件>:　　　　　　　← 選取標註點 1
指定第二條延伸線原點:　　　　　　　　　　　　　← 選取標註點 2
指定標註線位置或[多行文字(M)/文字(T)/角度(A)]:　← 選取尺寸點 3

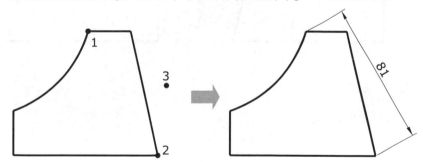

✪ 選取物件標註尺寸

指定第一條延伸線原點或 <選取物件>:　　　　　　　← 輸入 [Enter]
選取要標註的物件:　　　　　　　　　　　　　　　← 碰選線段 1
指定標註線位置或[多行文字(M)/文字(T)/角度(A)]:　← 選取尺寸點 2

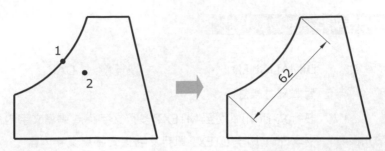

✪ 改變文字的內容

指定第一條延伸線原點或 <選取物件>:	← 輸入 [Enter]
選取要標註的物件:	← 碰選線段 1
指定標註線位置或[多行文字(M)/文字(T)/角度(A)]:	← 輸入選項 T
輸入標註文字 <30>:	← 輸入"弦長<>"
指定標註線位置或[多行文字(M)/文字(T)/角度(A)]:	← 選取尺寸點 2

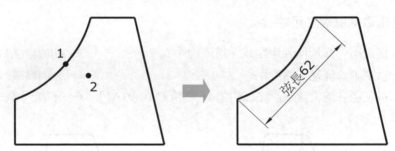

5 　DIMDIAMETER－直徑標註

指令	DIMDIAMETER	快捷鍵	DDI	
說明	圓或弧直徑標註			
選項功能	多行文字(M)：切至 MTEXT 多行文字模式編寫文字內容 文字(T)：切至 DTEXT 單行文字模式編寫文字內容 角度(A)：設定尺寸標註文字寫入角度			

功能指令敘述

指令: DIMDIAMETER
選取一個弧或圓:　　　　　　　　　← 碰選圓或弧 1
標註文字 ＝53.7
指定標註線位置或 [多行文字(M)/文字(T)/角度(A)]: ← 選取尺寸位置點 2

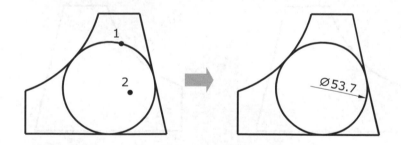

✪ 當尺寸變數 DIMFIT 設為 0 時，尺寸線會標註在圓內。

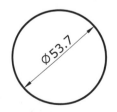

第
一
篇
第
十
三
章
▼
尺
寸
標
註
與
多
重
引
線
指
令

6 DIMRADIUS－半徑標註

指令	DIMRADIUS		快捷鍵	DRA	
說明	圓或弧半徑標註				
選項功能	多行文字(M)：切至 MTEXT 多行文字模式編寫文字內容				
	文字(T)：切至 DTEXT 單行文字模式編寫文字內容				
	角度(A)：設定尺寸標註文字寫入角度				

功能指令敘述

指令: DIMRADIUS

選取一個弧或圓: ← 碰選圓或弧 1

標註文字 = 67.14

指定標註線位置或 [多行文字(M)/文字(T)/角度(A)]: ← 選取尺寸位置點 2

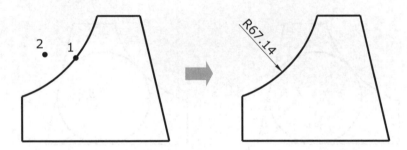

❂ 當尺寸變數 DIMFIT 設為 0 時，尺寸線會標註在圓內。

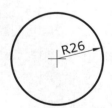

指令	CENTERMARK	
說明	圓或弧中心記號標註	中心標記

功能指令敘述

指令: CENTERMARK

選取圓或弧以加入中心標記: ← 碰選圓或弧

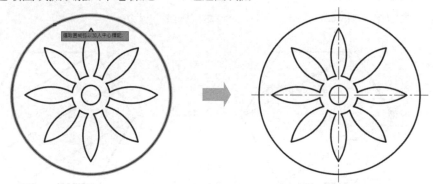

✪ 當移動圓心，或改變圓半徑，中心標記也會跟著改變。

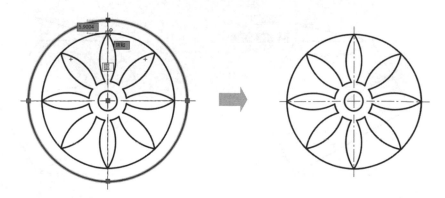

8　CENTERLINE－中心線

指令	CENTERLINE
說明	線與聚合線中心幾何線

中心線

功能指令敘述

指令: CENTERLINE
選取第一條線:　　　　　　　← 選取線段 1
選取第二條線:　　　　　　　← 選取線段 2

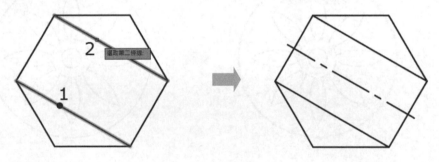

✪ 當移動線段，幾何中心線也會跟著連動改變。

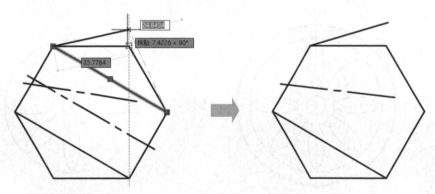

9　DIMANGULAR－角度標註

指令	DIMANGULAR	快捷鍵	DAN	
說明	角度尺寸標註			
選項功能	多行文字(M)：切至 MTEXT 多行文字模式編寫文字內容 文字(T)：切至 DTEXT 單行文字模式編寫文字內容 角度(A)：設定尺寸標註文字寫入角度 象限(Q)：控制標註的象限位置			

功能指令敘述

指令: DIMANGULAR

☼ 標註兩線段夾角角度

選取弧，圓，線或 <指定頂點>:　　　　　　　　　　　← 選取線段 1
選取第二條線:　　　　　　　　　　　　　　　　　　← 選取線段 2
指定標註弧線位置或 [多行文字(M)/文字(T)/角度(A)/象限(Q)]:←選取尺寸點 3

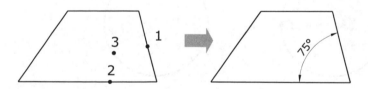

☼ 標註弧角度

選取弧，圓，線或 <指定頂點>:　　　　　　　　　　　← 選取弧 1
指定標註弧線位置或 [多行文字(M)/文字(T)/角度(A)/象限(Q)]:←選取尺寸點 2

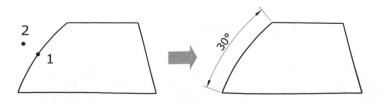

✪ **指定頂點標註角度** (可標註大於 180 度的夾角角度)

選取弧，圓，線或 <指定頂點>:　　　　← 輸入[Enter]

指定角度頂點:　　　　　　　　　　　← 選取頂點 1

指定角度的第一個端點:　　　　　　　← 選取端點 2

指定角度的第二個端點:　　　　　　　← 選取端點 3

指定標註弧線位置或 [多行文字(M)/文字(T)/角度(A)/象限(Q)]:←選取尺寸點 4

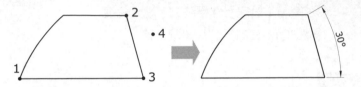

✪ **指定頂點標註圓局部角度** (可標註大於 180 度的夾角角度)

選取弧，圓，線或 <指定頂點>:　　　　　　　　　← 選取圓也同時是角度點 1

指定角度的第二個端點:　　　　　　　　　　　　← 選取端點 2

指定標註弧線位置或 [多行文字(M)/文字(T)/角度(A)/象限(Q)]:←選取尺寸點 3

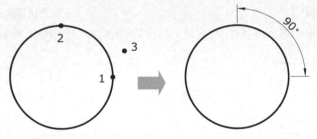

✪ **定義標註象限** (當定義完象限位置，角度標註就會限制於該象限標註)

指定第一條延伸線原點或 <選取物件>:　　　　　　← 碰選線段 1

選取要標註的物件:　　　　　　　　　　　　　　← 碰選線段 2

指定標註弧線位置或[多行文字(M)/文字(T)/角度(A)/象限(Q)]:←輸入選項 Q

指定四分點:　　　　　　　　　　　　　　　　　← 選取位置點 3

指定標註弧線位置或[多行文字(M)/文字(T)/角度(A)/象限(Q)]:←選取尺寸點 4

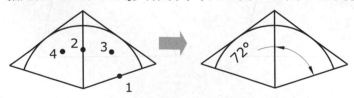

10　DIMJOGGED－轉折

指令	DIMJOGGED	快捷鍵	DJO
說明	標註轉折半徑		
選項功能	多行文字(M)：切至 MTEXT 多行文字模式編寫文字內容 文字(T)：切至 DTEXT 單行文字模式編寫文字內容 角度(A)：設定尺寸標註文字寫入角度		

功能指令敘述

指令: DIMJOGGED
選取一個弧或圓:　　　　　　　　　　　　← 選取弧或圓 1
指定中心位置取代:　　　　　　　　　　　← 選取點 2，取代中心位置
標註文字 = 58
指定標註線位置或 [多行文字(M)/文字(T)/角度(A)]:　← 選取文字中心下方點 3
指定轉折位置:　　　　　　　　　　　　　← 選取轉折線位置點 4

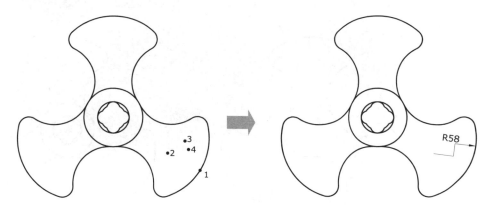

11 DIMARC－弧長標註

指令	DIMARC		快捷鍵	DAR
說明	弧的長度標註			
選項功能	多行文字(M)：切至 MTEXT 多行文字模式編寫文字內容 文字(T)：切至 DTEXT 單行文字模式編寫文字內容 角度(A)：設定尺寸標註文字角度寫入弧長 局部(P)：標註部分弧長			

功能指令敘述

指令: DIMARC

✪ 標註弧全長

選取弧或聚合線弧段:　　　　　　　　← 選取弧或聚合線弧 1
指定弧長標註位置，或 [多行文字(M)/文字(T)/角度(A)/局部(P)]:
　　　　　　　　　　　　　　　　　← 選取位置點 2

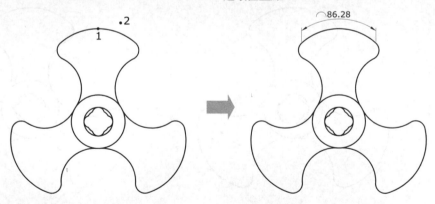

✪ 標註弧局部長度

選取弧或聚合線弧段:　　　　　　　　← 選取弧或聚合線弧 1
指定弧長標註位置，或 [多行文字(M)/文字(T)/角度(A)/局部(P)]:
　　　　　　　　　　　　　　　　　← 輸入選項 P
指定弧長標註的第一點:　　　　　　　← 選取弧長起點 2

指定弧長標註的第二點:　　　　　　← 選取弧長起點 3

指定弧長標註位置，或 [多行文字(M)/文字(T)/角度(A)/局部(P)]:

　　　　　　　　　　　　　　　← 選取標註位置點 4

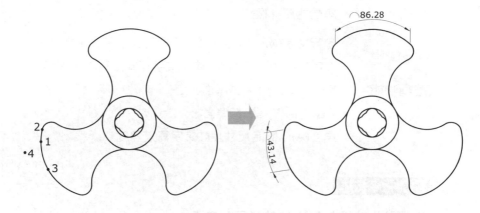

第一篇　第十三章 ▼ 尺寸標註與多重引線指令

12　DIMORDINATE－座標式標註

指令	DIMORDINATE	快捷鍵	DOR
說明	座標式尺寸標註		
選項功能	多行文字(M)：切至 MTEXT 多行文字模式編寫文字內容 文字(T)：切至 DTEXT 單行文字模式編寫文字內容 X 基準面(X)：X 基準面 Y 基準面(Y)：Y 基準面 角度(A)：設定尺寸標註文字寫入角度		

功能指令敘述

✪ 標註先執行指令 UCS 改變原點座標

指令: UCS

目前的 UCS 名稱:　*世界*

指定 UCS 的原點或 [面(F)/具名(NA)/物件(OB)/前一個(P)/視圖(V)/世界 (W)/X/Y/Z/Z 軸(ZA)] <世界>:　　　← 選取新原點 1

指定 X 軸上的點或 <接受>:　　　← [Enter]

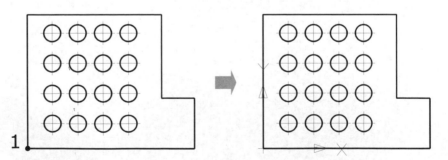

✪ 標註座標尺寸

指令: DIMORDINATE

請指定特徵位置:　　　　　　　　　← 選取座標點 1

指定引線端點或 [X 基準面(X)/Y 基準面(Y)/多行文字(M)/文字(T)/角度(A)]:

　　　　　　　　　　　　　　　　← 選取尺寸參考點 2

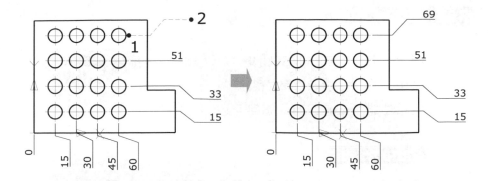

✪ 標註完成後，要記得還原 UCS 座標至世界座標上

指令: UCS

指定 UCS 的原點或 [面(F)/具名(NA)/物件(OB)/前一個(P)/視圖(V)/世界
(W)/X/Y/Z/Z 軸(ZA)] <世界>:　　← 輸入選項 W，或 [Enter]

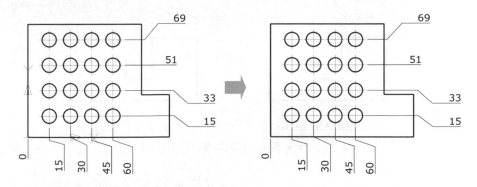

✪ 重點叮嚀：快速標註中含有座標式標註，更加輕鬆有效率。

13　DIMBASELINE－基線式標註

指令	DIMBASELINE	快捷鍵	DBA	
說明	基線對齊式標註			
選項功能	退回(U)：退回至上一個動作			

功能指令敘述

✪ 先標註一組線性或對齊式標註，再執行基線式標註

指令: DIMLINEAR

指定第一條延伸線原點或 <選取物件>:　　　　　← 選取標註點 1

指定第二條延伸線原點:　　　　　　　　　　　← 選取標註點 2

指定標註線位置或[多行文字(M)/文字(T)/角度(A)/水平(H)/垂直(V)/旋轉(R)]:

　　　　　　　　　　　　　　　　　　　　　← 選取尺寸位置點 3

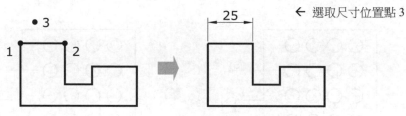

指令: DIMBASELINE

指定第二條延伸線原點或 [選取(S) /退回(U)] <選取>:　　← 選取下一點 4

標註文字 = 40

指定第二條延伸線原點或 [選取(S) /退回(U)] <選取>:　　← 選取下一點 5

標註文字 = 65

指定第二條延伸線原點或 [選取(S) /退回(U)] <選取>:　　← [Enter] 離開

選取基線式標註:　　　　　　　　　　　　　　　← [Enter] 離開

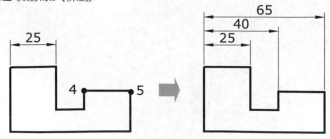

❂ 輸入選項 S，重新定義尺寸基準邊

指令: DIMBASELINE

指定第二條延伸線原點或 [選取(S) /退回(U)] <選取>:　　← 輸入[Enter]或 S

選取基準標註:　　　　　　　　　　　　　　　　　← 選取尺寸參考邊 1

指定第二條延伸線原點或 [選取(S) /退回(U)] <選取>:　　← 選取下一點 2

標註文字 = 42

指定第二條延伸線原點或 [選取(S) /退回(U)] <選取>:　　← 選取下一點 3

標註文字 = 63

指定第二條延伸線原點或 [選取(S) /退回(U)] <選取>:　　← [Enter] 離開

選取基線式標註:　　　　　　　　　　　　　　　　← [Enter] 離開

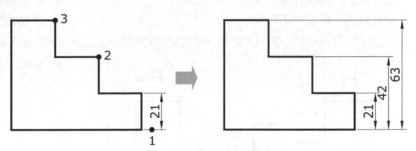

❂ 變數 DIMDLI 可以調整，基線標註尺寸間距

指令: DIMDLI

輸入 DIMDLI 的新值 <3.7500>:　　← 輸入距離值

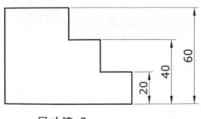

尺寸值=7

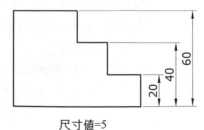

尺寸值=5

14　DIMCONTINUE－連續式標註

指令	DIMCONTINUE	快捷鍵	DCO	
說明	連續式尺寸標註			
選項功能	退回(U)：退回至上一個動作			

功能指令敘述

✪ 先標註一組線性或對齊式標註，再執行連續式標註

指令: DIMLINEAR

指定第一條延伸線原點或 <選取物件>:　　　　　　　　← 選取標註點 1

指定第二條延伸線原點:　　　　　　　　　　　　　　← 選取標註點 2

指定標註線位置或[多行文字(M)/文字(T)/角度(A)/水平(H)/垂直(V)/旋轉(R)]:

　　　　　　　　　　　　　　　　　　　　　　　← 選取尺寸位置點 3

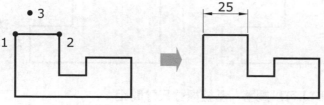

指令: DIMCONTINUE

指定第二條延伸線原點或 [選取(S) /退回(U))] <選取>:　← 選取下一點 4

標註文字 = 15

指定第二條延伸線原點或 [選取(S) /退回(U)] <選取>:　← 選取下一點 5

標註文字 = 25

指定第二條延伸線原點或 [選取(S) /退回(U)] <選取>:　← [Enter] 離開

選取連續式標註:　　　　　　　　　　　　　　　　← [Enter] 離開

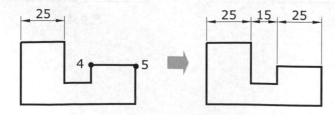

✪ 輸入選項 S，重新定義尺寸基準邊

指令: DIMCONTINUE
指定第二條延伸線原點或 [選取(S) /退回(U)] <選取>: ← 輸入[Enter]或 S
選取連續式標註:　　　　　　　　　　　　　　← 選取尺寸參考邊 1
指定第二條延伸線原點或 [選取(S) /退回(U)] <選取>: ← 選取下一點 2
標註文字 = 21
指定第二條延伸線原點或 [選取(S) /退回(U)] <選取>: ← 選取下一點 3
標註文字 = 21
指定第二條延伸線原點或 [選取(S) /退回(U)] <選取>: ← [Enter] 離開
選取連續式標註:　　　　　　　　　　　　　　← [Enter] 離開

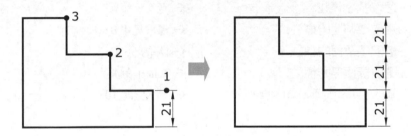

15 DIMSPACE－調整間距

指令	DIMSPACE
說明	調整線性標註之間的空間
選項功能	自動(A)：自動調整尺寸 (間距：標註文字字高的兩倍)

功能指令敘述

指令: DIMSPACE

✪ **輸入指定值，設定標註空間** (先選基準邊尺寸，再依序點選要調整尺寸)

選取基準標註:	← 選取尺寸 A
選取要隔開的標註:	← 選取尺寸 B
選取要隔開的標註:	← 選取尺寸 C
選取要隔開的標註:	← [Enter] 離開
輸入值或 [自動(A)] <自動>:	← 輸入距離 10

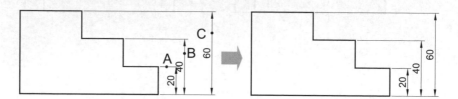

✪ **對齊方式會參照基準邊，基線式尺寸標註，也可以調整間距**

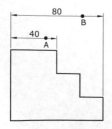

選取順序 A➔B
依序選取要對準尺寸

選取順序 B➔A
基線式尺寸順序 60➔40➔20

16 DIMBREAK－標註切斷

指令	DIMBREAK	
說明	標註或延伸線與其他線重疊處，切斷延伸或標註線	
選項功能	多重(M)：多組標註切斷	

（第一篇　第十三章　▼　尺寸標註與多重引線指令）

功能指令敘述

指令: DIMBREAK

✪ 手動單一切斷

選取標註以加入/移除切斷或 [多重(M)]:　　　← 選取尺寸 A
選取物件以切斷標註或 [自動(A)/手動(M)/移除(R)] <自動>:← 選取尺寸 B
選取物件切斷標註　　　　　　　　　　　← [Enter] 結束選取

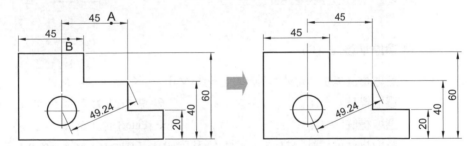

✪ 自動單一切斷

選取標註以加入/移除切斷或 [多重(M)]:　　　← 選取尺寸 A
選取物件以切斷標註或 [自動(A)/手動(M)/移除(R)] <自動>:← 輸入[Enter]

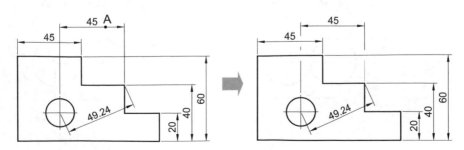

✪ 多重切斷 (M)

選取標註以加入/移除切斷或 [多重(M)]:　　← 輸入選項 M

選取標註:　　　　　　　　　　　　　　← 框選切斷尺寸

選取標註:　　　　　　　　　　　　　　← [Enter] 結束選取

選取物件以切斷標註或 [自動(A)/移除(R)] <自動>:　← [Enter] 或輸入選項 A

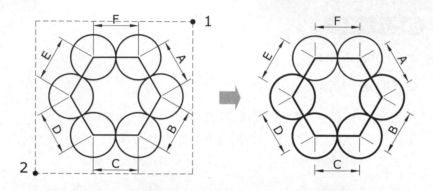

✪ 還原切斷點 (R)

選取標註以加入/移除切斷或 [多重(M)]:　　← 輸入選項 M

選取標註:　　　　　　　　　　　　　　← 選取已切斷尺寸 (例如尺寸 1、2、3)

選取標註:　　　　　　　　　　　　　　← [Enter] 結束選取

選取物件以切斷標註或 [自動(A)/移除(R)] <自動>:← 輸入選項 R 移除切斷

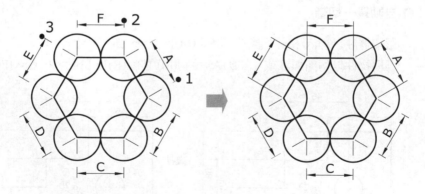

17　TOLERANCE－公差標註

指令	TOLERANCE	快捷鍵	TOL
說明	公差尺寸標註		

功能指令敘述

指令: TOLERANCE

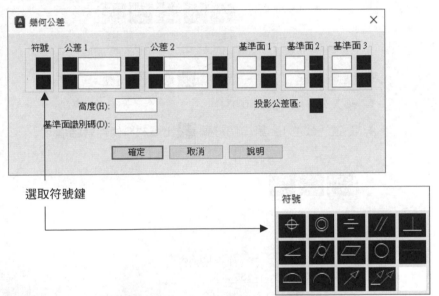

選取符號鍵

符號

☆ 選取符號鍵出現對話框選項說明

正位度　　　　傾斜度　　　　曲面輪廓度

同心度　　　　圓柱度　　　　偏轉度

對稱度　　　　真平度　　　　曲線輪廓度

平行度　　　　真圓度　　　　總偏轉度

垂直度　　　　真直度

✪ 標註公差說明

❖ 選取符號鍵，出現符號對話框，再選取要選用的公差符號。

❖ 點選『公差 1』第一個符號 ■ 切換 ⌀ 符號。

❖ 輸入公差值 (例如 0.01)。

❖ 點選『公差 1』第二個符號 ■ 出現材料條件對話框。

✪ 使用圖例

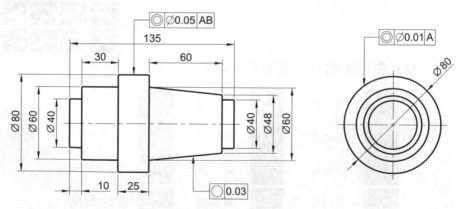

指令	QDIM	
說明	尺寸快速標註	⚡ 快速
選項功能	連續(C)：標註連續式的尺寸	
	錯開(S)：標註錯開不相交的尺寸	
	基準線(B)：標註基線式的尺寸	
	座標(O)：標註原點座式的尺寸	
	半徑(R)：標註圓或弧半徑尺寸	
	直徑(D)：標註圓或弧直徑尺寸	
	基準點(P)：重新指定標註基準點，例如基線式的基準邊	
	編輯(E)：加入或移除標註點	
	設定(T)：設定端點或交點優先權	

功能指令敘述

指令: QDIM

關聯式標註優先權 ＝ 端點

選取要標註的幾何圖形:　　　　← 框選要標註尺寸範圍 1-2

選取要標註的幾何圖形:　　← [Enter] 離開

指定標註線位置, 或 [連續(C)/錯開(S)/基準線(B)/座標(O)/半徑(R)/直徑(D)/基準點(P)/編輯(E)/設定(T)] <連續>: ← 選取尺寸位置點，或輸入選項

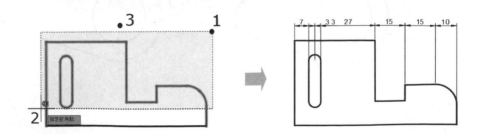

❂ 快速標註各種選項標註效果

❖ 連續(C)

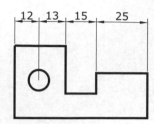

❖ 錯開(S)

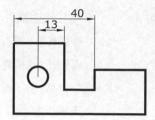

❖ 基準線(B)

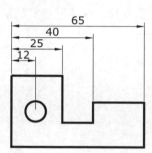

❖ 座標(O)

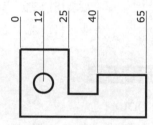

❖ 半徑(R)

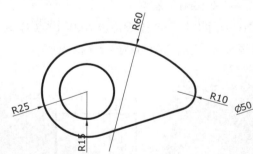

❖ 直徑(D)

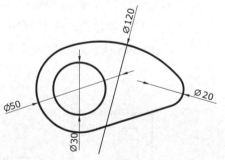

指令	DIMSTYLE	快捷鍵	D
說明	尺寸標註型式管理員		

功能指令敘述

可按選面板對話框
箭頭啟動功能

指令: DIMSTYLE

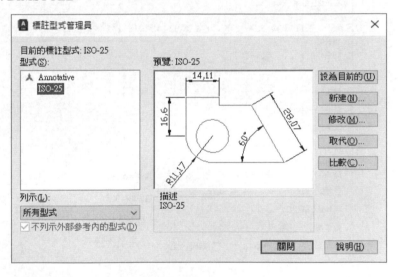

❖ **設為目前的**：將目前所選取的形式設為目前所使用的。

❖ **新建**：建立一組新型式。

❖ **修改**：修改型式內的各項設定。

❖ **取代**：取代目前的型式設定。

❖ **比較**：比較各型式設定狀況。

✪ **建立一組新型式**

選取『新建』，出現對話框，設定完成各項設定，選取『繼續』。

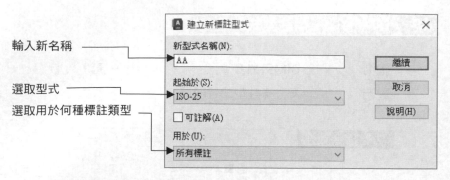

輸入新名稱

選取型式

選取用於何種標註類型

❖ 設定『線』各項內容：

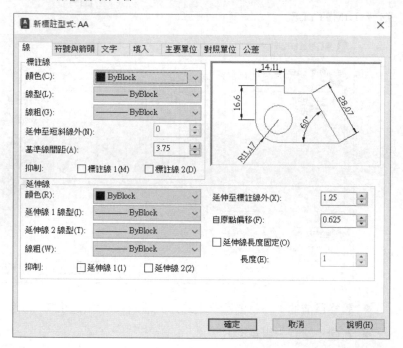

❶ 標註線：

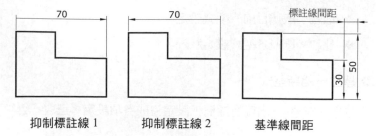

抑制標註線 1　　　　　抑制標註線 2　　　　　基準線間距

❷ 延伸線：

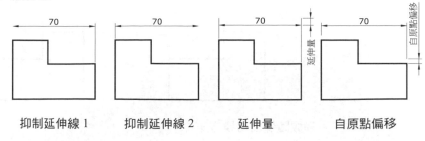

抑制延伸線 1　　　抑制延伸線 2　　　延伸量　　　　自原點偏移

❸ 延伸線固定長度：

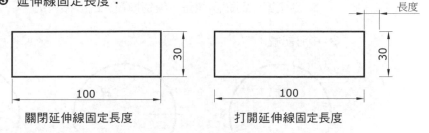

關閉延伸線固定長度　　　　打開延伸線固定長度

❹ 各部位顏色與線寬調整皆可各自作設定調整。

❖ 設定『符號與箭頭』各項內容：

❶ 箭頭：

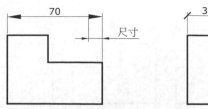
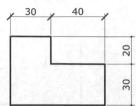

箭頭圖像鈕切換方法：

◉ 點選第一個圖像鈕，第二圖像會自動切換一致的箭頭效果。

◉ 點選第二箭頭圖像鈕，僅切換第二的箭頭效果。

❷ 中心記號：

標記

線

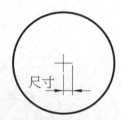

❸ 弧長符號：

標註文字前方　　　　　　標註文字上方　　　　　　　無

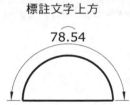
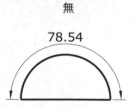

❹ 半徑轉折標註：

轉折角度=90　　　　　　轉折角度=30　　　　　　轉折角度=45

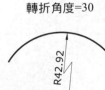

❺ 標註切斷：

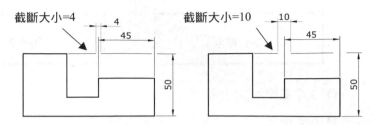

截斷大小=4 4 45 50

截斷大小=10 10 45 50

❖ 設定『文字』各項內容：

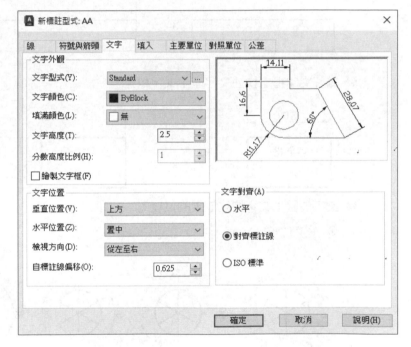

❶ 文字型式： 選用經由字型設定 STYLE 所定義的字型種類，按選 ... 出現字型設定對話框。

❷ 文字顏色： 設定標註文字標註的顏色。

❸ 填滿顏色： 設定填滿文字背景顏色。

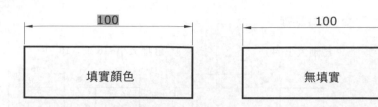

❹ 文字高度：設定標註文字的高度。

❺ 分數高度比例：設定分數高度比例值。

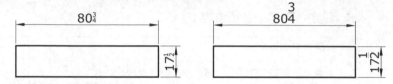

❻ 繪製文字框：標註文字產生文字框線。

❼ 文字位置：文字標註放置的位置。

◉ 垂直位置

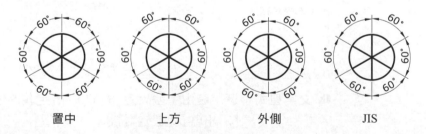

◉ 水平位置

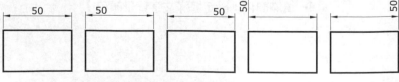

❽ 自標註線偏移：文字標註與尺寸線間的距離。

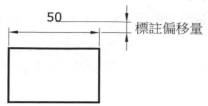

標註偏移量

❾ 文字對齊：文字水平或垂直的對齊模式。

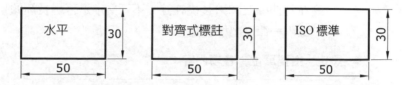

❖ 設定『填入』各項內容：

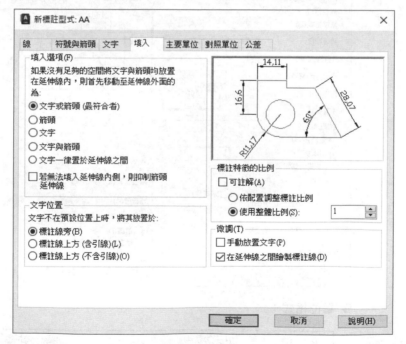

❶ 填入選項：當尺寸標註的文字如果太長，文字與箭頭是否抑制於延伸
線內，或置於延伸線外。

❷ 文字位置：當文字無法寫於延伸線內，相關寫入位置設定。

❸ 標註特徵的比例：

  ⊙ 使用整體比例：調整變數 DIMSCALE 將所有相關標註尺寸乘上該值標註。

  ⊙ 依配置調整標註比例：依圖紙空間所開具視埠比例值調整。

❹ 微調：

  ⊙ 手動放置文字：選擇標註線點位置時，文字也會跟著選取點移動。

  ⊙ 在延伸線之間繪製標註線：不管文字是否過長箭頭是否過大，延伸線內一律畫出標註線。

❖ 設定『**主要單位**』各項內容：

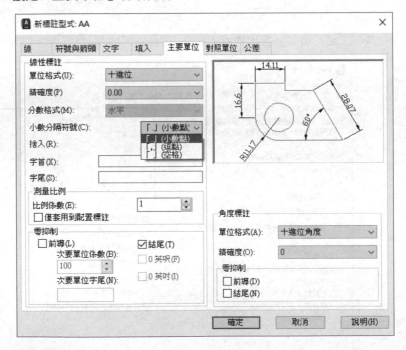

❶ 單位格式：

單　位	顯示效果	單　位	顯示效果
科學	0.0000E+01	建築	0'-0 1/16"
十進位	0.0000	分數	0 1/16
工程	0'-0.0000"		

❷ **精確度**：標註尺寸小數位數設定。

❸ **分數格式**：

『單位格式』選用建築或分數式，即可設定分數格式堆疊模式。

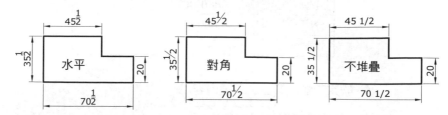

❹ **小數分隔符號**：預設為逗點是不合用，請改為小數點。

❺ **字首與字尾**：加入字首或字尾。

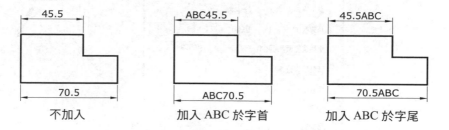

❻ **比例係數**：將尺寸值乘上一個比例係數值。

❼ **零抑制**：抑制尺寸數前導與結尾無效的零。

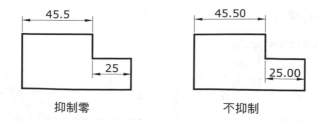

❽ 角度單位格式：

單　位	顯示效果
十進位	0.0000
度/分/秒	0d00'00"
分度	0.0000g
弳度	0.0000r

❖ 設定『對照單位』各項內容：

❶ 顯示對照單位：打開或關閉對照單位顯示效果。

❷ 單位格式：除了主要單位外，加註一組對照單位。

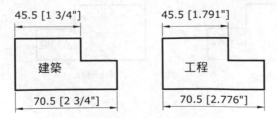

❸ **字首**：於標註文字前加入指定文字。

❹ **字尾**：於標註文字後加入指定文字。

❺ **零抑制**：抑制替用單位結尾或前面無效的零值。

❖ 設定『公差』各項內容：

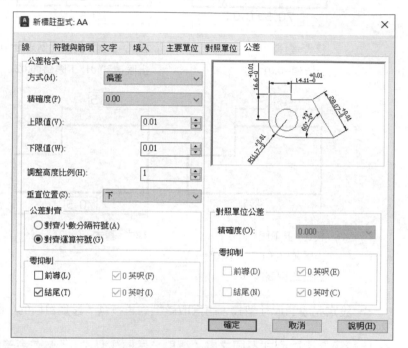

❶ **方式**：公差顯示的模式設定。

❷ **精確度**：公差標註小數位數精確度設定。

❸ **上限值**：公差上限值 (正值) 設定。

❹ **下限值**：公差下限值 (負值) 設定。

❺ **調整高度比例**：公差標註文字高度比例設定。

❻ **垂直位置**：尺寸與公差文字標註於尺寸線位置。

❼ **零抑制**：抑制結尾或前面無效的零值。

❽ **對照單位公差**：公差對照單位精確度與抑制零值設定。

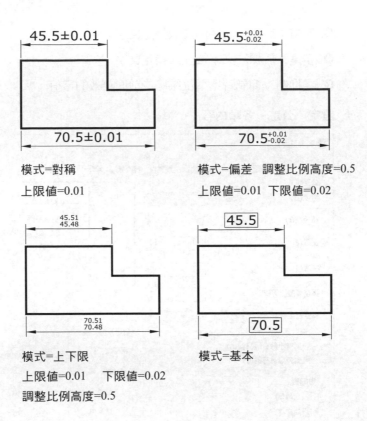

模式=對稱　　　　　　　　　　模式=偏差　調整比例高度=0.5

上限值=0.01　　　　　　　　　上限值=0.01　下限值=0.02

模式=上下限　　　　　　　　　模式=基本

上限值=0.01　　　下限值=0.02

調整比例高度=0.5

❖ 設定完成的尺寸型式，請選取該型式再按選『設為目前的』即完成切換。

✪ **比較兩個標註型式不同之處：**選取二個標註型式，比較二者差異之處。

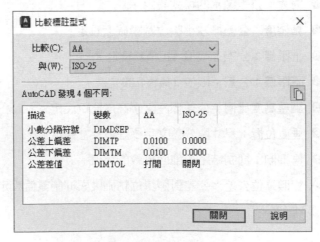

20 | DIMEDIT－標註編輯

指令	DIMEDIT	快捷鍵	DED
說明	編輯尺寸標註		
選項功能	歸位(H)：回復原來位置 新值(N)：更新尺寸內容 旋轉(R)：旋轉文字角度 傾斜(O)：將延伸線作傾斜效果		

功能指令敘述

指令: DIMEDIT

輸入標註編輯的類型 [歸位(H)/新值(N)/旋轉(R)/傾斜(O)] <歸位>: ← 輸入選項

✪ **輸入選項 N，更新尺寸內容**

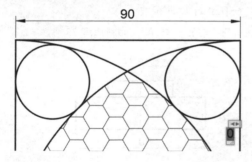

出現文字編輯器，"0"表示 AutoCAD 量取的長度內定值，如果在之前加入%%C
也就是%%C0，AutoCAD 會自動加入一個直徑符號，輸入新的文字內容後，
關閉文字編輯器，進入繪圖區編輯尺寸標註。

選取物件: ← 選取尺寸 1 與 2
選取物件: ← [Enter] 離開選取

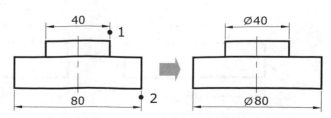

✪ 輸入選項 R，旋轉尺寸文字角度

指定標註文字的角度: ← 輸入旋轉角度 45

選取物件: ← 選取尺寸 1 與 2

： ：

選取物件: ← [Enter] 離開選取

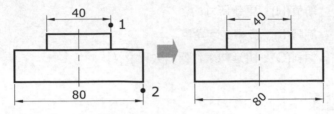

✪ 輸入選項 O，延伸線傾斜角度設定

選取物件: ← 選取尺寸 1 與 2

： ：

選取物件: ← [Enter] 離開選取

輸入傾斜角度 (按下 Enter 表示無):   ← 輸入傾斜角度 75

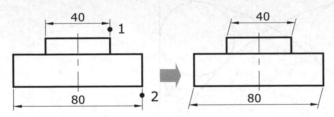

✪ 輸入選項 H，將標註文字歸位

選取物件: ← 選取尺寸 1 與 2

： ：

選取物件: ← [Enter] 離開選取

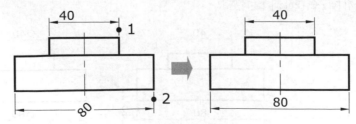

21　DIMTEDIT－標註文字編輯

指令	DIMTEDIT	快捷鍵	DIMTED
說明	編輯尺寸標註文字		
選項功能	左(L)：文字向左對齊 右(R)：文字向右對齊 中(C)：文字向中間對齊 歸位(H)：文字歸回原位 角度(A)：旋轉文字角度		

功能指令敘述

指令: DIMTEDIT

選取標註:　　　　　　　　　　← 選取尺寸線

指定標註文字的新位置或 [左(L)/右(R)/中(C)/歸位(H)/角度(A)]:

　　　　　　　　　　← 輸入選項或選取任意一點

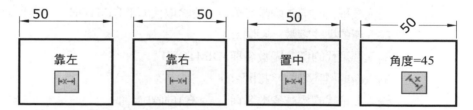

✪ 直接選取標註面板更快速

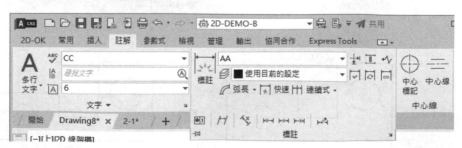

22 DIMOVERRIDE－取代

指令	DIMOVERRIDE	快捷鍵	DOV
說明	暫時性更新尺寸變數		
選項功能	清除取代(C)：清除取代回復至原來相關變數的設定		

功能指令敘述

指令: DIMOVERRIDE

輸入要取代的標註變數名稱或 [清除取代(C)]: ← 輸入變數名稱 (例如 DIMTOH)

輸入新的標註變數 <關閉>: ← 輸入新變數數值

輸入要取代的標註變數名稱: ← [Enter] 離開，或輸入其它變數名稱

選取物件: ← 選取尺寸

選取物件: ← [Enter] 離開

✪ 範例說明

指令: DIMOVERRIDE

輸入要取代的標註變數名稱或 [清除取代(C)]: DIMTOH

輸入新的標註變數 <關閉>: 1

輸入要取代的標註變數名稱: DIMTOFL

輸入新的標註變數 <打開>: 0

輸入要取代的標註變數名稱: ← [Enter] 離開

選取物件: ← 選取直徑 20 與 15 尺寸

選取物件: ← [Enter] 離開

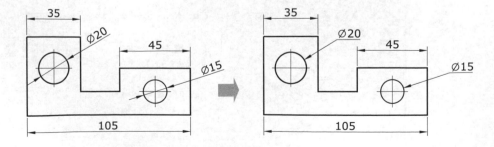

指令	DIMINSPECT
說明	標註關聯的檢驗資訊

功能指令敘述

指令: DIMINSPECT

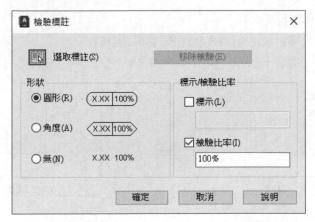

✪ 選取 [⊞] 鍵，至圖面上選取標註

形狀＝圓形　檢驗比例＝100%　　　　　形狀＝角度　檢驗比例＝50%

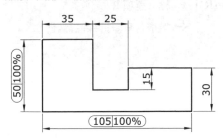 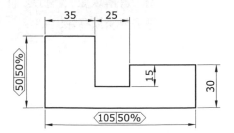

✪ **移除檢驗：** 選取加入檢驗標註，移除檢驗符號。

第一篇　第十三章　▼　尺寸標註與多重引線指令

24　DIMJOGLINE－標註轉折線

指令	DIMJOGLINE	快捷鍵	DJL
說明	加入轉折符號於線性標註內		
選項功能	移除(R)：移除轉折		

功能指令敘述

指令: DIMJOGLINE

選取註解以加入轉折或 [移除(R)]:　　← 選取線性標註

指定轉折位置 (或按 Enter):　　　← 選取位置點或輸入 [Enter]

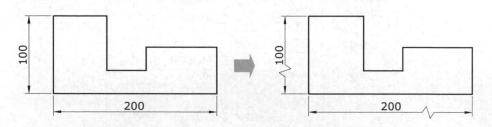

✪ **移除轉折：**選取轉折標註，移除轉折符號。

指令: DIMJOGLINE

選取註解以加入轉折或 [移除(R)]:　← 輸入選項 R

選取轉折以移除:　　　　　← 選取含有轉折線性標註

25 多功能掣點之標註編輯

多功能掣點編輯

碰選標註物件出現掣點，懸停於各掣點進行編輯

✪ 懸停於標註文字掣點

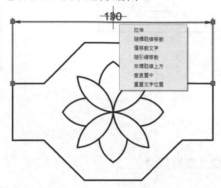

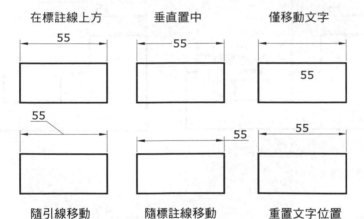

在標註線上方　　　垂直置中　　　僅移動文字

隨引線移動　　　隨標註線移動　　　重置文字位置

✪ 懸停標註線掣點

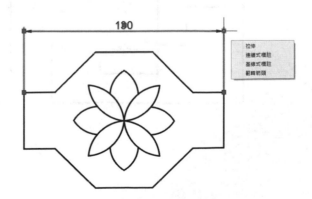

第一篇　第十三章 ▼ 尺寸標註與多重引線指令

❖ 連續式標註尺寸：

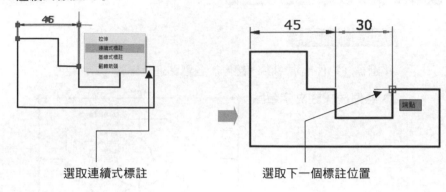

選取連續式標註　　　　　　　　　選取下一個標註位置

❖ 基線式標註尺寸：

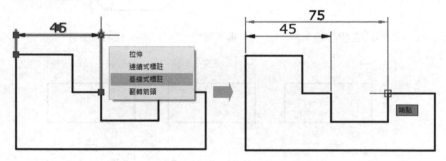

❖ 翻轉箭頭：

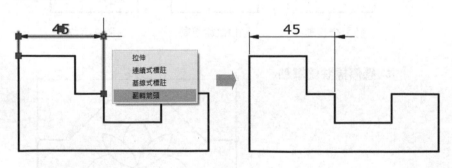

關聯式標註的控制與更新

將標註貼附到物件並產生關聯，當物件執行編修指令 (如 Move、Rotate、Trim、Extend、Lengthen、Scale、Break....等)，標註將會自動更新。

指令或變數	功能說明
DIMASSOC	設定標註與物件是否關聯 (預設值=2)
DIMDISASSOCIATE	取消標註與物件之關聯性
DIMREASSOCIATE	重新設定標註與物件之關聯性
DIMREGEN	更新關聯式標註的位置

✪ **範例一**：將二線段，由交點 A 位移到點 B (MOVE)。

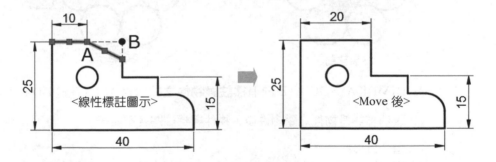

✪ **範例二**：選取虛線部分物件，由基準點 A 旋轉 15 度 (ROTATE)。

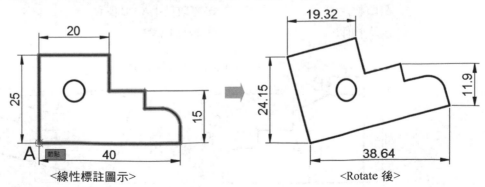

第一篇 第十三章 ▼ 尺寸標註與多重引線指令

✪ **範例三：**將虛線部分物件，由基準點 A 位移到點 B (MOVE)。

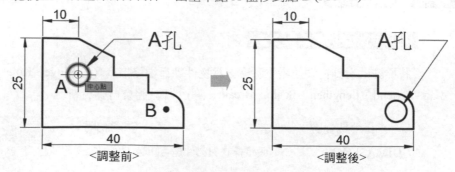

✪ **範例四：**將六角形，由基準點 A 位移到點 B (MOVE)。

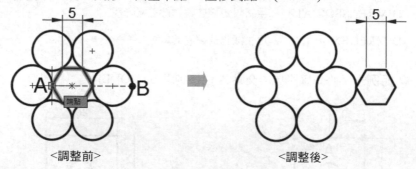

✪ **DIMDISASSOCIATE 取消標註與物件之關聯性：** (快捷鍵 DDA)

取消標註與物件之關聯性後，物件與標註將各不相干。

指令: DDA
DIMDISASSOCIATE
選取要取消關聯的標註 ...

選取物件:　　　　　　　　　　← 選取尺寸 A、B 與 C

選取物件:　　　　　　　　　　← [Enter] 離開

選取物件，旋轉 15 度

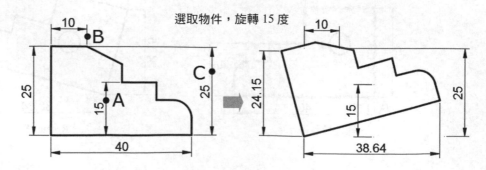

✪ **DIMREASSOCIATE 重新設定標註與物件之關聯性：** (快捷鍵 DRE)

指令:DRE

DIMREASSOCIATE

選取要重新關聯的標註 ...

選取物件或 [取消關聯(D)]:　　　← 選取尺寸 A

選取物件或 [取消關聯(D)]:　　　← [Enter] 離開選取

指定第一個延伸線原點或 [選取物件(S)] <下一個>:　← 輸入選項 S

選取物件:　　　　　　　　　← 選取線段 B

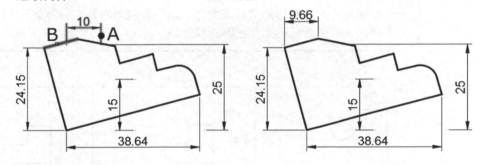

✪ **超越空間的標註：**

當不同比例尺的視埠設定後，直接在圖紙空間中對各視埠物件做標註，如此一來標註的型式就輕鬆的一致化，且與物件相關聯，這種跨越空間的標註方式，解決了實務上的困擾，相當貼心！

不管視埠內圖形縮放比例為多少，只要於圖紙空間標註都可以得到正確的標註值與尺寸比例一致的效果。

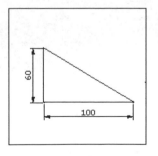

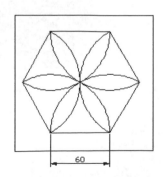

第一篇 第十三章 ▼ 尺寸標註與多重引線指令

更新關聯式標註的位置

關聯式標註在三種情況下需要使用 DIMREGEN 手動更新

1	對浮動模型空間執行 Zoom 或 Pan 時，欲更新建立於圖紙空間的關聯式標註時
2	打開已經用 AutoCAD 舊版修改的圖面後，如果標註的物件已經修改，欲更新關聯式標註時
3	如果標註的關聯物件是外部參考，則一旦關聯的外部參考圖形內物件被修改，欲更新目前圖面關聯式標註時

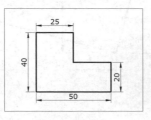
於圖紙空間完成尺寸標註

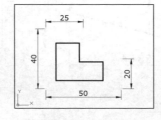
將視埠內圖形作平移與縮放

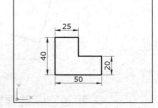
執行 DIMREGEN 效果

27　MLEADER－多重引線

指令	MLEADER	快捷鍵	MLD
說明	多重引線式標註		

多重引線

功能指令敘述

指令: MLEADER

✪ 箭頭優先 (H)

指定引線箭頭位置或 [預先輸入文字(T)/引線連字線優先(L)/內容優先(C)/選
項(O)] <選項>:　　　　　　　　← 選取箭頭起點
指定引線連字線位置:　　　　　　← 選取文字位置點

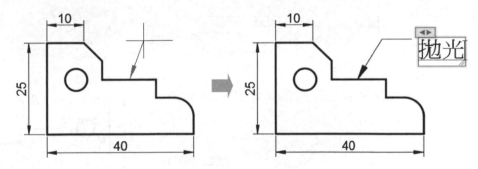

文字書寫方式請參考第八章多行文字
MTEXT 單元

✪ 引線連字線優先 (L)

指定引線箭頭位置或 [預先輸入文字(T)/引線連字線優先(L)/內容優先(C)/選
項(O)] <選項>:　　　　　　　　← 輸入選項 L
指定引線連字線位置或 [預先輸入文字(T)/引線箭頭優先(H)/內容優先(C)/選
項(O)] <引線箭頭優先>:　　　　← 選取文字位置點
指定引線箭頭位置:　　　　　　　← 選取箭頭點

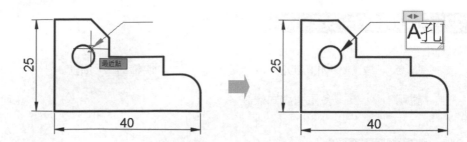

✪ 內容優先 (C)

指定引線箭頭位置或 [預先輸入文字(T)/引線連字線優先(L)/內容優先(C)/選項(O)] <選項>:　　　　　　　　　　　　← 輸入選項 C

指定文字的第一個角點或 [預先輸入文字(T)/選取多行文字(M)/引線箭頭優先(H)/引線連字線優先(L)/選項(O)] <選項>:　← 選取文字第一角點

請指定對角點:　　　　　　　　　　　　　← 選取文字對角點

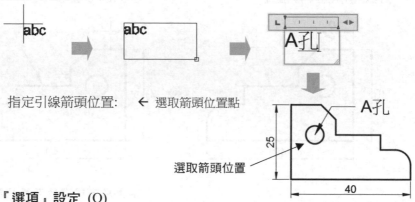

　　指定引線箭頭位置:　← 選取箭頭位置點

選取箭頭位置

✪『選項』設定 (O)

指定引線箭頭位置或 [預先輸入文字(T)/引線連字線優先(L)/內容優先(C)/選項(O)] <選項>:　　　　　　　　　　　　← 輸入選項 O

輸入選項 [引線類型(L)/引線連字線(A)/內容類型(C)/最多點(M)/第一角度(F)/第二角度(S)/結束選項(X)] <引線類型>:← 輸入選項

❖ 輸入 L 設定引線類型：

選取引線類型 [直線(S)/雲形線(P)/無(N)] <雲形線>:　　← 輸入選項

Mleader test　　　Mleader test　　　Mleader test
　　雲形線　　　　　　　　直線　　　　　　　　無

❖ 輸入 A 設定引線連字線：

使用連字線 [是(Y)/否(N)] <是>: ← 輸入選項，如果輸入 Y，會繼續下列詢問

指定固定連字線距離 <3.0000>: ← 輸入距離

使用連字線，距離=3　　　　距離=10　　　　不使用連字線

❖ 輸入 C 設定內容類型：

選取內容類型 [圖塊(B)/多行文字(M)/無(N)] <多行文字>: ← 輸入選項

(如果輸入選項 B 圖塊，則會詢問圖塊名稱)

輸入圖塊名稱： ← 輸入圖塊名稱

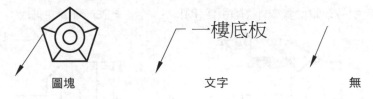

圖塊　　　　　　　文字　　　　　　　無

❖ 輸入 M 最多點：

輸入引線的最多點 <2>: ← 輸入點數

SAKURA

點數=6

❖ 輸入 F 第一角度：

輸入第一角度約束 <0>: ← 輸入約束第一點的間隔角度

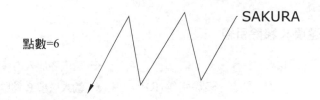

30度第一角度　　　　45度第一角度　　60度第一角度

❖ 輸入 S 第二角度：

輸入第二角度約束 <0>: ← 輸入約束第二點的間隔角度

28　AIMLEADEREDITADD－加入引線

指令	AIMLEADEREDITADD	
說明	加入引線於多重引線中	
選項功能	移除引線(R)：移除多餘的引線	

功能指令敘述

指令: AIMLEADEREDITADD

選取多重引線:　　　　　　　　　　　　　← 選取要加入的多重引線 1

指定引線箭頭位置或 [移除引線(R)]:　　　← 選取箭頭位置

指定引線箭頭位置或 [移除引線(R)]:　　　← [Enter] 結束選取

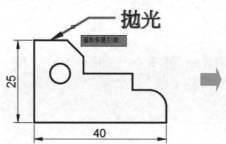
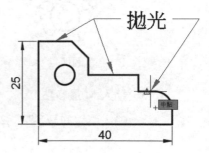

✪ 輸入選項 R 移除引線

選取多重引線:　　　　　　　　　　　　　← 選取要加入的多重引線

指定引線箭頭位置或 [移除引線(R)]:　　　← 輸入選項 R 移除引線

指定要移除的引線或 [加入引線(A)]:　　　← 選取要移除的引線

指定要移除的引線或 [加入引線(A)]:　　　← [Enter] 結束選取

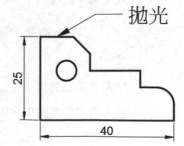

指令	AIMLEADEREDITREMOVE
說明	移除選取的引線
選項功能	加入引線(A)：加入引線

功能指令敘述

指令: AIMLEADEREDITREMOVE
選取多重引線:　　　　　　　　　　　　　← 選取要移除的多重引線
指定要移除的引線或 [加入引線(A)]:　　　← 選取移除引線
指定要移除的引線或 [加入引線(A)]:　　　← [Enter] 結束選取

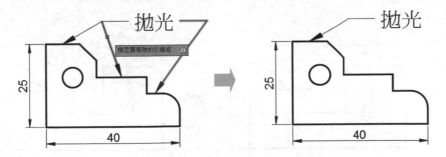

✪ 輸入選項 A 加入引線

選取多重引線:　　　　　　　　　　　　　　← 選取要移除的多重引線
指定要移除的引線或 [加入引線(A)]:　　　　← 輸入選項 A 加入引線
指定引線箭頭位置或 [移除引線(R)]:　　　　← 選取要加入的引線位置
指定引線箭頭位置或 [移除引線(R)]:　　　　← [Enter] 結束選取

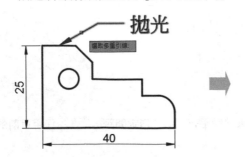
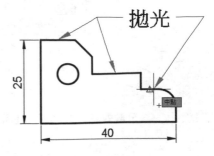

30　MLEADERALIGN－對齊引線

指令	MLEADERALIGN	快捷鍵	MLA
說明	對齊選取多重引線		

功能指令敘述

指令: MLEADERALIGN

選取多重引線:　　　　　　　　　　　← 選取多重引線 (如引線 1)

選取多重引線:　　　　　　　　　　　← 結束選取

目前的模式: 使用目前的間距

選取要對齊的多重引線或 [選項(O)]:　← 選取對齊引線 (如引線 2) 或輸入選項 O

指定方向:　　　　　　　　　　　　　← 選取對齊點 3

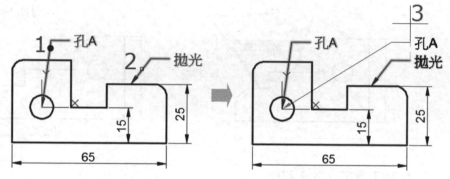

✪ 輸入 O 設定各種選項

輸入選項 [分散對齊(D)/使引線線段平行(P)/指定間距(S)/使用目前的間距(U)]

<使用目前的間距>　　　　　　　　　← 輸入對齊方式

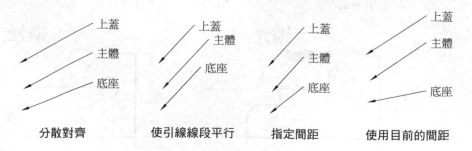

分散對齊　　　　使引線線段平行　　　指定間距　　　使用目前的間距

31 | MLEADERCOLLECT－收集引線

指令	MLEADERCOLLECT	快捷鍵	MLC
說明	收集選取多重引線		

功能指令敘述 (請開啟隨書光碟中的 mleadercollect.dwg 檔)

✪ 先執行多重引線，將帶有屬性 NN 圖塊配合引線插入

指令: MLEADER

指定引線連字線位置或 [預先輸入文字(T)/引線箭頭優先(H)/內容優先(C)/選
項(O)] <選項>:   ← 輸入選項 O

輸入選項 [引線類型(L)/引線連字線(A)/內容類型(C)/最多點(M)/第一角度(F)/
第二角度(S)/結束選項(X)] <結束選項>:   ← 輸入選項 C

選取內容類型 [圖塊(B)/多行文字(M)/無(N)] <圖塊>: ← 輸入選項 B

輸入圖塊名稱 < >:   ← 輸入圖塊名稱 NN

輸入選項 [引線類型(L)/引線連字線(A)/內容類型(C)/最多點(M)/第一角度(F)/
第二角度(S)/結束選項(X)] <內容類型>:   ← 輸入選項 X

指定引線連字線位置或 [預先輸入文字(T)/引線箭頭優先(H)/內容優先(C)/選
項(O)] <選項>:   ← 選取引線箭頭起點

指定引線連字線位置: ← 選取文字點

輸入屬性值

number: ← 輸入屬性值 1

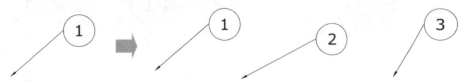

相同方式，再繼續增建二組引線，其值分別爲 2、3

✪ 先執行收集引線

指令: MLEADERCOLLECT

選取多重引線: ← 依序選取多重引線

選取多重引線: ← [Enter] 結束選取

第一篇

第十三章

▼ 尺寸標註與多重引線指令

指定收集的多重引線的位置或 [垂直(V)/水平(H)/折行(W)] <水平>:

← 選取多重引線位置點

選取順序 1→2→3，位置選取第 3 個

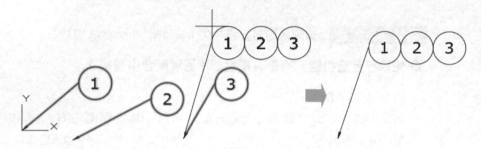

選取順序 3→2→1，位置選取第 1 個

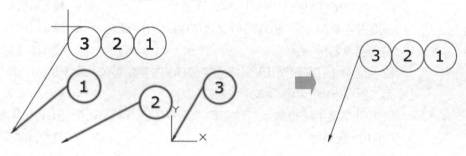

✪ **收集引線的各種位置效果**

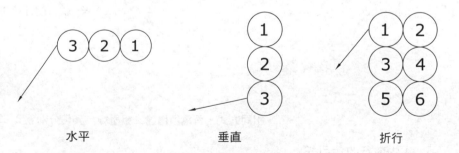

指令	MLEADERSTYLE	快捷鍵	MLS
說明	設定與編輯多重引線型式		

功能指令敘述

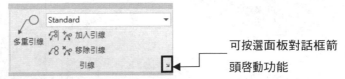

可按選面板對話框箭
頭啟動功能

指令: MLEADERSTYLE

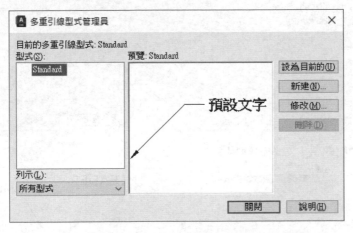

預設文字

❖ **設為目前的**：選取型式，為目前使用的型式或直接於該型式快選二下。

❖ **新建**：新建引線型式。

❖ **修改**：修改引線型式的各項設定。

❖ **刪除**：刪除無用的引線型式。

◯ **先建一組多重引線型式：**

❖ 選取『新建』，出現對話框，輸
入新型式名稱如 LEA1，按選『繼
續』。

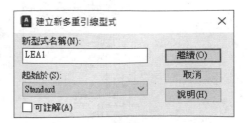

❖ 定義引線格式：

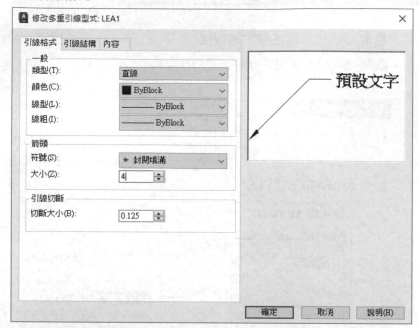

❶ 類型：定義引線類型。

❷ 箭頭符號：定義引線箭頭符號。

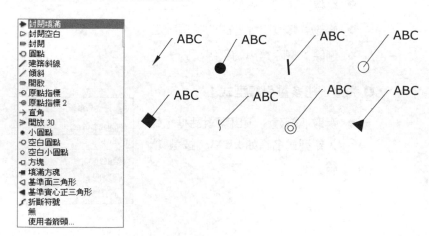

❖ 定義引線結構：

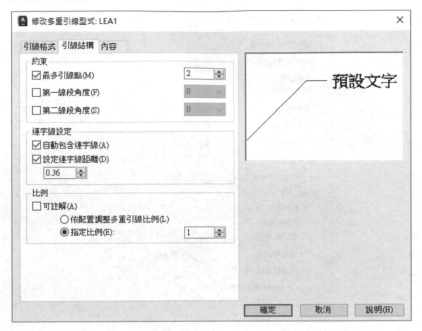

❶ 最多引線點：設定輸入引數點數。

MLEADER
點數=6

❷ 第一線段角度：輸入約束第一點的間隔角度。

❸ 第二線段角度：輸入約束第二點的間隔角度。

30度第一角度　　　　45度第一角度　　60度第一角度

❹ 比例：配合配置調整可註解部分請參考第十六章。

❺ 連字線距離：引線與文字間的連線設定。

Mleader test　　　Mleader test　Mleader test

使用連字線，距離=3　　　距離=10　　　不使用連字線

❖ 定義引線內容：

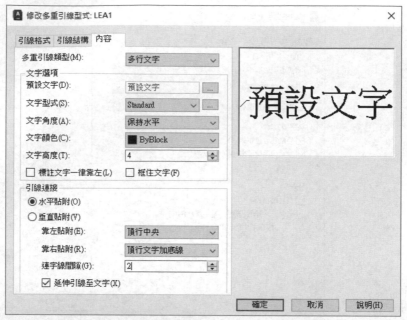

❶ 文字選項：設定多行文字或圖塊。

切換至圖塊，可設定來源圖塊名稱

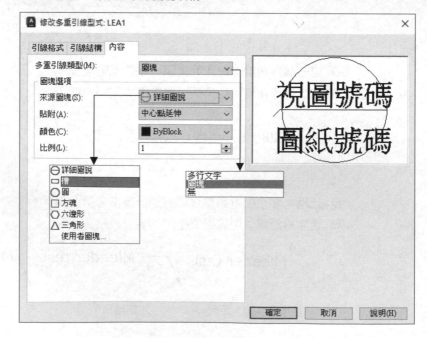

選取『使用者圖塊』，可設定字型定義的圖塊

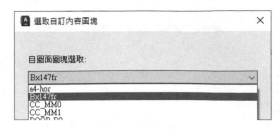

貼附可設定插入點或中心點延伸方式

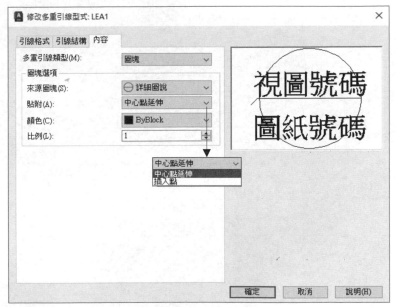

❷ 引線連接：文字與引線貼附設定。

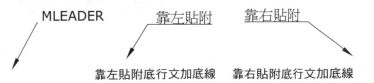

MLEADER　　　　靠左貼附　　　靠右貼附

靠左貼附底行文加底線　靠右貼附底行文加底線

✪ 定義完成後，可輕鬆切換使用：

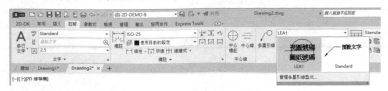

隨手札記

第一篇　第十三章　▼　尺寸標註與多重引線指令

第一篇 第十四章

多重圖檔的資源共享

1　開啟多重圖檔的技巧

✪ 以 OPEN 指令同時開啟多張圖檔：

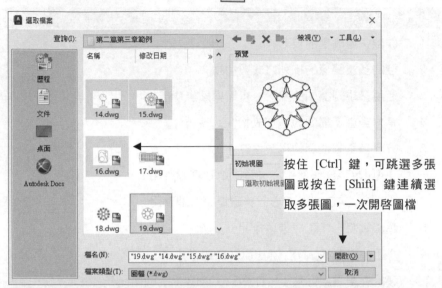

按住 [Ctrl] 鍵，可跳選多張圖或按住 [Shift] 鍵連續選取多張圖，一次開啟圖檔

✪ 以檔案總管同時【拖放】多張圖檔進 AutoCAD：

利用檔案總管下的『檢視』→『縮圖』可預覽 AutoCAD 圖檔。

選取檔案，再用滑鼠左鍵按選不放，將檔案拖曳至繪圖區內(游標會出現+的符號)，或按住 [Ctrl] 不放拖入圖面中

✪ 以 AutoCAD 設計中心逐一將圖檔【拖放】進 AutoCAD：

詳見本章單元 6 與單元 7

選取圖檔，按住滑鼠左鍵拖曳至灰色線內(游標會出現+的符號)

❖ 選取檔案，拖曳至 AutoCAD 灰色線內就可以開啟圖檔，或按住 [Ctrl] 不放拖入圖面中。

❖ 直接拖入圖中，會變成插入圖塊模式，而非開啟。

2　控制多重圖檔的排列方式與切換

✪ 多重圖檔的排列方式：

❖ 重疊排列：

❖ 垂直並排：　　　　　　　　　❖ 水平並排：

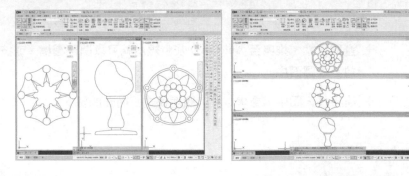

✪ **多重圖檔的切換方式：**多重圖檔的作業中，要切換作用圖面的方式如下。

❖ 以滑鼠點選該圖面。

❖ 到『檢視』頁籤中→『介面』面板→按選『切換視窗』。

❖ 以 [Ctrl]+[Tab] 鍵或 [Ctrl]+[F6] 作循環。

❖ 由檔案頁籤切換圖檔。

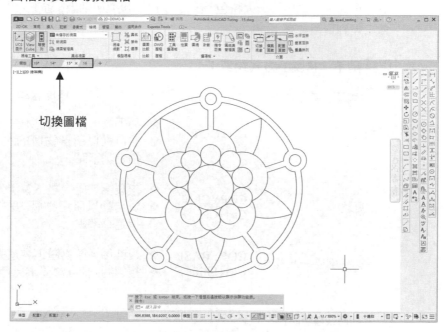

切換圖檔

❖ 開啓或關閉檔案頁籤。

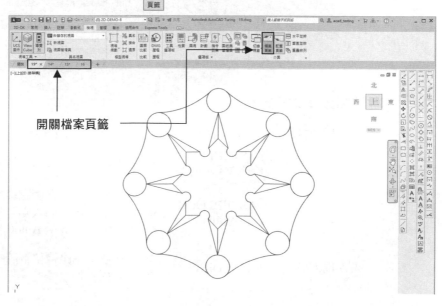

開關檔案頁籤

3 　活用多重圖檔間的剪下、複製與貼上功能

這是視窗多工運作的一大特色，藉著『剪下、複製與貼上』省下大量的重複動作，真正達到資源共享！

✪ 『剪下、複製』方式類型：

剪下、複製方式	指令	特性說明
剪下	CUTCLIP Ctrl+X	❖ 剪下後，原物體會消失至剪貼簿內 ❖ 並自動以所選物體的左下角邊界為指定基準點
複製	COPYCLIP Ctrl+C	❖ 複製後，原物體不會消失 ❖ 並自動以所選物體的左下角邊界為指定基準點
與基準點一起複製	COPYBASE Ctrl+Shift+C	❖ 複製後，原物體不會消失 ❖ 複製的同時，會要求另行指定基準點

<如圖快顯功能表>

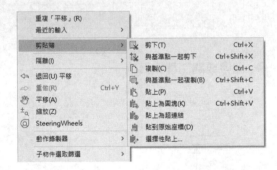

✪ 『貼上』的方式類型：

貼上方式	指令	特性說明
貼上	PASTECLIP Ctrl+V	❖ 貼上後，會要求指定插入點
貼上為圖塊	PASTEBLOCK Ctrl+Shift+V	❖ 貼上後，為一整個圖塊性質 ❖ 並會要求指定插入點 ❖ 內部圖塊名稱由 AutoCAD 自行制定
貼到原始座標	PASTEORIG	❖ 直接依原始座標位置將物件貼上 ❖ 不問插入點

二張圖間的資源共享 (請開啟隨書光碟→1F 佈置圖.dwg)

✪ 開啟與新增欲分享的圖

- ❖ 需求：預備修改一張舊圖『1F 佈置圖』與開一張公制新圖『2F 佈置圖』。

- ❖ 關閉所有圖，並開啟『1F 佈置圖』與一張新圖(另存新檔為『2F 佈置圖』)。

- ❖ 二張圖『垂直排列』。

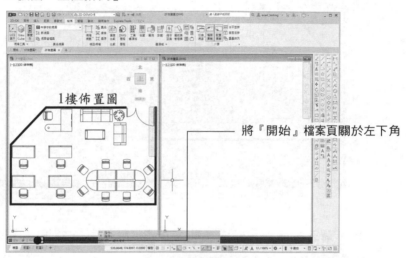

將『開始』檔案頁關於左下角

✪ 複製『1F 佈置圖』的牆與門→『2F 佈置圖』內

- ❖ 步驟一：

  在『1F 佈置圖』內以快速選取 QSELECT 取得整張圖面的 WALL 層。

  由性質選取『圖層』，再至值中選取『WALL』，使用『併入新選集』選取『確定』完成

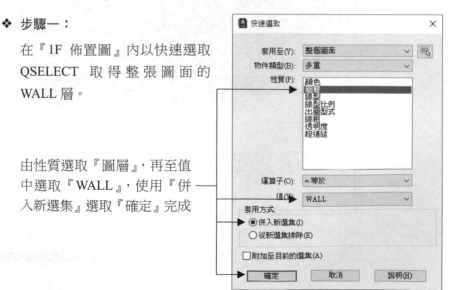

❖ **步驟二：** 按下滑鼠右鍵→快顯功能表→『複製』。

❖ **步驟三：** 切到『2F 佈置圖』，按選滑鼠右鍵『貼到原始座標』。

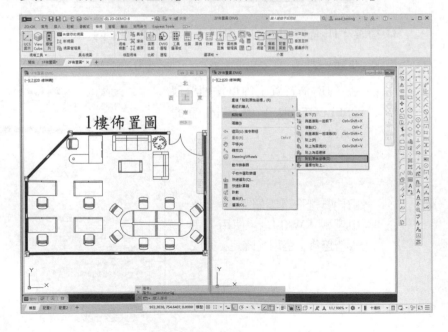

❖ **步驟四：** 如果看不見複製牆線，請作 ZOOM→E，再將『1F 佈置圖』→門
複製到『2F 佈置圖』之正確位置，複製方法同步驟二與三。

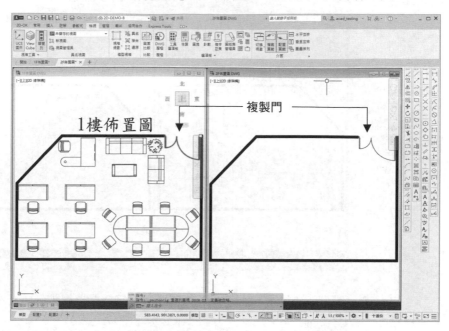

☆ **複製『1F 佈置圖』的沙發組→『2F 佈置圖』內**

❖ **步驟一：** 直接選取『1F 佈置圖』的沙發、茶几與花盆。

❖ **步驟二：** 按下滑鼠右鍵→快顯功能表→剪貼簿→『與基準點一起複製』
COPYBASE 並指定一個基準點。

❖ **步驟三：** 切到『2F 佈置圖』按下滑鼠右鍵→快顯功能表→剪貼簿→『貼
上為圖塊』此時，沙發組就成了一組 BLOCK 圖塊，可一起被移
動或編修。

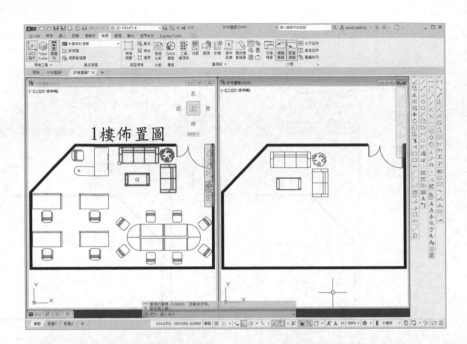

❖ **步驟四：**同理，請將『1F 佈置圖』之接待櫃檯複製到『2F 佈置圖』。

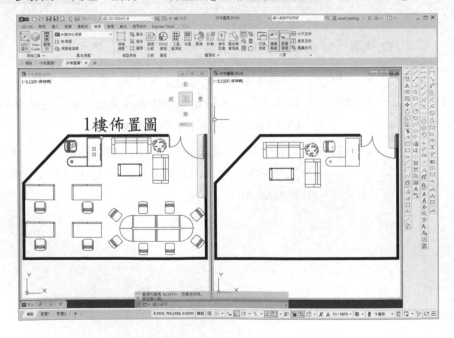

✪ 複製『1F 佈置圖』的會議桌→『2F 佈置圖』內

複製一組後，請搭配適當的編修指令，將八人會議桌長度縮小一點，改為四人會議桌，並再複製一組，如下圖：

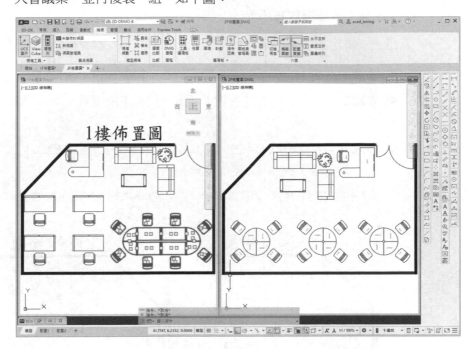

4　掌握多重圖檔間的『拖放物件』技巧

要達到如上一單元的『剪下、複製』，還可用一種特殊的『拖放』技巧

✪ **【左鍵】直接拖放技巧：**

承上一單元之圖形，將『1F 佈置圖』內文字，以左鍵拖放至『2F 佈置圖』。

❖ **步驟一：** 選取文字【1 樓佈置圖】後，游標移至高亮顯物體上方。

❖ **步驟二：** 直接按滑鼠【左鍵】不放，將文字拖曳至『2F 佈置圖』適當的位置。

❖ **步驟三：** 以 DDEDIT 指令將 (或於文字上快按滑鼠左鍵二下)【1 樓佈置圖】改為【2 樓佈置圖】。

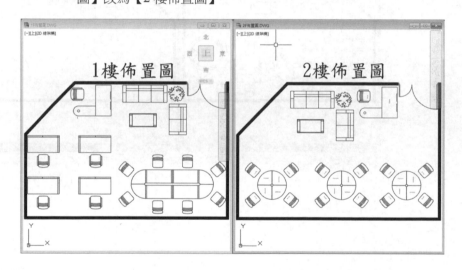

❖ **注　意：**

❶ 若於同一張圖內拖放時，功能類似『剪下』後→再『貼上』。

❷ 若要讓同一張圖內拖放時，功能類似『複製』後→再『貼上』則於拖放時必須同時加按 [Ctrl] 鍵。

❸ 若於不同圖內拖放時，功能類似『複製』後→再『貼上』，[Ctrl] 鍵加不加按，已經無所謂了，結果都一樣。

✪ **【右鍵】直接拖放技巧：**

承上圖將『1F 佈置圖』內花盆以右鍵拖至『2F 佈置圖』。

❖ **步驟一：** 選取『1F 佈置圖』內花盆後，游標移至高亮顯花盆上方。

❖ **步驟二：** 直接按滑鼠【右鍵】不放，將花盆拖放至『2F 佈置圖』內，放掉滑鼠【右鍵】後，出現如下選項，選取『複製此處』。

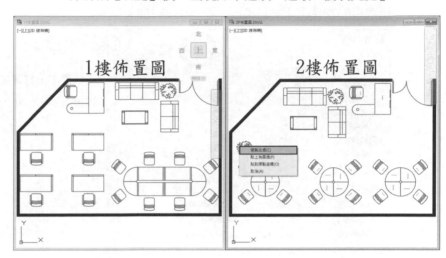

❖ **步驟三：** 另行複製六組花盆，以形成一道【花盆天然隔間】。

❖ **步驟四：** 將沙發組圖塊 MIRROR 鏡射，並移至適當位置，大功告成！

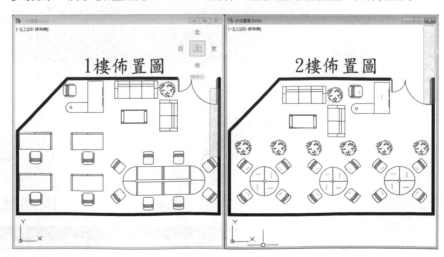

5　分享多重圖檔間的複製性質

指令：MATCHPROP

選取來源物件：　　　　　　← 選取參考物件

目前作用中的設定: 顏色 圖層 線型 線型比例 線粗 透明度 厚度 出圖型式 標註 文字 填充線 聚合線 視埠 表格 材料 多重引線 中心點物件

選取目的物件或 [設定(S)]:　← 輸入選項 S

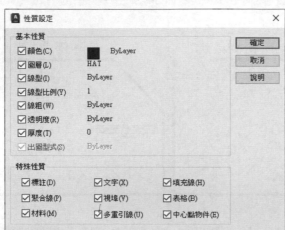

可依需求，打開或關閉要修改的性質選項

範例重點　輕鬆的在多張圖檔間共享『複製性質』。

❂ **步驟一：** 請關閉所有圖形，並同時開啟『多重圖檔 M1』與『多重圖檔 M2』。

❂ **步驟二：**

以垂直並列顯示這二張圖。

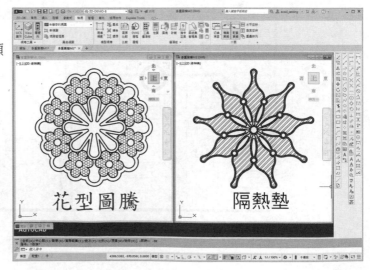

✪ 步驟三：請用 MATCHPROP 分別將『多重圖檔 M1』之剖面線與字型複製性質給『多重圖檔 M2』，完成如下圖。

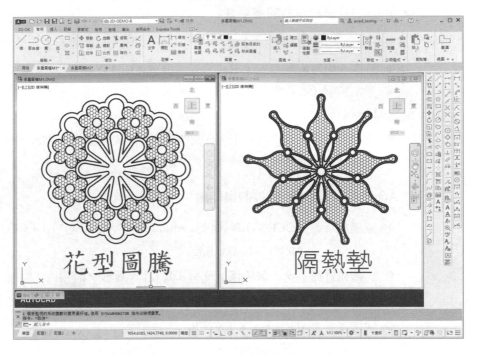

✪ 注意：

❖ 複製性質前：

圖檔名	圖層	字型	剖面線位置層	文字位置層
多重圖檔 M2	只有 0 層	Standard、NN	0 層	0 層

❖ 複製性質後：

圖檔名	圖層變化	字型變化	剖面線位置層	文字位置層
多重圖檔 M2	除了 0 層外新增 HAT&TXT	Standard、NN	HAT 層	TXT 層

第一篇　第十四章　▼　多重圖檔的資源共享

6　『AutoCAD 設計中心』資源總管基礎應用

✪ **AutoCAD 設計中心的重要性**

❖ 【AutoCAD 設計中心】之於 AutoCAD 好比【檔案總管】之於 Windows。

❖ 協助使用者能更有效、更充沛的管理、運用與互通 AutoCAD 圖檔彼此間豐富資源 (如圖塊、外部參考、圖層、線型、配置、字型、標註型式、點陣式影像)。

❖ 不但可應用在本機硬碟中，亦可來自區域網路，甚至是網際網路上威力無遠弗屆，只要權限夠，單機就如地球村，不受區域限制。

✪ **AutoCAD 設計中心的控制與開關**

❖ 關鍵指令：ADCENTER 執行 AutoCAD 設計中心　ADCCLOSE 關閉 AutoCAD 設計中心。

❖ 『檢視頁籤』→『選項板』→ADCENTER 圖示→ ⊞

❖ 功能鍵開關：[Ctrl]+2

❖ 快捷指令：ADC → ADCENTER

左邊為樹狀結構資料夾視窗

右上為樣式選項視窗

右下為預覽視窗

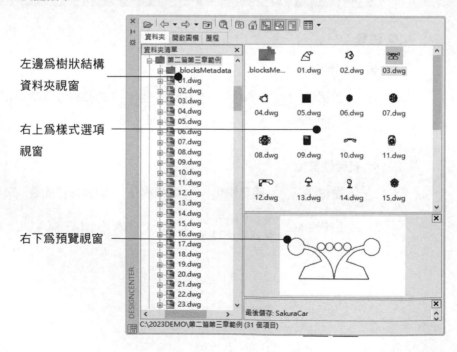

✪ AutoCAD 設計中心的工具列圖示 (共有 11 個)

✪ 快顯功能表

❖ 資料夾： 如同檔案總管一般，快速的『查看』與『檢視』目前電腦中各磁
碟機、資料夾內圖檔資源，共有十二項➔文字型式、多重引線型
式、外部參考、表格型式、剖面視圖型式、視覺型式、詳圖型式、
配置、圖塊、圖層、標註型式、線型。

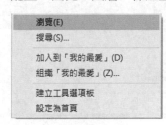

按選滑鼠右鍵出現功能表單

❖ 桌面與樹狀結構：　　　　　　❖ 十二個項目：

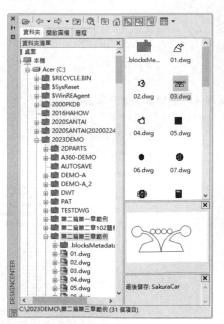

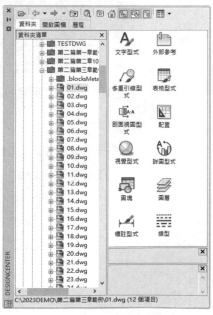

❖ 預覽影像：

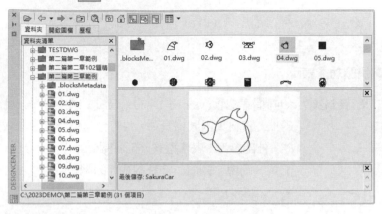

❖ 開啟圖檔：

左視窗顯示目前開啟的圖檔，以便於更快速分享圖面間資源

❖ 歷程：

顯示 AutoCAD 設計中心執行預覽
過的圖檔或影像檔。

❖ 樹狀檢視切換：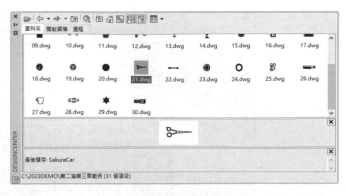

開關左側樹狀
檢視視窗，關
閉後，選項視
窗將變大，再
按一次此開
關，即可恢復
原狀。

❖ 我的最愛：

將常用的資料夾或檔案變成【捷徑】項目，加入到 WINDOWS 我的最愛
的 Autodesk 內，成為一個項目，以利更方便與迅速的應用之，您大可放心，
原有檔案或資料夾位置並不會因此受影響而位移。

加入的方式很簡單，只要於 AutoCAD
設計中心視窗內，以滑鼠【右鍵】在
您所中意的檔案或資料夾上按一下，
即可看到一個『快顯功能表』→加入
到『我的最愛』。

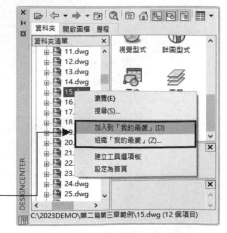

必要時，您還可以隨時『組織我的最
愛』。

❖ 載入 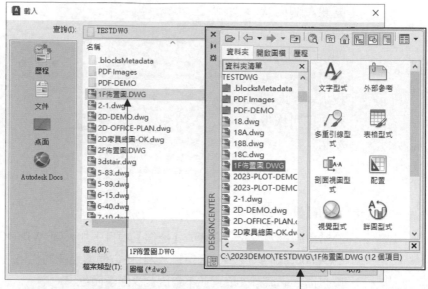 ：將所選擇的圖檔，變成 AutoCAD 設計中心視窗內的選項。

選取載入圖檔，出現畫面

❖ 搜尋 🔍 ：這是超級 AutoCAD 偵探，快速的協助您找到 AutoCAD 的各項
資源。包括：圖面、圖塊、圖面與圖塊、外部參考、圖層、線
型配置、字型、標註型式。

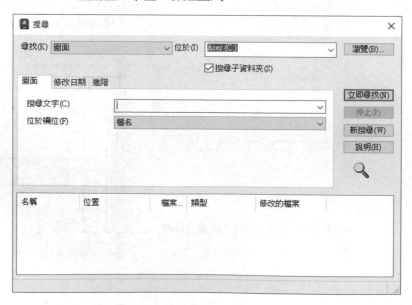

- 若選擇的是圖面，還可依據以下三種方式做搜尋，讓您更有機會以有限的線索去找到想找的圖面。

- 依『圖面欄位』作搜尋➔檔名、標題、作者、主旨、關鍵字這些資料都是以 DWGPROPS 指令所設定的相關圖檔性質。

- 依『修改日期』作搜尋➔指定期間、之前 xx 月、之前 xx 日。

- 依『進階』作搜尋➔圖塊名稱、屬性標籤、屬性值、圖塊與圖面描述。

❖ 欲對圖檔加入必要的資訊，請參考第三章『圖面性質』DWGPROPS 指令。

❖ 上一層 ：將顯示的資料夾路徑，往上再推一層。

　　(如 C:\ACAD2023\SAMPLE\ 的上一層是 C:\ACAD2023\
　　　C:\ACAD2023\ 的上一層是 C:\)

❖ 預覽 ：

- 可以對圖面、圖塊、影像作預覽：

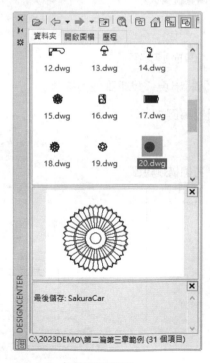

打開預覽視窗

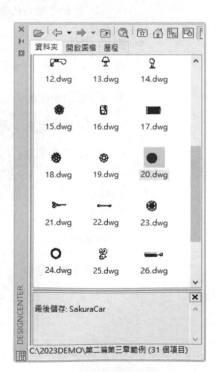

關閉預覽視窗

第一篇　第十四章 ▼ 多重圖檔的資源共享

◉ 預覽視窗的大小可以任意調整。

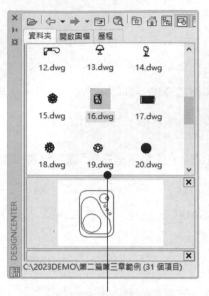

拉動此處可改變預覽視窗大小

❖ 描述 :

◉ 顯示圖塊建立時加入的描述文字。

◉ 若無任何描述時，仍將出現『找不到任何描述』。

◉ 以『1F 配置圖』圖檔為例：

有描述資料圖塊

打開描述視窗

無描述資料圖塊

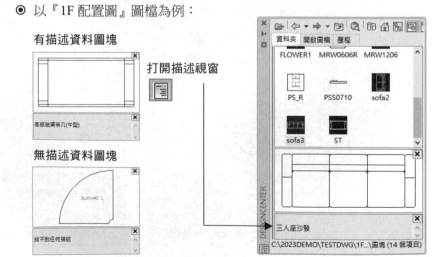

◉ 建立描述的方式：並非在 AutoCAD 設計中心內處理。

1. 以 BLOCK 指令建立圖塊時直接加入。

2. 已建立的圖塊，必須用更新圖塊方式。

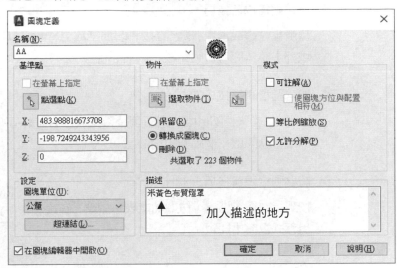

❖ **檢視** ：檢視類型有四種→大圖示、小圖示、清單、詳細資料。

◉ 大圖示　　　　　　　　　　　　◉ 小圖示

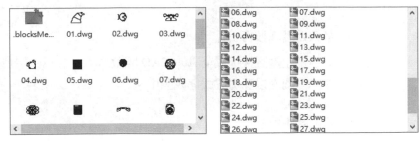

◉ 清單　　　　　　　　　　　　　◉ 詳細資料

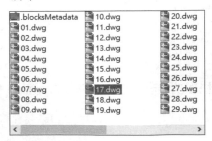

第一篇　第十四章　▼　多重圖檔的資源共享

7　『AutoCAD 設計中心』資源總管進階應用

✪ **以 AutoCAD 設計中心開啟圖檔的技巧**

❖ **開啟圖檔視窗技巧一：**

以滑鼠左鍵或滑鼠右鍵，直接將圖面拖放至 AutoCAD 中已開啟的圖面【區域外】時，即可自動開啟一個圖面視窗。

❖ **開啟圖檔視窗技巧二：**

以滑鼠左鍵+按[Ctrl]鍵，則不管是否拖放至 AutoCAD 中已開啟的圖面時，即可自動開啟一個圖面視窗。

❖ **開啟圖檔視窗技巧三：**

按滑鼠右鍵，選擇『快顯功能表』中→『在應用程式視窗中開啟』。

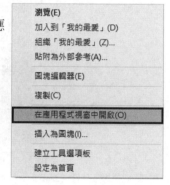

❖ **插入為圖塊技巧一：**

以滑鼠左鍵直接拖放至 AutoCAD 開啟的圖面中，則將執行『-INSERT』指令，將圖面以圖塊方式插入圖中。

❖ **插入為圖塊技巧二：**

以滑鼠右鍵直接拖放至 AutoCAD 開啟的圖面中，並選擇快顯功能表中的『插入此處』。

❖ **插入為圖塊技巧三：**

按滑鼠右鍵，選擇『快顯功能表』中→『插入為圖塊』，即可將圖面以圖塊方式插入圖中。

❖ 貼附爲外部參考技巧一：

以滑鼠右鍵直接拖放至 AutoCAD 開啟的圖面中，並選擇快顯功能表中的『建立外部參考』。

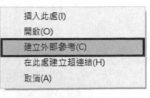

❖ 貼附爲外部參考技巧二：

點選圖檔，按滑鼠右鍵，選擇『快顯功能表』中→『貼附為外部參考』，即可將圖面以外部參考方式插入圖中。

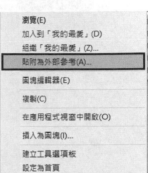

✪ 以 AutoCAD 設計中心插入圖塊的技巧

類似於圖面的『插入為圖塊技巧一』、『插入為圖塊技巧二』、『插入為圖塊技巧三』，但無法執行成為『開啟圖面視窗』與『貼附為外部參考』。

✪ 以 AutoCAD 設計中心貼附外部參考的技巧

類似於圖面的『貼附為外部參考技巧一』、『貼附為外部參考技巧二』，但無法執行成為『開啟圖面視窗』與『圖塊』(詳細的外部參考，詳見第十二章)。

✪ 以 AutoCAD 設計中心處理圖層的技巧

❖ 以滑鼠『左鍵』直接拖放圖層至開啟的圖面中：

選取數個圖層後，直接拖放圖層至開啟的圖面中。

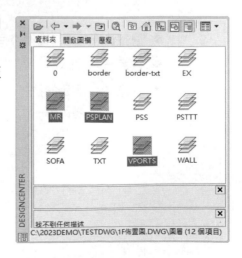

第一篇

第十四章 ▼ 多重圖檔的資源共享

❖ **直接新增圖層至作用的圖面內：**

選取數個圖層後，按滑鼠右鍵，選擇『快顯功能表』中➔『加入圖層』，即可自動加入圖層至作用的圖面內。

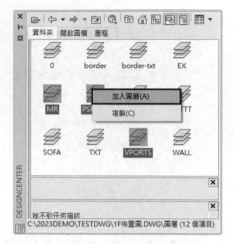

❖ **以滑鼠『右鍵』直接拖放圖層至開啟的圖面中：**

選取數個圖層後，直接拖放圖層至開啟的圖面中，將出現『快顯功能表』選擇『複製此處』。

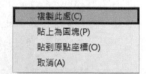

❖ **複製圖層至剪貼簿內：**

選取數個圖層後，按滑鼠右鍵，選擇『快顯功能表』中➔『複製』，即可自動加入圖層至剪貼簿內，並於某一圖面中，以『貼上』功能，即可將圖層加入該圖。

❖ **直接快按二下該圖層：** 自動將該圖層加入至目前作用圖面中。

❖ **注意一：** 加入時，若該層已存在，重複的定義將被忽略。

❖ **注意二：** 複選的技巧，同 Windows 的標準模式一樣，搭配以[Shift]、[Ctrl]鍵即可。

8　超級戰將－『工具選項板』

指令	TOOLPALETTES	快捷鍵	TP 或[Ctrl] + 3	
說明	快速拖曳與建立剖面線、圖塊、外部參考、影像、標註、幾何物件、巨集			

新增工具選項板

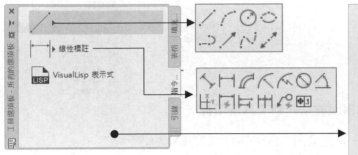

快顯功能表依照按滑鼠右鍵位置不同，處理的項目也有些許不同差異。

⊗ **新建工具選項板：**請開啟 C:\2023DEMO\TESTDWG\TP-DEMO.DWG

❖ **步驟一：** 在工具選項板左側上按滑鼠右鍵➔『新選項板』並輸入新名稱。

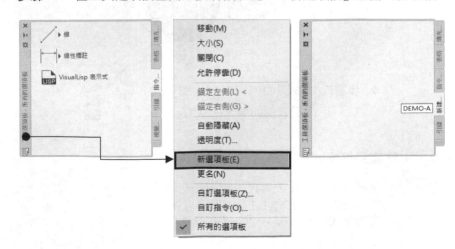

❖ **步驟二：** 調整選項板位置→在 DEMO-A 標籤文字上方按滑鼠右鍵→上移
或下移，亦可在自訂選項板→工具選項板左邊直接拖曳。

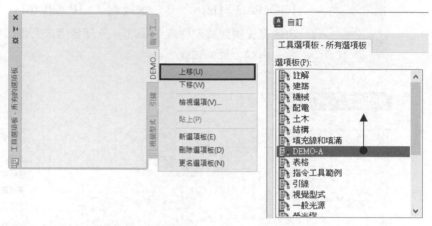

❁ **加入常用剖面線型式到工具選項板**

❖ **步驟一：** 從圖面中拖曳剖面線→DEMO-A 。

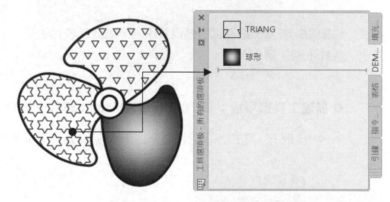

❖ **步驟二：** 從圖面中輕鬆的拖曳完成
三組剖面線→DEMO-A 。

❁ **重點叮嚀：**

左鍵先碰選物件後，拖曳時用左右鍵皆
可，左鍵要壓中物件才能拖曳，右鍵可
直接拖曳到選項板，建議以右鍵優先。

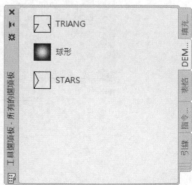

✪ 享受快樂的成果，將剖面線拖曳至圖面

彈指之間輕鬆完成，不但剖面線樣式比例與角度都一次 OK，連圖層也自動建立完成，這對於圖面標準面繪製是相當重要的，全員一致圖面，品質當然更上一層樓。

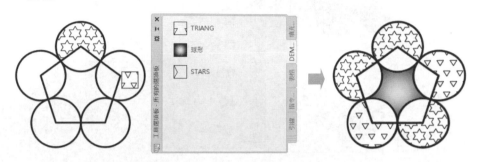

✪ 加入常用圖塊到工具選項板

❖ **步驟一：** 從圖面中拖曳二組盆栽圖塊→DEMO-A，與拖曳剖面線作法相同，輕鬆拖曳圖面中已存在的圖塊即可輕鬆建立。

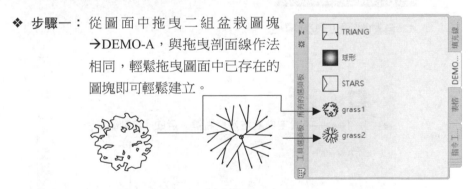

❖ **步驟二：** 輕鬆從圖面中拖曳五組茶几、辦公椅與沙發圖塊→DEMO-A。

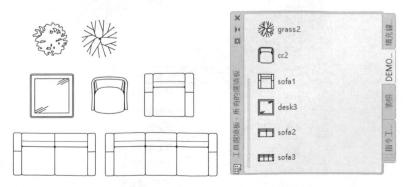

❏ 加入常用影像到工具選項板

圖面中拖曳影像→DEMO-A，作法亦相同，輕鬆建立。

顯示控制工具選項板

❏ 自動隱藏工具選項板

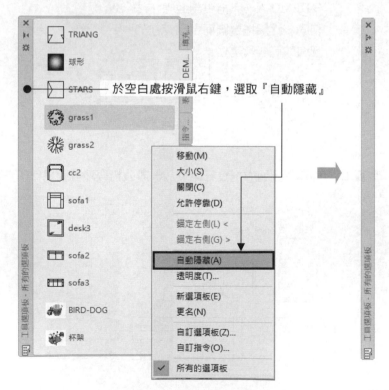

於空白處按滑鼠右鍵，選取『自動隱藏』

✪ **透明度** (工具選項板視窗為浮動時，才有作用)

透明度愈高，下面的物件愈清楚

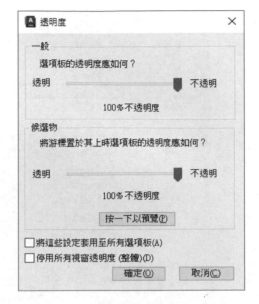

不透明度=50%

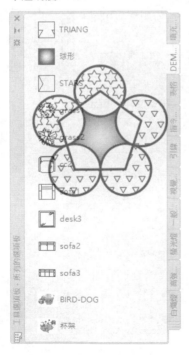

不透明度=80%

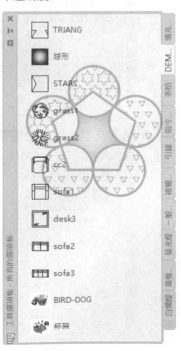

第一篇

第十四章 ▼ 多重圖檔的資源共享

✪ 檢視選項

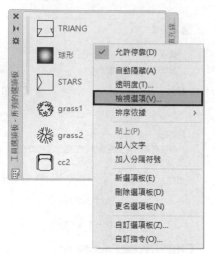

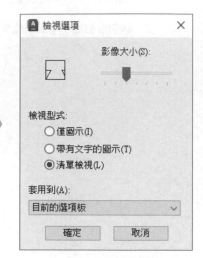

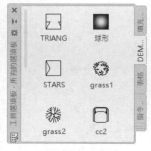

僅圖示　　　　　　　帶有文字的圖示　　　　　　　清單檢視

✪ 加入文字註解與分隔符號

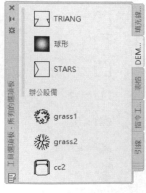

加入文字　　　　　　　　加入分隔符號

✪ 工具列性質設定與控制

移至該工具按鈕按滑鼠右鍵→性質

✪ 圖塊、影像、剖面線工具性質設定與控制

圖塊　　　　　　　　　　　　　　　影像

第一篇

第十四章 ▼ 多重圖檔的資源共享

✪ 靈活應用圖塊性質設定與控制

先選定椅子圖塊後→　　　再按滑鼠右鍵貼上　　　連續執行 4 次複製貼上
滑鼠右鍵複製

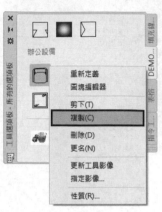 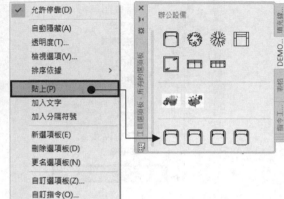

❖ 用一個圖示多出 4 個分身。

❖ 修改第一個旋轉角度=45 度。

❖ 修改第一個名稱=CHAIR45。

❖ 依此類推修正其他三個椅子圖示，角度分別為 135、225、315，圖層皆設
  定於 CHAIR 圖層。

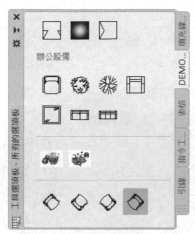

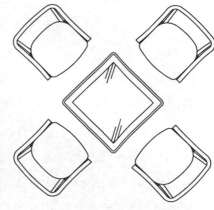

完成結果   直接拖曳製圖面

9 『工具選項板』VS『AutoCAD 設計中心』

二者的差異性比較

	AutoCAD 設計中心	工具選項板
存在版本	2000~2023	2004~2023
圖面資源角色扮演	資源豐沛的母體	輕巧靈活的子體
主從合作關係	可輕易產生工具選項板	接受資源
拖曳→圖塊→圖面	Yes	Yes (主角)
拖曳→剖面線→圖面	Yes	Yes (主角)
拖曳→指令與巨集→圖面	No	Yes (主角)
圖塊與剖面線→性質設定	No	Yes (主角)
某圖→眾圖層→圖面	Yes (主角)	No
某圖→眾線型→圖面	Yes (主角)	No
某圖→眾字型→圖面	Yes (主角)	No
某圖→眾配置→圖面	Yes (主角)	No
某圖→外部參考→圖面	Yes (主角)	No
Internet 線上資源	Yes (主角)	No
操作時對繪圖區影響	過大	適當
快捷鍵 (開關控制)	[Ctrl]+2	[Ctrl]+3
指令	ADCENTER	TOOLPALETTES
未來發展趨勢	圖面資源大總管	閃亮主角小飛俠

✪ 活用 AutoCAD 設計中心 [圖] →自訂工具選項板

❖ 單一個別的拖曳：

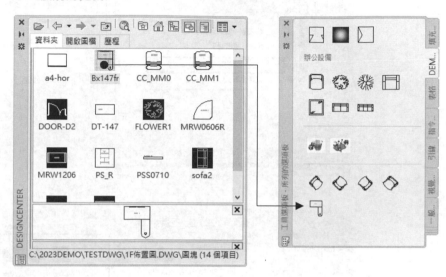

❖ 整個資料夾或圖檔自動新建工具選項板：

這個功能實在很棒，瞬間全自動完成，不用預先新建，也不用一個一個慢慢拖曳。(開啟檔案...\AutoCAD Turing\Sample\zh-TW\DesignCenter)

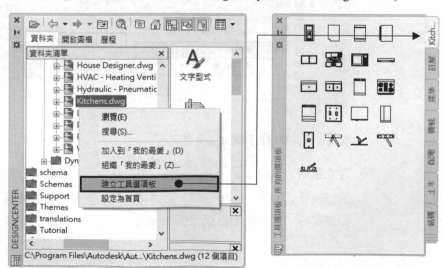

第一篇　第十四章　▼　多重圖檔的資源共享

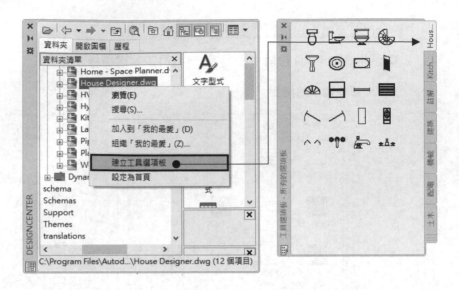

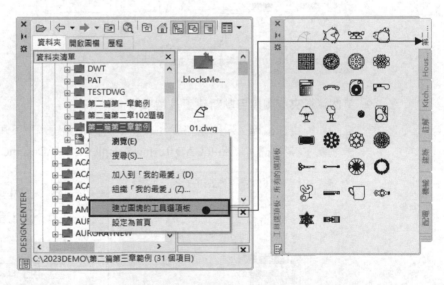

整個資料夾圖塊自動建立工具選項板

❖ 注意事項：

當圖塊建立的單位為英制時，必須開啟英制圖檔為目前圖檔，公制則開啟
公制圖檔，以免選項板圖示過大或過小。

10 設計變更超級好幫手：DWG COMPARE 圖面比較

指令	COMPARE
說明	比較並亮顯兩個不同圖面之間的差異
重要叮嚀	AutoCAD 2019-2023 新增的貼心強大功能，令人感動！ 設計變更無數次，異動了哪些地方，大家來找碴，從此免煩惱。 產業界殷切期盼多年的夢幻功能，設計變更效率大躍進。

比較二個圖面

請開啟 OFFICE-COMPARE1.DWG

OFFICE-COMPARE1

準備用來比較的圖面 OFFICE-COMPARE2，請先看看有哪些差異?

⊙ **步驟一：**在『協同合作』頁籤的功能面板選取『圖面比較』功能。

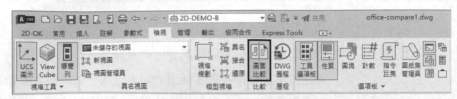

⊙ **步驟二：**直接選取要比較的圖檔 office-compare2.dwg。

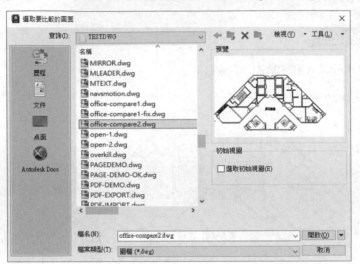

⊙ **步驟三：**比較結果直接產生在 office-compare1。

✪ **步驟四：**共有八處不同(不含填充線)，可以逐一放大檢視。

✪ **步驟五：**如果包含填充線共有九處不同。

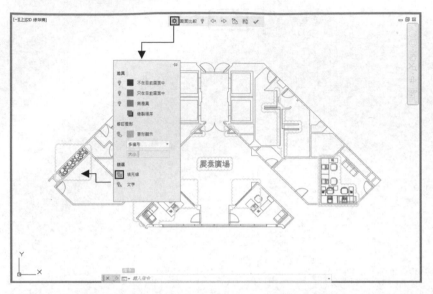

❖ **紅色：**不在目前圖面中。

　綠色：在目前圖面中。

　灰色：無差異。

　繪製順序可反轉切換，方便觀察。

　顏色可視喜好的不同自行變更。

❖ 篩選可控制是否包含「填充線」與「文字」。

✪ **步驟六：**修訂雲形顯示有「矩形」或「多邊形」
　　　　　　與邊距大小調整。

❖『修訂雲形』顯示：多邊形+邊距=7。

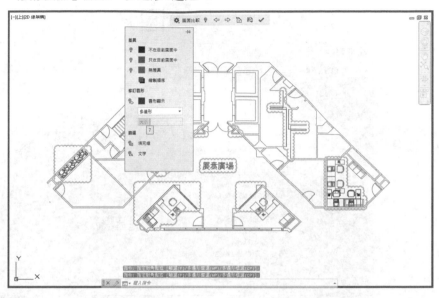

❖『修訂雲形』顯示：多邊形+邊距=20。

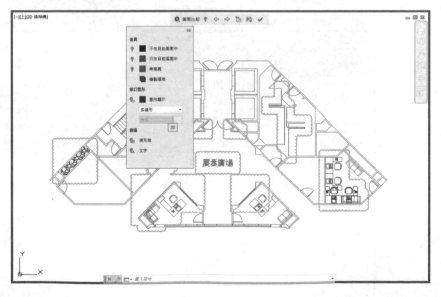

第
一
篇

第
十
四
章
▼
多
重
圖
檔
的
資
源
共
享

✪ **步驟七：**匯出比較快照另存成新的圖面。

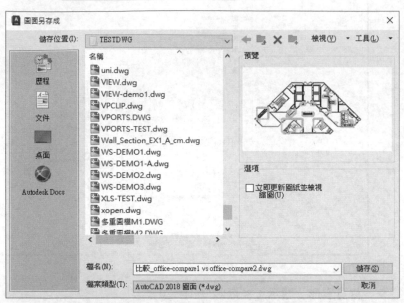

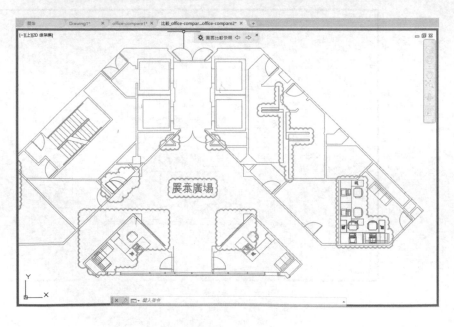

✪ 步驟八：從比較的圖面匯入物件，輕鬆迅速修正或減少差異。

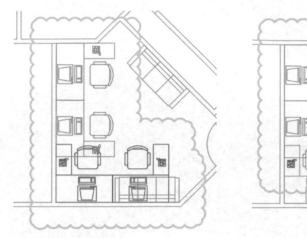

原本差異　　　　　　　　框選下面的三人座沙發匯入後

✪ 步驟九：結束圖面比較，大功告成。

美食廣場

隨手札記

第一篇 第十五章

輕鬆掌握配置、視埠、比例與出圖

1　『配置』與『出圖』的作法

AutoCAD 的作圖流程建議

✪ 建議方式

❖ 在【模型】空間作業：

1. 新圖，依圖元尺寸 1：1 的適當單位繪入圖面中 (M、cm 或 mm 皆可)。
2. 圖面繪圖與編修，適時的搭配圖層、顯示控制…
3. 依圖層規劃為圖面加入剖面線、文字註解、各種線型…
4. 適當的設定標註型式與正確、完整的尺寸標註。
5. 對圖面作必要之檢修、查詢與修改，直到完成。

❖ 在【配置】空間作業：

1. 新建一組以上的【配置】。
2. 為【配置】挑選或設定適當的【頁面設置】。
3. 插入適當的圖框 (以 mm 為單位繪製完成)。
4. 在圖框內建立適當大小形狀與數量的視埠。
5. 調整視埠空間內的縮放比例設定、鎖住、隱藏出圖…等。
6. 在配置的圖紙空間加入必要的註解文字或圖框文字。
7. 選擇適當的出圖設備與出圖型式。
8. 出圖【配置】的內容。

✪ 重點叮嚀

❖ 以上的流程是建議的作圖原則，前後順序可以視狀況適當調整。

❖ 『視埠空間』又稱為『浮動模型空間』，簡稱 MS。

❖ 新配置在沒建立任何視埠之前，整個配置叫做『圖紙空間』，建立『視埠』後，配置空間＝『圖紙空間』＋『視埠空間』＝PS+MS。

❖ 圖形務必用原尺寸繪入圖面中，未來才不會錯亂。

❖ 圖層的規劃輕忽不得，對二種空間都很重要。

❖ 【配置】的名稱是很靈活的，視需要自行訂定之。

❖ 別忘了事先建立一些 *.dwg 底圖或 *.dwt 樣板檔。

2 『選項』中的『配置元素』設定

✪ 『選項』中的『配置元素』設定

控制呼叫方式:『選項』→『顯示』標籤

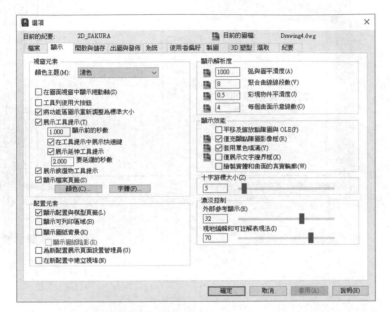

❖ 配置元素所控制的各相關部位介紹

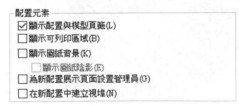

建議將配置元素中『顯示配置與模型頁籤』打開,其餘全部關閉

❖ 原因有三

1. 自動建立的視埠,大小根本不合用也不理想。

2. 萬一圖紙與出圖大小不同,則背景與列印區域顯示格格不入。

3. 新配置一開始就自動跳出頁面設置也非必要。

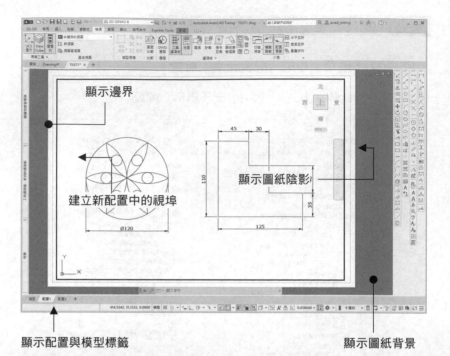

顯示邊界

建立新配置中的視埠

顯示圖紙陰影

顯示配置與模型標籤

顯示圖紙背景

指令	VPORTS 與 MVIEW
說明	視埠分割與管理

✪ 在配置空間中的 MVIEW

指令: MVIEW

指定視埠的角點或 [打開(ON)/關閉(OFF)/佈滿(F)/描影出圖(S)/鎖住(L)/新增(NE)/具名(NA)/物件(O)/多邊形(P)/還原(R)/圖層(LA)/2/3/4] <佈滿>:

← 輸入選項

✪ 選項說明

請指定視埠的角點：建立矩形視埠。

打開(ON)：　　　打開視埠，物件可見。

關閉(OFF)：　　　關閉視埠，物件不可見。

佈滿(F)：　　　　建立一個佈滿圖紙的視埠。

描影出圖(S)　：　3D 圖形時，還可設定視埠的顯示處理。

　　　　　　　　[依顯示(A)/線架構(W)/隱藏(H)/視覺型式(V)/彩現(R)]

鎖住(L)：　　　　鎖住視埠。

物件(O)：　　　　轉換物件為視埠 (如封閉聚合線、橢圓、雲形線、面域或圓)。

多邊形(P)：　　　建立一個多邊形的視埠。

還原(R)：　　　　還原已儲存的具名視埠分割。

圖層(LA)：　　　將視埠圖層回到整體性質。

2/3/4：　　　　　分割視埠數。

功能指令敘述

指令: **VPORTS**

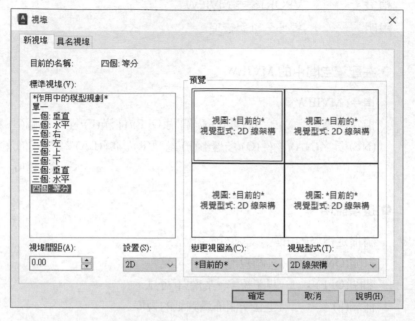

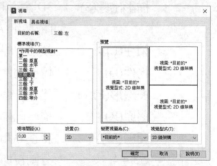

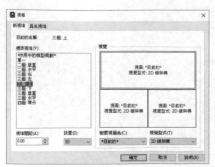

範例說明

✪ 建立矩形單一視埠

指令: MVIEW

指定視埠的角點或 [打開(ON)/關閉(OFF)/佈滿(F)/描影出圖(S)/鎖住(L)/新增(NE)/具名(NA)/物件(O)/多邊形(P)/還原(R)/圖層(LA)/2/3/4] <佈滿>:　　　← 直接給一角點 1

請指定對角點:　　　← 再給另一角點 2

<MVIEW 之『矩形視埠』配置標籤>

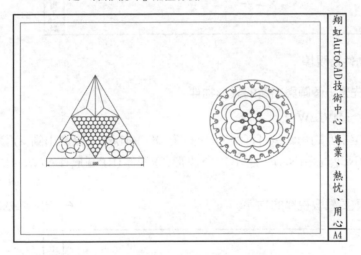

✪ 建立多邊形視埠

指令: MVIEW

請指定視埠的角點或 [打開(ON)/關閉(OFF)/佈滿(F)/描影出圖(S)/鎖住(L)/物件(O)/多邊形(P)/還原(R)/圖層(LA)/2/3/4]<佈滿>:　← 輸入選項 P

指定起點:　　　← 選取起點

指定下一點或 [弧(A)/長度(L)/退回(U)]:　　　← 選取多邊形框點

指定下一點或 [弧(A)/閉合(C)/長度(L)/退回(U)]:　　　← 選取多邊形框點

指定下一點或 [弧(A)/閉合(C)/長度(L)/退回(U)]:　　　← 選取多邊形框點

指定下一點或 [弧(A)/閉合(C)/長度(L)/退回(U)]:　　　← 選取多邊形框點

　　　:　　　:

指定下一點或 [弧(A)/閉合(C)/長度(L)/退回(U)]:　　　← 輸入選項 C

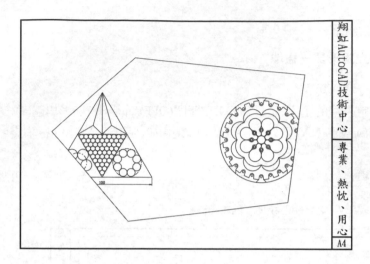

★ **轉換物件為視埠**

❖ **請先畫一個圓與封閉的雲形物件**

指令: MVIEW

指定視埠的角點或 [打開(ON)/關閉(OFF)/佈滿(F)/描影出圖(S)/鎖住(L)/新增(NE)/具名(NA)/物件(O)/多邊形(P)/還原(R)/圖層(LA)/2/3/4] <佈滿>:

                       ← 輸入選項 O

選取要截取視埠的物件: ← 選擇圓或雲形物件

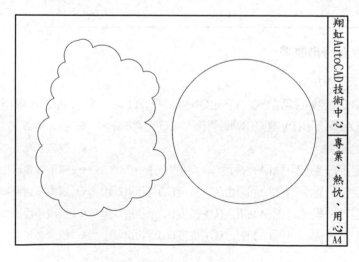

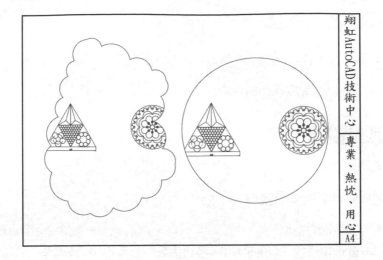

✪ 鎖住視埠

用視埠的快顯功能表鎖住視埠

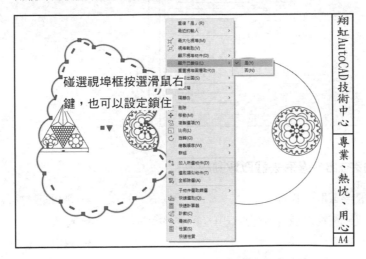

碰選視埠框按選滑鼠右
鍵，也可以設定鎖住。

❖ 注意：視埠一經鎖住後，就無法再以 ZOOM 或 PAN 指令調整顯示縮放。

❖ 在視埠內亦可按選右下角『鎖住/解鎖視埠』功能。

解鎖或鎖住視埠

4　VPCLIP－視埠截取

指令	VPCLIP
說明	截取既有的視埠

功能指令敘述

指令：VPCLIP

✪ 選取物件截取浮動視埠

選取要截取的視埠:　　　　　　　　　　　　　← 選取矩形視埠框
選取截取物件或 [多邊形(P)] <多邊形>:　　　　← 選取圓

『截取前』配置　　　　　　　　　　　　　『截取後』配置

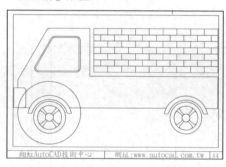 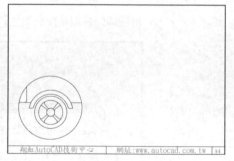

✪ 直接拉出多邊形去截取浮動視埠

選取要截取的視埠:　　　　　　　　　　　　　← 選取矩形視埠框
選取截取物件或 [多邊形(P)] <多邊形>:　　　　← 輸入 P
指定起點:　　　　　　　　　　　　　　　　　← 選取多邊形點
指定下一點或 [弧(A)/長度(L)/退回(U)]:　　　　← 選取多邊形點
指定下一點或 [弧(A)/閉合(C)/長度(L)/退回(U)]:　← 選取多邊形點
指定下一點或 [弧(A)/閉合(C)/長度(L)/退回(U)]:　← 選取多邊形點
　　　　　:　　　　　:
指定下一點或 [弧(A)/閉合(C)/長度(L)/退回(U)]:　← 輸入選項 C

❂ 新的 CLIP 指令，威力更大：可截取更多物件 (包括外部參考、影像、視埠、參考底圖)。

『截取前』配置

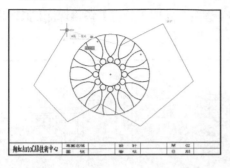

『截取後』配置

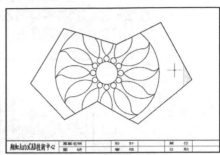

『截取前』配置

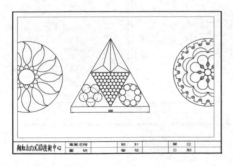

『截取後』配置

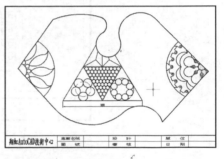

『截取前』配置

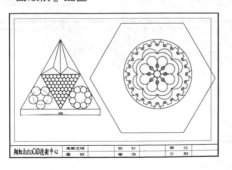

『截取後』配置

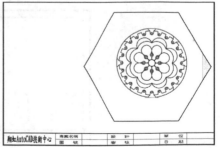

5 視埠內的比例調整技巧

✪ **視埠比例清單**：請叫出隨書光碟中的【PLOTDEMO2-TEST.dwg】圖檔。

✪ **方法一**：切到各視埠內或碰選視埠外框，於右下角視埠比例處調整比例值，大膽的改改看沒有關係。

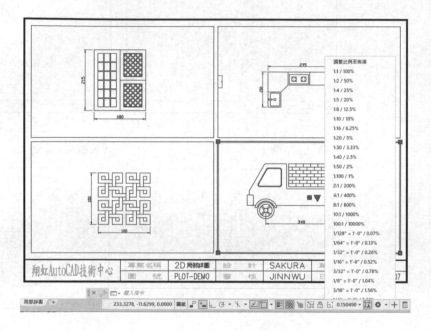

✪ **方法二**：回到圖紙空間碰選視埠外框，選取中間的倒三角形掣點，就會出現。

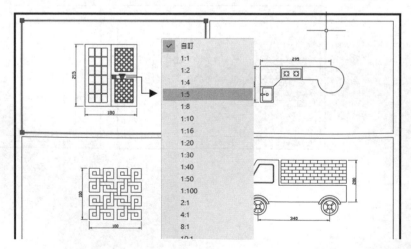

6 精選全程演練：配置、視埠、比例與出圖

主角登場

✪ 請直接叫出隨書光碟中的【PLOTDEMO2.dwg】圖檔：

假設這些圖形都是以 cm 為單位 1:1 繪製出來的。

(要假設是 mm 也可以，作法相同，只有最後比例尺換算不同)

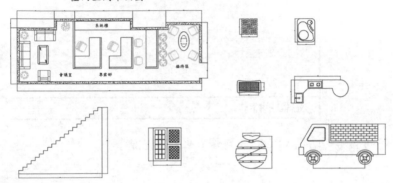

✪ 業主的第一個要求：將最重要的平面圖依比例輸出一張圖。

❖ 步驟 1：切到配置 1。

切到配置 1 (一片空曠)

❖ 步驟 2：切到 BORDER 圖層，準備放置圖框。

第
一
篇

第
十
五
章

▼
輕
鬆
掌
握
配
置
、
視
埠
、
比
例
與
出
圖

❖ **步驟 3**：插入 A4BLK 圖框。(圖框是以 mm 為單位所繪製的)

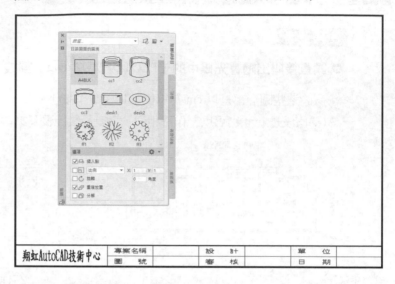

❖ **步驟 4**：切到 VPORTS 圖層，準備建立視埠。

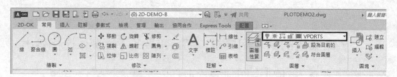

❖ **步驟 5**：以 MVIEW 建立視埠於圖框內，距離圖框各 5 mm。

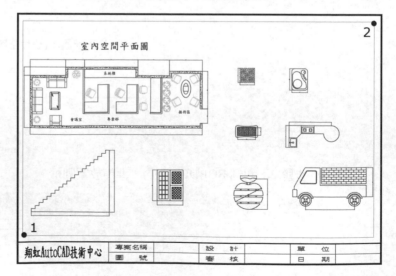

❖ **步驟 6：**按左鍵二下，進入視埠空間。(又稱為浮動模型空間)

❖ **步驟 7：**以滑鼠縮放顯示控制室內平面圖至適當大小。

❖ **步驟 8：**此時注意，視埠工具列之縮放比例顯示為 0.184331 最接近 0.2，
選取 1:5。(嚴謹的圖面是不容許用概略數值的)

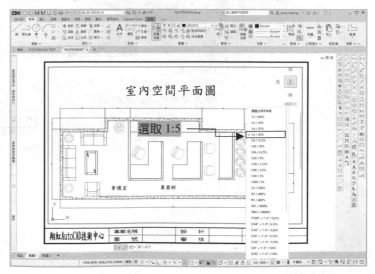

❖ **步驟 9：**鎖住視埠，以防止滑鼠再隨意縮放。

❖ **步驟 10：** 標註型式 ISO-25 設為目前的，修改『填入』的比例為『依配置調整標註比例』。

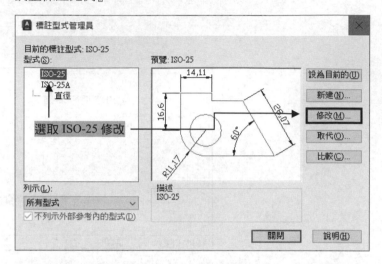

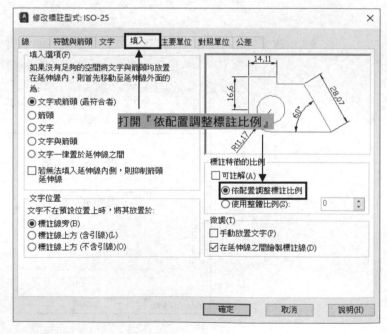

第一篇 第十五章 ▼ 輕鬆掌握配置、視埠、比例與出圖

❖ **步驟 11：** 標註更新 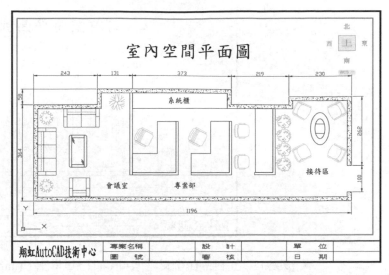 選取所有的標註，即可自動調整為設定之大小。
（從 A4 圖紙角度看，標註文字高度=2.5，箭頭大小=2.5）

❖ **步驟 12：** SCALETEXT 調整文字比例，搭配'spacetrans 空間轉換器更棒

文字比例　　空間轉換器

指令: SCALETEXT

選取物件：　　　　　　　　　　　　　 ← 選取 4 組文字

選取物件：　　　　　　　　　　　　　 ← [Enter] 結束選取

輸入調整比例的基準點選項[既有(E)/左(L)/中心(C)/中央(M)/右
(R)/...../左上(TL)/中上(TC)/)] <既有>: ← 輸入 M

指定新的模型高度或 [圖紙高度(P)/物件相符(M)/比例係數(S)]
<15>:　　　　　　　　　　　　　　　 ← 輸入'spacetrans

>>指定圖紙空間距離 <3>:　　　　　 ← 輸入 4

繼續 SCALETEXT 指令。

指定新的模型高度或 [圖紙高度(P)/物件相符(M)/比例係數(S)]
<15>:　　　　　　　　　　　　　　　 ← 自動出現 20

叮嚀： 若不用空間轉換器自動轉換高度,新模型高度輸入要小心。

換算字高*(視埠比 1/5)=4 → 字高/5=4 求得字高=20

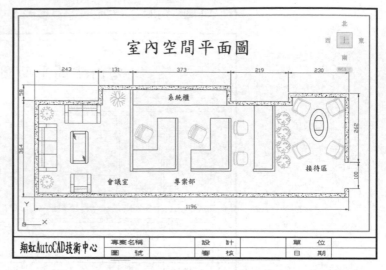

❖ **步驟 13：** 正確的比例尺文字=視埠比*單位比。(mm 與繪圖單位比)

本圖單位是公分，所以要寫上的比例尺文字=1/5 * 1/10 = 1/50。

回到圖紙空間，關閉 VPORTS 圖層，將目前層設定為 TXT 圖層，適當位置寫上比例尺文字。(字型設為 KK，字高 4)

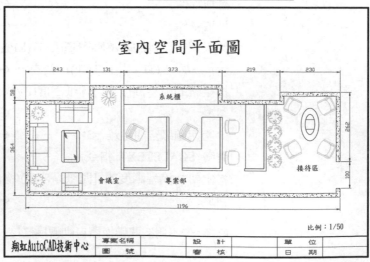

❖ **步驟 14**：將圖框內其他欄位填上適當的值。

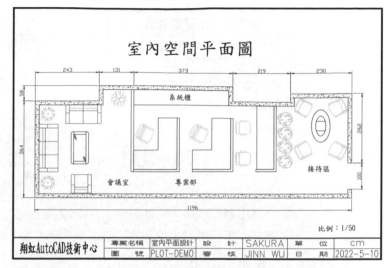

❖ **步驟 15**：將『配置 1』更名『為平面總圖』。

❖ **步驟 16**：執行 PLOT 指令準備出圖。

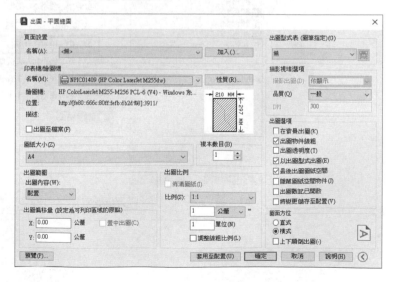

❖ 步驟 17：先決定出圖型式表。

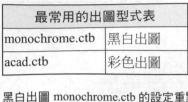

最常用的出圖型式表	
monochrome.ctb	黑白出圖
acad.ctb	彩色出圖

黑白出圖 monochrome.ctb 的設定重點

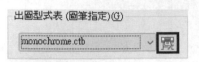

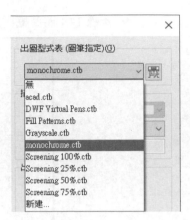

※ 左邊出圖型式中「物件顏色」1-255 對應右邊出圖性質的「出圖顏色」
都是「黑」色的，線粗的設定都是「使用物件線粗」。

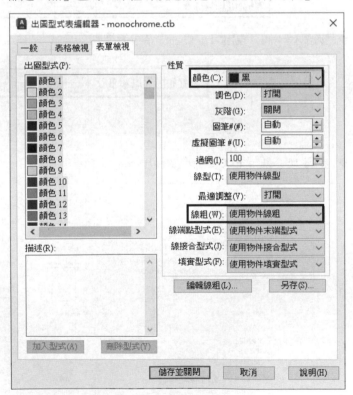

※ 彩色出圖 acad.ctb 的設定重點。

※ 左邊出圖型式中「物件顏色」1-255 對應右邊出圖性質的「出圖顏色」都是「使用物件顏色」，線粗的設定都是「使用物件線粗」。

※ 注意：

模型空間繪圖，背景是黑色，所以黃色物件很清楚，但是彩色出圖最怕黃色，因為輸出後黃色在白紙上看起來不是很清楚，所以就有必要將黃色物件的出圖性質顏色調成其他深一點的顏色。

※ 自行改過的出圖型式請另存成專用的 CTB 檔案。

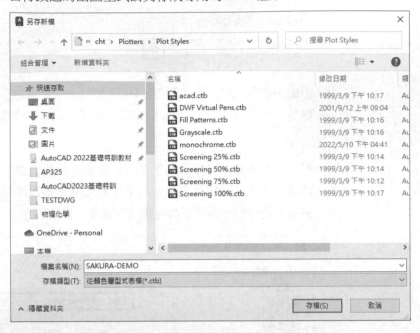

❖ **步驟 16**：快樂的出圖，感覺如同影印資料一樣輕鬆。

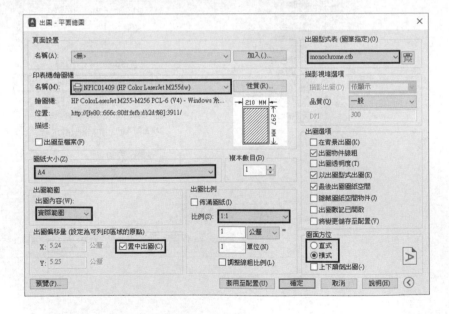

1.出圖型式表	monochrome.ctb	5.出圖偏移量	置中出圖
2.印表機/繪圖機	選自己的印表機	6.出圖比例	1：1
3.圖紙尺寸	A4	7.圖面方位	橫式
4.出圖範圍	實際範圍		
8.加入頁面設置	HP1120-A4-MONO-1		

頁面設置名稱建議：「印表機-圖紙大小-顏色-比例」清楚呈現設定內容。

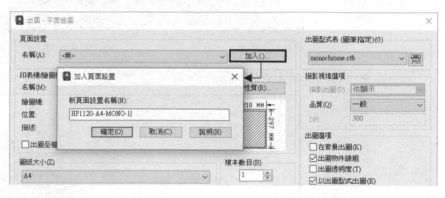

最後出圖預覽：所見即所得➜快樂輕鬆的出圖。

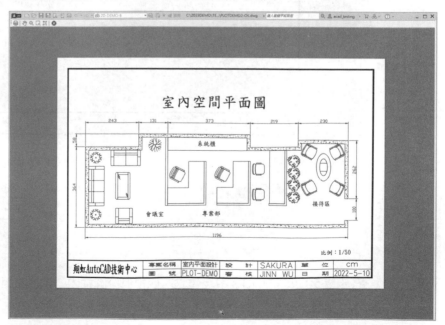

✪ **業主的第二個要求→** 將其他重要設備再輸出另一張四合一圖。

❖ **步驟 1：**切到配置 2。

❖ **步驟 2：**切到 BORDER 圖層，準備放置圖框。

❖ **步驟 3：**插入 A4BLK 圖框。

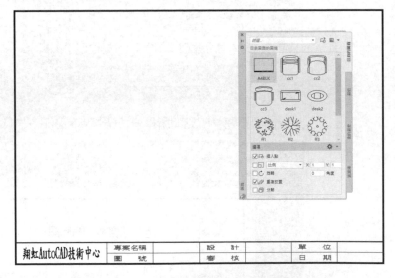

❖ **步驟 4：**打開 VPORTS 圖層，將目前層切換到 VPORTS 圖層。

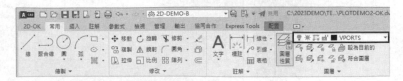

❖ **步驟 5：**以 VPORTS 指令建立四個視埠於圖框內，視埠間距 3 mm。

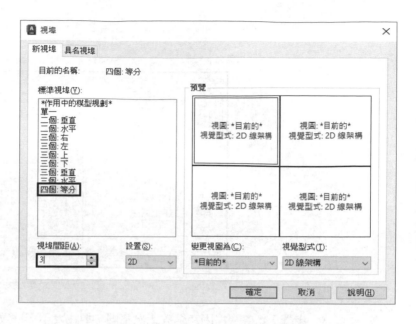

左下角與右上角點可搭配 TK 追蹤法與邊框各距離 5mm。

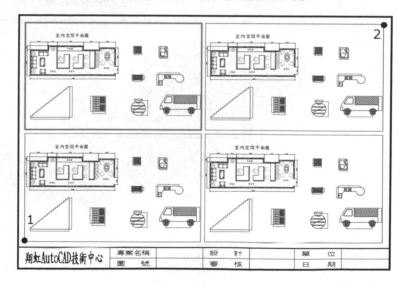

❖ **步驟 6：** 按左鍵二下分別進入四個視埠空間內與挑選適當的主角。

若各視埠要精準比例尺，請一一調整視埠比例+鎖住。

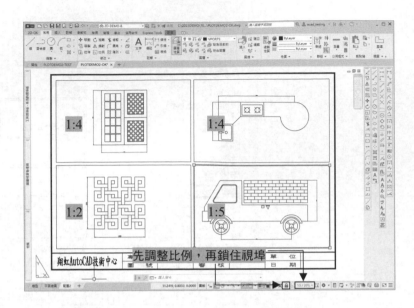

❖ **步驟 7：** 各視埠因為縮放比例不同，標註大小不一致很難看，請按左鍵二下分別進入四個視埠空間內執行標註更新。

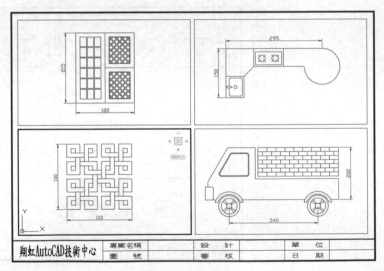

❖ **步驟 8：** 關閉 VPORTS 圖層與圖框內填入適當的內容。

專案名稱	2D 局部詳圖	設　　計	SAKURA	單　　位	cm
圖　　號	PLOT-DEMO	審　　核	JINN WU	日　　期	2022-5-10

❖ **步驟 9**：將「配置 2」更名為「局部詳圖」。

❖ **步驟 10**：出圖預覽，準備另一次輕鬆快樂的出圖。

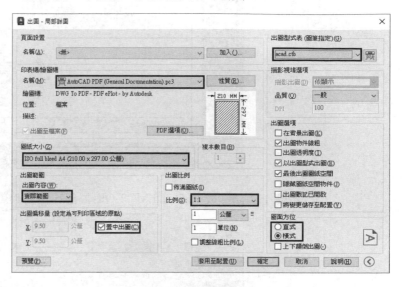

1.出圖型式表	acad.ctb	5.出圖偏移量	置中出圖
2.印表機/繪圖機	AutoCAD PDF	6.出圖比例	1：1
3.圖紙尺寸	ISO expand A4	7.圖面方位	橫式
4.出圖範圍	實際範圍		
8.加入頁面設置	PDF-A4-COLOR-1		

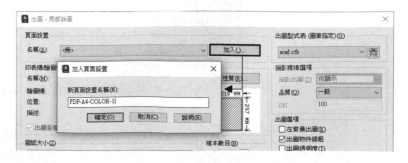

最後出圖預覽：所見即所得→快樂輕鬆的出圖。

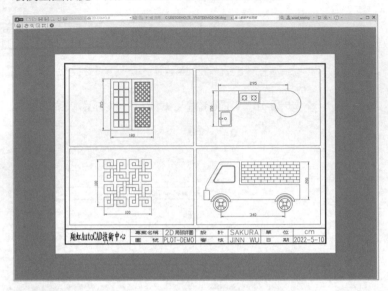

❖ **步驟 11：**請存成 PLOTDEMO2-OK-局部詳圖.pdf 檔案。

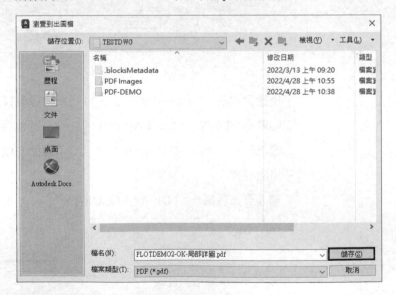

❖ **步驟 12：**最後大功告成→ 將圖存成 PLOTDEMO2-OK.DWG。

7　SCALELISTEDIT－編輯比例清單

指令	SCALELISTEDIT
說明	編輯比例清單

功能指令敘述

✪ 常用的比例都在預設的比例清單內，很少動手調整。

✪ 如果想自行加入特殊比例，例如 1：3

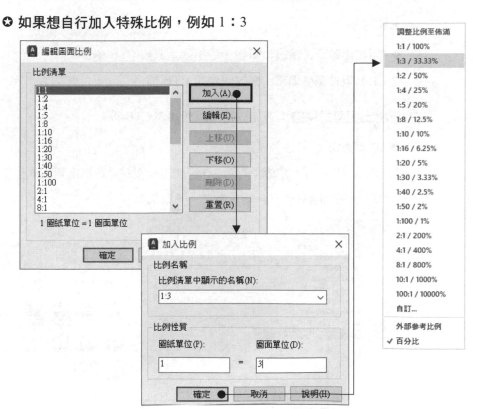

✪ 影響所及的對話框與選單

1	出圖對話框	4	性質選項板
2	頁面設置對話框	5	圖紙集
3	視埠工具列下拉選單	6	配置精靈

第一篇 第十五章 ▼ 輕鬆掌握配置、視埠、比例與出圖

8 『出圖』型式管理員

指令	STYLESMANAGER
說明	出圖型式管理員 (控制出圖對應之圖筆、顏色、線寬)

功能指令敘述

指令：STYLESMANAGER

✪ **主要功能：**

❖ 新增出圖型式精靈：新建一組出圖型式表 CTB 檔。

❖ 出圖型式表格編輯：修改與編輯 CTB 檔。

✪ **新增出圖型式精靈：** 新建一組出圖型式表 CTB 檔。

❖ 呼叫方式：

　◉ 按選左上角 **A CAD** →列印→管理出圖型式→新增出圖型式精靈

　◉ 出圖對話框→出圖型式表之『開新檔案』

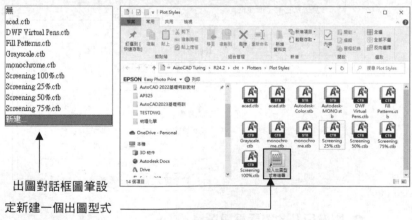

出圖對話框圖筆設
定新建一個出圖型式

❖ 標準的彩色出圖 CTB 檔：acad.ctb

❖ 標準的黑白出圖 CTB 檔：monochrome.ctb

❖ 流程 1：

加入出圖型式表

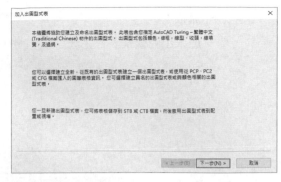

❖ 流程 2：

加入出圖型式表－開始

❖ 流程 3：

加入出圖型式表－表
格類型

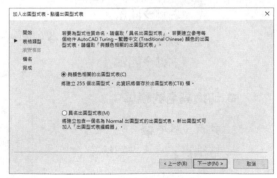

❖ 流程 4：

加入出圖型式表－檔
名 SAKURA-DEMO

❖ 流程 5：

加入出圖型式表－完成

☺ **出圖型式表格編輯：** 修改與編輯 CTB 檔。

❖ 呼叫方式：

◉ 出圖對話框→出圖型式表之『開新檔案』→完成畫面→出圖型式表編輯器。

◉ 出圖對話框→出圖型式表之『編輯』。

◉ 在新增繪圖機精靈→完成畫面→編輯繪圖機規劃。

◉ 按選左上角 列印→管理出圖型式→CTB 檔案→快按二下或『按右鍵→開啟』。

◉ 以檔案總管→控制台→出圖型式管理員→CTB 檔案→快按二下或『按右鍵→開啟』。

☺ **切換具名的視埠：**

共有三種標籤：『一般』、『表格檢視』、『表單檢視』。

❖ 『一般』標籤

顯示出圖型式表檔名、路徑、版本…相關資訊。

❖ 『表格檢視』標籤：以橫向表格方式作顏色對應圖筆之檢視設定。

❖ 『表單檢視』標籤：以列示選單方式作顏色對應圖筆之檢視與設定對話
　　　　　　　　框，右邊會顯示選取的出圖型式設定值。

❖ 將左邊所有顏色全部都選起來(圖面中所有的顏色)，右上角選取黑色圖筆顏色。

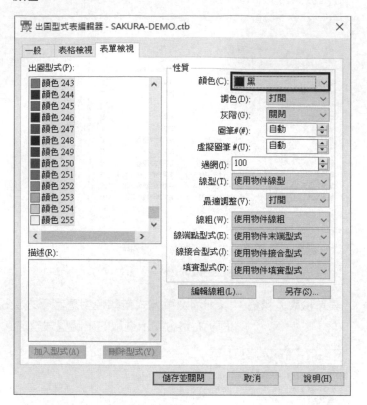

❖ 儲存並關閉，大功告成。

9 PUBLISH 批次出圖的好幫手

指令	PUBLISH
說明	發佈至 DWF/PDF 檔案或繪圖機

批次
出圖

功能指令敘述

請叫出 PLOTDEMO2-OK.DWG

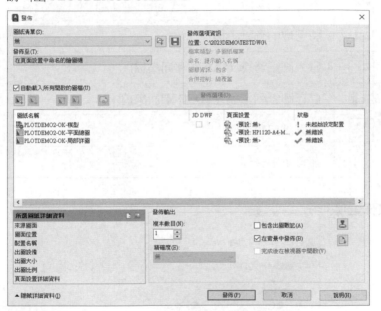

❂ **圖紙名稱：**移除模型。

❂ **發佈繪圖機、DWF 檔、DWFx 檔、PDF 檔與更換頁面設置：**

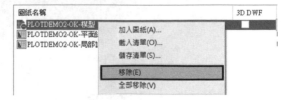

☼ **發佈輸出：**設定發佈輸出複本數、出圖戳記、在背景中發佈等。

☼ **進階控制：**

🔍	執行 PREVIEW 出版預覽，按 ESC 或 Enter 可返回主畫面
📩	選取圖面 (DWG、DWT、DXF、DWS) 加入圖紙列示中
📤	從圖紙列示中移除選取的圖紙
📑	將選取的圖紙上移
📑	將選取的圖紙下移
📂	載入圖紙清單 (*.DSD 圖面集檔)
💾	儲存圖紙列示檔 (*.DSD 圖面集檔)
🗜	出圖戳記設定
📄	在背景中發佈

☼ **發佈選項：**

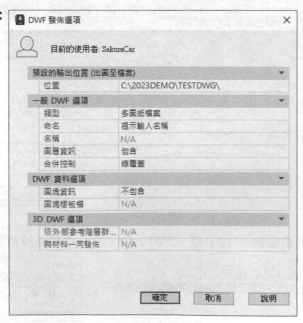

❖ DWF/PDF 類型有二種：

1. 單一圖紙檔案→每個圖面個別的 DWF/PDF 檔。

2. 多圖紙檔案→單一的 DWF/PDF 檔 (含多個圖紙內容)。

❖ 檔案名稱：請輸入 PLOT-DEMO-OK。

❖ 圖層資訊：可選擇 DWF/PDF 檔案中是否包含圖層資訊。

❖ 圖塊資訊：可選擇 DWF/PDF 檔案中是否包含圖塊性質與屬性資訊。

✪ **顯示詳細資料：**

✪ **包含出圖戳記：**僅用於出圖時設定，不會與圖面一起儲存。

❖ 出圖戳記欄位：可以另存成*.PSS 檔案。

❖ 進階：控制與設定位置偏移與文字性質。

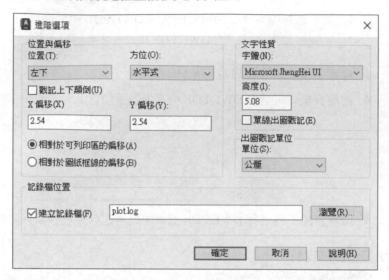

⚙ 發佈：

❖ 詢問是否儲存圖紙列示：
若加入的圖紙很多，請
記得儲存以便下一次
的批次出圖。

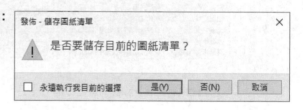

❖ 背景出圖與出版：
可讓您繼續進行其他
的繪圖工作，大大節省
時間。

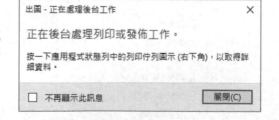

❖ 出圖與發佈完成：
右下角會出現提示，您
可以按一下以檢視出
圖與發佈詳細資料。

檢視 PDF 檔案內容

✪ 一個 PDF 檔案內包含多個圖紙頁面：

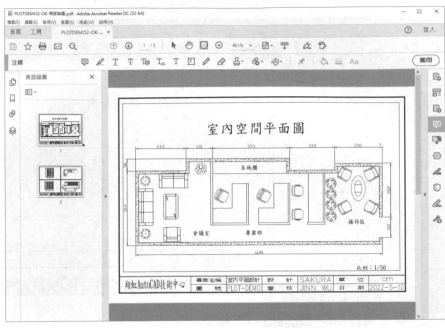

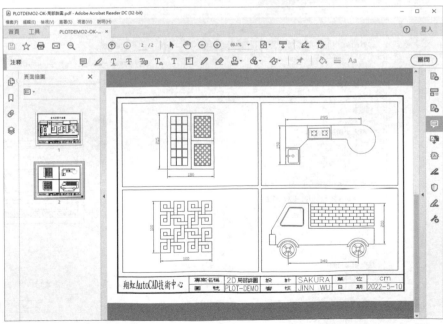

❂ 包含所有圖層資訊，輕鬆管理圖層開關：(關閉 DIM、HAT 圖層)

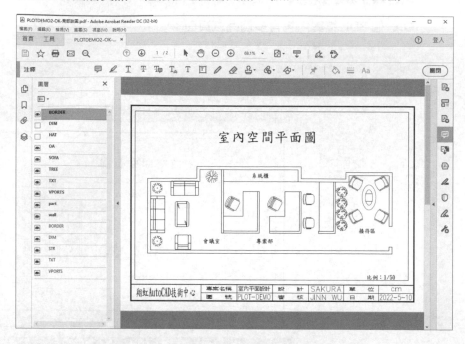

❂ 可直接列印輕鬆列印 PDF 檔案：

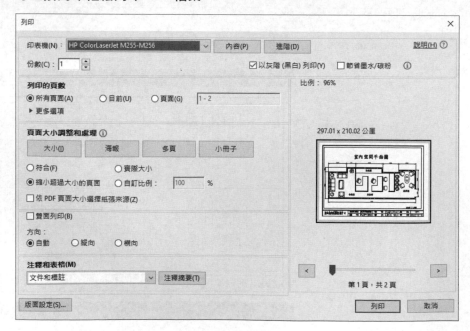

☼ **圖面輸出成 PDF 檔案的好處：**

❖ PDF 檔案就是可攜式文件格式，是電腦界最通用的文件標準之一。

❖ PDF 檔案只能供閱讀不能被修改，設計者有保障。

❖ PDF 檔案不需要 AutoCAD 就能打開。(如 Adobe Reader、PDF Viewer...等)

❖ PDF 檔案容量變小，保存更容易。

❖ PDF 檔案保存圖檔的原始樣貌與完整性。

❖ PDF 檔案可加密碼保護，可防止未獲授權的使用者開啟與檢視內容。

❖ PDF 檔案跨平台(Windows、MAC、UNIX)交流都通行無阻。

☼ **請開啟 PDF-DEMO.dwg 圖檔：**(內含有二個配置)

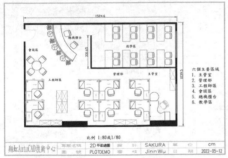

平面總圖 　　　　　　　　　　　　　　　局部詳圖

☼ **設定匯出至 PDF 選項設定：**所有出圖方式都包含項目。

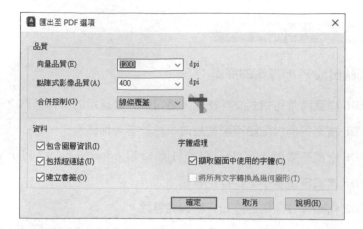

✪ **PDF 出圖技巧一：**以 PLOT 出圖產生 PDF 檔案。

❖ **使用時機：**要將目前配置輸出成 PDF 時使用。

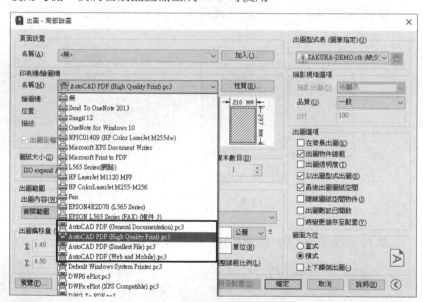

AutoCAD PDF 印表機類型	向量品質(dpi)	點陣式影像品質(dpi)
General Documentation	1200	400
High Quality Print	2400	600
Smallest File	400	200
Web and Mobile	400	200
DWG To PDF	600	400

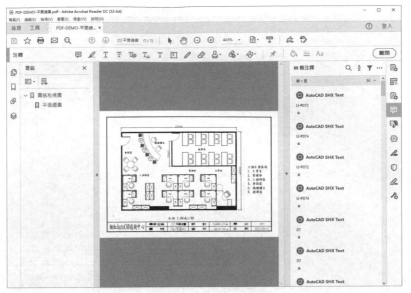

❖ 在圖檔中使用 SHX 建立的文字，匯出 PDF 後，可以在 PDF Reader 的注釋清單中亮顯或搜尋。

⊙ **PDF 出圖技巧二：EXPORTPDF 出圖產生 PDF 檔案。**

❖ **使用時機：**要將目前圖檔所有配置輸出成 PDF 時使用。

第一篇　第十五章　▼　輕鬆掌握配置、視埠、比例與出圖

15-43

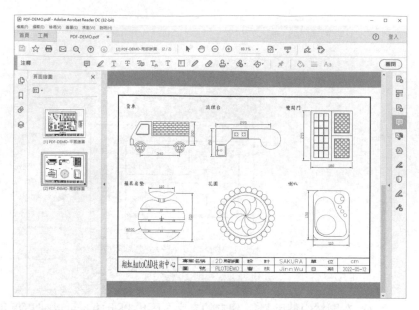

✪ PDF 出圖技巧三：PUBLISH 批次出圖產生 PDF 檔案。

❖ 使用時機：要將所有開啟或指定的圖檔配置輸出成 PDF 時。

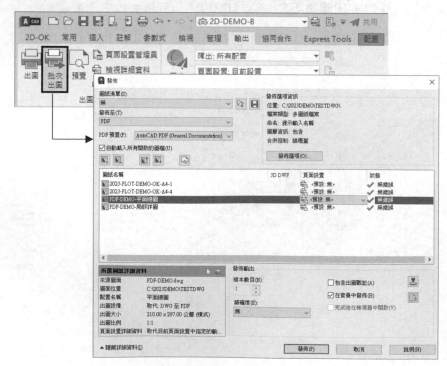

❖ 可儲存圖紙清單爲 DSD 檔案，方便再一次重複出圖。

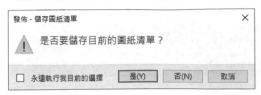

❖ 左邊頁面縮圖顯示圖紙縮圖右邊放大圖，超優質的視覺感。

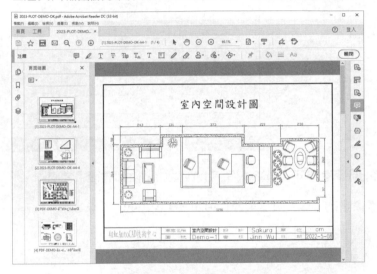

❖ 左邊書籤顯示圖紙配置名稱，找圖紙很輕鬆。

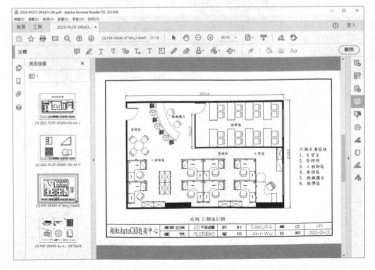

❖ 左側圖層清楚呈現，方便開關。

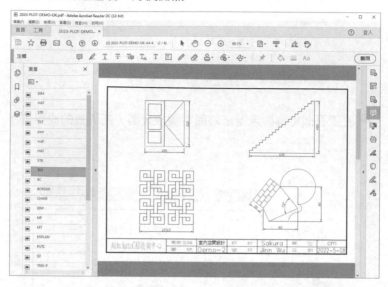

✪ **外部參考 PDF：** PDF 檔案可以輕鬆的貼附到圖面中當底圖。

關鍵指令：**XR** （選取 PDF-DEMO-ALL.PDF）

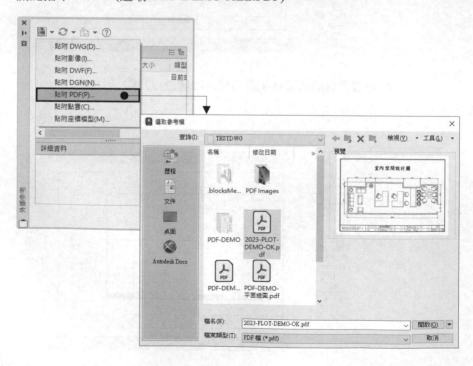

從 PDF 檔可選取一個或多個頁面

指令: _PDFATTACH

頁面 1 - 指定插入點:

基準影像大小: 寬度: 297.0660，高度: 209.9220，Millimeters

頁面 1 - 指定比例係數或 [單位(U)] <1>:

頁面 2 - 指定插入點:

基準影像大小: 寬度: 297.0660，高度: 209.9220，Millimeters

頁面 2 - 指定比例係數或 [單位(U)] <1>:

頁面 3 - 指定插入點:

基準影像大小: 寬度: 297.0660，高度: 209.9220，Millimeters

頁面 3 - 指定比例係數或 [單位(U)] <1>:

頁面 4 - 指定插入點:

基準影像大小: 寬度: 297.0660，高度: 209.9220，Millimeters

頁面 4 - 指定比例係數或 [單位(U)] <1>:

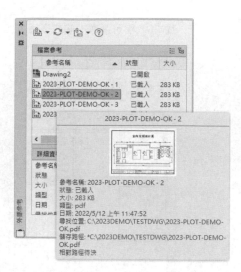

同時參考四個 PDF 頁面

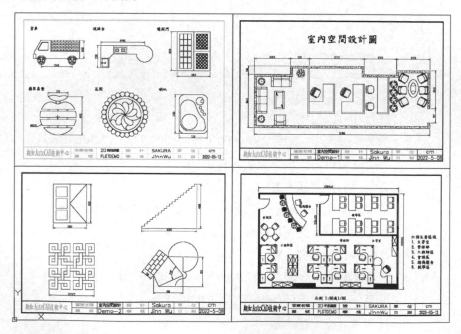

碰選圖面 PDF 可在面板編輯對比、濃淡、建立截取邊界、啟用鎖點…等功能

第一篇 第十六章

多重比例註解

1　怎麼辦！多重比例的苦惱持續發生？

✪ 請開啟 ANN-DEMO-OLD.dwg 圖檔。

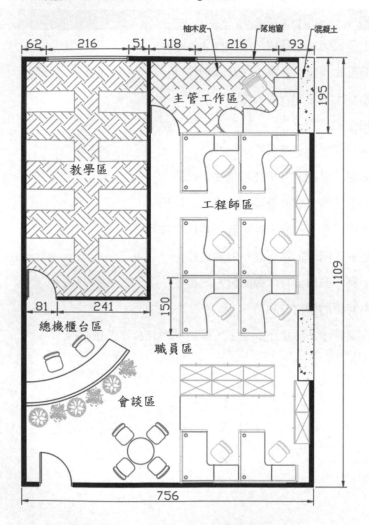

✪ 業主的要求同時看到這張圖的全部與重點局部，所以必須利用多個視埠。

✪ 請切到配置『Annotation-OLD』看看這種狀況該怎麼辦？

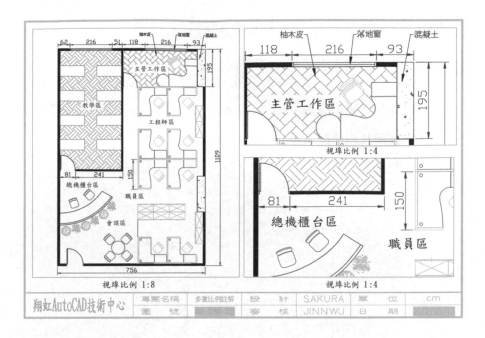

✪ **同一個場景圖形真的很麻煩，一調整其他視埠受到衝擊影響，顧此失彼。**

❖ **困擾一**：左右視埠『文字』大小不一，SCALETEXT 也沒有用。

❖ **困擾二**：左右視埠『標註』大小不一，標註更新也沒用。

❖ **困擾三**：左右視埠『剖面線』也是比例大小不一，編輯剖面線也沒用。

✪ **克難方法一**：

將本圖再複製二組，各視埠看的圖形乍看來源相同，其實各自不同。

致命的缺點：不改圖還好，一改又得重新複製，若忘了同步修改，則會產生明明同一區域卻內容不同的窘境。

✪ **克難方法二**：

本圖不動，將文字、標註、剖面線再複製到其他圖層去，再利用可以凍結視埠圖層的特性，小心開關。

致命的缺點：圖層複製非常麻煩，比例愈多複製愈多組，還造成圖層暴增，另外圖層開關也很容易出錯，一不小心，時間就大量耗損掉了。

2　專業的多重比例解決方案：可註解物件

✪ **可註解物件：** 單行文字與多行文字、引線與多重引線、圖塊與屬性、標註、剖面線、公差。

✪ **請叫出隨書檔案 Wall_Section_EX1_A_cm.dwg 實際感受基本的控制。**

✪ **註解比例的顯示控制：** 右下角狀態列。

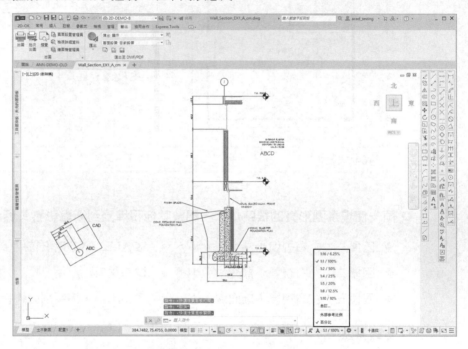

    顯示所有比例的可註解物件 (黃色燈泡)

    僅顯示目前比例的可註解物件 (藍色燈泡)

✪ **模型空間的註解比例顯示控制：**

不同的註解比例，可以彈性的控制圖面顯示的物件內容不同，這是 AutoCAD 舊版本的使用者夢寐以求的特殊功能。

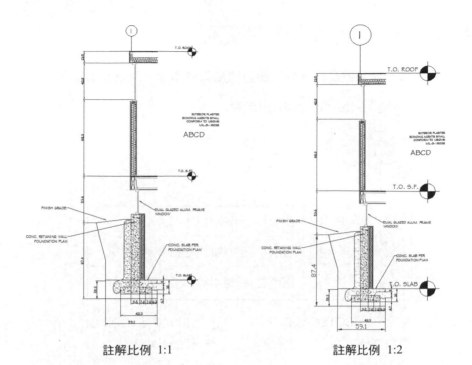

註解比例 1:1　　　　　　　　　　註解比例 1:2

✪ 圖紙空間配合視埠縮放比例的註解比例顯示控制：

視埠比例左右雖不同，但是標註-文字-圖塊-剖面線-引線視覺都相同，超酷！

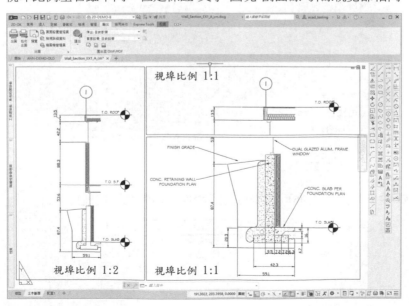

3 可註解物件比例之加入或刪除

✪ **每一個可註解物件均可輕鬆的加入或刪除一個或多個比例，非常貼心。**

『註解』頁籤→『註解比例調整』面板

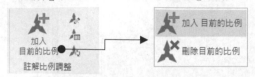

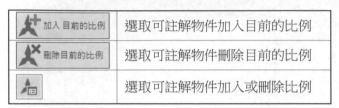

加入 目前的比例	選取可註解物件加入目前的比例
刪除 目前的比例	選取可註解物件刪除目前的比例
	選取可註解物件加入或刪除比例

指令: OBJECTSCALE　　　　　← 加入或刪除可註解物件比例
選取註解物件:　　　　　　　← 選取物件
選取註解物件:　　　　　　　← [Enter] 結束

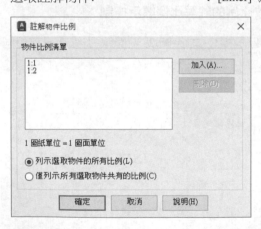

✪ **快顯功能表上亦可控制可註解物件比例的加入與刪除。**

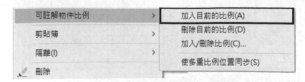

4 可註解物件之識別

✪ 可註解物件的識別：

❖ 單一註解比例：

只要輕輕將滑鼠一靠近物件，就可以看到一個註解識別記號，表示此物件只有設定一組註解比例。

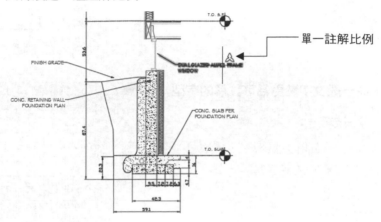

單一註解比例

❖ 二組以上註解比例：

只要輕輕將滑鼠一靠近物件，就可以看到二個註解識別記號，表示此物件設定多組註解比例。

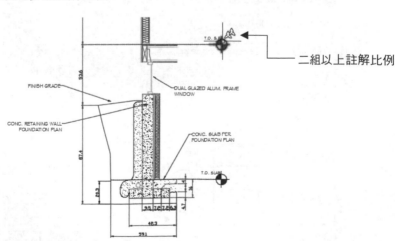

二組以上註解比例

5 建立或變更『文字』為可註解物件之技巧

◎ **性質變更法：**

通用於所有可註解類型的物件(圖塊例外)。

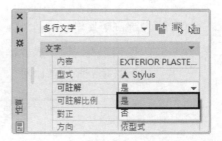

◎ **將一般文字變更為可註解的字型：**

❖ **技巧一：**

於『註解』頁籤中，選取可註解的文字字型。

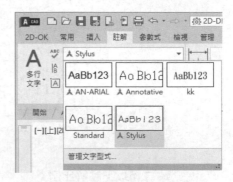

❖ **技巧二：**不用選取物件，直接執行 STYLE 變更所屬字型為可註解。

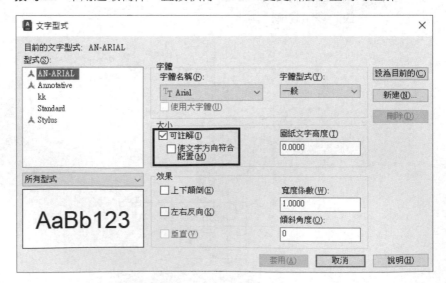

6 建立或變更『標註』為可註解物件之技巧

✪ 以可註解的標註型式建立標註：

✪ 性質變更法：

通用於所有可註解類型的物件(圖塊例外)。

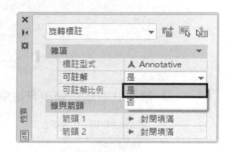

✪ 將一般標註變更到可註解的標註型式：

❖ 技巧一：於『註解』頁籤中，選取可註解的標註型式。

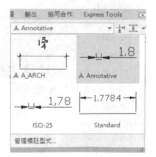

❖ 技巧二：不用選取物件，直接執行 DIMSTYLE 於『填入』頁面中變更標註所屬標註型式為可註解的標註型式。

7 建立或變更『填充線』為可註解物件之技巧

✪ Hatch 建立與 Hatchedit 編輯時勾選可註解：

✪ 性質變更法：

通用於所有可註解類型的物件(圖塊
例外)。

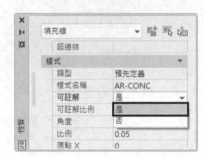

✪ 傳統式對話框勾選可註解：

8 建立或變更『多重引線』為可註解物件之技巧

✪ **以可註解的引線型式建立引線：**

多重引線型式管理員

✪ **性質變更法：**

通用於所有可註解類型的物件(圖塊例外)。

✪ **將一般多重引線變更到可註解的多重引線型式：**

❖ 技巧一： 於『註解』頁籤中，選取可註解的多重引線型式。

❖ 技巧二： 不用選取物件，直接變更多重引線所屬型式為可註解的多重引線型式。

變更前，看不到註解型式記號

變更後，可看到註解型式記號

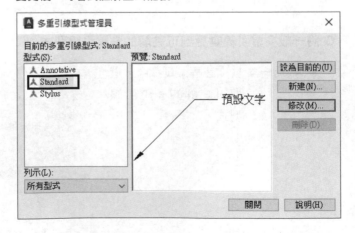

9　建立或變更『圖塊』為可註解物件之技巧

✪ **於圖塊建立時勾選可註解模式：**

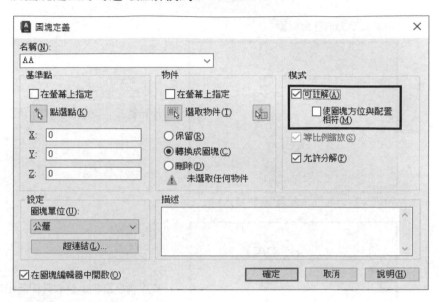

✪ **性質變更法：**定義圖塊時未勾選可註解的圖塊，事後無法以性質變更。

10 『文字』與『圖塊』方向與配置方向控制

✪ 於文字字型(STYLE)定義處可註解文字可控制方向是否與配置方向相符：

勾選文字方向符合配置

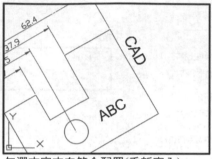

大小
☑ 可註解(I)
　☐ 使文字方向符合配置(M)

原始圖面，文字各有不同角度

勾選文字方向符合配置(重新寫入)

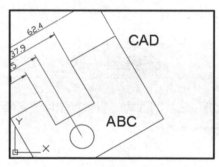

大小
☑ 可註解(I)
　☑ 使文字方向符合配置(M)

文字角度自動調整成與配置相符

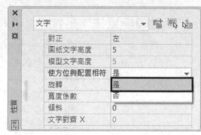

文字	
對正	左
圖紙文字高度	5
模型文字高度	5
使方位與配置相符	是
旋轉	是
寬度係數	否
傾斜	0
文字對齊 X	0

事後用性質直接修改部分文字的方式
也可以

✪ 可註解圖塊的控制方位是否與配置相符，若原始建立時未勾選該模式，不能事後用性質修改之！

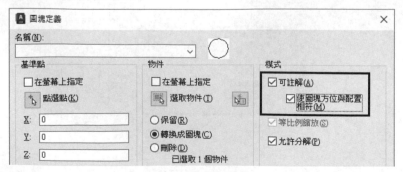

✪ 比例清單可視需要留下自己常用的比例尺，以加快選取的速度。

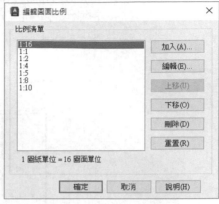

✪ 調整後的比例清單。

註解比例清單	視埠比例清單

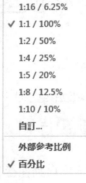
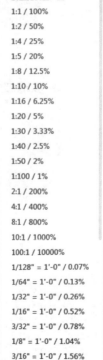

✪ 若要重新調整所有預設的比例清
　單，只要重置即可。

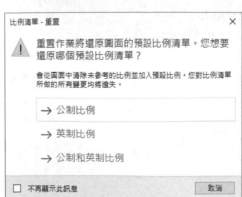

12 精選全程演練：多註解比例文字、標註、填充線、多重引線

⭐ **步驟一：** 請開啟 ANN-DEMO-OLD.dwg 圖檔 (未使用任何可註解物件的舊圖檔)，請另存成 ANN-DEMO-NEW.dwg，慘不忍睹的配置，左右二邊視埠比例不同，分別是 1：8 與 1：4。

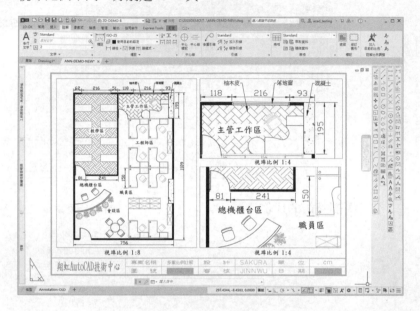

⭐ **步驟二：** 請切回模型空間，右下角註解比例切到 1:8。

指令區自動執行 CANNOSCALE 設定目前的註解比例

指令: _CANNOSCALE

輸入 CANNOSCALE 的新值，或 (.) 表示無 <"1:1">: 1:8

⭐ **步驟三：** 執行 STYLE 字型設定，建立新可註解文字型式 AA-KK

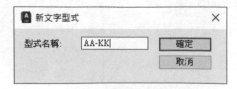

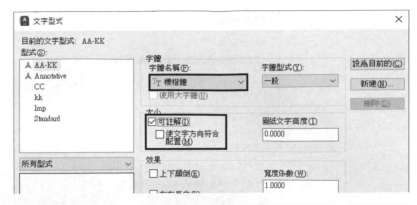

✪ **步驟四**：將圖面中的六組區域文字(會談區、職員區....教學區)變更字型為 **AA-KK**，查看性質內容會看到如下的內容(此時六組文字已經變成了可註解物件)。

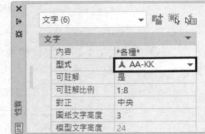

❖ **請注意**：

　　若需要修改字高時，只要思維從圖紙空間想看到的文字高度即可，不用像以前的 AutoCAD 版本，還得為了模型空間字高該乘上某一個比例換算而苦惱。

❖ 您可以試著調調看，但是別忘了再把圖紙文字高度調回 3。

✪ **步驟五**：選取六組文字，將六組再加入可註解比例 1：4 (由性質或快顯功能表均可呼叫)。

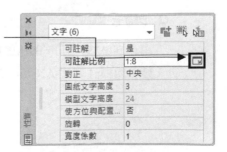

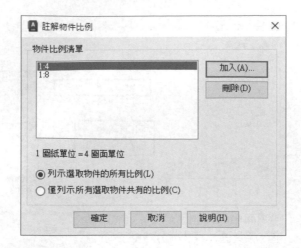

☆ **步驟六：** 切到配置來看看，您會嚇一跳，不同視埠比例的文字字高看起來一樣大小。

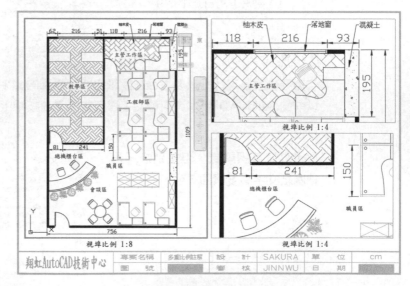

☆ **步驟七：**

再切回模型，執行 DIMSTYLE 新建一組標註型式 AN-ISO-25。

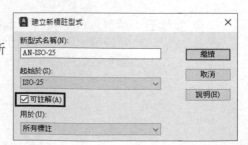

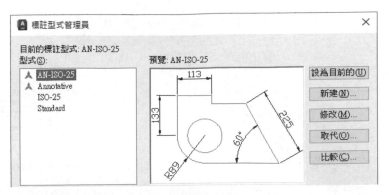

將圖面12組標註型式更新
為 AN-ISO-25，查看性質
內容會看到如右的內容。

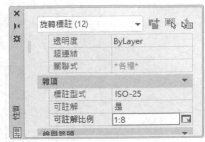

✪ **步驟八：**同步驟五，將所有標註再加入可註解比例 1：4(若不想在 1：4 視埠
出現的標註，也可以不選取)。

✪ **步驟九：**切到配置來看看，您會更開心，不同視埠比例的文字與標註看起來
一樣大小。

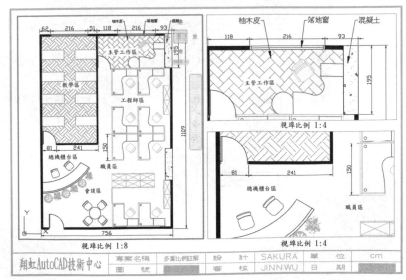

✪ **步驟十**：選取教學區填充線進入編輯
畫面，勾選可註解，並確認註
解比例有二組 1：4 與 1：8。

✪ **步驟十一**：再適當調整填充線比例為 1，其餘二組填充線修改方法亦相同。

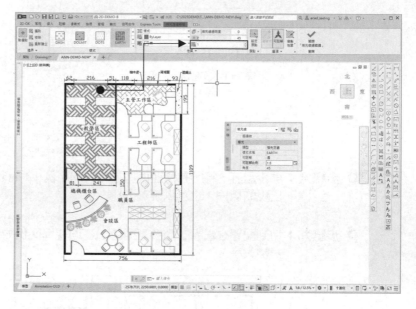

✪ **步驟十二**：執行 MLEADERSTYLE，新建一組多重引線型式 AN-LL。

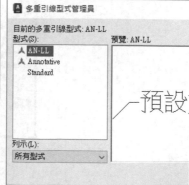

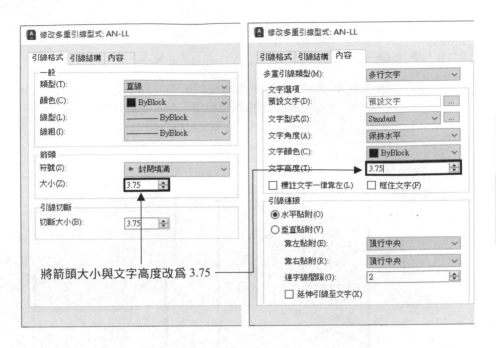

將箭頭大小與文字高度改為 3.75

✪ **步驟十三：** 再選取上方三組多重引線，變更型式為可註解的 AN-LL 型式，位置有些許重疊時可以自行調整。

✪ **步驟十四：** 同步驟五，將三組多重引線再加入可註解比例 1：4。

✪ **步驟十五：** 執行 DIMBREAK 切斷標註。

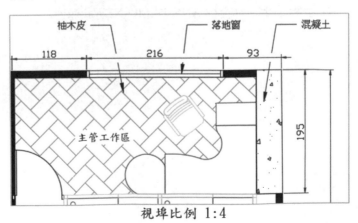

視埠比例 1:4

✪ **步驟十六：** 切回圖紙空間，鎖護各視埠。

第一篇　第十六章　多重比例註解

✪ **步驟十七：** 關閉 VPORTS 圖層。

✪ **步驟十八：** 更名配置標籤為 Annotation-NEW。

✪ **步驟十九：** 大功告成，簡單的幾個步驟，多年來的苦惱問題輕鬆解決，完成專業級水準的圖面，這下子，主管與業主應該會很滿意了！

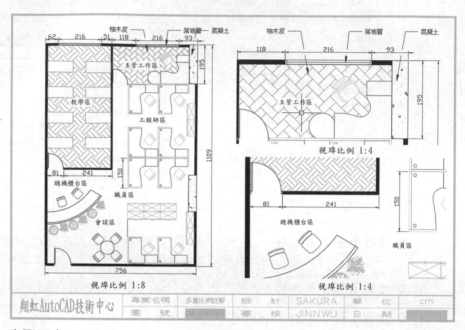

✪ **步驟二十：** 儲存檔 ANN-DEMO-NEW.dwg。

實力挑戰、技能檢定測驗

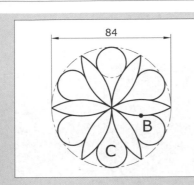

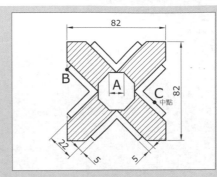

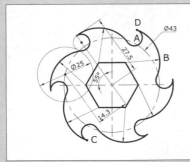

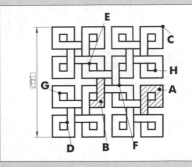

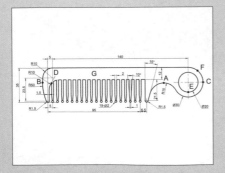

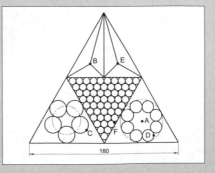

第二篇 第一章

解題前必知技巧

1   解題前最重要的五個關鍵設定

✪ **設定正確的單位 (UNITS)：** 以免查詢顯示精確度不夠。

✪ **設定適當的點型式 (PTYPE)：** 以免等分、等距後看不到點。

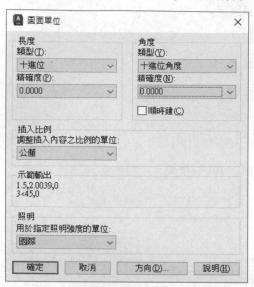
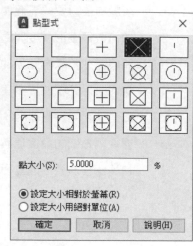

✪ **設定弧與圓的平滑度：** 以免一直看到弧與圓像多邊形。

✪ **設定適當的標註型式(DIMSTYLE)：** 角度精確度，以免角度標註精確度不夠。

OPTIONS→『顯示』頁籤   DIMSTYLE→『主要單位』頁籤→角度

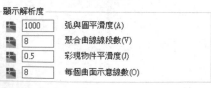

✪ **設定適當的滑鼠滾動量，以免即時縮放不易控制。**

指令: ZOOMFACTOR

輸入 ZOOMFACTOR 的新值 <60>:   ← 輸入 20

2　如何取得圖形長度與周長

✪ 利用列示、性質、調整長度來查詢：

列示	 清單 LIST	快速查詢線長、周長、弧長、圓與聚合線面積
性質	性質 PROPERTIES	快速查詢線長、周長、圓 (半徑、直徑、周長、面積)、弧 (弧長、夾角、半徑)
調整長度	LENGTHEN	快速查詢線長、周長、弧 (弧長、夾角)

✪ 利用 MEASUREGEOM 指令處理的物件：

指令: MEASUREGEOM
輸入選項 [距離(D)/半徑(R)/角度(A)/面積(AR)/體積(V)] <距離>: _area
指定第一個角點或 [物件(O)/加上面積(A)/減去面積(S)/結束(X)] <物件(O)>: O
選取物件:　　　　　　　　　　　　　　← 選取圓
面積 = 1963.4954，圓周 = 157.0796
輸入選項 [距離(D)/半徑(R)/角度(A)/面積(AR)/體積(V)/結束(X)] <面積>: x

指令: MEASUREGEOM
輸入選項 [距離(D)/半徑(R)/角度(A)/面積(AR)/體積(V)] <距離>: _area
指定第一個角點或 [物件(O)/加上面積(A)/減去面積(S)/結束(X)] <物件(O)>: O
選取物件:　　　　　　　　　　　　　　← 選取五邊形
面積 = 1642.9097，周長 = 154.5085
輸入選項 [距離(D)/半徑(R)/角度(A)/面積(AR)/體積(V)/結束(X)] <面積>: x

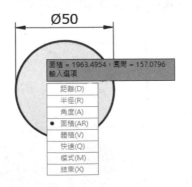

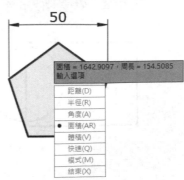

✪ 配合 BOUNDARY 產生不規則封閉
區間的聚合線，再求取周長與面積。

(求斜線區域面積)

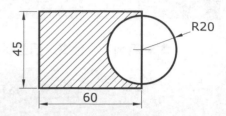

❖ 建議您在建立 BOUNDARY 之前先將圖層更換，以方便看見效果

❖ 執行指令，建立封閉聚合線

指令: BOUNDARY

選取『點選點』鍵

選取內部點: ← 選取內部點 1

選取內部點: ← [Enter] 離開

「邊界」建立了 1 聚合線

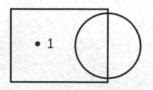

❖ 因為物件重疊不容易看見效果，請用 MOVE 來移動剛才完成的物件

指令: MOVE

選取物件: ← 輸入 L 來選取最後完成的物件

選取物件: ← [Enter] 離開選取

指定基準點或 [位移(D)] <位移>: ← 於靠近物件中心位置點選點 1

指定第二點或 <使用第一點作為位移>: ← 任意選取位移點 2

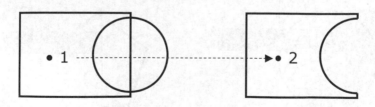

❖ 取得封閉的圖形後，就可以開始計算面積

指令: MEASUREGEOM

輸入選項 [距離(D)/半徑(R)/角度(A)/面積(AR)/體積(V)] <距離>: _area

指定第一個角點或 [物件(O)/加上面積(A)/減去面積(S)/結束(X)] <物件
(O)>:　　　　　← 輸入 O

選取物件:　　　← 選取建立完成的封閉物件

面積 = 2071.6815，周長 = 232.8319

輸入選項 [距離(D)/半徑(R)/角度(A)/面積
(AR)/體積(V)/結束(X)] <面積>: x

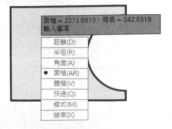

✪ 相連的封閉圖形，利用結合 (Join) 成一個物件再求取面積周長。

❖ 將所有物件編輯成一個封閉的聚合線

指令: JOIN

選取要一次接合的來源物件或多個物件:　　← 框選範圍 2-3

選取要接合的物件:　　　　　　　　　← [Enter] 離開

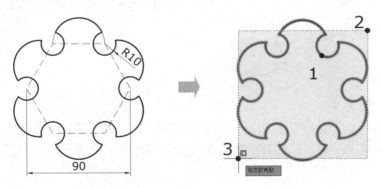

◉ 也可以利用 REGION 將圖形建立面域

指令: REGION

選取物件:　　← 框選點 2 至點 3

選取物件:　　← [Enter] 離開選取

已萃取 1 個 迴路.

已建立 1 個 面域. ← 完成面域建立

❖ 求取聚合線或面域之面積

指令: _MEASUREGEOM

輸入選項 [距離(D)/半徑(R)/角度(A)/面積(AR)/體積(V)] <距離>: _area

指定第一個角點或 [物件(O)/加上面積(A)/減去面積(S)/結束(X)] <物件
(O)>: ← 輸入 O

選取物件: ← 選取建立完成的面域

面積 = 8550.9368，周長 = 590.3728

輸入選項 [距離(D)/半徑(R)/角度(A)/面積(AR)/體積(V)/結束(X)] <面積>:
← 輸入 X

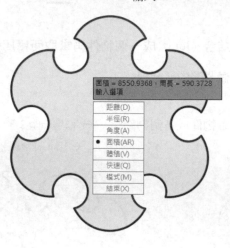

❖ 註記：

由 PEDIT 所編輯為一個線框架物件，REGION 建立的為一個沒有厚度的薄
板，可以貼材質與執行布林運算 (聯集、差集、交集)，二個是不同性質
的物件。

3　如何完成扣除內孔後的面積

✪ 求取斜線區域面積

請開啟隨書光 18A.dwg 檔案

✪ 最輕鬆快速的技巧→建立漸層物件

指令: GRADIENT (或快捷鍵 GD)

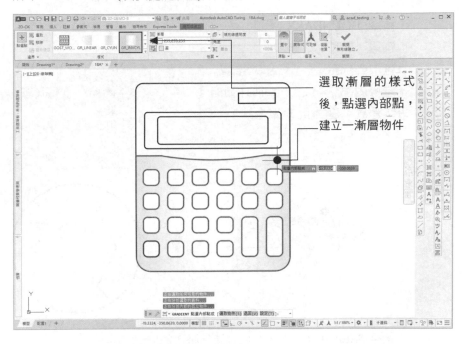

選取漸層的樣式
後，點選內部點，
建立一漸層物件

指令: MEASUREGEOM

輸入選項 [距離(D)/半徑(R)/角度(A)/面積(AR)/體積(V)] <距離>: _area

指定第一個角點或 [物件(O)/加上面積(A)/減去面積(S)/結束(X)] <物件(O)>:

　　　　　　← 輸入 O

選取物件:　　　　　← 選取建立完成的漸層物件

面積 = 5361.8388，周長 = 1282.4485

✪ 直接用 AREA 或 LIST 指令查詢漸層物件，亦可求得答案。

4　如何求最外圍的周長與面積

✪ **求取下列圖形最外圍所圍成的面積或周長**

請開啟隨書光碟 18B.dwg 檔案

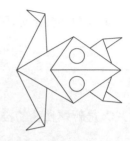

✪ **於圖形最外圍畫一個圓，並建立封閉物件**

指令: BOUNDARY

選取『點選點』鍵

選取內部點:　　　←選取內部點

選取內部點:　　　← [Enter] 離開

「邊界」建立了 1 聚合線

選取內部點

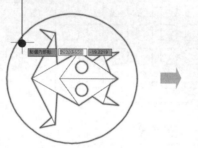　➡　

指令: MEASUREGEOM

輸入選項 [距離(D)/半徑(R)/角度(A)/面積(AR)/體積(V)] <距離>: _area

指定第一個角點或 [物件(O)/加上面積(A)/減去面積(S)/結束(X)] <物件(O)>:← 輸入 O

選取物件:　　　← 選取建立完成的外圍封閉物件

面積 = 9896.4295，周長 = 706.9357

輸入選項 [距離(D)/半徑(R)/角度(A)/面積(AR)/體積(V)/結束(X)] <面積>: X

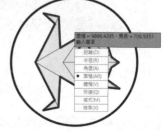

5 如何求距離與點座標

☯ 條件如下

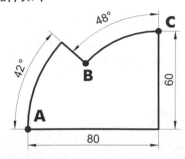

1. 當 A 絕對座標為 50,50 請問 B 座標為多少?
2. A 至 C 距離為多少?
3. B 至 C 的水平距離、垂直距離為多少?

解問題一

☸ **執行移動 MOVE** **將圖形移到正確位置**

　指令: MOVE
　選取物件:　　　　　　　　　　　　　　　　　← 選取圖形
　選取物件:　　　　　　　　　　　　　　　　　← [Enter] 離開
　指定基準點或 [位移(D)] <位移>:　　　　　　← 選取基準點 A
　指定第二點或 <使用第一點作為位移>:　　　← 輸入位移點值 50,50
　<輸入絕對座標 50,50 記得按選『F12』鍵,把動態輸入關閉>

☸ **執行 ZOOM 指令選項 E**:將視窗縮放至實際範圍,找到被移動的圖形。

☸ **執行 ID** 🔍 點位置 **查詢點位置**

　指令: ID
　指定點:　　　　　　　　　　　　　　　　　← 選取點 B
　指定點:　 X = 85.4113　Y = 90.1478　　Z = 0.0000　← 查詢結果

解問題二

☸ **執行 DIST 指令 (快捷鍵 DI) 量測 A 到 C 距離**

☸ **執行 MEASUREGEOM** ↔ **量測 A 到 C 距離**

　指令: MEASUREGEOM

輸入選項 [距離(D)/半徑(R)/角度(A)/面積(AR)/體積(V)] <距離>: distance

指定第一點:　　　　　　　　　　← 選取點 A

指定第二個點或 [多個點(M)]:　　　← 選取點 C

距離 = 100.0000，XY 平面內角度 = 37，與 XY 平面的夾角 = 0

X 差值 =　80.0000，Y 差值 = 60.0000，Z 差值 = 0.0000

輸入選項 [距離(D)/半徑(R)/角度(A)/面積(AR)/體積(V)/結束(X)] <距離>: X

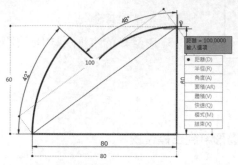

❂ **也可以對齊式 DIMALIGNED 標註** **來求得距離：**

指令: DIMALIGNED

指定第一條延伸線原點或 <選取物件>:　　　← 選取點 A

指定第二條延伸線原點:　　　　　　　　　← 選取點 C

指定標註線位置或[多行文字(M)/文字(T)/角度(A)]: ← 選取尺寸位置點

標註文字 = 100

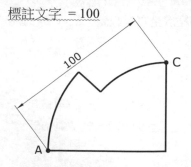

標註值如需要更精確的小數位數時，可以執行 DIMSTYLE 來設定，或啟動尺寸標註掣點，按選滑鼠右鍵，出現快顯功能表，可設定該標註值的小數位數。

解問題三

❂ **執行 MEASUREGEOM** [icon] **量測 B 到 C 的偏移值**

指令: MEASUREGEOM

輸入選項 [距離(D)/半徑(R)/角度(A)/面積(AR)/體積(V)] <距離>: distance

指定第一點:　　　　　　　　　　　← 選取點 B
指定第二個點或 [多個點(M)]:　　　← 選取點 C
距離 ＝48.8084，XY 平面內角度 ＝24，與 XY 平面的夾角 ＝0
X 差值 ＝　44.5887，Y 差值 ＝19.8522，Z 差值 ＝0.0000
輸入選項 [距離(D)/半徑(R)/角度(A)/面積(AR)/體積(V)/結束(X)] <距離>: X

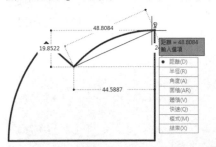

水平距離=X 差值 44.5887

垂直距離=Y 差值 19.8522

✪ 也可以線性 DIMLINEAR 標註 ⊢⊣ 來求得距離

指令: DIMLINEAR
指定第一條延伸線原點或 <選取物件>:　　　← 選取點 B
指定第二條延伸線原點:　　　　　　　　　　← 選取點 C
指定標註線位置或 [多行文字(M)/文字(T)/角度(A)/水平(H)/垂直(V)/旋轉(R)]:
　　　　　　　　　　　　　　　　　← 移動游標往上選取一點

標註文字 ＝44.59

指令: DIMLINEAR
指定第一條延伸線原點或 <選取物件>:　　　← 選取點 B
指定第二條延伸線原點:　　　　　　　　　　← 選取點 C
指定標註線位置或 [多行文字(M)/文字(T)/角度(A)/水平(H)/垂直(V)/旋轉(R)]:
　　　　　　　　　　　　　　　　　← 移動游標往右選取一點

標註文字 ＝19.85

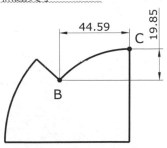

DIMSTYLE 可定義小數位數

第二篇 第一章 ▼ 解題前必知技巧

6 量取兩點間的角度值與三點夾角

✪ **條件如圖，求 A 到 B 的角度**

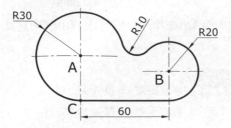

1. 求 A 到 B 的角度
2. 求∠BAC 的角度

解問題一

✪ **執行 DIST 量測 A 到 B 的角度** (選取順序要注意)

指令: DIST

指定第一點: ← 選取點 A

指定第二點: ← 選取點 B

距離 = 60.8276，XY 平面內角度 = 350.5377，與 XY 平面的夾角 = 0.0000

X 差值 = 60.0000，Y 差值 = -10.0000，Z 差值 = 0.0000

解問題二

✪ **執行 MEASUREGEOM** **量測∠BAC 的角度**

指令: MEASUREGEOM

輸入選項 [距離(D)/半徑(R)/角度(A)/面積(AR)/體積(V)] <距離>: angle

選取弧、圓、線或 <指定頂點>: ← 輸入 [Enter]

指定角度頂點: ← 選取中心點 A

指定角度的第一個端點: ← 選取中心點 B

指定角度的第二個端點: ← 選取端點 C

角度 = 80.5377°

輸入選項 [距離(D)/半徑(R)/角度(A)/面積
(AR)/體積(V)/結束(X)] <距離>: X

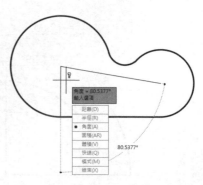

操作重點提示

步驟	主要項目	動作內容
1	點型式 (PTYPE)	格式➔點型式，選 ✕
2	單位設定 (UN)	角度精確度➔小數點 2~4 位
3	預設常用物件鎖點(OS)	點選【端點、中點、中心點、單點、四分點、交點】
4	字型(ST)	KK➔標楷體 NN➔新細明體 SS➔scriptc.shx CC➔simplex.shx，chineset.shx
5	標註型式(D)	更名➔ISO-25A 線➔基準線間距 3.75➔7.5 　　自原點偏移 0.625➔1.25 符號與箭頭➔標註切斷➔截斷大小➔2 文字➔ 文字顏色【白】 　　文字對齊➔ISO 標準 填入➔ 選取【依配置調整標註比例】 　　※注意：亦可改成「可註解」打勾 　　取消【在延伸線之間繪製標註線】微調開關 主要單位➔小數點分隔符號改成小數點「.」 　　角度標註精確度：小數點後一位 　　角度標註零抑制：結尾打勾
6	圖層(LA)	BORDER 圖　框　顏色9 CEN　中　心　線　顏色2　CENTER 線型 DIM　尺　寸　顏色1 HAT　剖 面 線　顏色6 HID　虛　　線　顏色2　HIDDEN 線型

步驟	主要項目	動作內容		
7	圖層(LA)	STR	主 結 構	顏色 4
		TXT	文字註解	顏色 3
		VPORTS	視 埠	顏色 30
8	配置 1	(1) 插入 A4BLK 於 Border 層		
		(2) 建立單一視埠於 Vports 層		
		(3) 更名 A4-1		
		(4) 頁面設置 HP1102-A4-MONO-1		
9	配置 2	(1) 插入 A4BLK 圖框於 Border 層(或複製 A4-1 來更改)		
		(2) 建立 4 個視埠於 Vports 層，視埠間距 3		
		(3) 更名 A4-4		
		(4) 頁面設置→選取【HP1102-A4-MONO-1】		
10	檢視作圖環境	(1) 模型空間		
		(2) 作圖層→STR 層		
		(3) F3、F8、F11／ON ； F7、F9／OFF		
		(4) 字型→CC		
		(5) 標註型式→ISO-25A		
11	另存新檔	A4-OK.DWT		

❂ **專業與資源豐沛的 A4 繪圖舞台大功告成：**

請直接呼叫出隨書附贈光碟中的 DWT 資料夾內的 A4_OK.DWT 觀摩！

❖ 模型空間

❖ 配置 1→ A4-1

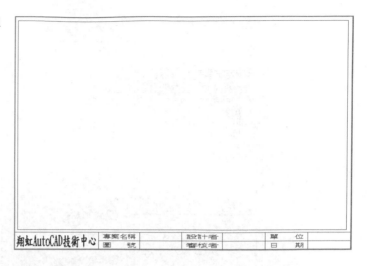

❖ 配置 2→ A4-4

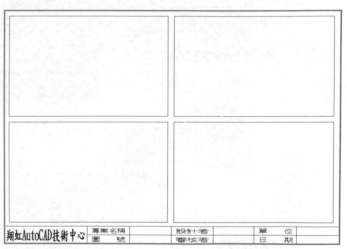

❖ 預設的圖層

❖ 預設的字型方式一

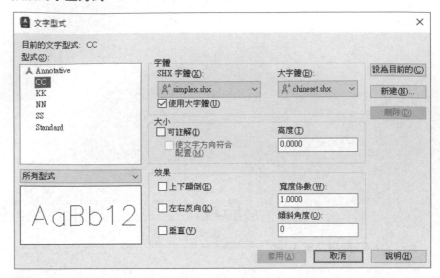

❖ 預設的字型方式二

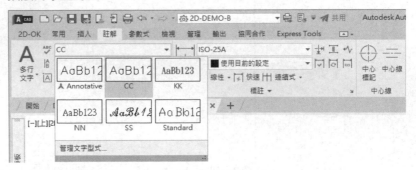

❖ 預設標註型式

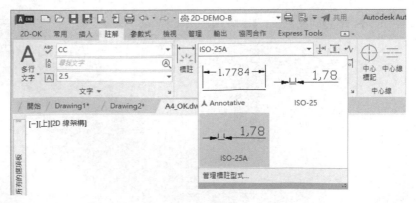

A3 圖框尺寸參考圖

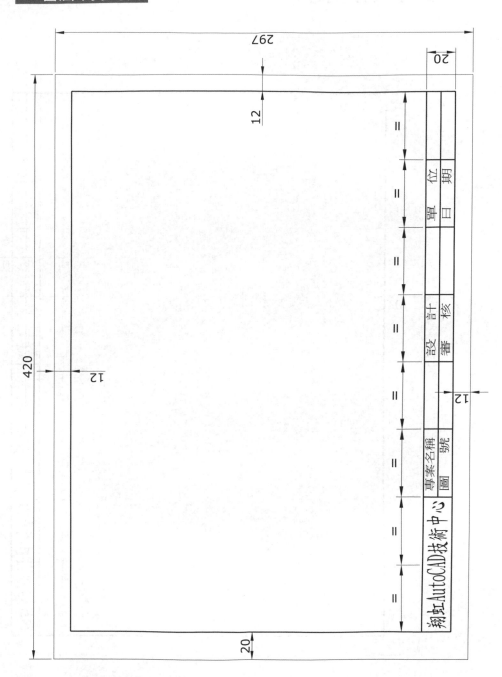

第二篇

第一章 ▼ 解題前必知技巧

A4 圖框尺寸參考圖

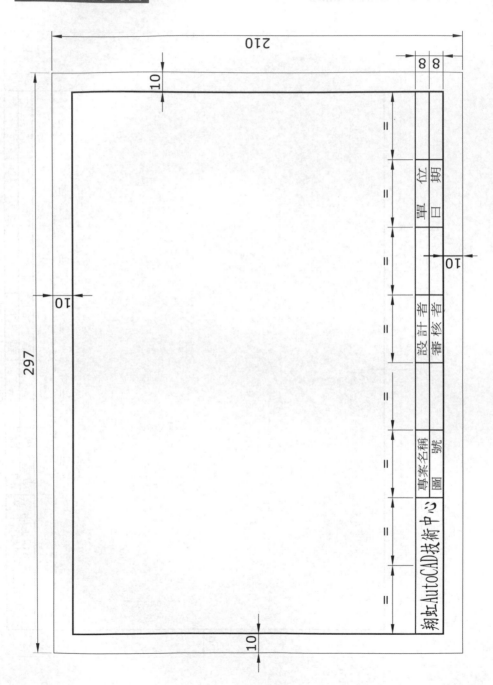

第二篇 第二章

精選 AutoCAD 基礎幾何練習

(共 102 題，新手基本練功題－光碟內含動態教學)

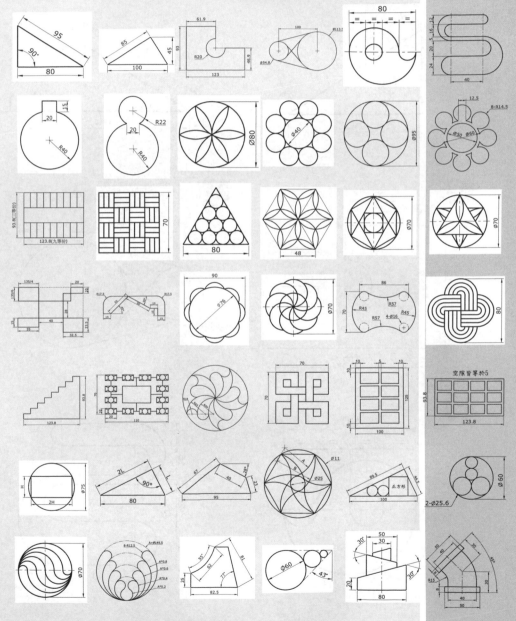

第二篇　第二章　▼　精選 AutoCAD 基礎幾何練習

1

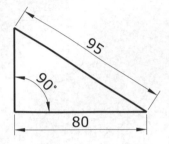

2

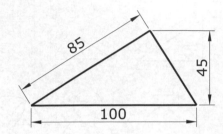

3

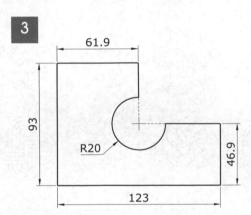

4

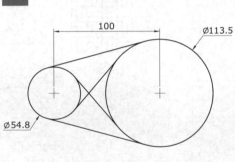

5

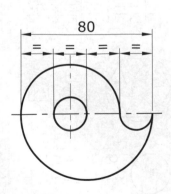

6

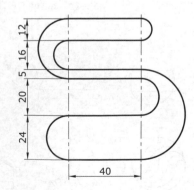

7

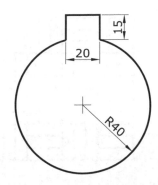

15

20

R40

8

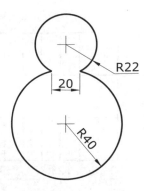

R22

20

R40

9

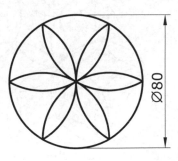

Ø80

10

Ø40

11

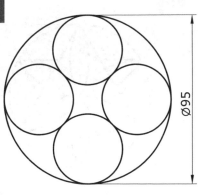

Ø95

12

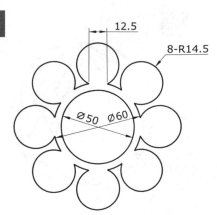

12.5

8-R14.5

Ø50 Ø60

第二篇

第二章

▼

精選 AutoCAD 基礎幾何練習

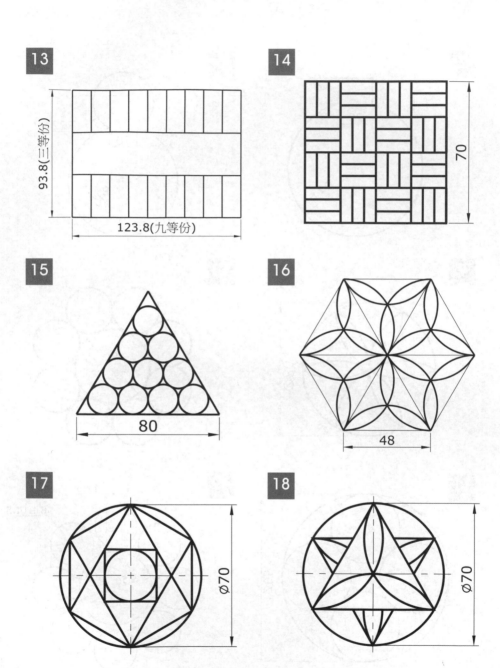

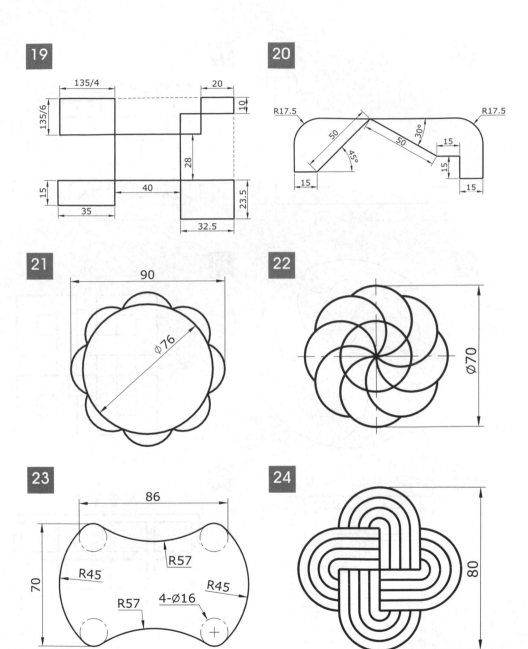

第二篇 第二章 ▼ 精選 AutoCAD 基礎幾何練習

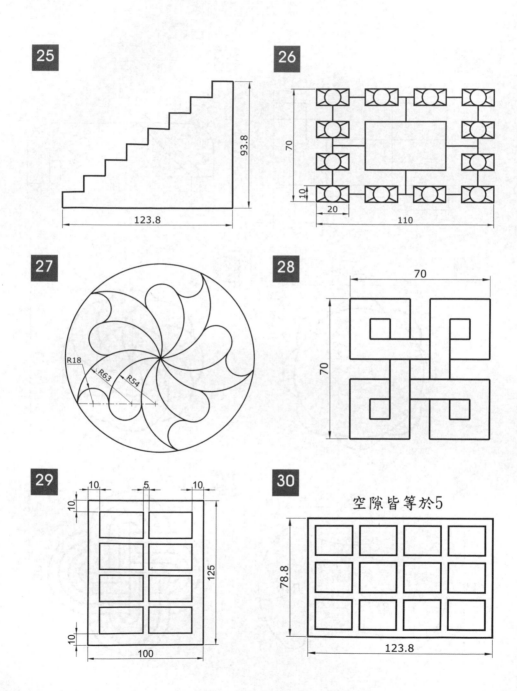

25

93.8

123.8

26

70

10

20

110

27

R18

R63

R54

28

70

70

29

10 5 10

10

125

10

100

30

空隙皆等於5

78.8

123.8

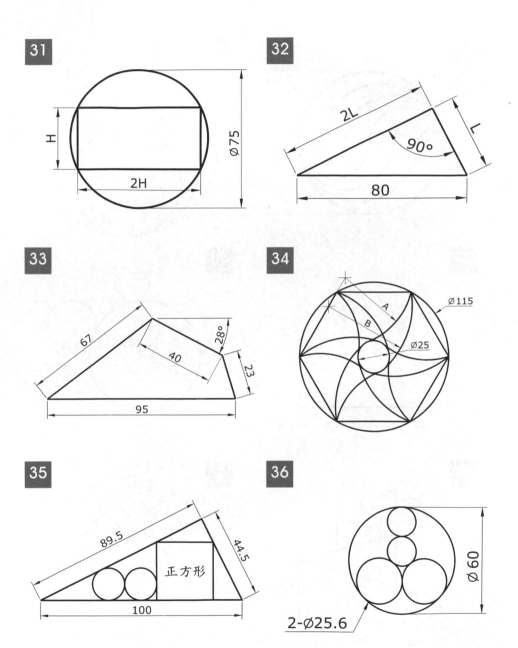

31

32

33

34

35

36

正方形

2-Ø25.6

第二篇　第二章　▼　精選 AutoCAD 基礎幾何練習

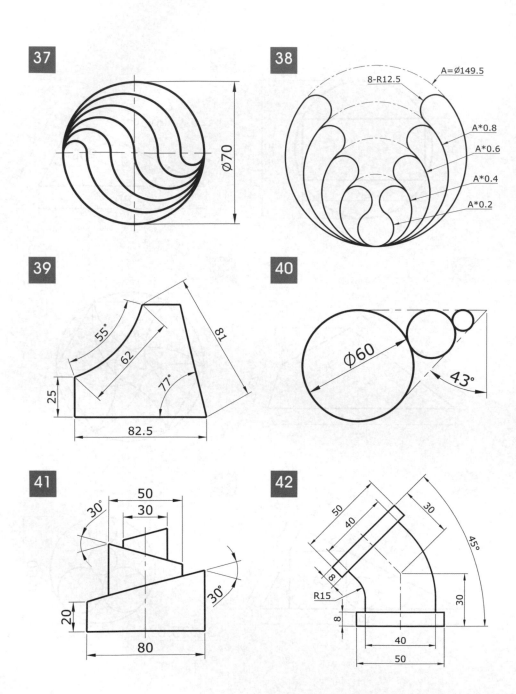

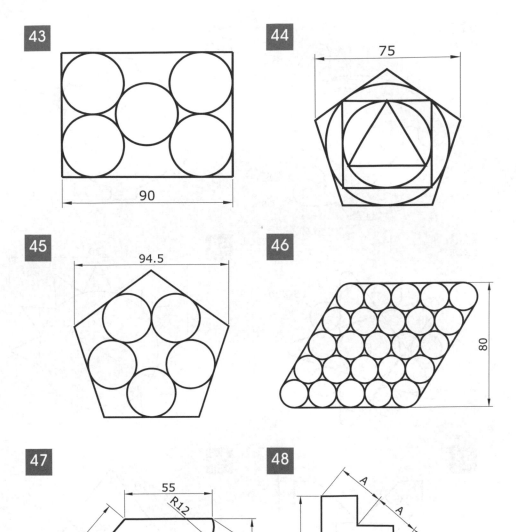

第二篇 第二章 ▼ 精選 AutoCAD 基礎幾何練習

49

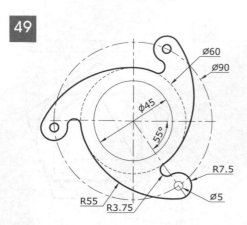

50

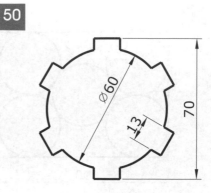

51

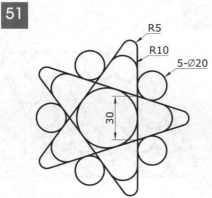

52

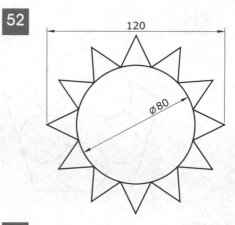

53

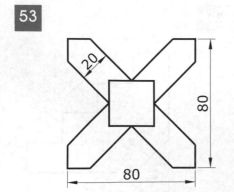

54

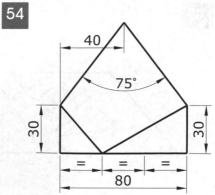

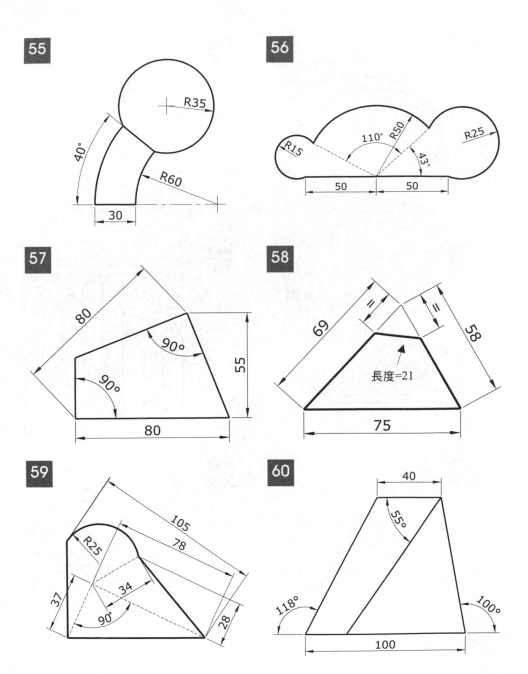

第二篇

第二章 ▼

精選 AutoCAD 基礎幾何練習

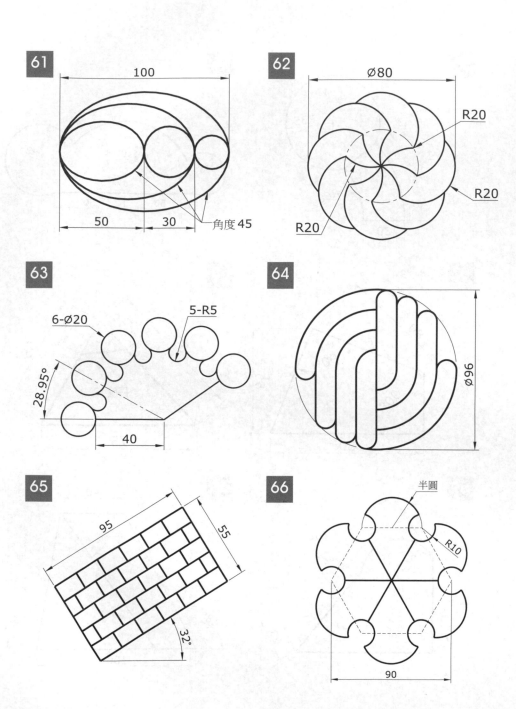

61

100

50

30

角度 45

62

Ø80

R20

R20

R20

63

6-Ø20

5-R5

28.95°

40

64

Ø96

65

95

55

32°

66

半圓

R10

90

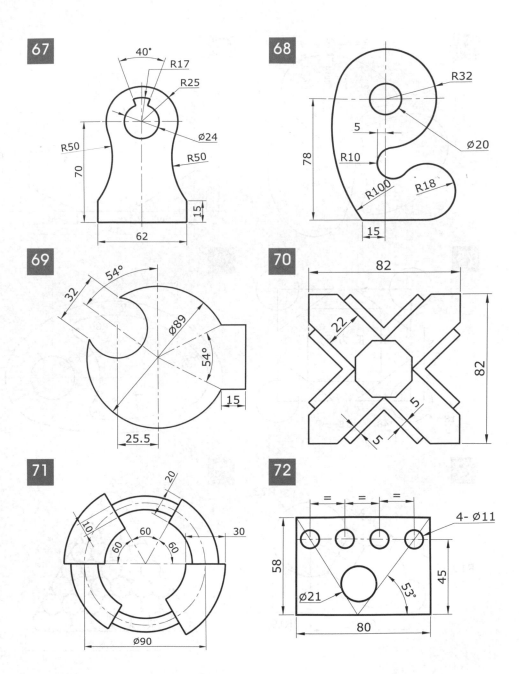

第二篇　第二章　▼　精選 AutoCAD 基礎幾何練習

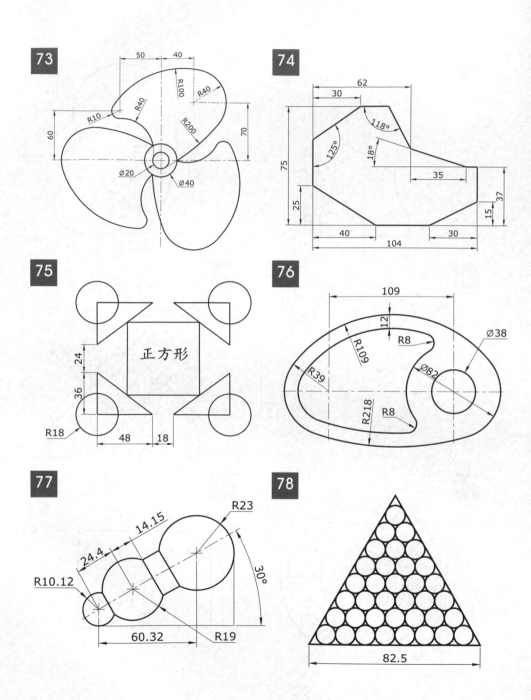

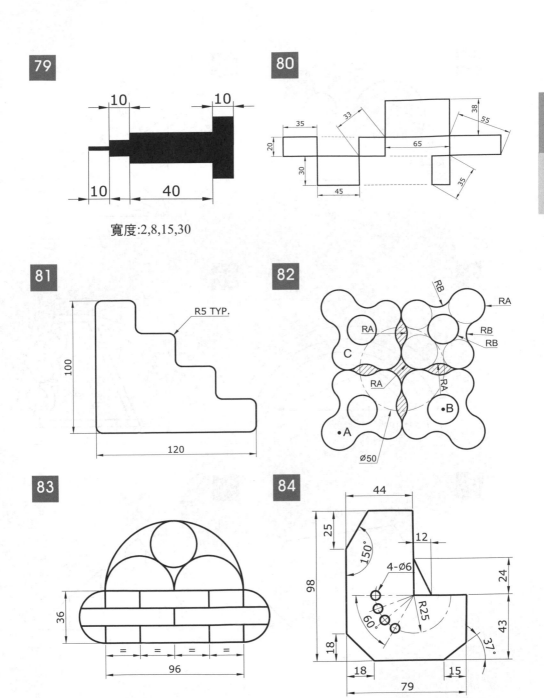

79

10　　10

10　40

寬度:2,8,15,30

80

35　33　38　55

20

30

65

45

35

81

100

120

R5 TYP.

82

RB
RA
RA
RB
RB
C
RA
RA
A
B
Ø50

83

36

= = = =

96

84

44

25

12

150°

98

4-Ø6

R25

60°

18

18

79

15

24

43

37°

85

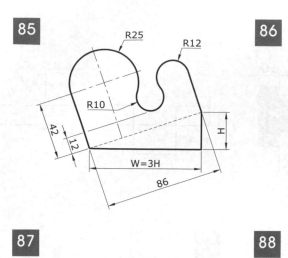

86

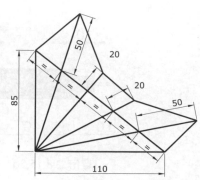

87

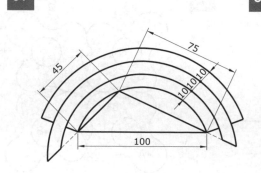

88

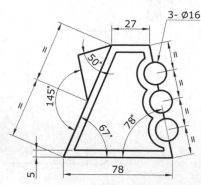

89

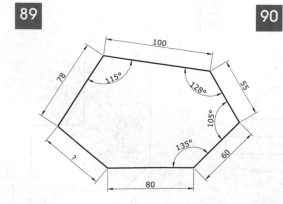

90

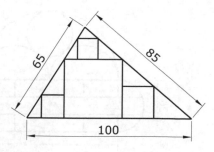

91

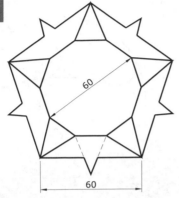

60

60

92

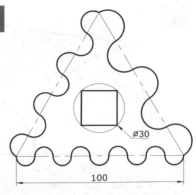

Ø30

100

93

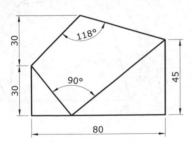

118°

90°

30

30

45

80

94

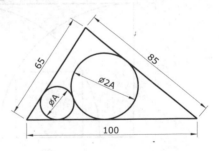

65

85

ØA

Ø2A

100

95

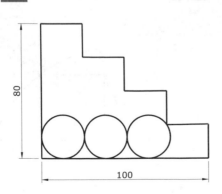

80

100

96

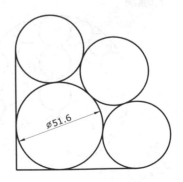

Ø51.6

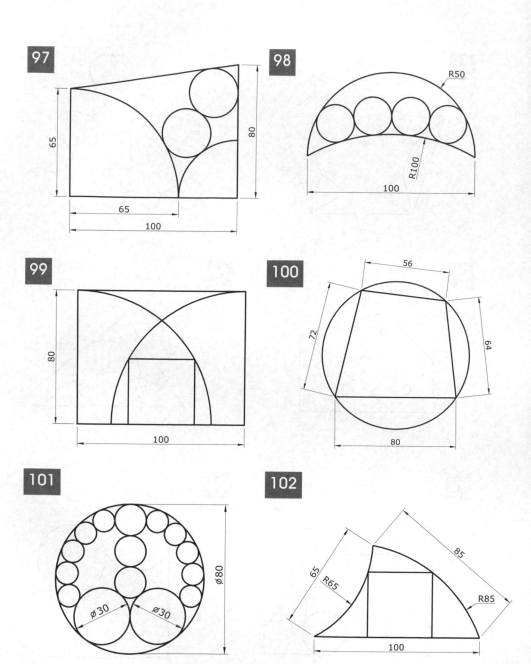

第二篇 第三章

精選 AutoCAD 實力挑戰

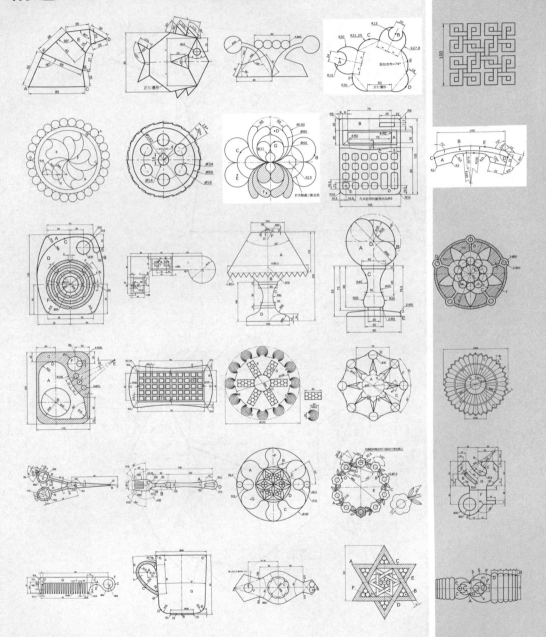

1

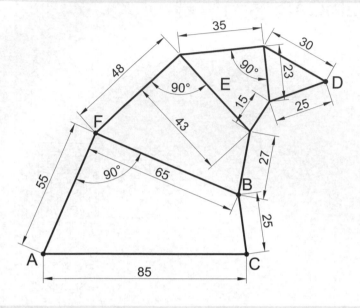

2

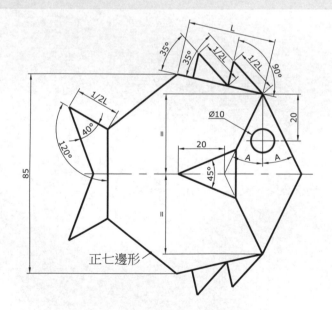

正七邊形

3

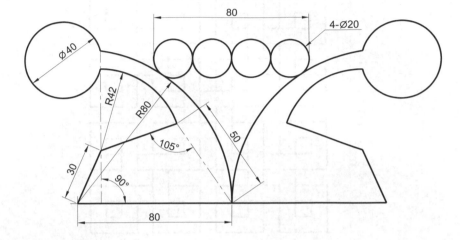

4

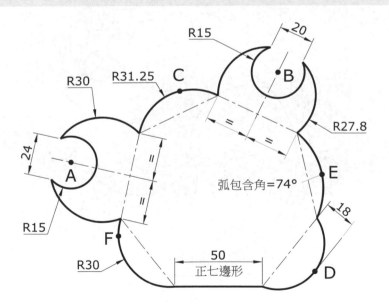

5

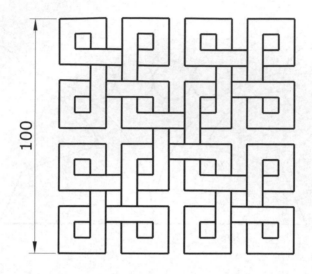

6

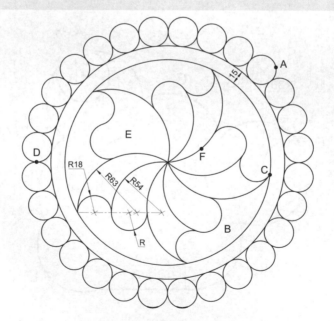

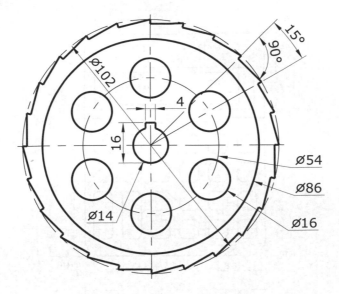

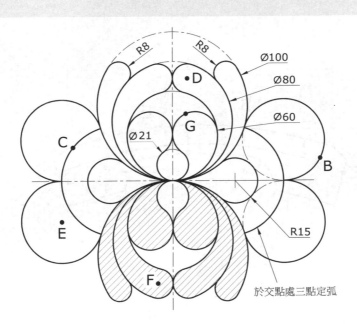

於交點處三點定弧

9

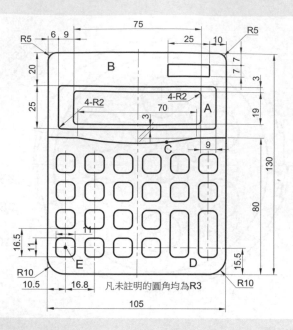

凡未註明的圓角均為R3

10

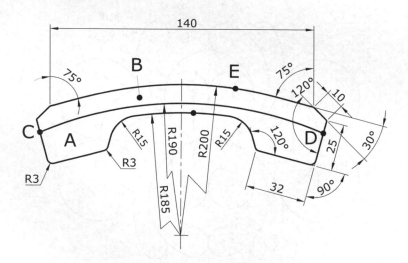

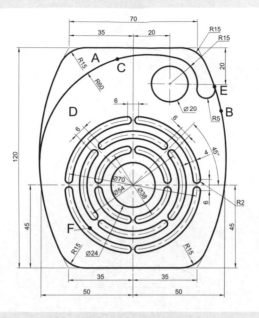

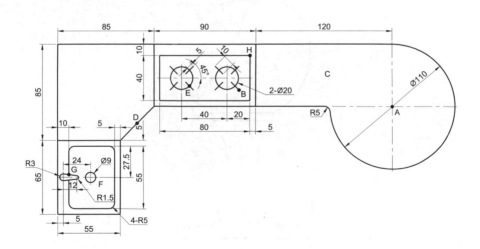

13

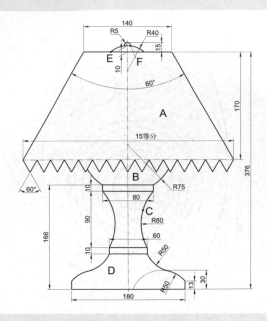

14

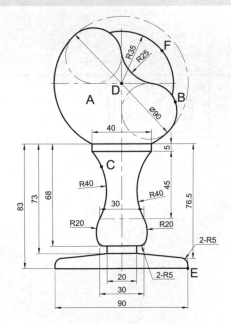

15

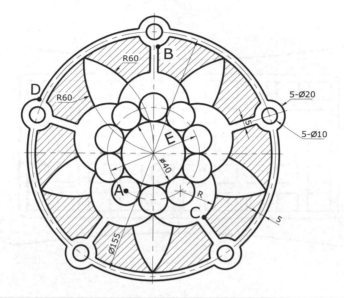

16

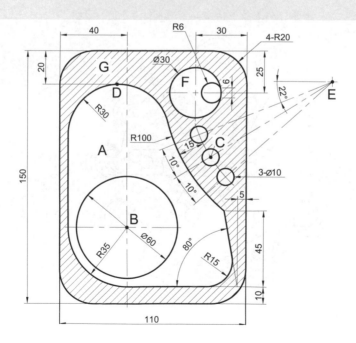

17

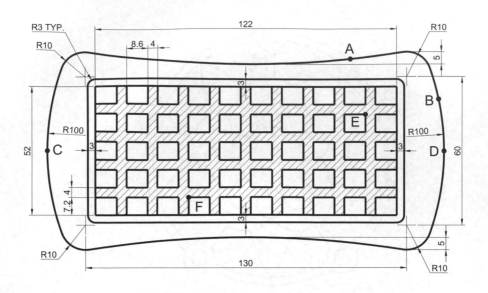

18

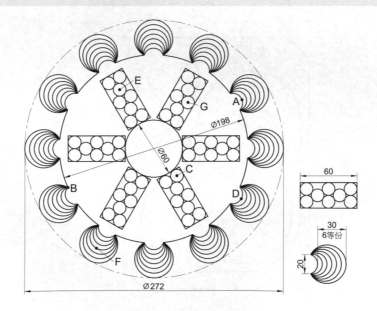

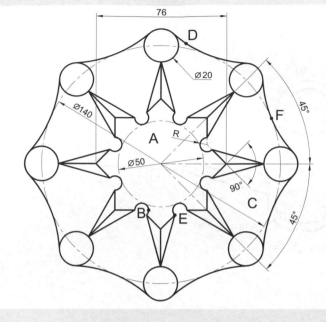

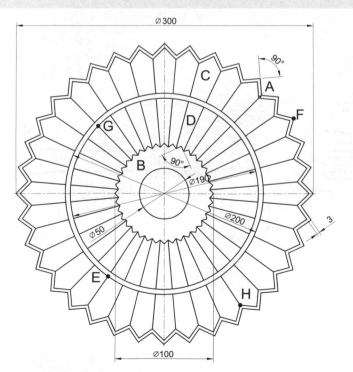

21

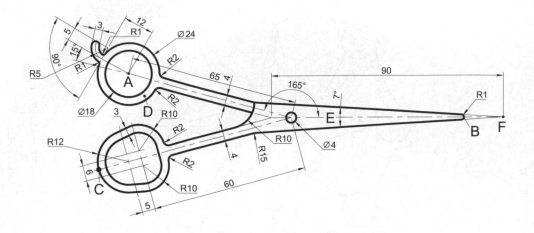

22

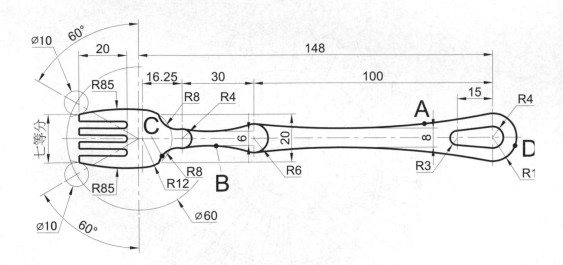

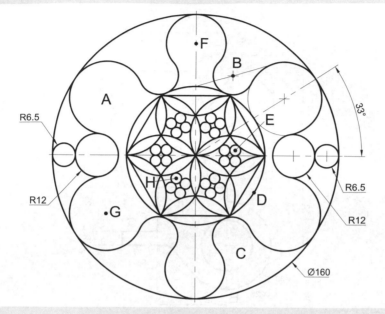

花瓣起終點在R7.5弧的六等份點上

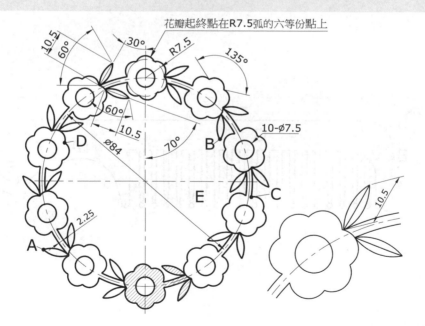

25

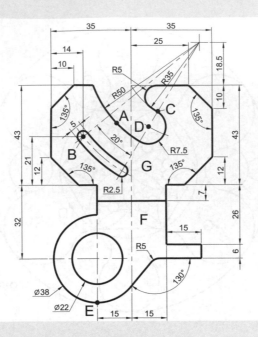

26

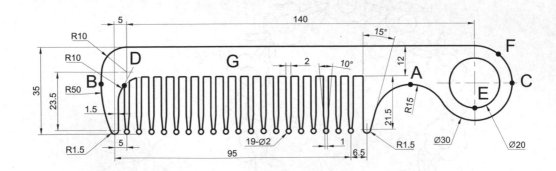

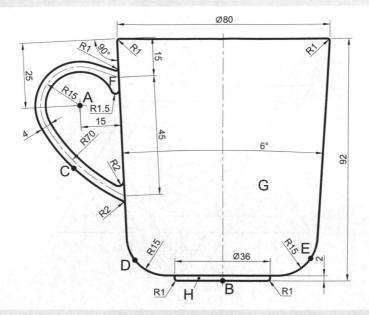

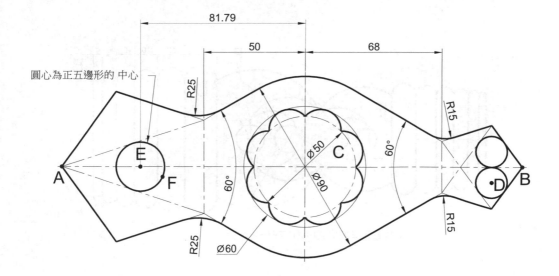

圓心為正五邊形的 中心

第二篇 第三章 ▼ 精選 AutoCAD 實力挑戰

29

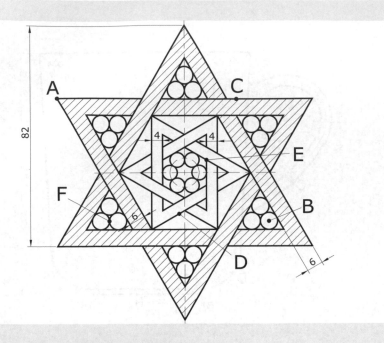

30

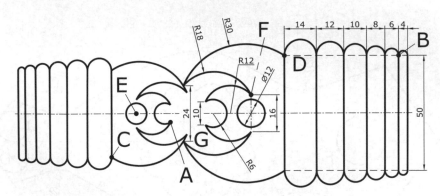

左方圖形=右方圖形*0.75倍+鏡射

第二篇 第四章

精選 AutoCAD 技能檢定挑戰

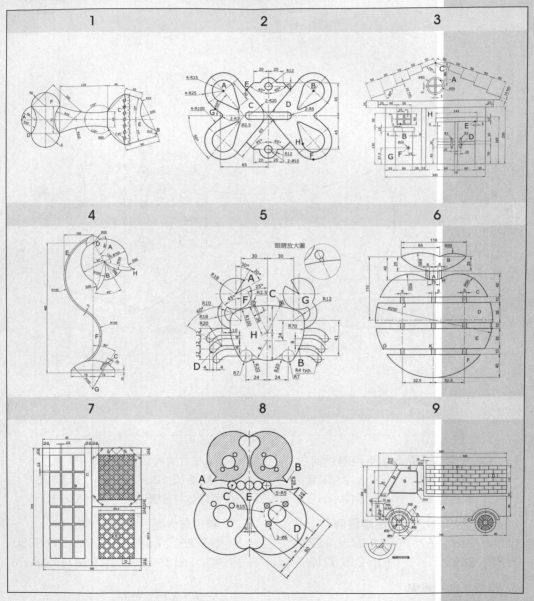

1

1. 中點 A 至四分點 B 水平距離爲何？
   (A) 343.9512　　　(B) 342.9512
   (C) 345.9512　　　(D) 341.9512

2. 中心點 C 至交點 D 距離爲何？
   (A) 245.2557　　　(B) 245.1127
   (C) 245.8617　　　(D) 245.0212

3. 區域 E 面積爲何？
   (A) 6221.9321　　　(B) 6210.9321
   (C) 6222.9321　　　(D) 6233.9321

4. 區域 F 周長爲何？
   (A) 372.1051　　　(B) 377.1051
   (C) 371.1051　　　(D) 376.1051

5. 圖形最外圍面積爲何？
   (A) 26129.8830　　　(B) 26109.8830
   (C) 26131.8830　　　(D) 26111.88308

答案：A C D D B

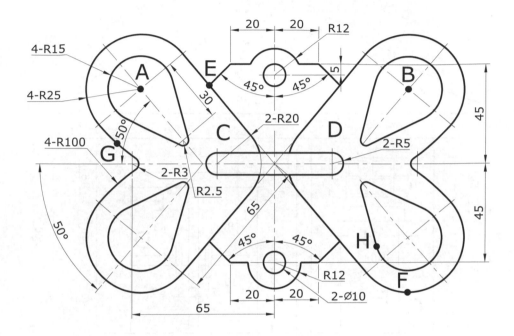

1. 中心點 A 至中心點 B 距離為何？
   (A) 121.2512　　(B) 121.7133
   (C) 121.8646　　(D) 121.7282

2. 區域 C 與區域 D 皆扣除內孔後面積為何？
   (A) 8272.9574　　(B) 8283.9574
   (C) 8293.9574　　(D) 8288.9574

3. 交點 E 至四分點 F 距離為何？
   (A) 130.5943　　(B) 133.5943
   (C) 135.5943　　(D) 131.5943

4. 中點 G 至端點 H 距離為何？
   (A) 127.3161　　(B) 127.2663
   (C) 127.6322　　(D) 127.8928

5. 圖形最外圍面積為何？
   (A) 16000.1122　　(B) 16000.8722
   (C) 16000.6652　　(D) 16000.4482

答案：C B A B D

3

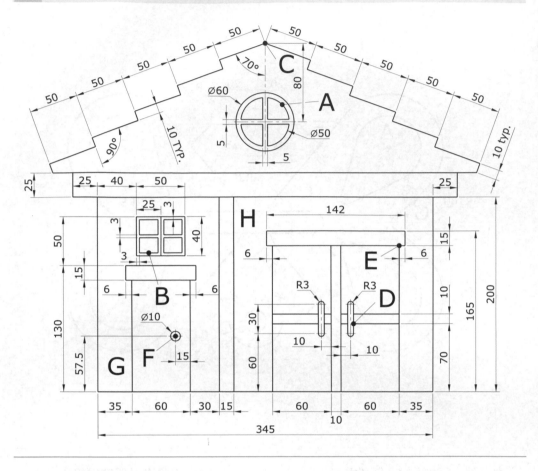

1. 中點 A 至中點 B 距離為何？
   (A) 205.2073　　　(B) 201.1073
   (C) 202.1073　　　(D) 203.5073

2. 交點 C 至交點 D 距離為何？
   (A) 301.3977　　　(B) 301.2251
   (C) 301.7789　　　(D) 301.1135

3. 中心點 E 至交點 F 距離為何？
   (A) 247.2232　　　(B) 247.2732
   (C) 247.7157　　　(D) 247.9037

4. G 區域與 H 區域面積總和為何？
   (A) 34320　　　(B) 34390
   (C) 34380　　　(D) 34360

5. 圖形最外圍周長為何？
   (A) 1485.6443　　　(B) 1485.2561
   (C) 1485.7324　　　(D) 1485.1532

答案：A A D C A

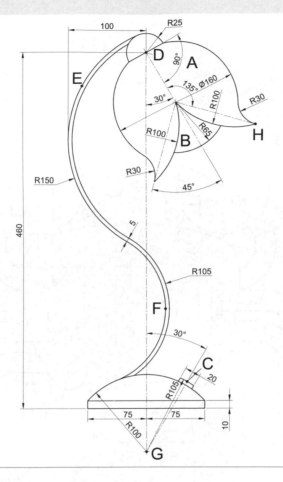

1. 區域 A 面積爲何？
   (A) 17359.3458　(B) 17359.2258
   (C) 17359.3318　(D) 17359.5858

2. 區域 B 周長爲何？
   (A) 206.0601　(B) 203.0401
   (C) 205.0501　(D) 201.0201

3. 中點 C 至中心點 D 距離爲何？
   (A) 428.4399　(B) 428.5599
   (C) 429.1399　(D) 429.4199

4. 中心點 E 至中心點 F 高度爲何？
   (A) 216.3112　(B) 215.1112
   (C) 218.2112　(D) 214.7112

5. 中心點 G 至交點 H 距離爲何？
   (A) 445.6691　(B) 445.5791
   (C) 445.2391　(D) 445.1991

答案：A C A A B

5

第二篇 第四章 ▼ 精選 AutoCAD 技能檢定挑戰

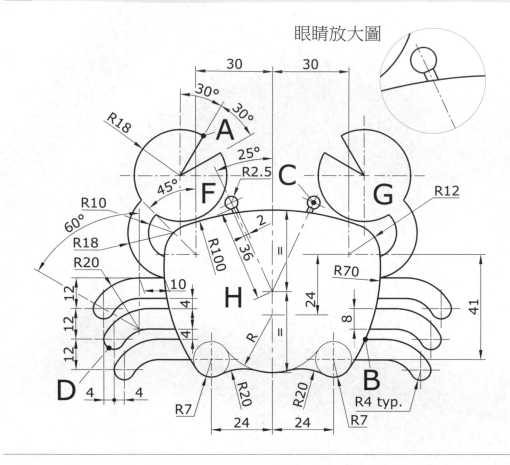

眼睛放大圖

1. 交點 A 至交點 B 距離為何？
   (A) 102.6696　　(B) 101.6696
   (C) 103.6696　　(D) 104.6696

2. 中心點 C 至中點 D 距離為何？
   (A) 98.1109　　(B) 98.5212
   (C) 98.5381　　(D) 98.2016

3. F 與 G 區域面積總和為何？
   (A) 2329.1227　　(B) 2329.8482
   (C) 2329.8021　　(D) 2329.4109

4. H 區域周長為何？
   (A) 256.0915　　(B) 256.6124
   (C) 256.8325　　(D) 256.2033

5. 圖形所圍成的面積為何？
   (A) 8512.0765　　(B) 8518.0765
   (C) 8514.0765　　(D) 8516.0765

答案：C D A C D

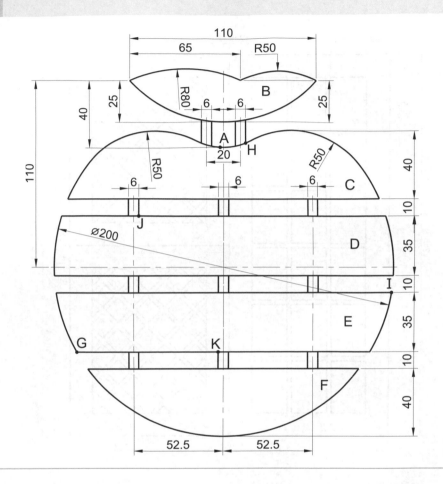

1. 弧 A 長度爲何？
   (A) 34.2334　　(B) 34.2970
   (C) 34.2134　　(D) 34.2231

2. 區域 B 周長爲何？
   (A) 238.1345　　(B) 238.1543
   (C) 238.1872　　(D) 238.1234

3. 區域 C+D+E+F 面積爲何？
   (A) 23755.3983　(B) 23756.2463
   (C) 23765.3243　(D) 23775.3456

4. 交點 G 至交點 H 距離爲何？
   (A) 157.2352　　(B) 157.8856
   (C) 157.5432　　(D) 157.4524

5. ∠IJK 角度爲何？
   (A) 42.9692　　(B) 42.9662
   (C) 42.9699　　(D) 42.9602

答案：B C A B D

第二篇 第四章 ▼ 精選 AutoCAD 技能檢定挑戰

7

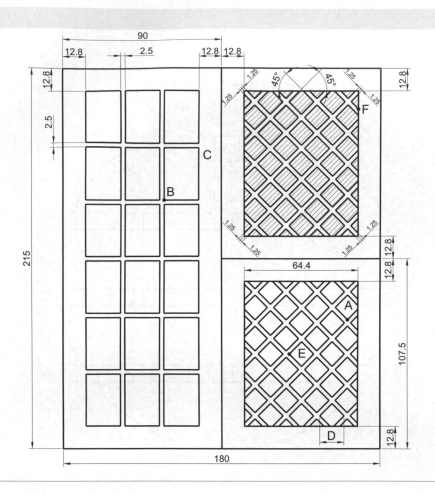

1. 交點 A 至交點 B 距離為何？
   (A) 123.3441　　(B) 123.9767
   (C) 123.3121　　(D) 123.6431

2. 斜線區域面積為何？
   (A) 3232.4523　　(B) 3232.4512
   (C) 3322.5201　　(D) 3233.2456

3. 區域 C 扣除內孔面積為何？
   (A) 8842.1400　　(B) 8844.1223
   (C) 8843.1234　　(D) 8843.1440

4. 尺寸 D 為何？
   (A) 13.9965　　(B) 13.9665
   (C) 13.9445　　(D) 13.9645

5. 交點 E 至交點 F 距離為何？
   (A) 143.4452　　(B) 143.7604
   (C) 143.7842　　(D) 143.3461

答案：B C A D B

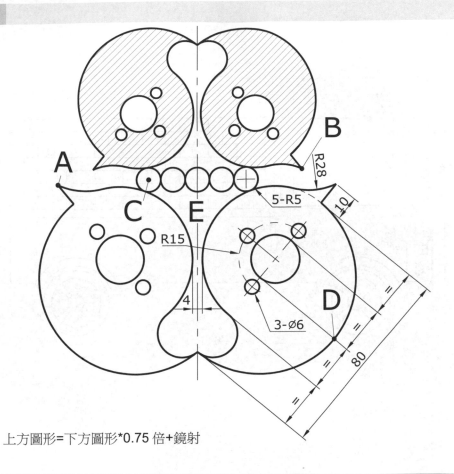

上方圖形=下方圖形*0.75 倍+鏡射

---

1. 交點 A 至交點 B 距離爲何？
   (A) 100.5512　　(B) 100.9967
   (C) 100.8233　　(D) 100.3412

2. 中心點 C 至中點 D 角度爲何？
   (A) 319.0833　　(B) 318.0833
   (C) 313.0833　　(D) 316.0833

3. 區域 E 周長爲何？
   (A) 254.2415　　(B) 254.5515
   (C) 254.2943　　(D) 254.9915

4. 斜線區域面積爲何？
   (A) 3831.4734　　(B) 3833.4734
   (C) 3836.4734　　(D) 3838.4734

5. 圖形最外圍面積爲何？
   (A) 14236.0928　　(B) 14214.0928
   (C) 14283.0928　　(D) 14252.0928

答案：B A D C A

9

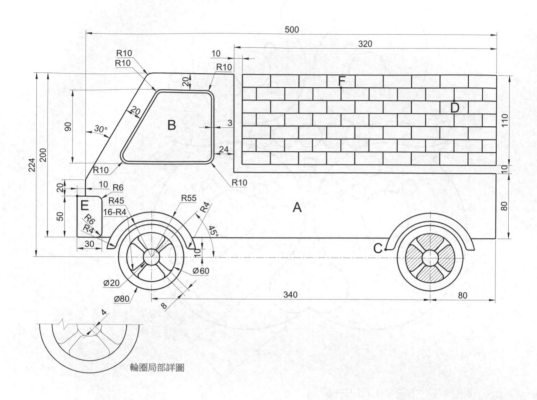

輪圈局部詳圖

1. 區域 A 淨面積為何？
   (A) 42866.1806　(B) 42868.1806
   (C) 42888.1806　(D) 42886.1806

2. 區域 B 周長為何？
   (A) 342.4738　　(B) 342.1124
   (C) 342.2252　　(D) 342.8172

3. 交點 C 至交點 D 距離為何？
   (A) 202.3118　　(B) 204.3118
   (C) 200.3118　　(D) 206.3118

4. 交點 E 至交點 F 距離為何？
   (A) 347.1923　　(B) 347.3251
   (C) 347.1153　　(D) 347.5464

5. 斜線區域面積為何？
   (A) 1972.1461　(B) 1986.1461
   (C) 1980.1461　(D) 1970.1461

答案：B A C D C

TQC+ 專業設計人才認證是針對職場專業領域職
務需求所開發之證照考試。應考人請於報名前詳閱
官網簡章之說明內容,並遵守所列之規範,如有任
何疑問,請洽詢各區推廣中心。簡章內容如有修正,
將於網站首頁明顯處公告,不另行個別通知。

壹、 報名及認證方式

一、 本年度報名與認證日期

各場次認證日三週前截止報名，詳細認證日期請至 TQC+ 認證網站查詢（http://www.tqcplus.org.tw），或洽各考場承辦人員。

二、 認證報名

1. 報名方式分為「個人線上報名」及「團體報名」二種。

   (1) 個人線上報名

   A. 登錄資料

   a. 請連線至 TQC+ 認證網站，網址為
   http://www.TQCPLUS.org.tw

   b. 選擇網頁上「考生服務」選項，進入考生服務系統，開始進行線上報名。如尚未完成註冊者，請選擇『註冊帳號』選項，填入個人資料。如已完成註冊者，直接選擇『登入系統』，並以身分證統一編號及密碼登入。

   c. 依網頁說明填寫詳細報名資料。姓名如有罕用字無法輸入者，請按 CMEX 圖示下載 Big5-E 字集。並於設定個人密碼後送出。

   d. 應考人完成註冊手續後，請重新登入即可繼續報名。

   B. 執行線上報名

   a. 登入後請查詢最新認證資訊。

   b. 選擇欲報考之科目。

   C. 選擇繳款方式

   系統顯示乙組銀行虛擬帳號，同時並顯示應繳金額，請列印該畫面資料，並依下列任何一種方式一次繳交認證費用。

   a. 持各金融機構之金融卡至各金融機構 ATM（金融提款機）轉帳。

   b. 至各金融機構臨櫃繳款。

c. 電話銀行語音轉帳。

d. 網路銀行繳款

繳費時可能需支付手續費，費用依照各銀行標準收取，不包含於報名費中。應考人依上述任一方式繳款後，系統查核後將發送電子郵件確認報名及繳費手續完成，應考人收取電子郵件確認資料無誤後，即完成報名手續。

D. 列印資料

上述流程中，應考人如於各項流程中，未收到電子郵件時，皆可自行上網至原報名網址以個人帳號密碼登入系統查詢列印，匯款及各項相關資料請自行保存，以利未來報名查詢。

(2) 團體報名

20 人以上得團體報名，請洽各區推廣中心，有專人提供服務。

2. 各科目報名費用，請參閱 TQC+ 認證網站。

3. 各項科目凡完成報名程序後，除因本身之傷殘、自身及一等親以內之婚喪、重病或天災等不可抗力因素，造成無法於報名日期應考時，得依相關憑證辦理延期手續（以一次為限且不予退費），請報名應考人確認認證考試時間及考場後再行報名，其他相關規定請參閱「四、注意事項」。

4. 凡領有身心障礙證明報考 TQC+ 各項測驗者，每人每年得申請全額補助報名費四次，科目不限，同時報名二科即算二次，餘此類推，報名卻未到考者，仍計為已申請補助。符合補助資格者，應於報名時填寫「身心障礙者報考 TQC+ 認證報名費補助申請表」後，黏貼相關證明文件影本郵寄至本會各區推廣中心申請補助。

三、 認證方式

1. 本項認證採電腦化認證，應考人須依題目要求，以滑鼠及鍵盤操作填答應試。

2. 試題文字以中文呈現，專有名詞視需要加註英文原文。

3. 題目類型

(1) 測驗題型：

A. 區分單選題及複選題，作答時以滑鼠左鍵點選。學科認證結束前均可改變選項或不作答。

B. 該題有附圖者可點選查看。

(2) 操作題型：

A. 請依照試題指示，使用各報名科目特定軟體進行操作或填答。

B. 考場提供 Microsoft Windows 內建輸入法供應考人使用。若應考人需使用其他輸入法，請於報名時註明，並於認證當日自行攜帶合法版權之輸入法軟體應考。但如與系統不相容，致影響認證時，責任由應考人自負。

四、 注意事項

1. 本認證之各項試場規則，參照考試院公布之『國家考試試場規則』辦理。

2. 於填寫報名表之個人資料時，請務必於傳送前再次確認檢查，如有輸入錯誤部分，得於報名截止日前進行修正。報名截止後若有因資料輸入錯誤以致影響應考人權益時，由應考人自行負責。

3. 凡完成報名程序後，除因本身之傷殘、自身及一等親以內之婚喪、重病或天災等不可抗力因素，造成無法於報名日期應考時，得依相關憑證辦理延期手續（以一次為限且不予退費），請報名應考人確認後再行報名。

4. 應考人需具備基礎電腦操作能力，若有身心障礙之特殊情況應考人，需使用特殊電腦設備作答者，請於認證舉辦 7 日前與主辦單位聯繫，以便事先安排考場服務，若逕自報名而未告知主辦單位者，將與一般應考人使用相同之考場電腦設備。

5. 參加本項認證報名不需繳交照片，但請於應試時攜帶具照片之身分證件正本備驗（國民身分證、駕照等）。未攜帶證件者，得於簽

立切結書後先行應試，但基於公平性原則，應考人須於當天認證考試完畢前，請他人協助送達查驗，如未能及時送達，該應考人成績皆以零分計算。

6. 非應試用品包括書籍、紙張、尺、皮包、收錄音機、行動電話、呼叫器、鬧鐘、翻譯機、電子通訊設備及其他無關物品不得攜帶入場應試，違者扣分，並得視其使用情節加重扣分或扣減該項全部成績。（請勿攜帶貴重物品應試，考場恕不負保管之責。）

7. 認證時除在規定處作答外，不得在文具、桌面、肢體上或其他物品上書寫與認證有關之任何文字、符號等，違者作答不予計分；亦不得左顧右盼、意圖窺視、相互交談、抄襲他人答案、便利他人窺視答案、自誦答案、以暗號告訴他人答案等，如經勸阻無效，該科目將不予計分。

8. 若遇考場設備損壞，應考人無法於原訂場次完成認證時，將遞延至下一場次重新應考；若無法遞延者，將擇期另行舉辦認證或退費。

9. 認證前發現應考人有下列各款情事之一者，取消其應考資格。證書核發後發現者，將撤銷其認證及格資格並吊銷證書。其涉及刑事責任者，移送檢察機關辦理：

(1) 冒名頂替者。

(2) 偽造或變造應考證件者。

(3) 自始不具備應考資格者。

(4) 以詐術或其他不正當方法，使認證發生不正確之結果者。

10. 請人代考者，連同代考者，三年內不得報名參加本認證。請人代考者及代考者若已取得 TQC+ 證書，將吊銷其證書資格。其涉及刑事責任者，移送檢察機關辦理。

11. 意圖或已將試題或作答檔案攜出試場或於認證中意圖或已傳送試題者將被視為違反試場規則，該科目不予計分並不得繼續應考當日其餘科目。

12. 本項認證試題採亂序處理，考畢不提供試題紙本，亦不公布標準答案。

13. 應考時不得攜帶無線電通訊器材（如呼叫器、行動電話等）入場應試。認證中通訊器材鈴響，將依監場規則視其情節輕重，扣除該科目成績五分至二十分，通聯者將不予計分。

14. 應考人已交卷出場後，不得在試場附近逗留或高聲喧嘩、宣讀答案或以其他方式指示場內應考人作答，違者經勸阻無效，將不予計分。

15. 應考人入場、出場及認證中如有違反規定或不服監試人員之指示者，監試人員得取消其認證資格並請其離場。違者不予計分，並不得繼續應考當日其餘科目。

16. 應考人對試題如有疑義，得於當科認證結束後，向監場人員依試題疑義處理辦法申請。

貳、 成績與證書

一、 合格標準

1. 各項認證成績滿分均為 100 分，應考人該科成績達 70（含）分以上為合格。

2. 成績計算以四捨五入方式取至小數點第一位。

二、 成績公布與複查

1. 各科目認證成績將於認證結束次工作日起算兩週後，公布於 TQC＋認證網站，應考人可使用個人帳號登入查詢。

2. 認證成績如有疑義，可申請成績複查。請於認證成績公告日後兩週內（郵戳為憑）以書面方式提出複查申請，逾期不予受理（以一次為限）。

3. 請於 TQC+ 認證網站下載成績複查申請表，填妥後寄至本會各區推廣中心辦理（每科目成績複查及郵寄費用請參閱 TQC+ 認證網站資訊）。

4. 成績複查結果將於十五日內通知應考人；遇有特殊原因不能如期複查完成，將酌予延長並先行通知應考人。

5. 應考人申請複查時，不得有下列行為：

   (1) 申請閱覽試卷。

   (2) 申請為任何複製行為。

   (3) 要求提供申論式試題參考答案。

   (4) 要求告知命題委員、閱卷委員之姓名及有關資料。

三、 證書核發

1. 單科證書：

   單科證書於各科目合格後，於一個月後主動寄發至應考人通訊地址，無須另行申請。

2. 人員別證書：

   應考人之通過科目，符合各人員別發證標準時，可申請頒發證書（每張證書申請及郵寄費用請參閱 TQC+ 認證網站資訊）。
   請至 TQC+ 認證網站進行線上申請，步驟如下：

   (1) 填寫線上證書申請表，並確認各項基本資料。

   (2) 列印填寫完成之申請表。

   (3) 黏貼身分證正反面影本。

   (4) 繳交換證費用

   > 申請表上包含乙組銀行虛擬帳號及應繳金額，請以轉帳或臨櫃繳款方式繳交換證費用。該組帳號僅限當次申請使用，請勿代繳他人之相關費用。

   > 繳費時可能需支付銀行手續費，費用依照各銀行標準收取，不包含於申請費用中。

(5) 以掛號郵寄申請表至以下地址：

105 台北市松山區八德路三段 32 號 8 樓

『TQC+ 專業設計人才認證服務中心』收

3. 各項繳驗之資料，如查證為不實者，將取消其頒證資格。相關資料於審查後即予存查，不另附還。

4. 若應考人通過科目數，尚未符合發證標準者，可保留通過科目成績，待符合發證標準後申請。

5. 為契合證照與實務工作環境，認證成績有效期限為 5 年（自認證日起算），逾時將無法換發證書，需重新應考。

6. 人員別證書申請每月 1 日截止收件（郵戳為憑），當月月底以掛號寄發。

7. 單科證書如有毀損或遺失時，請依人員別證書發證方式至 TQC+ 認證網站申請補發。

參、 本辦法未盡事宜者，主辦單位得視需要另行修訂

本會保有修改報名及測驗等相關資料之權利，若有修改恕不另行通知。最新資料歡迎查閱本會網站！

（TQC+ 各項測驗最新的簡章內容及出版品服務，以網站公告為主）

本會網站：http://www.CSF.org.tw

考生服務網：http://www.TQCPLUS.org.tw

肆、 聯絡資訊

應考人若需取得最新訊息，可依下列方式與我們連繫：

TQC+ 專業設計人才認證網：http://www.TQCPLUS.org.tw

電腦技能基金會網站：http://www.csf.org.tw

TQC+ 專業設計人才認證推廣中心聯絡方式及服務範圍：

北區推廣中心

新竹（含）以北，包括宜蘭、花蓮及金馬地區

地　　址：105 台北市松山區八德路 3 段 32 號 8 樓

服務電話：(02) 2577-8806

中區推廣中心

苗栗至嘉義，包括南投地區

地　　址：406 台中市北屯區文心路 4 段 698 號 24 樓

服務電話：(04) 2238-6572

南區推廣中心

台南（含）以南，包括台東及澎湖地區

地　　址：807 高雄市三民區博愛一路 366 號 7 樓之 4

服務電話：(07) 311-9568

問題反應表

親愛的讀者：

感謝您購買「TQC+ AutoCAD 2023 特訓教材-基礎篇」，雖然我們經過縝密的測試及校核，但總有百密一疏、未盡完善之處。如果您對本書有任何建言或發現錯誤之處，請您以最方便簡潔的方式告訴我們，作為本書再版時更正之參考。謝謝您！

讀 者 資 料				
公 司 行 號			姓 名	
聯 絡 住 址				
E-mail Address				
聯 絡 電 話	（O）		（H）	
應用軟體使用版本				
使 用 的 P C			記憶體	
對 本 書 的 建 言				
勘 誤 表				
頁 碼 及 行 數	不當或可疑的詞句		建 議 的 詞 句	
第　　　頁				
第　　　行				
第　　　頁				
第　　　行				

覆函請以傳真或逕寄：

地址： 105台北市八德路三段32號8樓
中華民國電腦技能基金會 教學資源中心 收

TEL：(02)25778806 轉 760

FAX：(02)25778135

E-MAIL：master@mail.csf.org.tw

國家圖書館出版品預行編目資料

TQC+AutoCAD 2023 特訓教材. 基礎篇/吳永進, 林美櫻, 電腦技能基金會編著. -- 初版. -- 新北市：全華圖書股份有限公司, 2022.08
　　面；　公分
ISBN 978-626-328-286-5(平裝附光碟片)

1.CST: AutoCAD 2023(電腦程式) 2.CST: 考試指南
312.49A97　　　　　　　　　　　　111012076

TQC+ AutoCAD 2023 特訓教材－基礎篇
(附範例光碟)

作者 / 吳永進 林美櫻

總策劃 / 財團法人中華民國電腦技能基金會

執行編輯 / 王詩蕙

封面設計 / 盧怡瑄

發行人 / 陳本源

出版者 / 全華圖書股份有限公司

郵政帳號 / 0100836-1 號

印刷者 / 宏懋打字印刷股份有限公司

圖書編號 / 19411007

初版一刷 / 2022 年 08 月

定價 / 新台幣 650 元

ISBN / 978-626-328-286-5(平裝附光碟片)

全華圖書 / www.chwa.com.tw

全華網路書店 Open Tech / www.opentech.com.tw

若您對本書有任何問題，歡迎來信指導 book@chwa.com.tw

臺北總公司(北區營業處)
地址：23671 新北市土城區忠義路 21 號
電話：(02) 2262-5666
傳真：(02) 6637-3695、6637-3696

南區營業處
地址：80769 高雄市三民區應安街 12 號
電話：(07) 381-1377
傳真：(07) 862-5562

中區營業處
地址：40256 臺中市南區樹義一巷 26 號
電話：(04) 2261-8485
傳真：(04) 3600-9806(高中職)
　　　(04) 3601-8600(大專)

001033